显著提高日常工作效率

基础操作 + 省时窍门 + 应用技巧

全彩印刷

Excel 商务办公最强教科书

[完全版]

[日]土屋和人 著

姚奕崴 译

中国青年出版社

律师声明

侵权举报电话

全国"扫黄打非"工作小组办公室
010-65233456　65212870
http://www.shdf.gov.cn

中国青年出版社
010-59231565
E-mail: editor@cypmedia.com

版权登记号：01-2020-2818

图书在版编目（CIP）数据

Excel商务办公最强教科书：完全版 /（日）土屋和人著；姚奕崴译. -- 北京：中国青年出版社，2022.1
ISBN 978-7-5153-6412-4

I.①E…　II.①土…　②姚…　III. ①表处理软件-教材
IV. ①TP319.13

中国版本图书馆CIP数据核字（2021）第106245号

主　　编　张　鹏
策划编辑　张　鹏
执行编辑　张　沣
责任编辑　赵　卉
营销编辑　时宇飞
封面设计　乌　兰

Excel商务办公最强教科书：完全版

[日] 土屋和人 / 著　姚奕崴 / 译

出版发行：中国青年出版社
地　　址：北京市东四十二条21号
邮政编码：100708
电　　话：（010）59231565
传　　真：（010）59231381
企　　划：北京中青雄狮数码传媒科技有限公司
印　　刷：天津融正印刷有限公司
开　　本：880 x 1230　1/32
印　　张：11.5
版　　次：2022年1月北京第1版
印　　次：2022年1月第1次印刷
书　　号：ISBN 978-7-5153-6412-4
定　　价：89.80元
（附赠超值秘料，含案例文件，关注封底公众号获取）

本书如有印装质量等问题，请与本社联系
电话：（010）59231565
读者来信：reader@cypmedia.com
投稿邮箱：author@cypmedia.com
如有其他问题请访问我们的网站：http://www.cypmedia.com

前言 | Introduction

Excel应用已经成为各行各业特别是商务人士必备的一项基本技能。在如今的工作中人们不仅要“会使用Excel”，而且需要熟练使用Excel来更加准确、高效地完成工作内容。

在Excel中，很多时候，执行某一项功能的方法是多种多样的。例如要执行“复制单元格数据”这一操作，也许很多人最先想到的操作是单击功能区的[复制]和[粘贴]按钮。我们也可以使用[复制]和[粘贴]快捷键，或使用“自动填充”和“填充”功能。虽然看似是不同的功能，但其效果是相同的。

在实际操作中，未必需要使用所有的功能。但如果能够像上面那样掌握多种操作方法，就可以随机应变，选择“最优解”来完成任务。很多时候，只需用恰当的方法优化操作步骤，就可以做到事半功倍。

这个道理不仅适用于上文中那种简单的操作，也同样适用于复杂操作。灵活运用Excel预置的快捷功能，只需短短数分钟，即可完成手动操作时需要耗费整整一天的工作量。

本书介绍了诸多具体的操作技巧，涵盖了Excel的基本功能和有助于提高工作效率的实用功能。希望首次接触Excel的人能够阅读本书，也很乐于看到一些已经具备一定Excel操作基础的人阅读本书。本书或许能够带给你与以往截然不同的操作思路，让你从中有所启发，提高自己的工作效率，进而利用掌握到的这些丰富多彩的技巧，超越“基本技能”的框架，让Excel成为自己强有力的武器，从商务实战中脱颖而出。

最后，再次向让我能够有幸执笔本书的SB Creative公司冈本晋吾君表示感谢，并为我贻误原稿而造成的诸多不便致以歉意。

［日］土屋和人

本书的使用方法

本书对Excel的基本使用方法、高效的数据录入方法、在熟练使用Excel基础上必修必备的专业技巧、显著提高工作效率的省时窍门、实用的数据分析方法，以及表格设计优化方法等即学即用的Excel使用方法进行了较为详细的讲解。

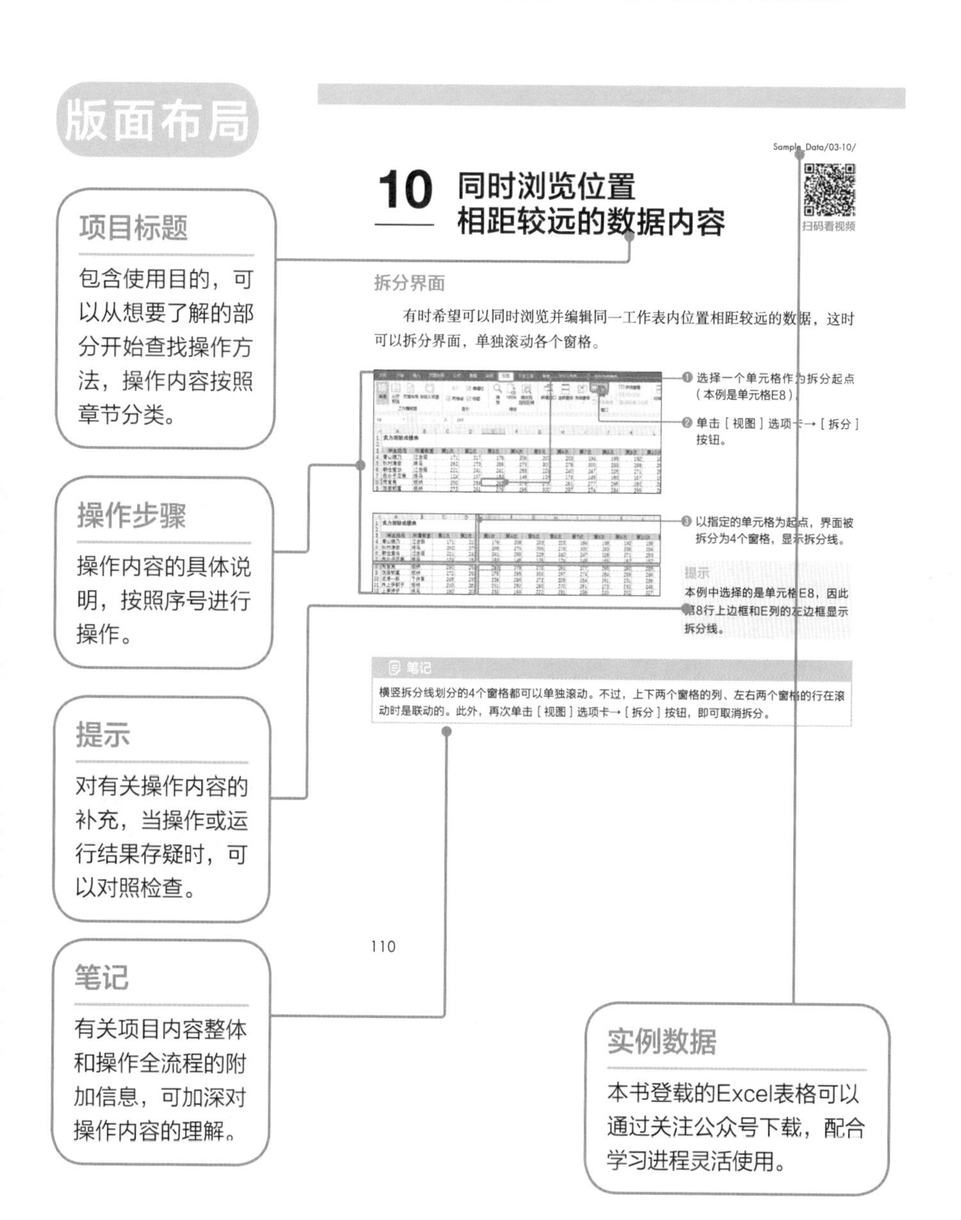

实例下载

本书适用版本包括Excel 2019/2016/2013/Office 365。此外，关注微信公众号“不一样的职场生活”，回复关键词“64124”，即可下载本书配套的Excel表格，进行实操练习。

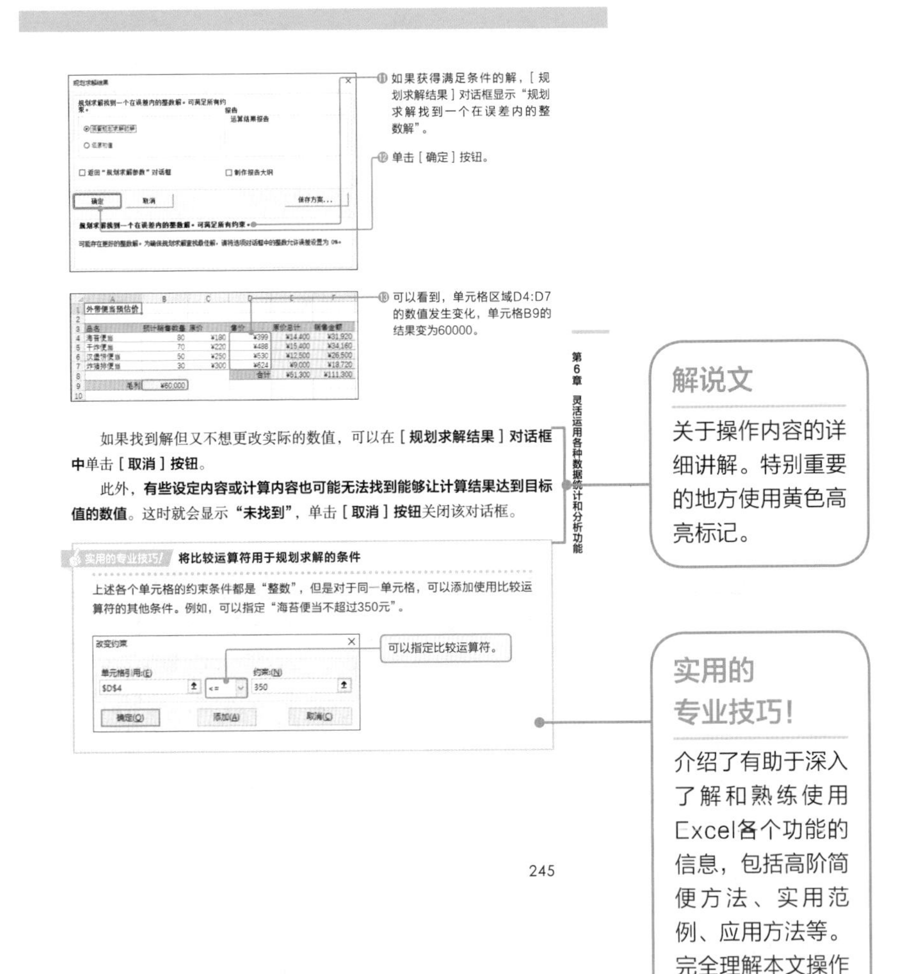

目录 | Contents

第1章 必备基础知识 1

第2章 即学即用！输入和编辑数据的专业技巧 33

第3章 提高编辑效率的“工作表操作”省时窍门 95

第4章 打造“简洁明快表格”的高阶方法 123

第5章 统计分析数据的基础与应用 175

第6章 灵活运用各种数据统计和分析功能 233

第7章 灵活运用表格功能与数据采集 263

第 1 章

必备基础知识

Essential & Basic Knowledge of

Microsoft Excel

01 提高Excel工作的效率

是否了解“操作诀窍”决定工作时长截然不同

Excel是一种代表性的表格操作软件，功能丰富多样，能够满足商务活动中的各种需求，**使用难点在于需要根据目的和情况熟练运用这些功能。**

如今很多人每天办公时都要使用Excel，虽然统称为“**Excel使用**”，其具体内容却是五花八门。工作内容各异，用到功能的类型和层次自然也不尽相同。

譬如，你的主要操作是在其他人创建完成的表格里输入数据，那么几乎不会用到**与格式或公式相关的功能**。但是，即便是以数据输入为主的工作，也会遇到需要把**同一数据录入多个单元格，或是在一系列单元格区域内输入符合一定规则的数据**等情况。此时，一定会需要比逐个单元格输入数据效率更高的方法。总而言之，**操作所需时间与是否了解操作诀窍有很大关系。**

全面讲解对工作有所裨益的Excel功能

在Excel使用过程中，除输入数据外，还有其他很多操作。例如**先设置目标格式再创建表格**。这时就要具备与格式设置等有关的Excel各项功能的知识。

［单元格边框］［填充颜色］等基本格式大多可以在**[开始]选项卡**中设置，这并不算难。但如果想要设置自动显示计算结果，就必须具备“公式”和“函数”方面的知识。

有时可能还要进行一些其他设置，例如**限制可输入的数据类型**，或是**根据已输入的数据自动调整格式**等。

本书将逐一详细介绍如何熟练使用这些功能，以及根据工作内容实现简便操作的方法。希望你能够掌握这些Excel的使用方法，并将其灵活运用在工作中，这样使用Excel办公的效率势必会显著提高。

关键在于了解每种功能的作用

因为Excel功能繁多，即便是经常使用Excel的人，可能也有迄今为止一次都没有使用过的功能，在想要实现某种需求的时候也会束手无策。而且在此之前，还有可能会遇到下述状况。

- **不知道应该使用哪个功能才能达成目的。**
- **想要使用的功能不知道在哪里。**
- **不知道Excel究竟能否实现某个目的。**

妥善解决此类问题的关键就是将本书通读一遍，对**“Excel能做什么”“具有哪些功能”**等问题有一个**整体了解**。只要通览一遍，就可以做到心中有数——**“如此说来应该有这种功能”**。请放心，**无须背诵所有功能**，只需在必要时重新翻阅本书，或者在需要更为详细的信息时上网查询即可。关键是要对“Excel能做什么”这个问题有一个大致的了解。

从烦琐的Excel操作中解放出来！

本书的作用是为每天使用Excel办公的人们拓展“Excel能够实现”的世界，**让他们学习Excel的功能和操作步骤，更加快速准确地完成手头的工作**。根据每个人的工作内容，帮助他们提高办公效率和Excel的基本技巧。万望大家能相伴到文末。

02 瞬间打开Excel的方法

扫码看视频

打开Excel开始表格编辑，虽然都是“**使用Excel开始编辑**”，其实分为两种情况，一种是从空白的新工作簿开始，另一种是打开已经创建完毕的工作簿继续编辑。

接下来介绍这两种情况下，普通的和高效率的编辑方法。

打开Excel最基本的方法

打开Excel最基本的方法是依次单击[**开始**] **按钮→选择**[**Excel**] **选项**。

❶ 单击［开始］按钮

❷ 选择［Excel］选项。

提示
Excel启动后，通常在“开始”面板中显示最近使用过的文件或模板。

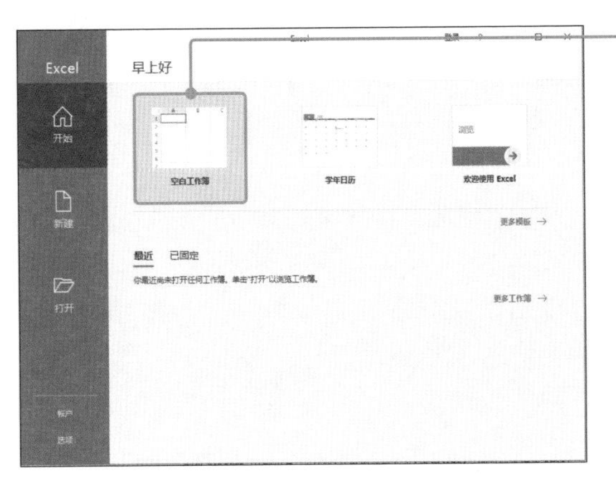

❸ 若要使用新工作表开始编辑，则选择［空白工作簿］选项。

提示
在［Excel选项］对话框中，可设置打开Excel后随即创建新工作簿，无须显示［开始］面板（参见p.324）。

迅速打开Excel的方法

根据Windows 10的设置，在［开始］菜单中右击［**Excel**］选项，在快捷菜单中显示最近打开的Excel文件，选择即可打开。

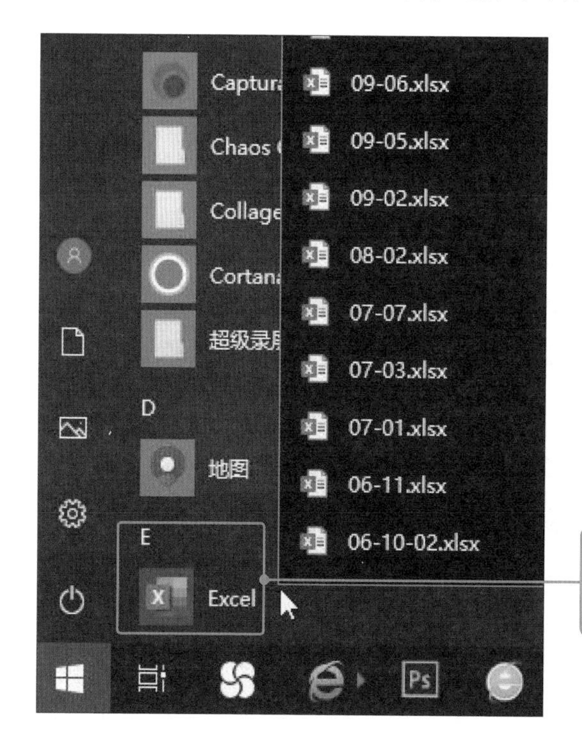

若要在［开始］菜单中始终显示［Excel］选项，可以在［Excel］选项上右击，在弹出的快捷菜单中选择［**固定到“开始”屏幕**］**命令**。

利用快捷键打开Excel

另一个打开Excel的简便方法是利用快捷方式。只要将Excel的快捷方式添加到**桌面**，就可以**双击打开Excel**。此外，可以将其添加至任务栏，单击即可打开Excel。

打开**[开始]菜单**，将［Excel］拖动至桌面，就可以将Excel的快捷方式添加至桌面。此外，在**Excel打开状态**下，右击任务栏上的［Excel］图标，选择［**固定到任务栏**］命令，就可以将其添加至任务栏。

● **添加到桌面的方法**

● **添加到任务栏的方法**

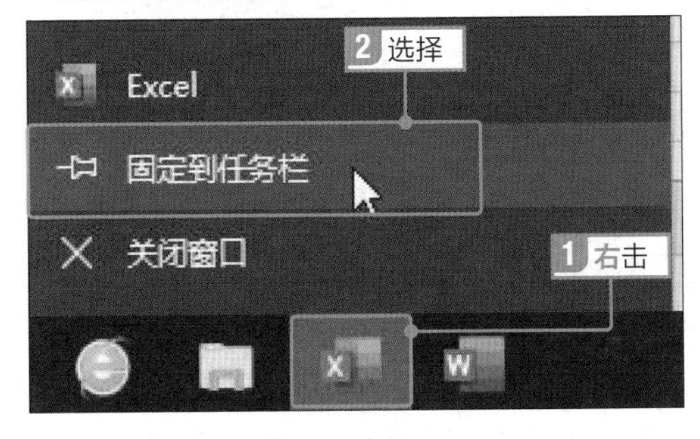

实用的专业技巧！ 另一个让任务栏始终显示Excel的方法

除了上述方法外，还有一种方法可以让任务栏始终显示Excel。在［开始］菜单→右键单击［Excel］→［更多］→［固定到任务栏］选项。这样就可以让任务栏始终显示Excel的图标了。

迅速打开使用中的文档

把频繁使用的工作簿的**快捷方式添加到桌面，**操作更加方便。

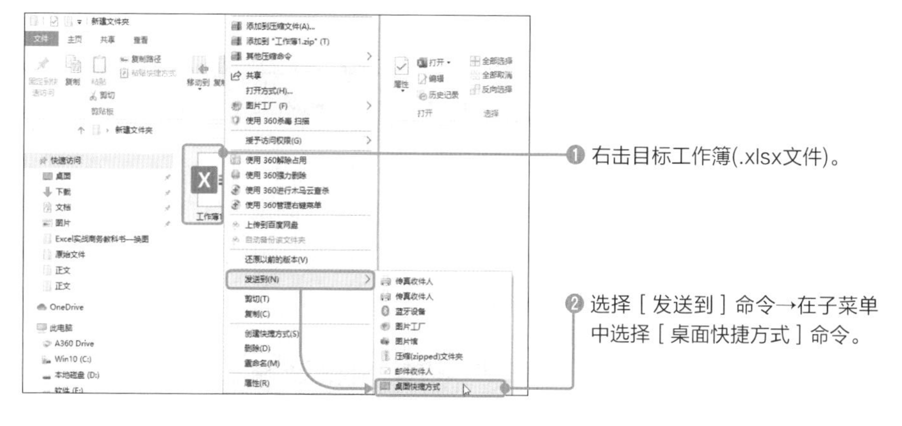

此外，右键单击任务栏的Excel图标，会显示最近使用的工作簿列表。如希望列表中的某一工作簿保持显示，可以单击这个工作簿名称右侧显示的**锁定图标**。

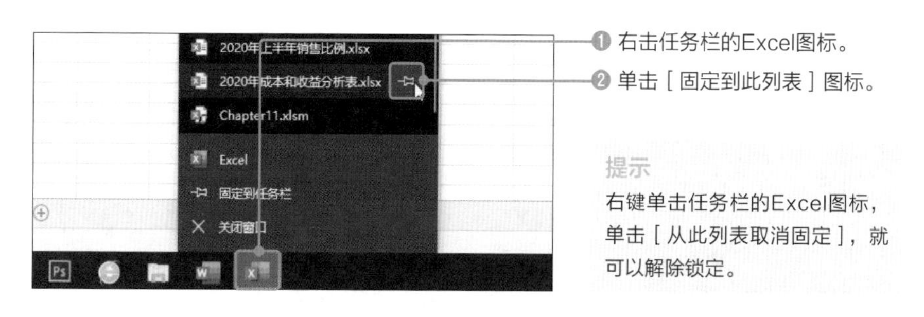

提示

右键单击任务栏的Excel图标，单击［从此列表取消固定］，就可以解除锁定。

实用的专业技巧！ 删除“最近使用的文档列表”的方法

如果经常使用Excel，那么在Excel界面单击［文件］标签，选择［打开］选项后，右侧面板中显示“最近使用的工作簿列表”。这个功能虽然方便，但有时可能觉得多余。

如果要取消这个功能，可以在［文件］列表中选择［选项］选项，打开［Excel选项］对话框，选择［高级］选项❶，将［显示］区域的［显示此数目的“最近使用的工作簿”］设置为0❷。

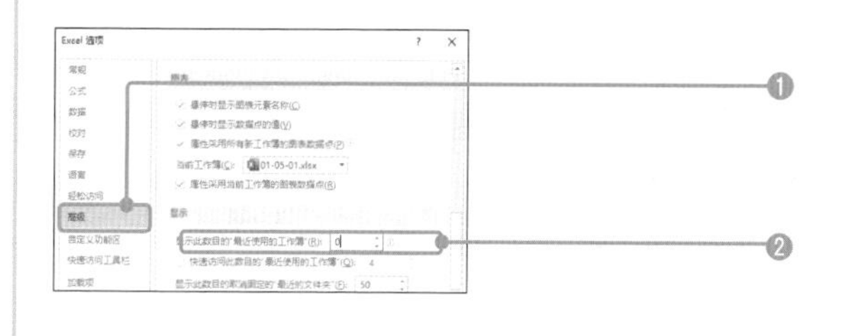

03 准确理解Excel的界面结构

Excel的基本结构

Excel的窗口（编辑界面）如图所示。

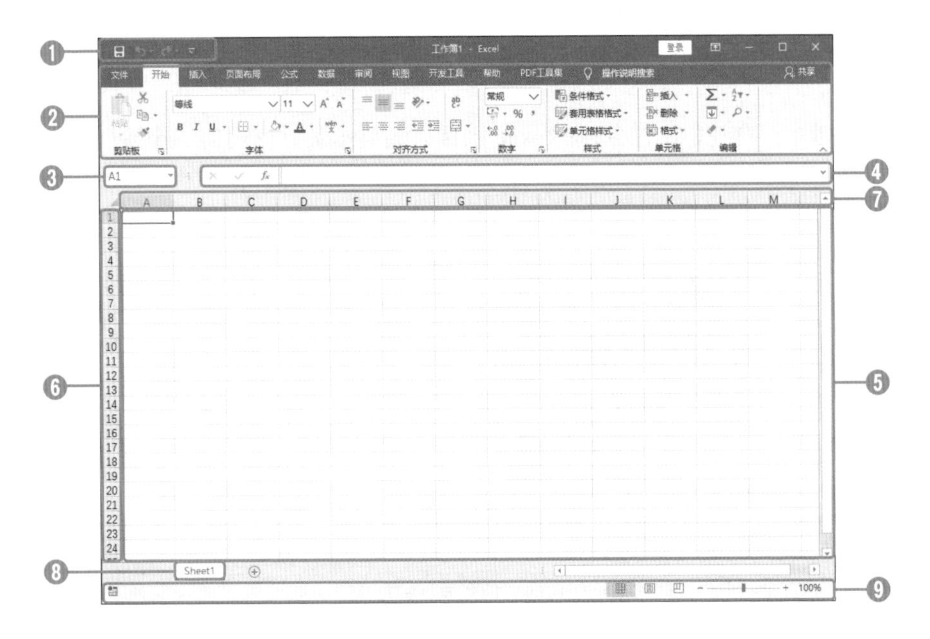

❶快速访问工具栏

快速访问工具栏**可以一键执行预置功能**。初始预置功能有［**保存**］［**撤销**］等，也**可以自定义添加功能**（参见p.333）。添加频繁使用的操作可以显著提高工作效率。

❷功能区

Excel可实现的大部分功能都按照类型设置在不同的“选项卡”中。单击打开目标选项卡，单击其中的按钮，就可以实现各项功能。后面将对功能区各选项卡进行讲解。

❸名称框

名称框显示**“当前选中单元格的行列号”**，还可以用来修改单元格“名称”（参见p.230）。

❹编辑栏

显示输入单元格的**实际数据**。输入公式时，单元格显示**计算结果**，编辑栏则显示**公式**。

❺工作表

工作表是实际操作的区域，由横线和竖线划分为方格，每个方格叫作“**单元格**”。可以在这些单元格里输入数值、文本等数据。

❻行号

工作表左侧显示的1、2、3……连续数字叫作“**行号**”，表示各个单元格垂直方向上的序号，共有**1048576行**。

❼列号

工作表上方显示的A、B、C……连续字母叫作“**列号**”，表示各个单元格水平方向的序号。Z之后是AA，ZZ之后是AAA，最后一列为XFD。各个单元格的位置可以用列号和行号组合表示。例如**A1**单元格。

❽工作表标签

Excel每个工作簿可以创建多个工作表，工作表标签显示工作表名称，单击工作表标签可以切换当前工作表。此外，右击工作表标签，可以插入、删除工作表或者为工作表重命名。

❾状态栏

状态栏显示当前编辑的内容和工作表的相关信息。

功能区的各个选项卡

标准的Excel功能区显示下列选项卡。

> 笔记
>
> 各个选项卡显示的内容根据所使用的Excel版本和窗口大小而有所不同，本书采用的是Excel 2019界面。

[文件]选项卡

[文件]选项卡不同于其他选项卡，选中后界面本身会变大。切换至[文件]选项卡时所显示的界面也称作**后台视图**。

该选项卡包括当前编辑文档的相关信息，例如新建、保存、打印等**有关文档处理的操作**。在这一界面还可以修改操作环境的基本设置。

[开始]选项卡

该选项卡是Excel的基本选项卡，包括使用频率较高的功能，例如**移动和复制单元格的相关操作、格式设置、选择和查找的相关功能**等。

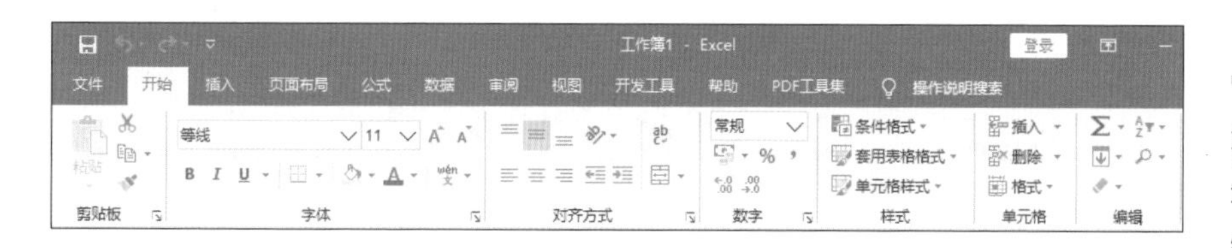

[插入]选项卡

该选项卡包括向工作表中添加表格、图片和图表等相关功能。

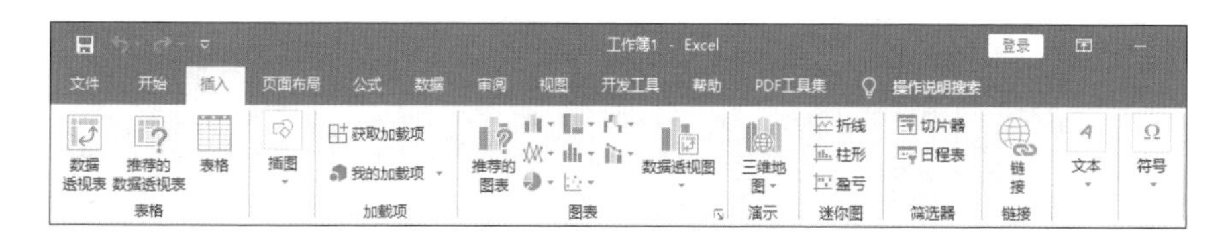

[页面布局]选项卡

该选项卡包括打印页面设置的相关功能，还可以设置工作簿基本颜色、字体等“**主题**”。

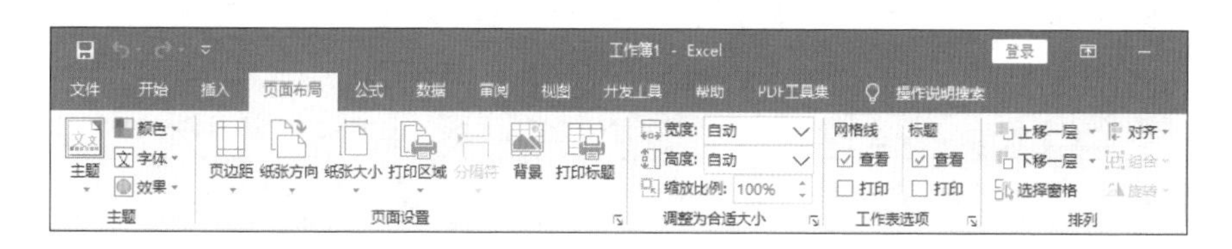

[公式]选项卡

该选项卡包括能够快捷输入函数的“**函数库**”、让单元格引用一目了然的“**名称功能**”和公式求值等功能。

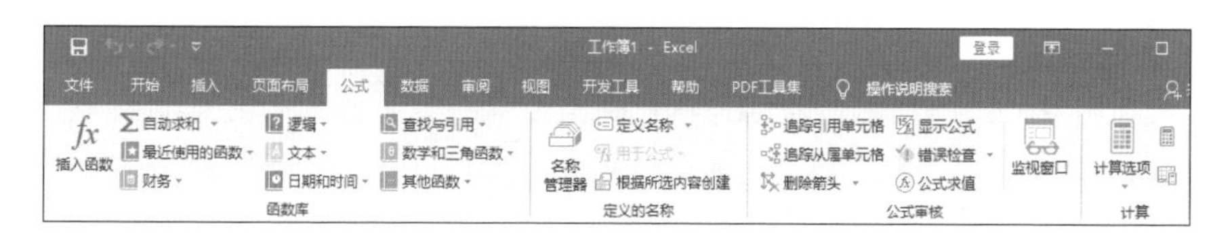

[数据] 选项卡

该选项卡包括**从外部获取数据和数据基础处理**等相关功能。

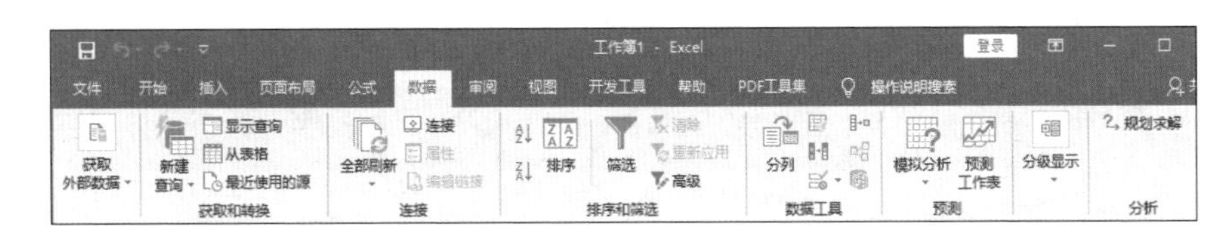

[审阅] 选项卡

该选项卡包括工作表所输入数据的检查、批注、共享等**多人协作**的相关功能。

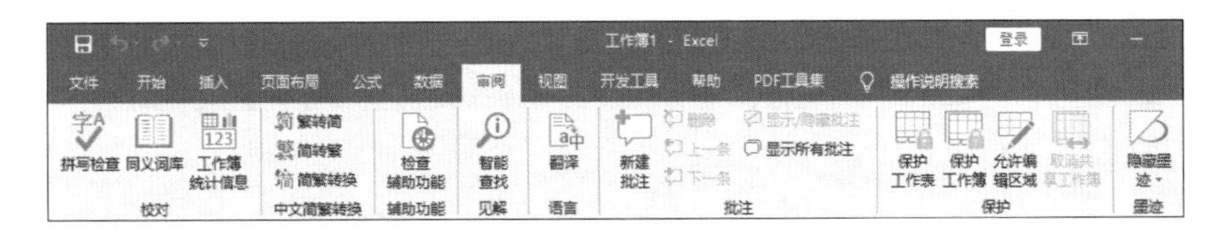

[视图] 选项卡

该选项卡包括工作表和窗口显示的相关功能。

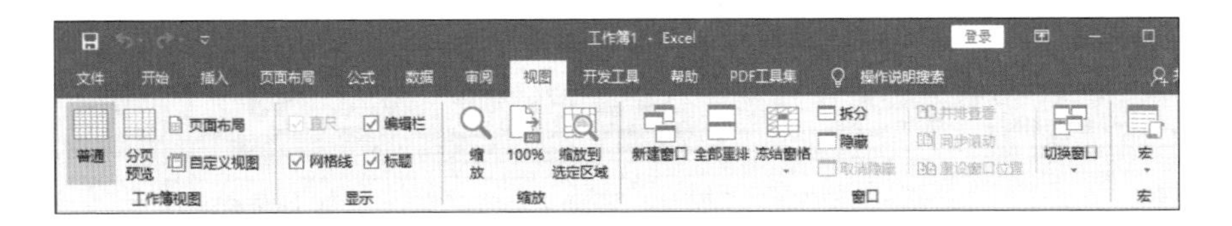

[帮助] 选项卡

该选项卡可以查询Excel的使用方法。

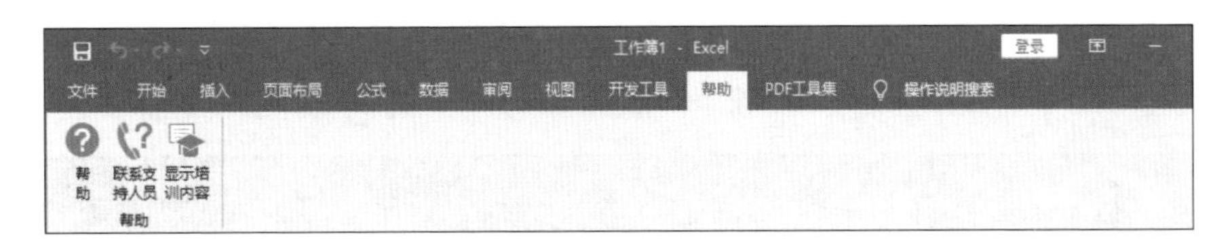

04 了解数据类型

Excel能够处理的数据类型

Excel可以处理的数据类型如下。

● **Excel能够处理的数据类型**

类型	说　明
数值	**仅由数字构成的数据**，可以进行加、减、乘、除等各种运算
文本	字母、汉字、符号等，可以理解为“**所有无法进行计算处理的数据**”
日期・时间	Excel 的日期、时间也是一种数值数据（序列数）。日期数据是以 1900 年 1 月 1 日为 1，逐天递增的**整数数据**。 时间数据则是以 0 时为 0，正午 12 时为 0.5，次日 0 时（24 时）为 1 的**小数数据**。1 小时的长度用 1/24，1 分钟的长度进而用 1/24 的 1/60 所对应的小数来表示。通常，不会在同一个单元格内处理日期和时间，但二者可以输入同一单元格中
逻辑值	表示 TRUE（真）或 FALSE（假）的数据，可以作为一种数值直接输入单元格，但在实际操作过程中，基本用于 IF 函数（参见 p.202）的条件验证。 此外，因为 TRUE 等价于数值 1，FALSE 等价于数值 0，所以在公式中，**也可以将逻辑值转换为数值数据**
错误值	公式结果不正确时所显示的数据，也可以作为数值进行输入，但几乎不可能将错误值直接输入单元格。 错误值的主要作用是当公式表述出现问题时显示该问题的类型。关于错误值参见 p.28

笔记

以日期、时间为基础的数值数据称为“序列数”，要使用序列数管理Excel的日期和时间数据，详细讲解参见p.92。

Sample_Data/01-05/

05 了解常量和公式的区别

单元格显示“运算结果”

直接输入单元格的数值、文本或日期等数据称为“**常量**”。如字面含义，常量就是固定的数值（不会变化的数值）。

除了常量，Excel还可以输入“**公式**”。在数据前面输入“=”（等号），Excel就把该数据视为公式，并在单元格里显示该公式的运算结果。公式显示在**编辑栏中**。例如，在单元格输入“=1+3”公式，单元格就显示运算结果4，而编辑栏中显示“=1+3”。

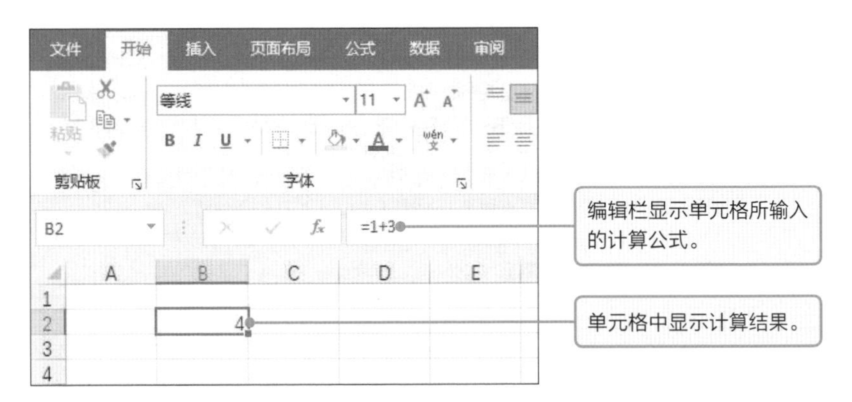

什么是运算符

公式中所使用的符号称为“**运算符**”。前面公式中使用的“+”（加号）等用于**数值计算**的运算符称作“**算术运算符**”。在Excel公式中，可使用的算术运算符类型如下页表所示。

> **笔记**
>
> 除了算术运算符，在Excel公式中还会用到比较运算符、文本运算符、引用运算符等各种各样的运算符。

● 算术运算符的类型

运算符	功能	实例	计算结果
+	加法	1+4	5
-	减法	10-7	3
*	乘法	4*3	12
/	除法	15/3	5
^	幂运算	4^2	16
%	百分比	20%	0.2

函数和参数

Excel预置“**函数**”功能。使用函数，可以通过简单的操作，实现仅凭运算符所无法实现的**复杂计算**或者是大部分使用者都会频繁用到的**特定处理**（例如大规模的数据统计）（参见第5章）。

在公式中使用函数时，要在函数名称后面添加“( )”（括号），在括号内输入需要计算的数值或文字。例如，要对5个数值求和，就可以使用SUM()函数，在单元格内输入以下公式。

```
=SUM(2,5,11,8,10)
```

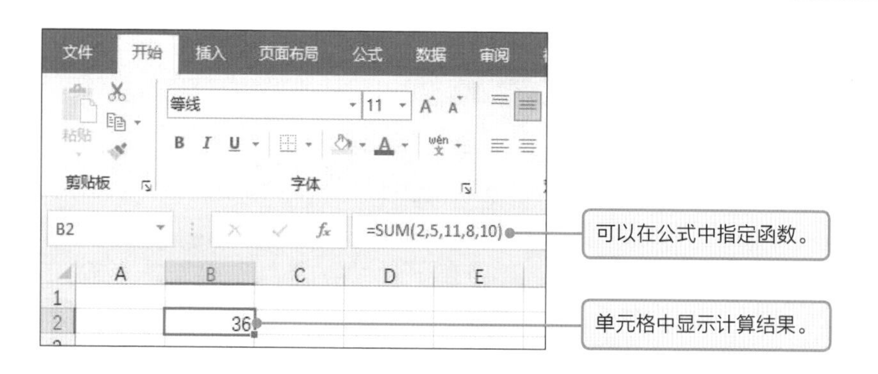

此外，输入函数括号内的计算对象值叫作“**参数**”。

在公式中指定单元格

公式中不仅可以添加数值和文字，还可以指定**单元格**。指定单元格时，可以直接在公式中指定**单元格的行列号**，例如**A1**。

在下面的范例中，计算单元格**A2**与单元格**B2**中数值的乘积。

```
=A2*B2
```

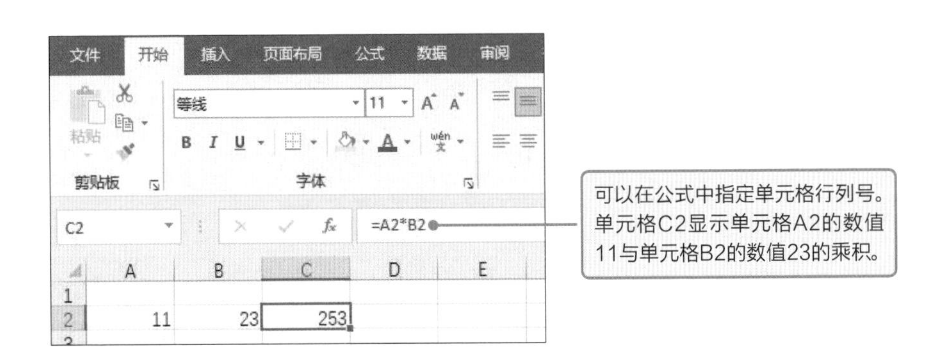

不仅可以将某一个单元格指定为函数参数，**单元格区域**（多个单元格的集合）也可以指定为参数，而不限于单独的单元格。下面示例中指定单元格区域时，用“:”（半角冒号）连接第一个和最后一个单元格。这样处理对象就会变为**以两个单元格连接线为对角线的矩形区域**。

```
=SUM(B2:C4)
```

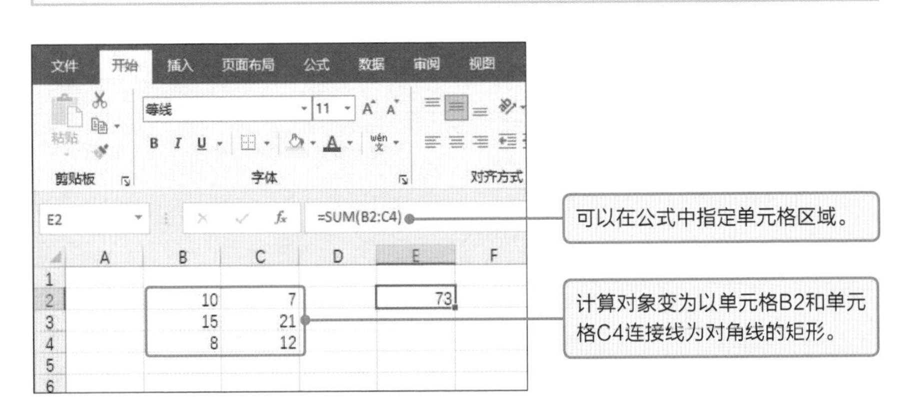

原则上，公式一经输入就不要修改（修改错误时除外）。因此，无须修改的数值可以直接输入公式。如果数值有可能需要修改，就不要直接输入数值，而要指定单元格的行列号，在该单元格中修改数值。这样，无须修改公式也可以进行所需计算。

06 编辑多个工作簿

扫码看视频

创建工作簿

同时打开多个工作簿并根据需要切换界面进行编辑，可以提高工作效率。下面介绍在Excel编辑过程中新建其他工作簿的方法。

与打开Excel一样，执行下列步骤，即可从模板列表中创建工作簿。

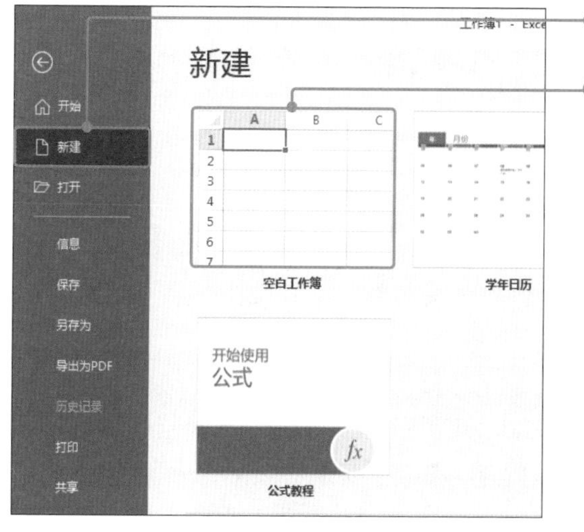

❶ 单击［文件］标签→选择［新建］选项。

❷ 选择［空白工作簿］选项。

实用的专业技巧！ 利用快捷键快速新建工作簿

如果只是新建一个空白工作簿，使用快捷键Ctrl+N更加方便。

打开工作簿

在Excel编辑过程中，如果要打开其他工作簿，可以单击**［文件］标签→选择［打开］选项**。此时界面右侧显示最近使用过的工作簿的列表，选择目标工作簿名称，即可打开该工作簿。

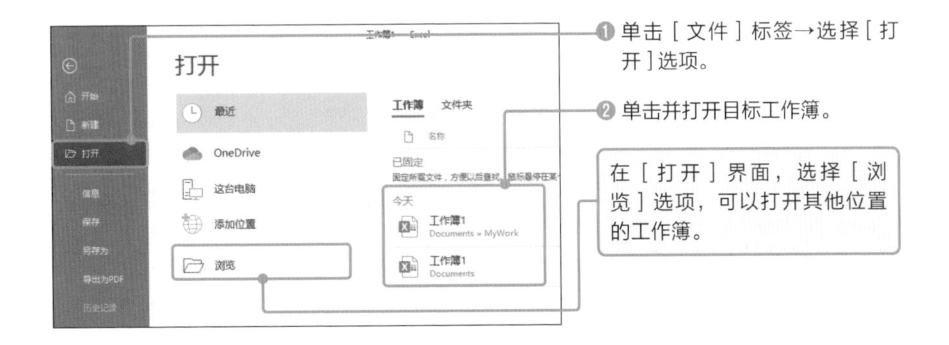

切换多个窗口

在Excel中，有很多方法可以切换同时处于打开状态的窗口。

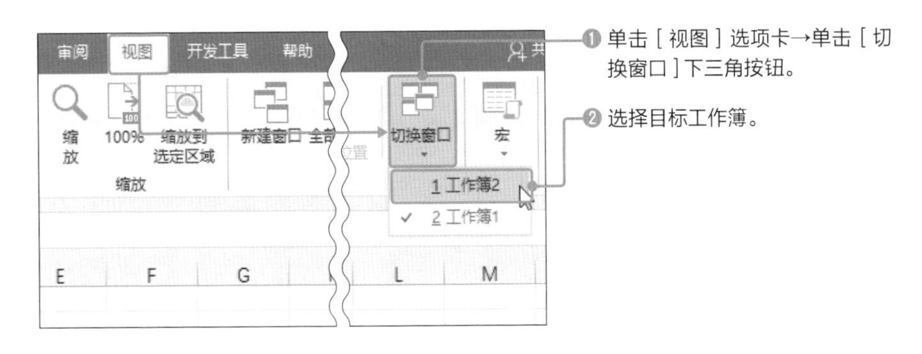

此外，将光标移至任务栏中Excel的图标上，则显示已经打开的Excel**工作簿的缩略图**，可以在图上浏览内容，单击可以放大显示。

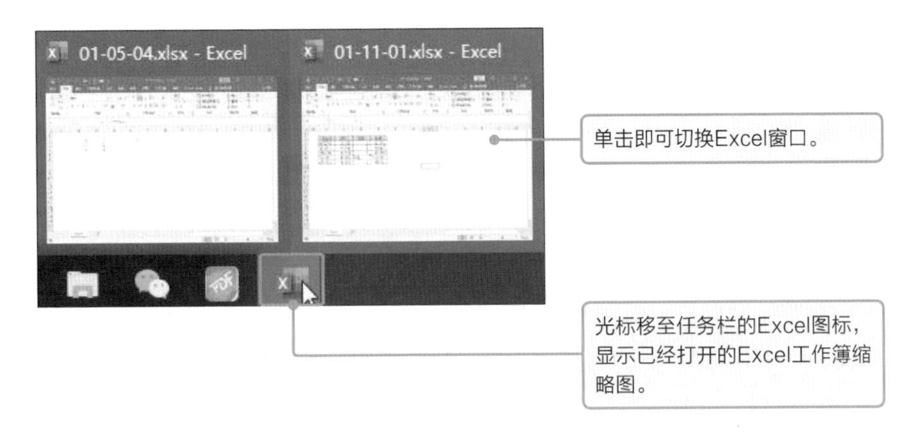

07 正确保存工作簿

扫码看视频

使用标准格式保存

执行下列步骤，可以为当前工作簿命名并保存。

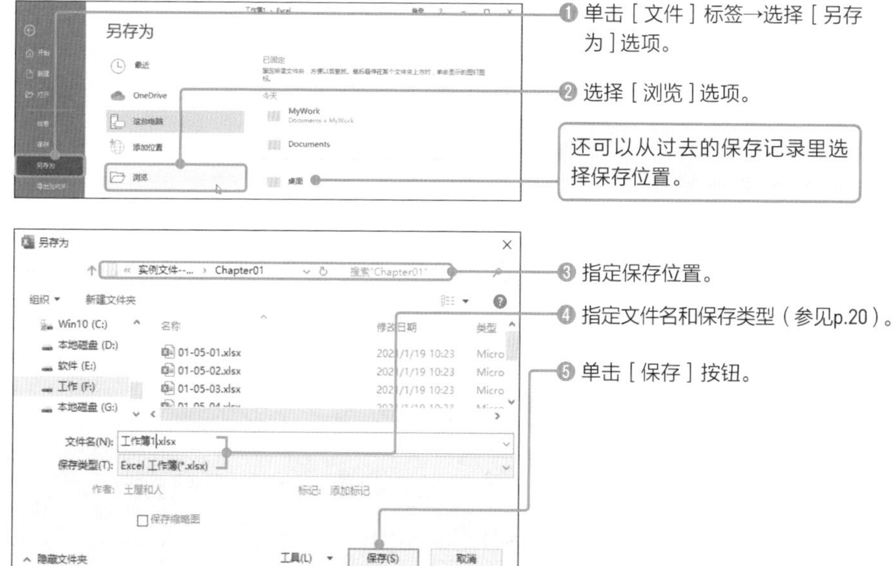

Excel文件的标准保存类型是**“Excel工作簿（*.xlsx）”**，一般保存时都可以使用该类型。此外，首次保存时，选择**［保存］**选项，也会显示“另存为”对话框。

保存一次以后，从第二次开始单击**［文件］标签→选择［保存］**选项，就可以覆盖上一次保存的内容了。

另外，还可以单击快速访问工具栏的**［保存］按钮**，或使用快捷键Ctrl+S进行保存。

笔记

打开［另存为］对话框，选择［浏览］选项，显示的默认保存位置为［Excel选项］对话框［保存工作簿］区域中［默认本地文件位置］所设定的文件夹（参见p.323）。

选择适当的保存类型

数据不同，有时可能要保存为除Excel工作簿（*.xlsx）之外的类型，下表为Excel的主要文件保存类型。

● **Excel的主要文件保存类型**

保存类型	说明
Excel 工作簿	Excel 的标准文件格式
Excel 启用宏的工作簿	使用宏的 Excel 文件
Excel 二进制工作簿	不引入 XML 的 Excel 文件
Excel 97-2003 工作簿	从前版本的 Excel 文件
CSV UTF-8(逗号分隔)	用逗号分隔文字的 UTF-8 文本
XML 数据	XML 格式的文本文件
Excel 模板	Excel 的标准模板格式
Excel 启用宏的模板	使用宏的模板
文本文件(制表符分隔)	用制表符分隔文字的文本文件
Unicode 文本	Unicode 文本格式
CSV(逗号分隔)	用逗号分隔文字的文本

“宏”是一种**实现Excel操作自动化的程序**。保存使用宏的Excel文件时，可以选择保存为**“Excel启用宏的工作簿”**。

“Excel模板”保存类型即**保存可反复使用的文本样式**（见p.21）。

08 利用模板创建工作簿

扫码看视频

利用已保存的模板

在Excel中打开以**模板格式**保存的文件，则打开一个**“已部分编辑完成”**的新工作簿。如果要保存该状态的工作簿，首先必须［**另存为**］，而且保存时要选择保存位置并修改文件名。

模板有**“Excel预置模板”**和**“用户自定义模板”**两种类型。预置模板可以在Excel［**新建**］界面中进行选择，下面将从所显示的模板中选择［**学生课程安排**］模板。

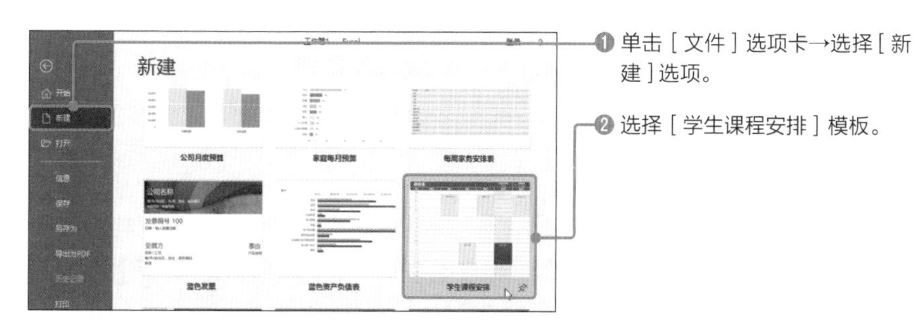

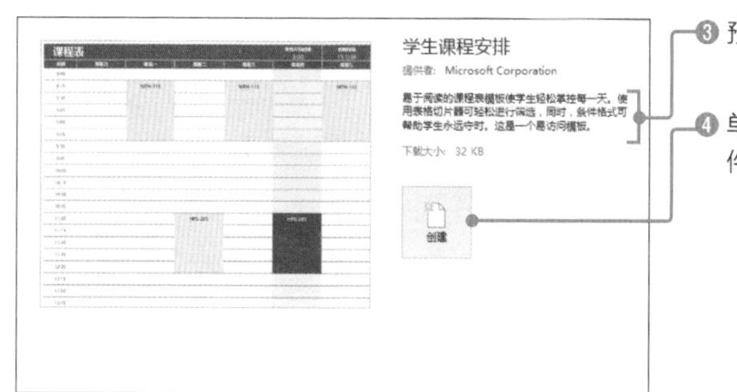

❸ 预览所显示的模板内容。

❹ 单击［创建］按钮，目标模板文件下载完成后即可打开。

已创建的工作簿的文件名

创建后的工作簿名称栏所显示的工作簿名称是**“学生课程安排1”**，但是不能以该名称保存文件，请参考下列步骤修改文件名。

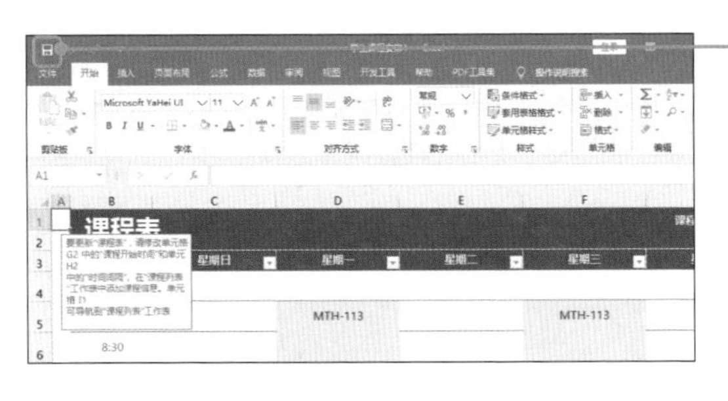

提示

在［文件］选项卡中选择［另存为］选项或者使用快捷键Ctrl+S(保存)也可以实现相同的操作。

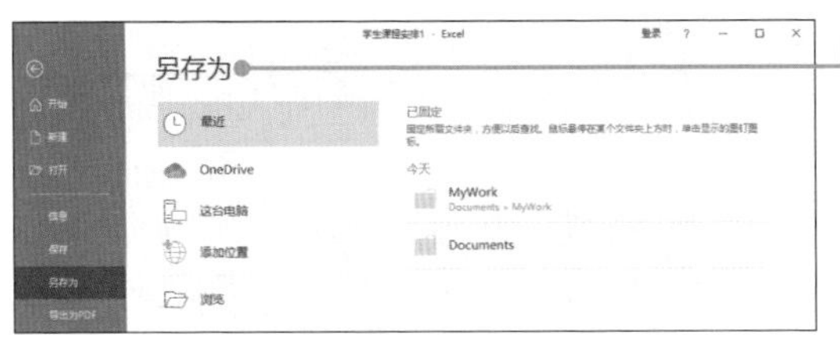

打开［**另存为**］界面后可以看到当前工作簿的名称尚未确定。接下来按照p.19的步骤，以常用Excel工作簿的格式执行保存即可。

应用自定义模板文件

还可以把编辑后的工作簿保存为模板。操作步骤十分简单，具体来说只需打开［**另存为**］**对话框**，在［**保存类型**］中选择［**Excel模板**］选项即可。文件默认保存位置自动生成“自定义office模板”文件夹，保存在该文件夹即可。

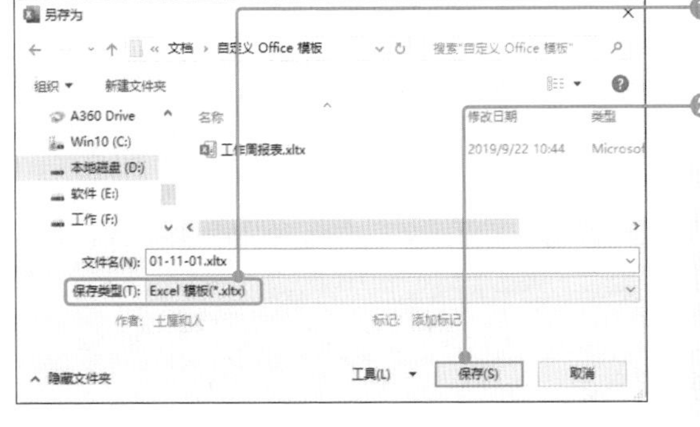

提示

Excel模板虽然可以保存在任意位置，但是如果没有保存在默认“自定义office模板”文件夹中，那么在执行［文件］选项卡→［新建］→［个人］操作时，将无法选择该模板。

应用已保存的模板

按照以下步骤操作，可以应用已保存的模板创建新的工作簿。

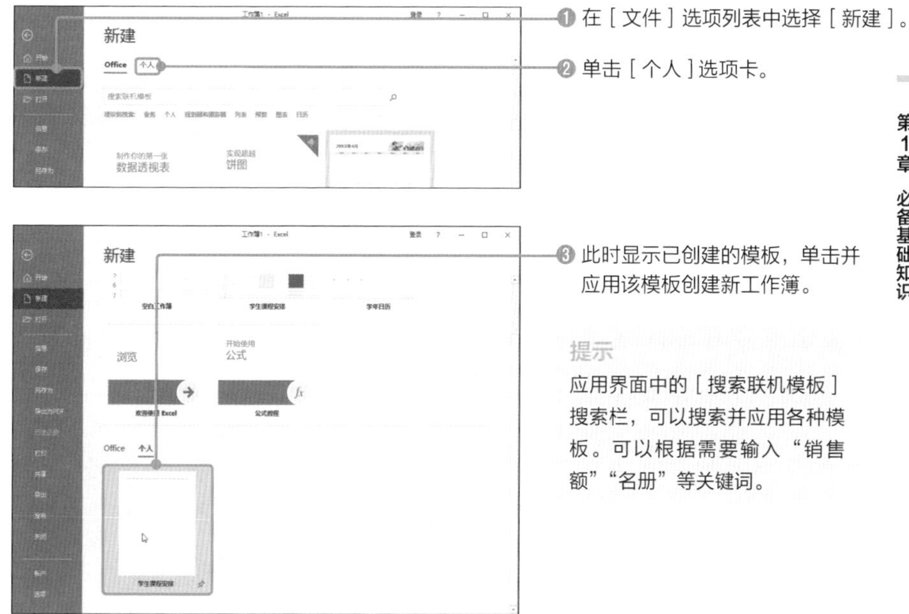

提示

应用界面中的［搜索联机模板］搜索栏，可以搜索并应用各种模板。可以根据需要输入“销售额”“名册”等关键词。

09 提高编辑效率的两种方法

使用鼠标进行操作既直观简单，又便于初学者掌握，但是**从编辑效率层面来看，这并不是最佳方法**。让烦琐的编辑工作更加高效的关键，是在处理时尽量只使用键盘，不使用鼠标。掌握键盘操作之后，可以迅速实现目标功能，缩短编辑时间。

键盘操作大致分为**"快捷键"**和**"访问键"**两类。快捷键是通过不同的按键组合实现某种特定操作。Excel的常用快捷键如表所示。

● 务必熟记于心的常用快捷键

按键	说明
F1	显示［帮助］导航窗格
Del	删除单元格内容
Ctrl+C	复制
Ctrl+X	剪切
Ctrl+V	粘贴
Ctrl+Z	撤销
Ctrl+W	关闭工作簿
Ctrl+O	打开工作簿
Ctrl+S	保存
Ctrl+↑→↓←	移动至所选方向的最后一个单元格
Ctrl+End	移动至工作表的最后一个单元格
Ctrl+Home	移动至A1单元格
Ctrl+1	打开［设置单元格格式］对话框
F2	将单元格调整为编辑状态
F4	切换相对引用和绝对引用

本书不仅讲解使用鼠标实现各项功能的操作步骤，还将补充说明使用快捷键实现各项功能的相关操作。

利用访问键

访问键是一种通过**依次单击**功能区上各菜单条目的预设键位，实现某种特定指令的功能。首先按Alt键，功能区的各个项目随即显示预设键位，之后按显示按键即可。

下面介绍利用访问键实现［**数据验证**］**功能**的步骤。

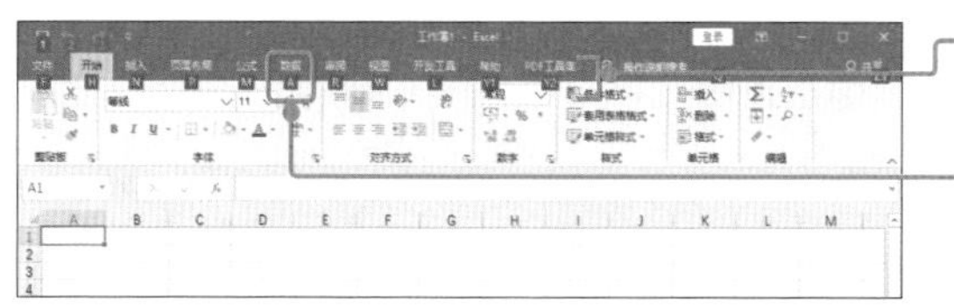

❶ 按Alt键，功能区的选项卡显示键位。

❷ 因［数据验证］在［数据］选项卡中，所以根据提示按A键。

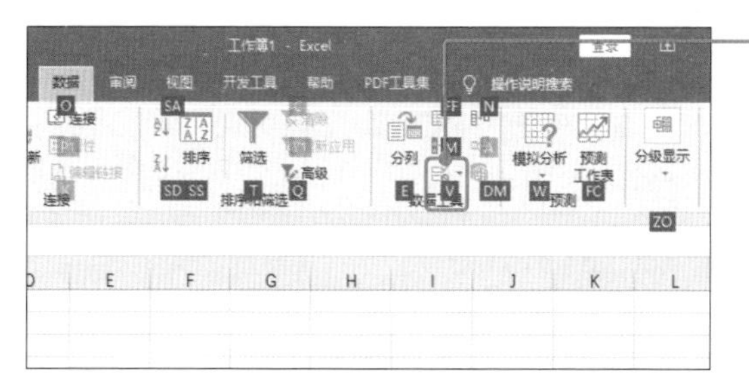

❸［数据］选项卡处于被选中状态，根据提示按V键。

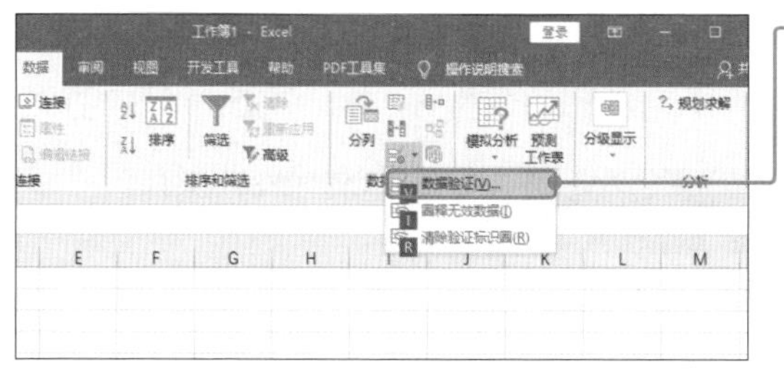

❹ 再次按V键，即可开启［数据验证］功能。

实用的专业技巧!　利用访问键可以显著提高编辑效率

如上所述，如果要仅用键盘操作实现［数据验证］功能，可以按照Alt→A→V→V的顺序按键。其他功能和操作的步骤与此相同。如果能够熟记常用功能的访问方法，会显著提高编辑效率。

10 撤销错误操作 / 恢复已撤销的操作

撤销操作

当出现错误操作时，应该尽快撤销这一错误操作，返回操作之前的状态。Excel不仅可以撤销某一个操作，还可以撤销多步操作。此外，还可以**恢复已经撤销的操作**。

单击快速访问工具栏的**［撤销］按钮**，即可撤销上一个操作并返回之前的状态。也可以按Ctrl+Z组合键。

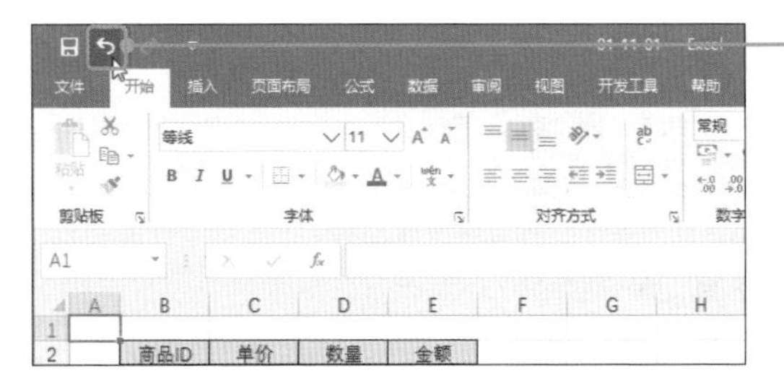

❶ 单击快速访问工具栏的［撤销］按钮。

撤销多步操作

如果要返回多个步骤之前的状态，可以单击**［撤销］下三角按钮**，在列表中选择要回到的步骤。

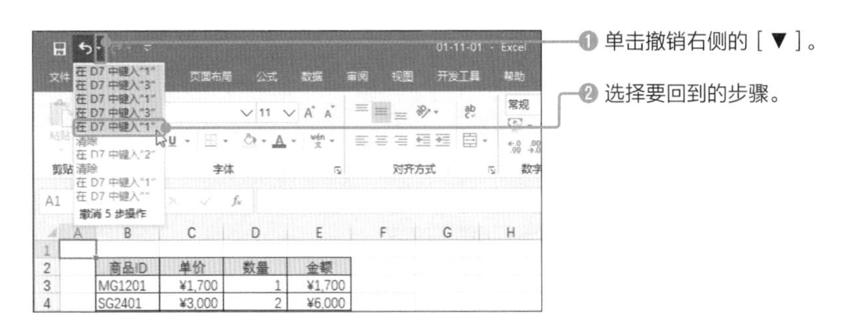

❶ 单击撤销右侧的［▼］。

❷ 选择要回到的步骤。

恢复已经撤销的操作

如果要恢复上一个撤销的操作，可以单击快速访问工具栏的 [**恢复**] **按钮**，或者按Ctrl+Y组合键。

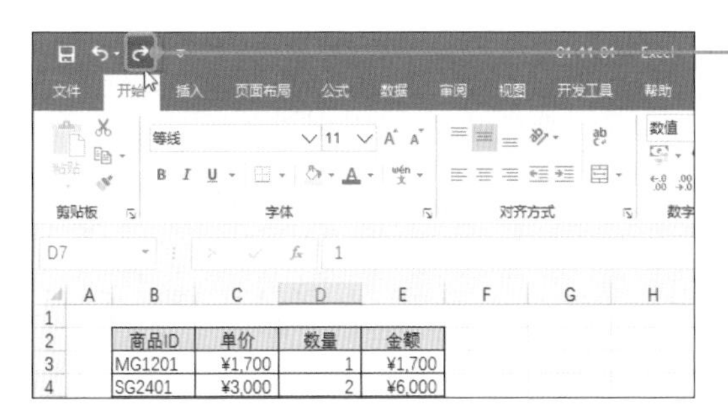

❶ 单击快速访问工具栏的 [恢复] 按钮。

恢复多个步骤的操作

想要恢复已撤销的多个步骤，可以单击 [**恢复**] 下三角按钮，选择想要恢复的步骤。

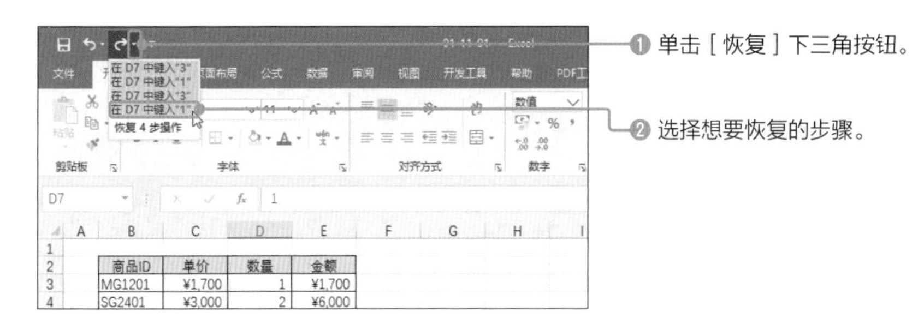

笔记

在Excel中，恢复操作的上限是100次。这个上限不能在 [Excel选项] 对话框中修改。如果要修改上限，必须编辑Windows的“注册表”，因为这一操作需要专业知识，所以一般并不建议操作。如果具备Windows系统方面的相关知识，可以尝试修改。

11 了解公式中的错误值

扫码看视频

错误产生的原因

如果在公式中输入不正确的数值，单元格就会显示对应的错误值，在Excel中可能遇到以下几种错误值。

● **错误值的类型**

错误值	说明
#VALUE!	计算对象的数值错误
#DIV/0!	除法的除数（分母）为 0 或指定了空白单元格
#NUM!	数值不在正确的区域内
#NAME?	使用了错误的名称
#N/A	不是可用数值
#REF!	单元格引用无效
#NULL!	指定的单元格区域不存在

常见错误的产生原因和解决方法

当算术运算符的计算对象被指定为文本而非数值时，就会显示错误值#VALUE!。指定单元格行列号为计算对象时，检查该单元格是否输入了文本。

E6 =C6*D6

	A	B	C	D	E	F	G
1							
2		商品ID	单价	数量	金额		
3		MG1201	¥1,700	1	¥1,700		
4		SG2401	¥3,000	2	¥6,000		
5		MG1201	¥1,700	1	¥1,700		
6		SG2401	¥3,000	未定	#VALUE!		
7		MG1003	¥3,600	1	¥3,600		
8							

乘法运算的计算对象里指定了文本“未定”，结果出现了#VALUE!错误值。

当除法运算的除数（分母）指定为0时，就显示错误值**#DIV/0!**。空白单元格在运算过程中也被当作是0，因而也会产生这一错误值。

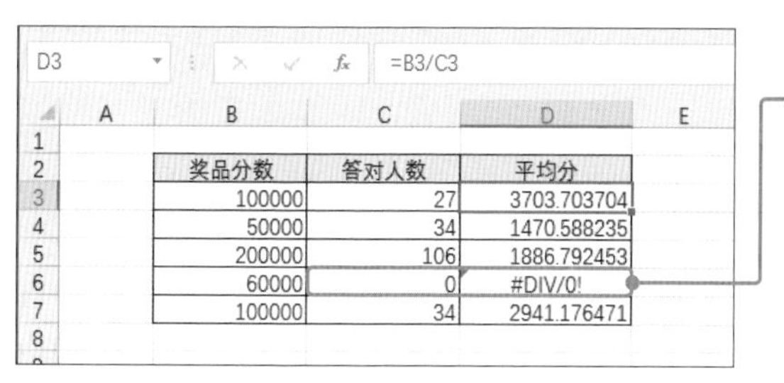
D3 =B3/C3

	A	B	C	D	E
1					
2		奖品分数	答对人数	平均分	
3		100000	27	3703.703704	
4		50000	34	1470.588235	
5		200000	106	1886.792453	
6		60000	0	#DIV/0!	
7		100000	34	2941.176471	
8					

除法运算的除数(分母)被指定为0或空白时，产生#DIV/0!错误值。

提示

如果AVERAGE()函数指定的参数区域内没有数值，同样产生这一错误值。

当指定“名称”（参见p.230）未被定义时，产生错误值**#NAME?**。另外，指定文本时忘记在其前后加上""，同样产生该错误值。

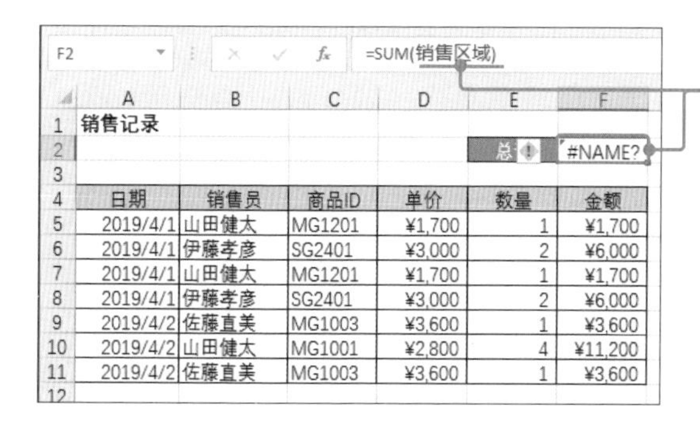
F2 =SUM(销售区域)

	A	B	C	D	E	F
1	销售记录					
2					总	#NAME?
3						
4	日期	销售员	商品ID	单价	数量	金额
5	2019/4/1	山田健太	MG1201	¥1,700	1	¥1,700
6	2019/4/1	伊藤孝彦	SG2401	¥3,000	2	¥6,000
7	2019/4/1	山田健太	MG1201	¥1,700	1	¥1,700
8	2019/4/1	伊藤孝彦	SG2401	¥3,000	2	¥6,000
9	2019/4/2	佐藤直美	MG1003	¥3,600	1	¥3,600
10	2019/4/2	山田健太	MG1001	¥2,800	4	¥11,200
11	2019/4/2	佐藤直美	MG1003	¥3,600	1	¥3,600
12						

由于名称“销售区域”未被定义，因而产生了#NAME?错误值。

避免错误值的方法

产生错误值之后，应当根据错误值类型把握问题要点，修改公式和单元格的数值。但是，引用了公式的单元格后续还可能会被输入错误的数值。为了防范这种情况，应当使用**IF()函数**（参见p.202）或**IFERROR()函数**，设置为**“当计算产生问题时则进行其他处理”**。

12 合理解决问题的方法

应用“帮助”功能查询解决问题的方法

在Excel编辑过程中，遇到不清楚操作方法或出现某些问题时，先查看Excel的**“帮助”**。可以单击［**帮助**］**选项卡**→［**帮助**］按钮，或者按F1功能键。

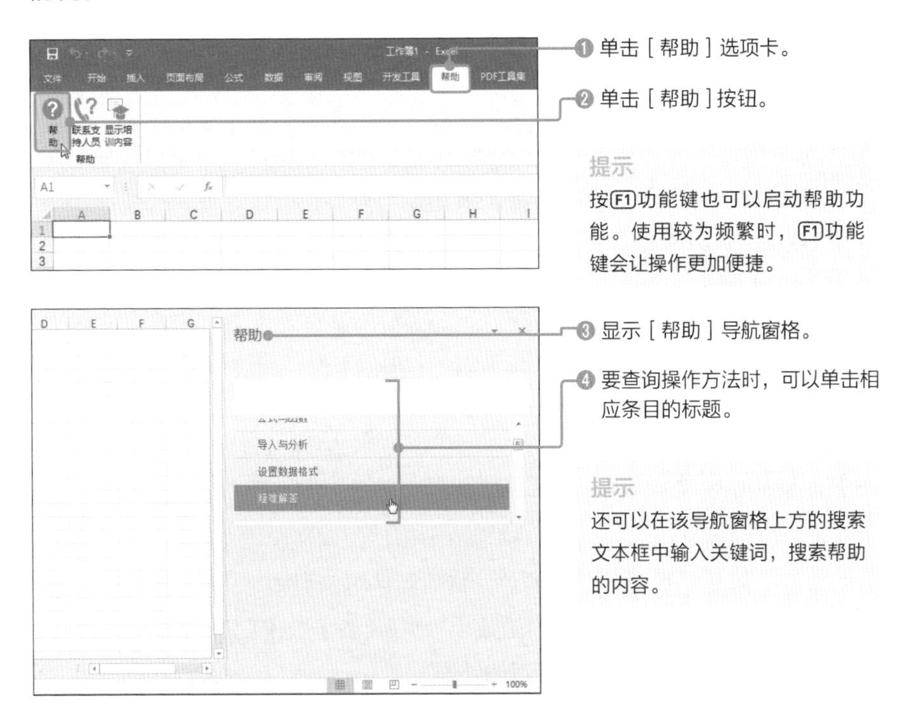

❶ 单击［帮助］选项卡。

❷ 单击［帮助］按钮。

提示

按F1功能键也可以启动帮助功能。使用较为频繁时，F1功能键会让操作更加便捷。

❸ 显示［帮助］导航窗格。

❹ 要查询操作方法时，可以单击相应条目的标题。

提示

还可以在该导航窗格上方的搜索文本框中输入关键词，搜索帮助的内容。

实用的专业技巧！ 灵活运用操作说明搜索功能

不清楚操作方法时，还可以在界面上方的“操作说明搜索”文本框输入关键词进行查询。

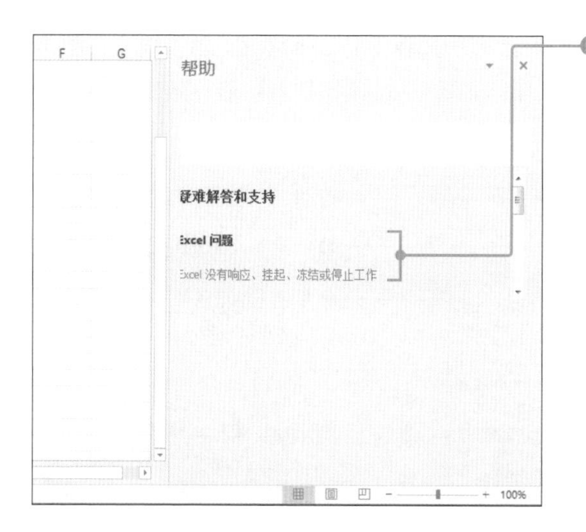

强制关闭Excel

当Excel未响应，无法执行任何操作时，可以稍事等待，可能是因为当前处理需要耗费一定的时间，只需稍等片刻就会恢复正常。

但是，如果长时间未响应，就需要强制关闭Excel。如果鼠标、Windows以及其他软件运行正常，**仅Excel未响应**，那么可执行以下步骤强制关闭Excel。

右击任务栏→选择［任务管理器］命令。

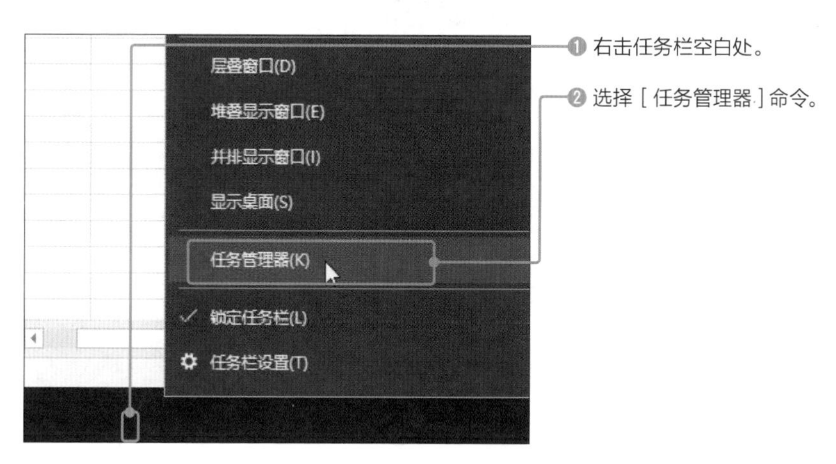

在弹出的“任务管理器”对话框中选择［Microsoft Excel］选项，单击［结束任务］按钮，即可强制关闭Excel。不过该操作有可能导致工作簿中的数据丢失。

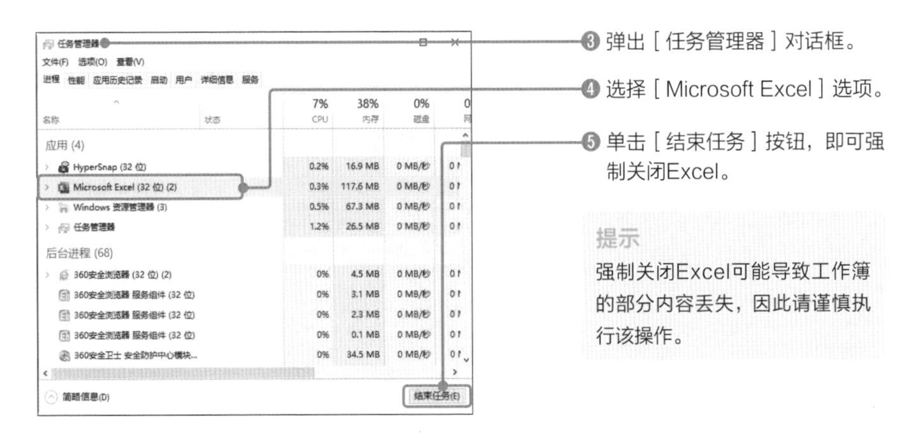

灵活使用［文档恢复］导航窗格

即使强制关闭Excel，也不会丢失全部数据，有时自动备份的数据被保存下来。在这种情况下再次启动Excel时，界面左侧出现**［文档恢复］导航窗格**，显示可以恢复的文件。

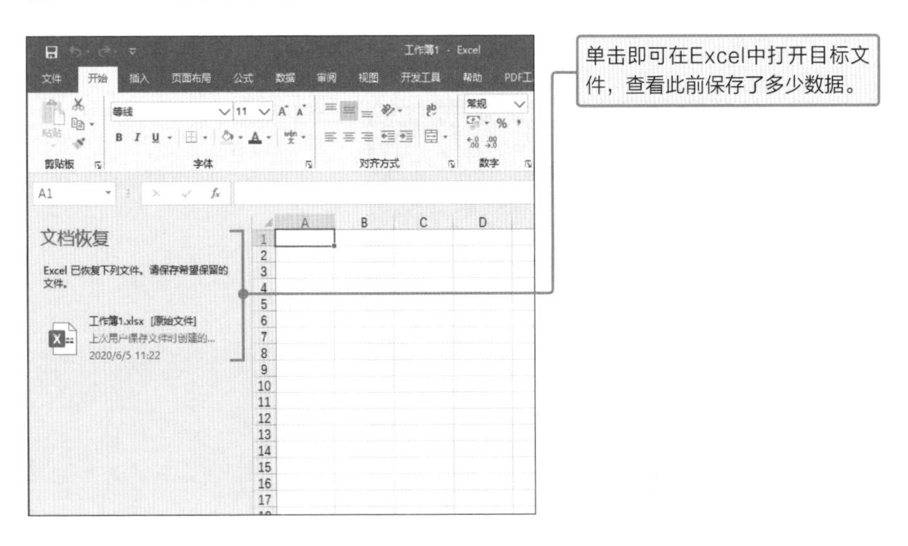

第2章

即学即用！输入和编辑数据的专业技巧

Data Entry & Data Compilation Techniques

Sample_Data/02-01/

01 在右侧单元格中输入

确定输入后向右侧移动的方法

在单元格输入内容之后，按Enter键，确定输入，**下一单元格将自动变为输入对象**（激活）。如果要在右侧而不是下方单元格输入，不要按Enter键，而要按Tab键。

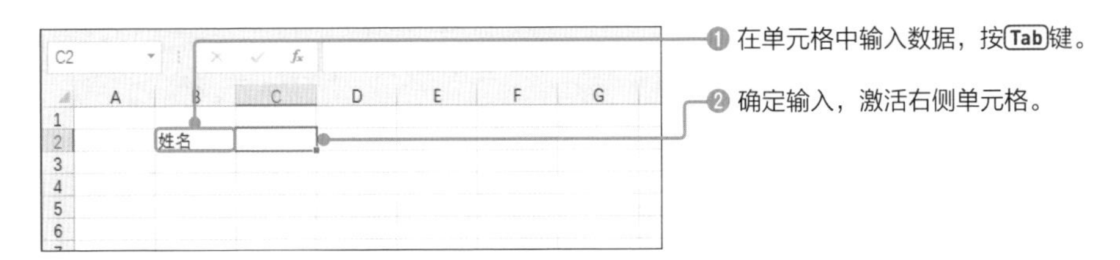

此外，如果按Tab键从单元格B2依次向右输入，单元格E2输入完毕按Enter键，则不会跳转至单元格E3，而是返回**最初输入的列**（单元格B3）。

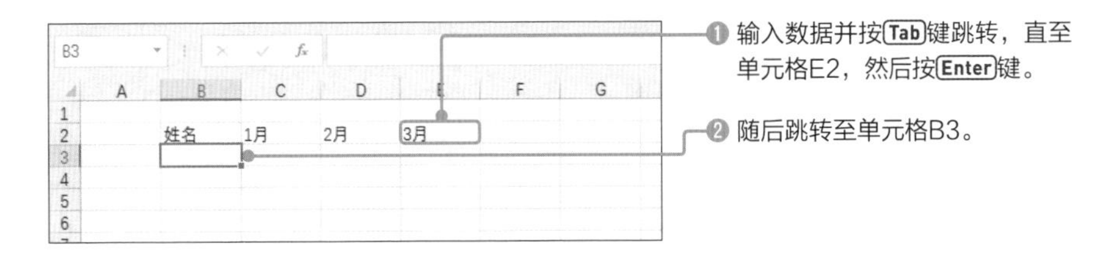

像这样有选择地使用Tab键和Enter键，可以提高数据输入的效率。此外，同时按Shift键和Enter键**上移一格**，同时按Shift键和Tab键**左移一格**。

> **实用的专业技巧！** **修改单元格移动方向的方法**
>
> 在［Excel选项］对话框的［高级］面板中修改按Enter键之后单元格的移动方向（参见p.324）。

Sample_Data/02-02/

02 确定输入区域，提高输入效率

选择目标区域进行区域输入

如果想在一定区域内的单元格连续输入数据，一个简便方法就是首先选择**输入对象单元格区域**，然后使用Tab键在该区域内移动单元格。虽然选中的是单元格区域，但实际输入对象只是显示为白色的**“激活单元格”**。

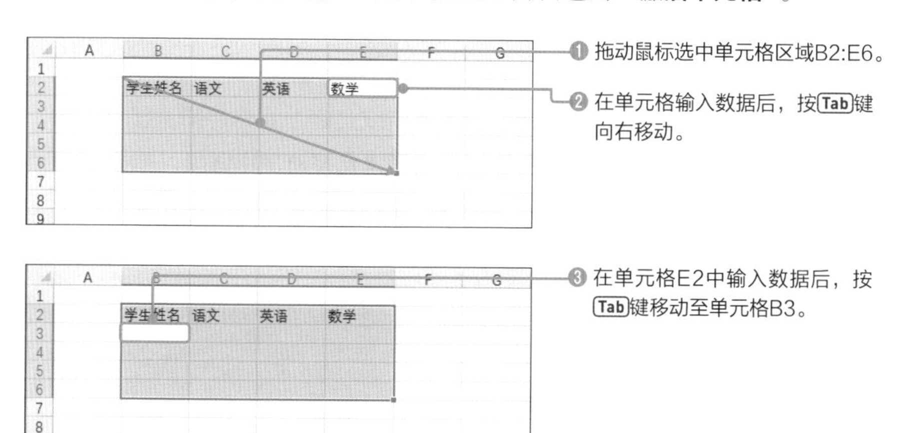

在该单元格区域使用Tab键，激活单元格是逐行由上至下移动。如果使用Enter键，则首先从单元格B2移动至单元格B6，之后返回单元格C2，再向下移动。

此外，在使用Tab键输入时，同时按Shift键，单元格向左移动；在使用Enter键输入时，同时按Shift键向上移动。

03 让单元格迅速进入编辑状态

扫码看视频

只使用键盘编辑单元格

如果要修改输入完毕的单元格中的全部数据，则需要单击并选中目标单元格，在此状态下输入新的数据。

如果仅修改部分数据，那么就要双击该单元格使其进入编辑状态，选中要修改的文本。另一种方法是不在单元格内修改，而是选中目标单元格，在编辑栏修改数据。

有些人会使用鼠标选择编辑对象单元格或是将单元格切换至编辑状态，但**为了提高编辑的效率，建议在选择和编辑单元格时使用键盘**。如果使用鼠标让单元格进入编辑状态，不仅需要熟练操纵鼠标，还需要双击对象单元格，使用键盘操作则只需按F2功能键。

	A	B	C	D	E	F
1						
2		姓名	1月	2月	3月	
3		山田一郎	1250	1380	1150	
4		铃木健太	2120	1740	1940	
5		齐藤晴美	1430	1650	1720	

❶ 选中编辑对象的单元格，按F2功能键。

	A	B	C	D	E	F
1						
2		姓名	1月	2月	3月	
3		山田一郎	1250	1380	1150	
4		铃木健太	2120	1740	1940	
5		齐藤晴美	1430	1650	1720	
6						

❷ 单元格进入编辑状态。

实用的专业技巧！ 单元格的移动方法

可以通过键盘上的方向键↑→↓←或Home、End等键移动对象单元格，此时还可以使用Shift或Alt等按键组合。使用键盘迅速移动单元格的相关方法，参见第3章前半部分内容。

04 在单元格区域全部填充相同数据

在连续的单元格区域进行全部填充

要将相同数据输入到多个单元格时，**逐一选择目标单元格再输入的方法非常低效**。当然也可以复制已经输入完毕的第一个单元格，不过下面要介绍一个最简单的方法。

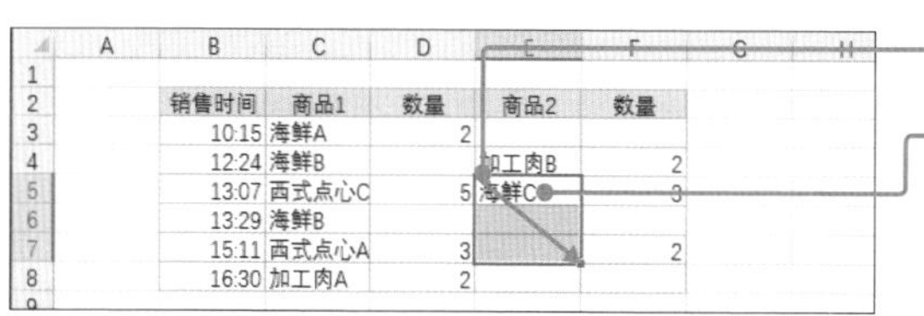

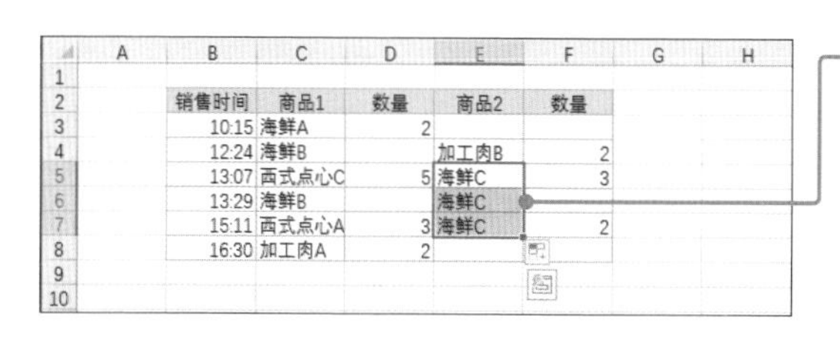

全部填充多个单独的单元格

在Excel中，不仅可以像上面那样对连续单元格区域执行全部填充，还可以对位置分散的多个单元格执行全部填充。

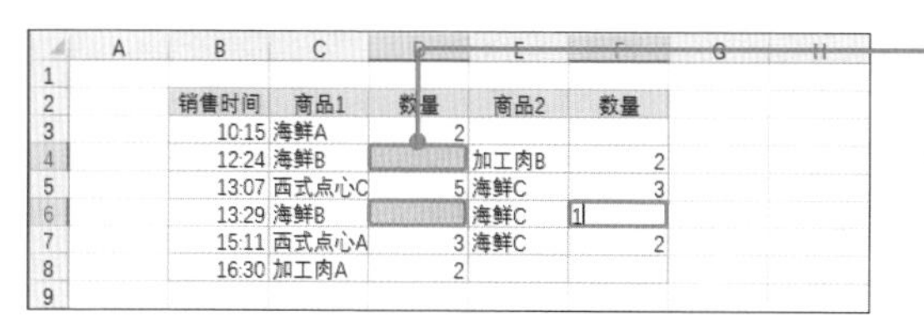

Sample_Data/02-05/

05 在单元格内换行

在单元格内换行显示

输入单元格的文本基本上都显示为一行。如果输入的文本较长，可以单击［**开始**］**选项卡**的［**自动换行**］**按钮**，让文本根据单元格宽度换行显示。

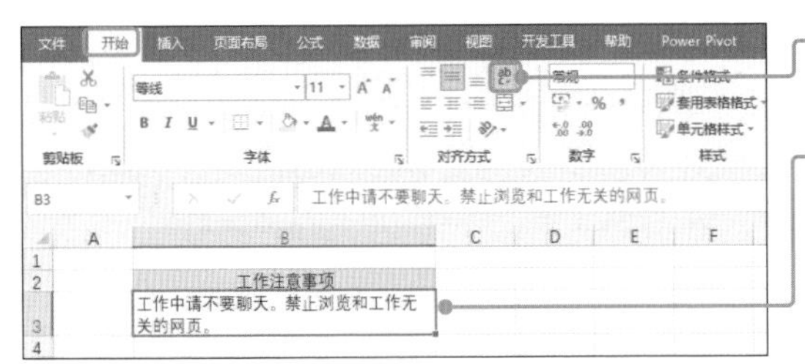

❶ 选中单元格，单击［开始］选项卡→［自动换行］按钮。

❷ 文本在单元格内自动换行。

在特定位置换行

如果想让文本在特定位置换行，可以指定**单元格内换行**。

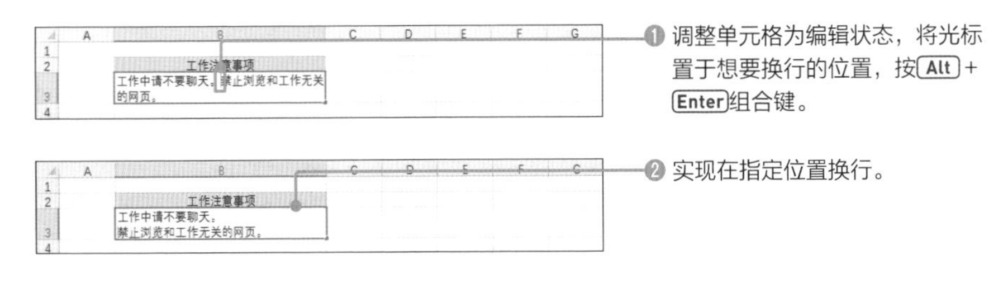

实用的专业技巧！ 根据单元格宽度缩小字号

不仅可以让文本根据单元格宽度换行，还可以根据单元格宽度缩小字号。打开［**设置单元格格式**］**对话框**→［**对齐**］**选项卡**，勾选［**缩小字体填充**］**复选框**。

06 1秒钟输入当前的日期和时间

输入当天日期

可以使用快捷键轻松输入当前的日期和时间。按照下列步骤输入当前日期。

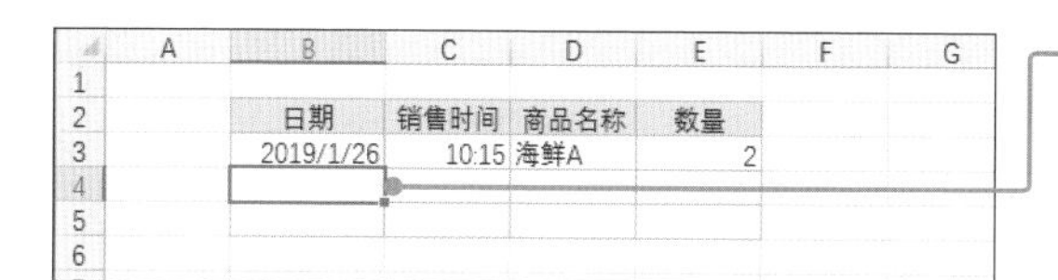

❶ 选中要输入日期的单元格，按Ctrl+;（分号）组合键。

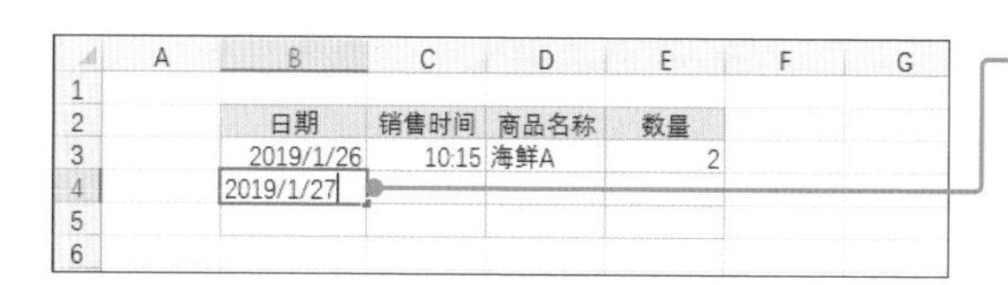

❷ 当前日期输入完毕。

提示

日期格式可以在输入之后进行调整（参见p.146）。

输入当前时间

按照下列步骤输入当前时间。

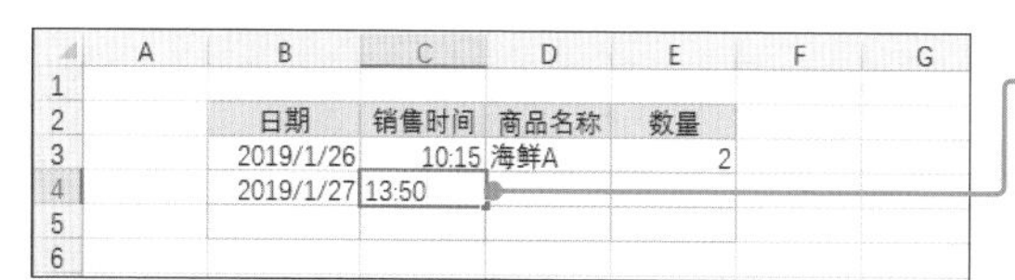

❶ 选中要输入时间的单元格，按Ctrl+:（冒号）组合键。

❷ 当前时间输入完毕。

笔记

因为输入日期的字符（分号）和输入时间的字符（冒号）相似，容易混淆。只要记住“输入时间的字符就是电子表上分隔‘小时’和‘分钟’的(:)”，就可以避免输入错误了。

Sample_Data/02-07/

07 将数据迅速移动或复制到其他单元格

使用鼠标进行移动或复制

将包含数据的单元格（或单元格区域）移动到其他位置时，最基本的方法就是使用**“剪切→粘贴”**操作。具体来说，首先选中对象单元格，单击**[开始]选项卡→[剪切]按钮**，然后在移动的目标位置单击**[开始]选项卡→[粘贴]按钮**。

这个方法的确可以移动单元格，但如果灵活运用“拖动”操作，可以让操作变得更加简单。

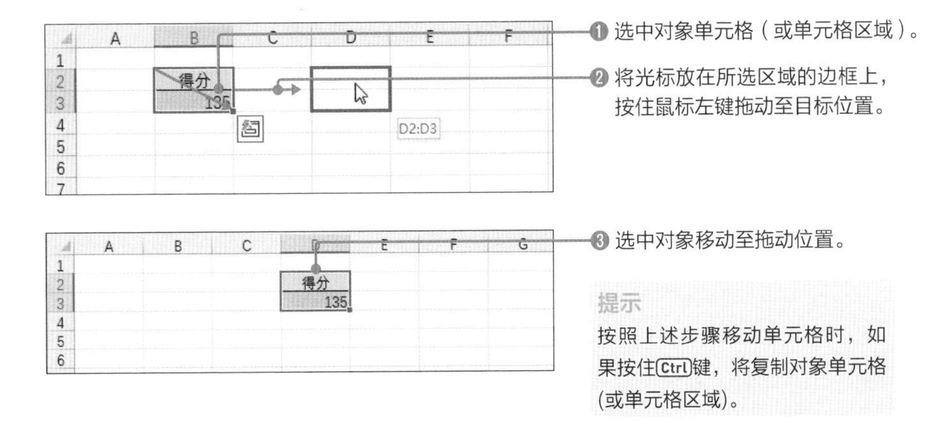

提示

按照上述步骤移动单元格时，如果按住Ctrl键，将复制对象单元格(或单元格区域)。

实用的专业技巧！ 使用键盘移动或复制数据

如果使用“剪切”和“粘贴”的快捷键，无须使用鼠标，只用键盘就可以移动单元格。具体操作为：选中对象单元格(或单元格区域)，按Ctrl+X组合键，然后选中目标单元格，按Ctrl+V组合键。

同样，使用“复制”和“粘贴”的快捷键，无须使用鼠标，只用键盘就可以复制单元格。具体操作为：选中对象单元格(或单元格区域)，按Ctrl+C组合键，然后选中目标单元格，按Ctrl+V组合键。

熟悉键盘操作之后，尽可能只使用键盘，不要使用鼠标，这样能够让操作的效率更高。

08 在不同的单元格之间移动数据

使用插入模式移动数据

一般在移动、复制单元格(或单元格区域)时，移动、复制的单元格会覆盖对象单元格，导致对象单元格原有数据丢失。使用下面的方法，可以实现在单元格和单元格之间插入或复制数据。

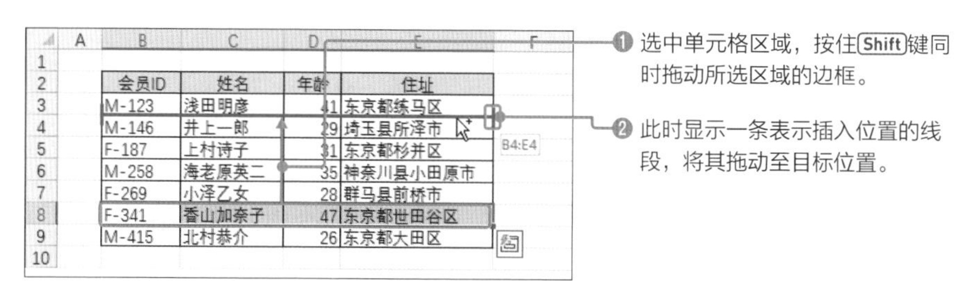

❸ 此时，单元格区域插入(移动至)拖动位置。

如果不是移动而是复制单元格，可以在拖动时按住Shift+Ctrl组合键。这样在移动过程中显示一条**表示插入位置的线段**，将其拖动至目标位置，随后单元格就被复制到线段所示的位置。

Sample_Data/02-09/

09 将数据粘贴至多个地方

存放复制数据

在日常的编辑中，有时**需要把同一单元格反复复制到多个地方**，而且在某些情况下这种单元格可能不止一个。

这时候，使用**［剪贴板］导航窗格**，就可以存放多个需要复制的单元格区域，反复多次将其粘贴在需要的地方。

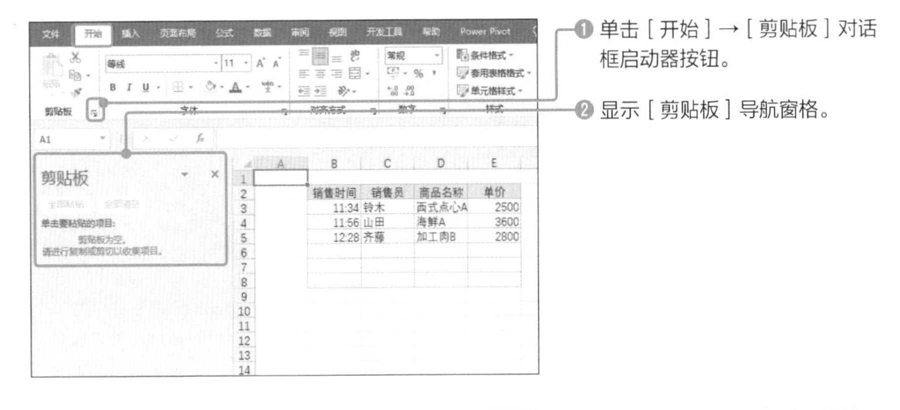

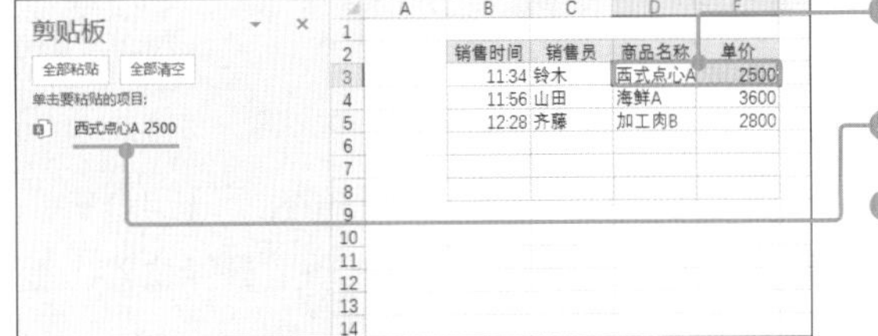

❸ 选中并复制需要重复使用的单元格区域。

❹ 存放已复制的数据。

❺ 重复操作，复制其他单元格区域（最多可存放24个）。

实用的专业技巧! 剪贴板的［选项］

单击位于［剪贴板］导航窗格最下方的［选项］按钮，可以设置剪贴板的各种相关项目。例如，勾选［按Ctrl+C两次后显示Office剪贴板］选项后，只需连续按两次Ctrl+C组合键，就可以打开［剪贴板］导航窗格。这里还有多个设置项目，如果经常使用该功能，请浏览一遍。

粘贴存放的数据

如果要粘贴存放在［**剪贴板**］**导航窗格**的数据，则单击要粘贴的复制数据即可。

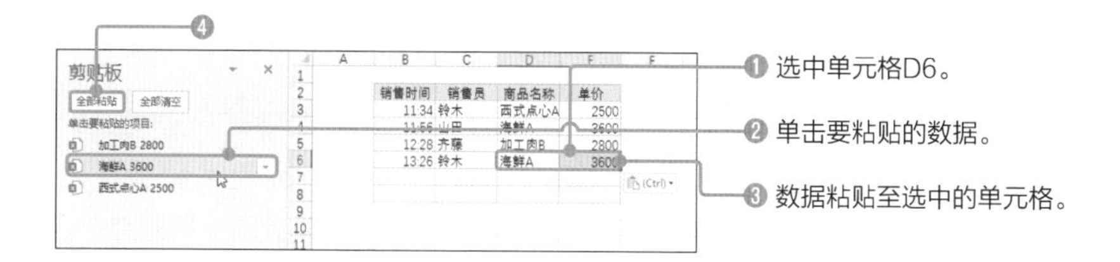

此外，如果在该状态下单击［**全部粘贴**］**按钮**❹，那么已复制的三个单元格区域将同时粘贴并纵向排布。需要注意的是，使用该按钮粘贴数据时，其结果会根据剪贴板的内容而有所差别。

清空剪贴板的内容

当剪贴板存放了不需要的数据，可以清空这些内容。首先介绍如何清空特定的数据。

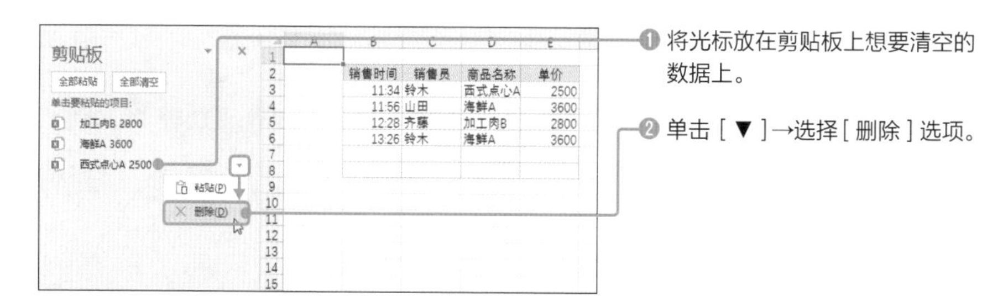

接着介绍如何清空剪贴板内所有的数据。

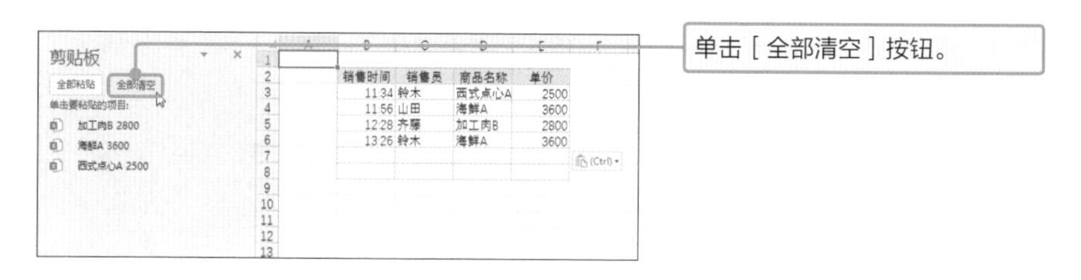

Sample_Data/02-10/

10 只复制单元格中的数值

粘贴数值

选中单元格，执行Ctrl+C→Ctrl+V组合键，执行复制粘贴操作之后，**通常复制粘贴的不只有数据，还有原先单元格设置的格式**。如果不想保留粘贴目标单元格此前设置的格式，仅粘贴数据，则执行下列步骤。

❶ 选择单元格后，按Ctrl+C组合键进行复制操作。

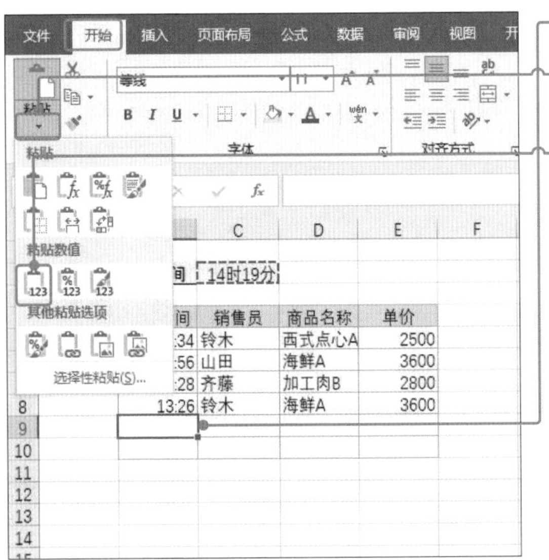

❷ 选择要粘贴到的单元格。

❸ 单击［开始］选项卡→［粘贴］选项的［▼］按钮。

❹ 选择［值］选项。

提示

Excel预设了多种粘贴选项，各个选项的功能参见下页表格。

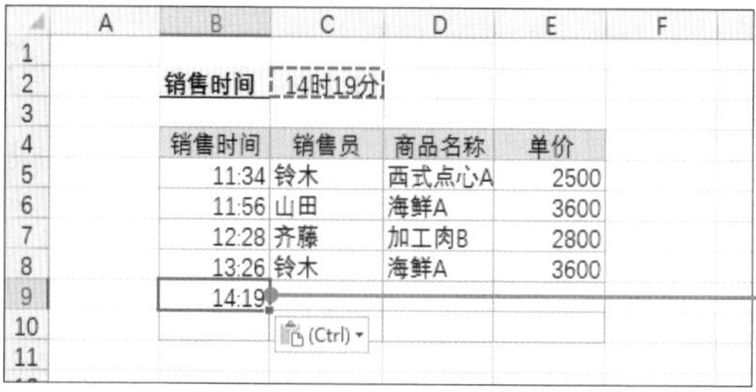

	A	B	C	D	E	F
1						
2		销售时间	14时19分			
3						
4		销售时间	销售员	商品名称	单价	
5		11:34	铃木	西式点心A	2500	
6		11:56	山田	海鲜A	3600	
7		12:28	齐藤	加工肉B	2800	
8		13:26	铃木	海鲜A	3600	
9		14:19				
10			(Ctrl)			
11						

⑤ 即可只粘贴数据且不改变数据的格式。

此外，选中需要复制的单元格后，使用鼠标右键拖曳单元格的**边框**至想要粘贴到的位置，然后在显示的菜单中选择**［仅复制数值］命令**，同样可以只复制数值。这个方法更加方便，因此如果经常使用只粘贴数值的操作，务必熟记。

专栏 各种粘贴方式

Excel预置了各种各样的粘贴方式，请你根据用途和目的选择合适的选项。掌握粘贴功能之后，编辑效率将会更上一层楼。

● **Excel粘贴功能一览表**

	名 称	说 明
	粘贴	粘贴时保留源数据和格式
	公式	仅粘贴源数据
	公式和数字格式	粘贴源数据和显示格式
	保留源格式	粘贴数据保留原有格式
	无边框	粘贴数据和无边框格式
	保留源列宽	粘贴源数据时保留格式和列宽
	转置	粘贴时将行与列相互转置
	值	仅粘贴数值或公式结果
	值和数字格式	粘贴数值或公式结果及显示格式
	值和源格式	粘贴数值或公式结果时保留源格式
	格式	仅粘贴格式
	粘贴链接	插入引用源单元格的公式
	图片	将源单元格区域粘贴为图片
	链接的图片	粘贴为链接源位置的图片

Sample_Data/02-11/

11 仅复制单元格的格式

粘贴格式

Excel也可以执行与上一技巧相反的操作，即**保留粘贴位置的数据，仅粘贴源格式**。步骤与上一技巧数值粘贴一样，可以单击 **[开始] 选项卡→ [粘贴] 的 [▼] 按钮**，然后选择 **[格式] 选项**，但接下来将要介绍的是一种更加简便的方法。

销售时间	商品1	单价	商品2	单价
11:34	西式点心A	¥2,500	西式点心C	3600
11:56	海鲜A	¥3,600	西式点心B	3000
12:28	加工肉B	¥2,800	加工肉C	3800
13:26	西式点心C	¥3,600	加工肉A	2000
14:19	西式点心C	¥3,600	海鲜B	4500
15:43	西式点心C	¥3,600	海鲜A	3600

❶ 选择想要复制格式的单元格区域。

❷ 单击 [开始] 选项卡→ [格式刷] 按钮。

提示

还可以选中需要复制的单元格，然后按住鼠标右键将该单元格的边框拖动至想要粘贴到的位置，在菜单中选择 [仅复制格式] 命令。

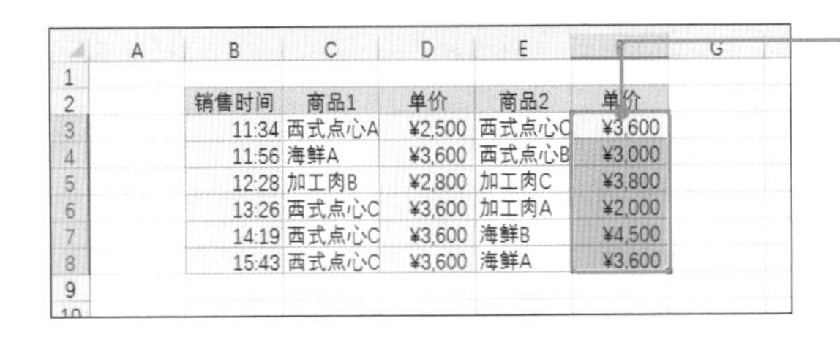

销售时间	商品1	单价	商品2	单价
11:34	西式点心A	¥2,500	西式点心C	¥3,600
11:56	海鲜A	¥3,600	西式点心B	¥3,000
12:28	加工肉B	¥2,800	加工肉C	¥3,800
13:26	西式点心C	¥3,600	加工肉A	¥2,000
14:19	西式点心C	¥3,600	海鲜B	¥4,500
15:43	西式点心C	¥3,600	海鲜A	¥3,600

❸ 选择要粘贴格式的单元格区域，即可实现只粘贴源格式的操作。

不过，使用这个方法**粘贴一次格式之后单元格就会解除复制状态**。如果要反复粘贴同一格式，那么第一步应该双击 **[格式刷] 按钮**。反复粘贴格式后，按Esc键即可解除复制状态。

12 转置行与列

轻松转置表格的行与列

要在表格中转置行与列，同样可以使用“复制”和“粘贴”实现。下面介绍如何转置表格B2:E5单元格区域内的行与列，并将其粘贴到左上角为单元格B7的单元格区域。

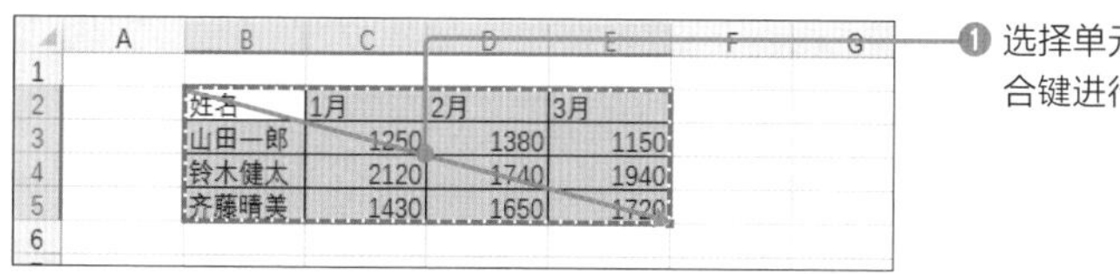

❶ 选择单元格区域，按Ctrl+C组合键进行复制。

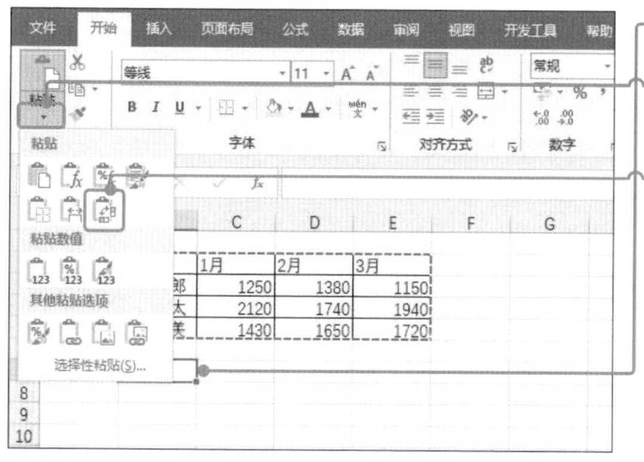

❷ 选择要粘贴到的单元格。

❸ 单击［开始］选项卡→［粘贴］［▼］按钮。

❹ 选择［转置］选项。

❺ 表格的行与列实现转置粘贴。

Sample_Data/02-13/

扫码看视频

13 复制列宽

复制数据时保留列宽

当要创建多个相同结构的表格，并且想让这些表格的列宽都保持一致时，**逐一调整列宽将非常麻烦**。如果其中一些表格已经设置完毕，那么可以使用一个简便方法，就是复制、粘贴这些表格的列宽。

下面，把单元格区域B2:E2每一列的标题部分，在保留每列列宽的前提下复制到单元格区域G2:J2。

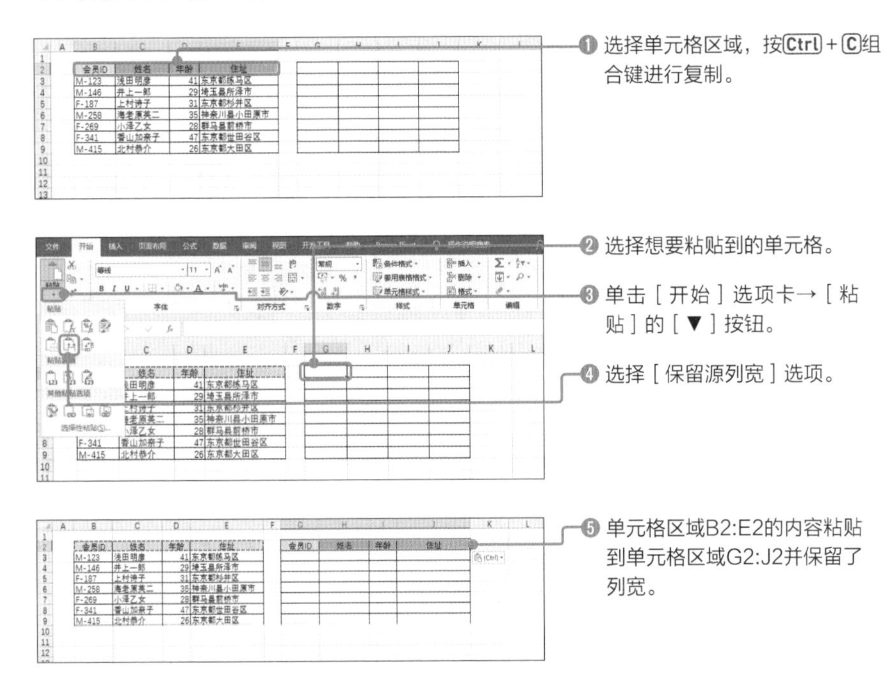

此外，如果**只复制列宽**而不复制内容，最简单的方法是选中该列空白的单元格区域，然后将其粘贴到同样是空白的单元格区域。

14 利用粘贴位置的数值进行计算

使用现有数据进行四则运算

当要**按照一定的规则将已输入单元格的数值改变为其他数值时**，也可以使用“复制”和“粘贴”功能实现。例如，可以将扣税金额统一处理为含税金额。

下面，将介绍如何把D3:D7单元格区域输入的扣税价格统一转换为含税价格。

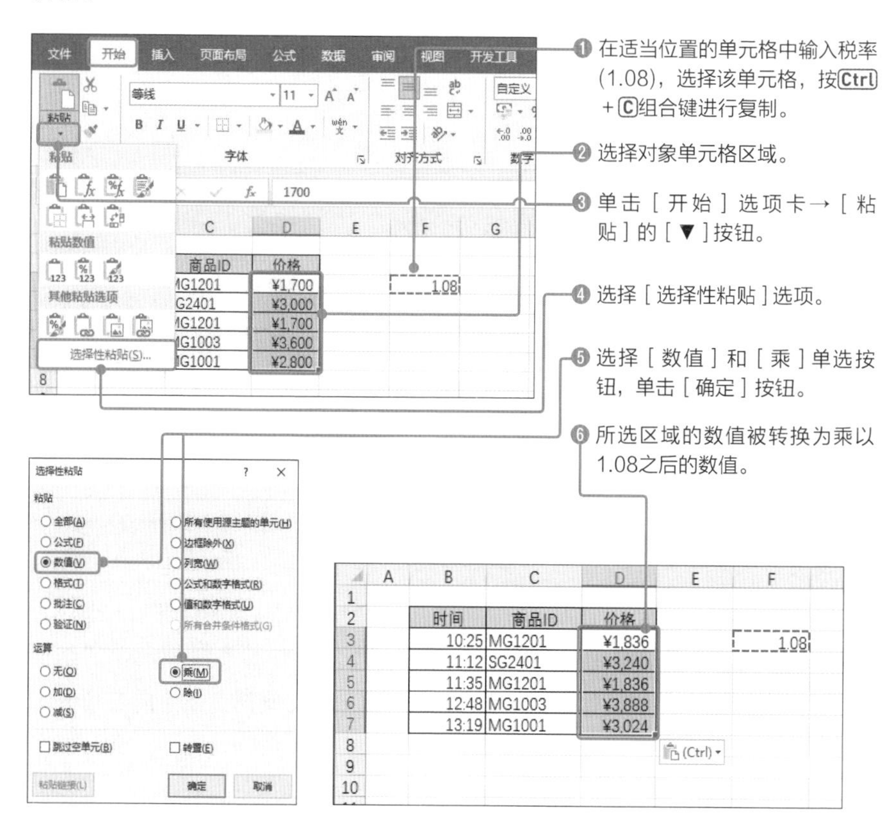

按照同样的步骤，还可以对所选区域的数值进行加、减、除等运算。

15 轻松输入与上一行相同的数据

向下复制数值

按Ctrl+D组合键，可以将上一行单元格输入的数据复制到下一行。

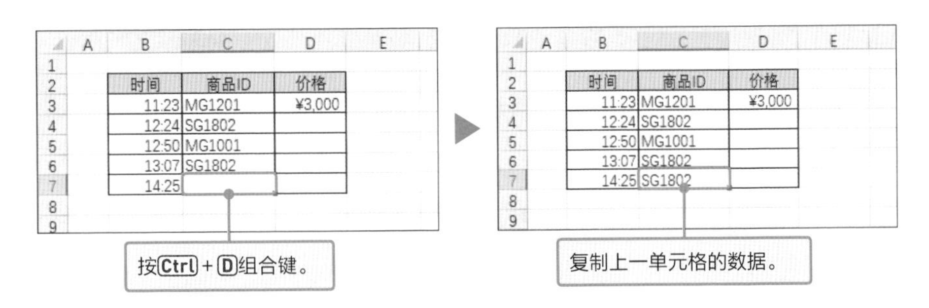

不仅是单独的单元格，单元格区域同样可以复制，此时**所选区域要包含源单元格**。

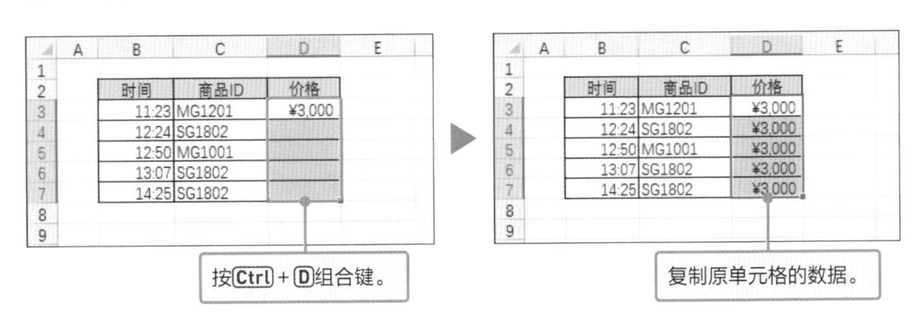

如果复制左侧单元格所输入的数据，则按Ctrl+R组合键。此外，选择［**开始**］**选项卡**→［**填充**］→［**向下**］**或**［**向右**］选项等操作的结果与上述操作相同。在该列表中，还可以执行［**向上填充**］**或**［**向左填充**］命令。

Sample_Data/02-16/

16 选择输入数据

从列表中选择

如果要输入同一列中已输入过的数据，可以打开已输入数据一览表，从中选择数据进行输入。

	A	B	C	D	E	F	G
1							
2		时间	商品ID	价格			
3		10:25	MG1201	¥1,700			
4		11:12	SG2401	¥3,000			
5		11:35	MG1001	¥2,800			
6		12:48	MG1003	¥3,600			
7		13:19					
8							
9							

❶ 选择输入对象单元格，按Alt+⬇组合键。

	A	B	C	D	E	F	G
1							
2		时间	商品ID	价格			
3		10:25	MG1201	¥1,700			
4		11:12	SG2401	¥3,000			
5		11:35	MG1001	¥2,800			
6		12:48	MG1003	¥3,600			
7		13:19					
8			MG1001				
9			MG1003				
10			MG1201				
11			SG2401				
12							
13							

❷ 从显示的列表中选择要输入的内容。

提示

注意，列表是按照英文字母和拼音顺序进行显示，而不是输入顺序。如果输入数值的类型较多，列表也会随之变长。

实用的专业技巧！ 从已输入的选项中选择

如果想让列表显示已创建的选项，并从中选择数据进行输入，可以利用“数据验证”的“序列”功能（参见p.94）。使用该功能时只能输入已确定的数据，从而防止输入其他数据或错误数据。

Sample_Data/02-17/

17 将数据复制到连续的单元格区域

利用自动填充功能进行复制

利用**“自动填充”**功能可以很简便地把已输入的数据或公式复制到连续的单元格区域。当相邻列的数据已经输入完毕，利用自动填充功能进行复制，该功能还会**自动选定需要输入的区域**。

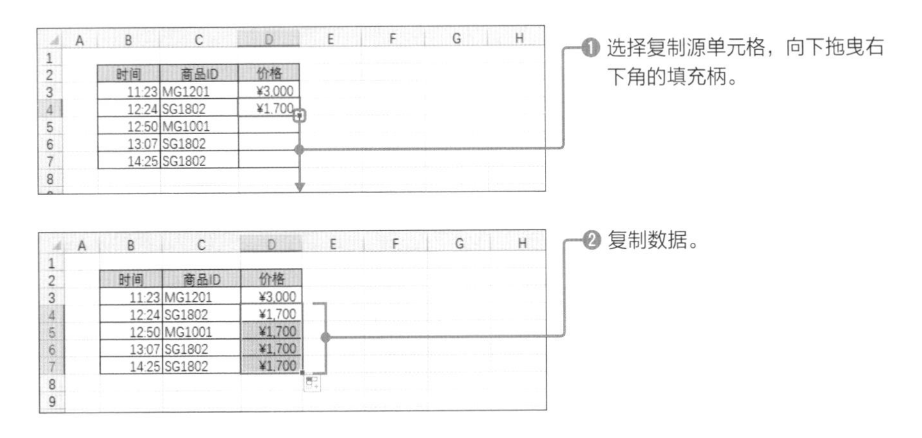

这里介绍的是向下拖动，还可以利用自动填充向上或向左右两侧的单元格区域进行复制。当相邻列已输入数据时，还可以通过双击填充柄输入数据。

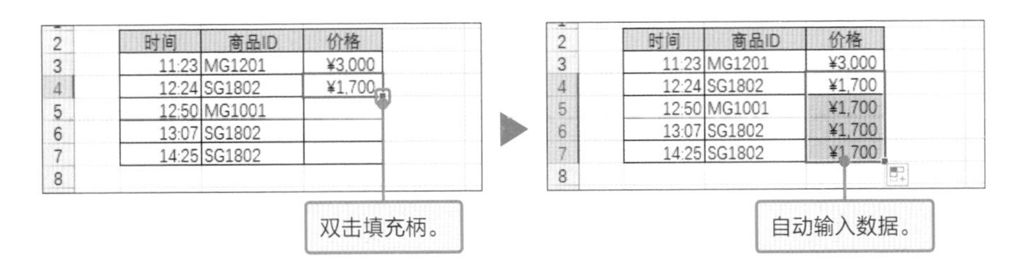

18 瞬间输入序列编号

利用自动填充输入序列编号

利用**自动填充功能**，可以从基准单元格输入的数值开始，逐一递增地自动输入序列编号。下面来把1~5输入B3:B7单元格区域。

❶ 在第一个单元格输入1，选中该单元格。

❷ 按住Ctrl键，将填充柄向下拖至B7单元格。

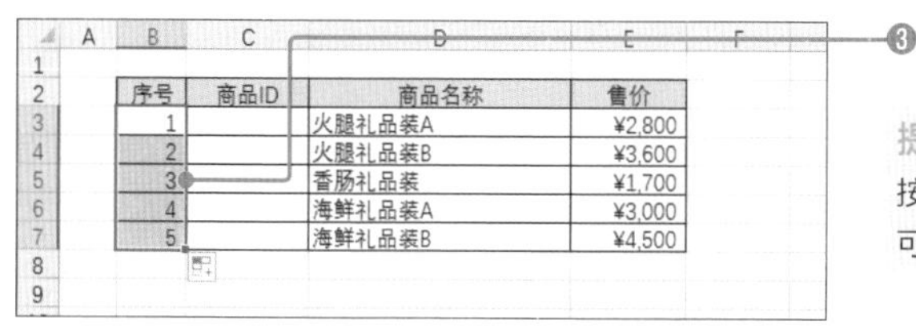

❸ 输入逐一递增的序列。

提示

按住Ctrl键同时向右拖动填充柄，可以向右输入逐一递增的序列。

此外，如果自动填充文本数据，无须按Ctrl键，其数字部分也会自动逐一递增。

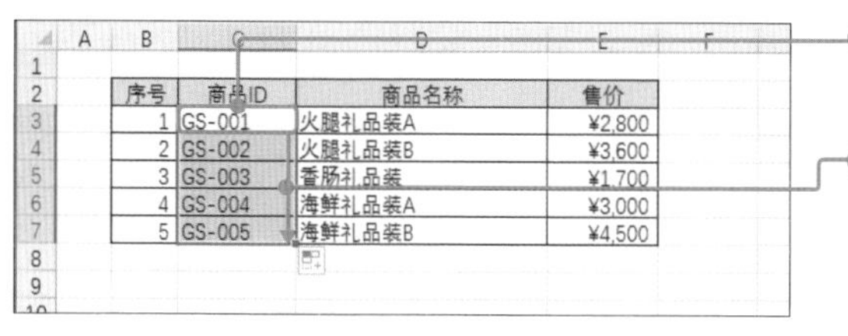

❶ 在第一个单元格输入GS-001后，选中该单元格。

❷ 将填充柄向下拖动，生成数字部分逐一递增的序列。

Sample_Data/02-19/

19 输入等差序列

执行自动填充时固定差额

使用Ctrl+**自动填充**，增加的差额通常为1（参见上一节），但有时可能要输入其他差额的递增或递减序列。这时，选中要输入序列区域的前两个单元格，在其中输入**基准数值**。

下面，尝试从3开始输入差额为5的递增数值。

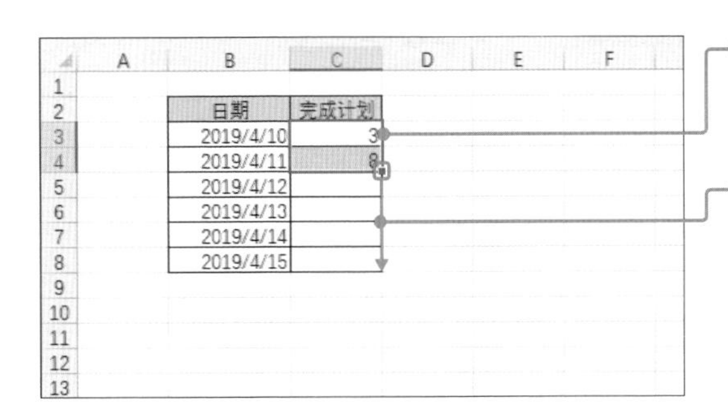

❶ 在第一个单元格输入3，在第二个单元格输入8，选中这两个单元格。

❷ 将右下角的填充柄向下拖动。

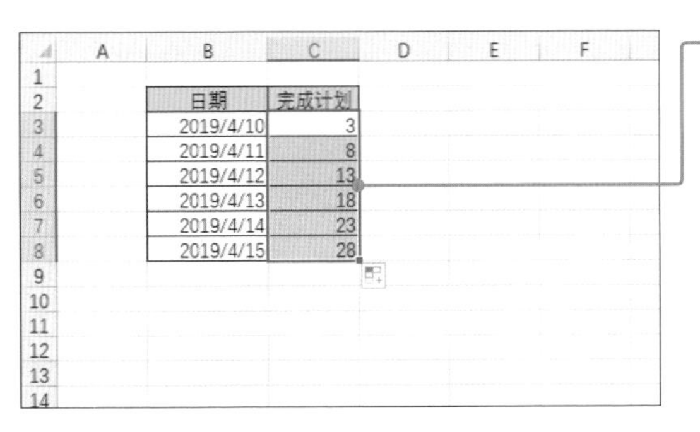

❸ 生成差额为5的递增数据。

提示

当第二个单元格的数值小于第一个单元格时，生成递减的等差序列，差额即为两个单元格数值之差。

实用的专业技巧！ 向上执行自动填充

执行自动填充时拖动“填充柄”（单元格右下角显示的十字标），不仅可以向下或向右拖动，也可以向上或向左拖动。例如，在上图示例中，将填充柄向上拖动，则会从下到上生成8→3→-2→-7……的数据。只要根据想要自动输入的数值准确设定基准值，就可以利用自动填充功能提高输入数据的效率。

指定自动输入连续编号的上限

还可以在第一个单元格输入某个数字，在窗口固定其变化值，然后自动输入序列。

下面介绍自动输入从1开始、差额为7的递增序列的方法。而且因为这些数字表示的是“日期”，所以要让输入的数字不大于31。

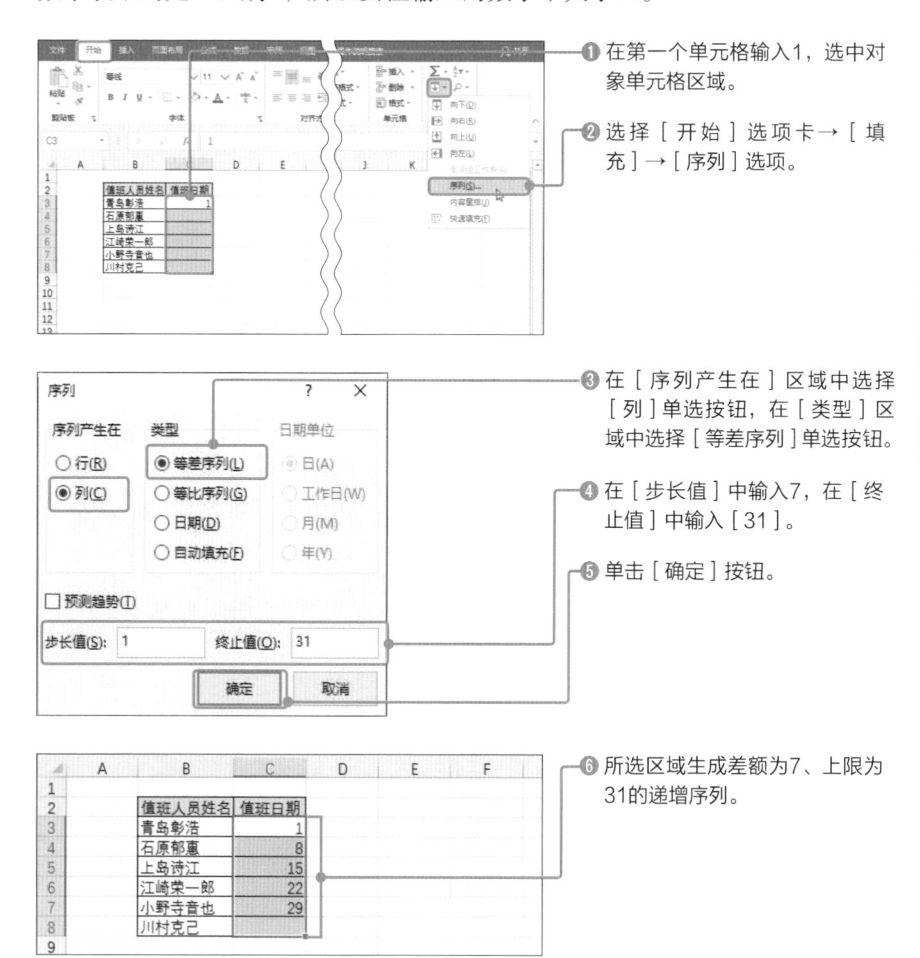

填充中间数据

使用**“序列”**功能还可以在从头至尾各个单元格内填充呈递阶变化的序列。使用该方法，将自动用第一个单元格和最后一个单元格数值的差额，除以第二个单元格至最后一个单元格的单元格数量，从而确定步长值。

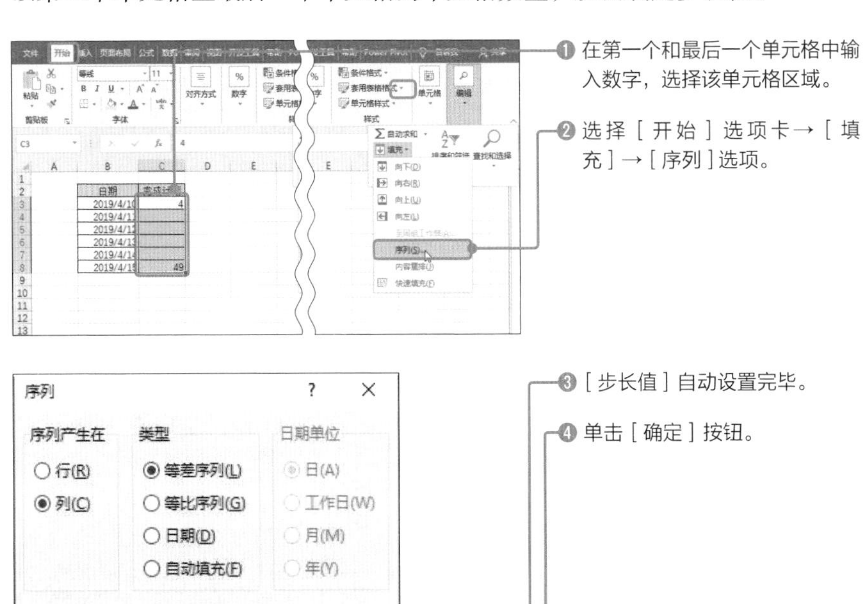

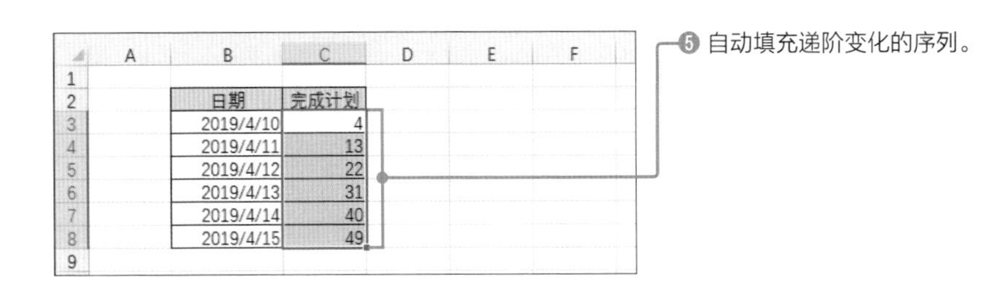

	A	B	C	D	E	F
1						
2		日期	完成计划			
3		2019/4/10	4			
4		2019/4/11	13			
5		2019/4/12	22			
6		2019/4/13	31			
7		2019/4/14	40			
8		2019/4/15	49			
9						

Sample_Data/02-20/

20 自动生成周期性日期

生成日期序列

Excel的日期数据也是一种数值，但不同于普通数值，如果对某个输入了日期数据的单元格执行自动填充，将生成**逐天递增的序列**。

❶ 在第一个单元格中输入日期，将右下角的填充柄向下拖动。

日期	值班员姓名
2019/4/10	青岛彰浩
2019/4/11	石原郁惠
2019/4/12	上岛诗江
2019/4/13	江崎荣一郎
2019/4/14	小野寺音也
2019/4/15	川村克己

❷ 生成日期逐天递增。

提示

自动填充日期时，需要将单元格的格式设置为“日期”（参见p.92）。

实用的专业技巧! **输入相同的日期**

如果想在连续多个单元格内复制相同的日期，可以按住Ctrl键并拖动填充柄。此外，如果要输入周期性日期，可以在前两个单元格输入不同的日期，选中这两个单元格并执行自动填充，此时与数值一样，下面的单元格会根据这两个单元格的日期差额生成递增或递减的日期序列。

Sample_Data/02-21/

扫码看视频

21 仅填充工作日

自动识别工作日和休息日

当对象为日期数据时，可以**指定日、月、年等单位，自动填充序列**。当单位为“日”时，还可以将周末剔除，仅填充工作日。

下面，从2019年4月10日开始，填充只有工作日的序列。

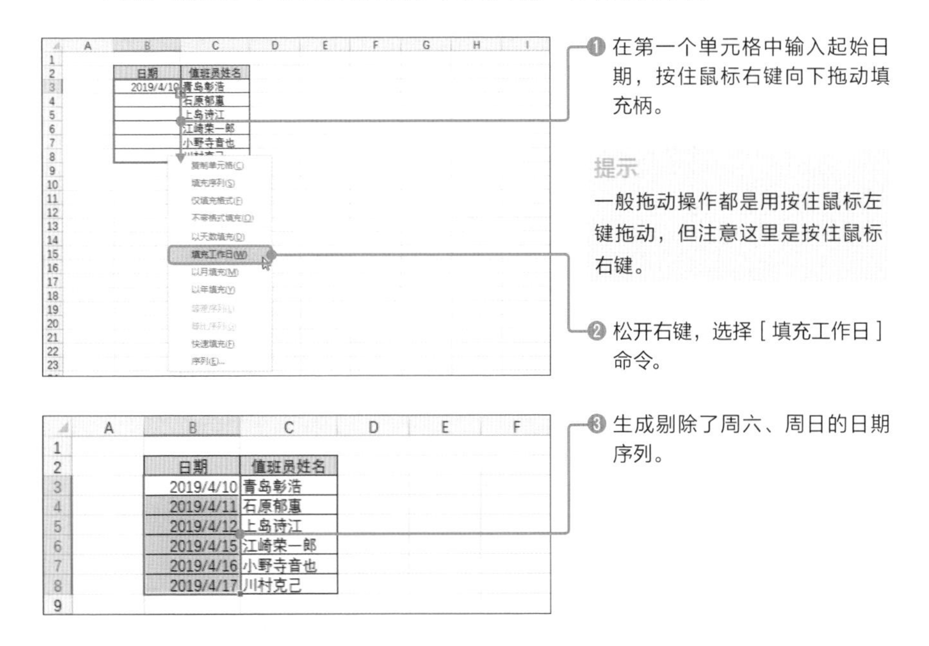

此外，当对象为日期数据时，选择［**开始**］**选项卡**→［**填充**］→［**序列**］**选项**，在打开的［**序列**］**对话框中**，同样可以指定日期单位填充序列。

Sample_Data/02-22/

22 填充个性化序列

扫码看视频

填充文本序列

对输入文本的单元格执行自动填充，其结果通常只是复制文本内容。如果文本包含数字，那么文本部分保持不变，只有数字部分生成逐一递增的序列（参见p.53）。

但是，如果对“星期”这种**具有连续性的文本**执行自动填充，也可以生成连续的数据。

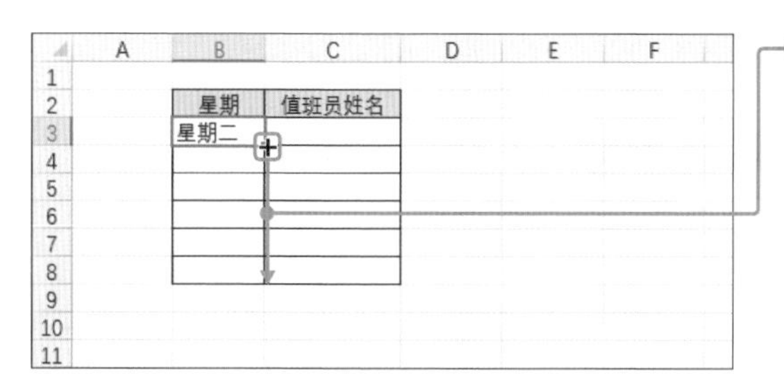

❶ 在第一个单元格输入“星期二”，向下拖动填充柄。

星期	值班员姓名
星期二	
星期三	
星期四	
星期五	
星期六	
星期日	

❷ 生成表示星期的文本序列。

提示

可以在下文讲解的用户设置列表中查看Excel能够自动识别的文本类型。

添加用户设置列表

Excel的**用户设置列表**中预置了前文介绍的“星期”等序列。**在用户设置列表中，还可以添加自定义列表**。

编辑自定义用户设置列表的步骤如下。

❶ 选择［文件］选项卡→［选项］选项。

❷ 在［Excel选项］对话框中选择［高级］选项。

❸ 单击［编辑自定义列表］按钮。

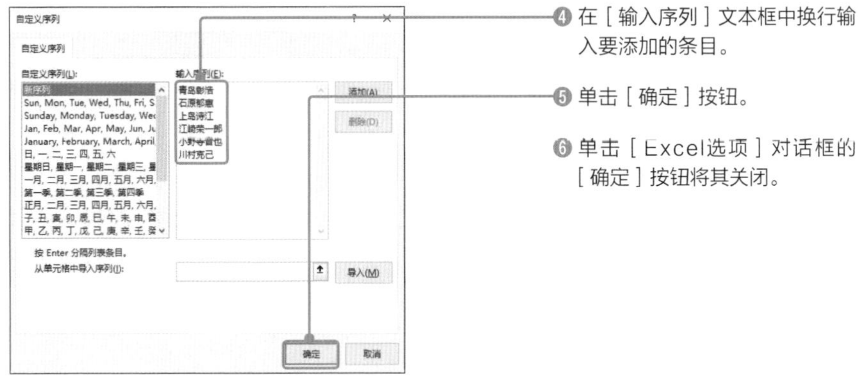

❹ 在［输入序列］文本框中换行输入要添加的条目。

❺ 单击［确定］按钮。

❻ 单击［Excel选项］对话框的［确定］按钮将其关闭。

此外，打开［**自定义序列**］**对话框**，在［**从单元格中导入序列**］指定单元格区域并单击［**导入**］按钮，将导入该单元格区域的内容。

如果想要连续添加多个列表，则不要单击［**确定**］**按钮**，而要单击［**添加**］**按钮**，然后输入新的列表。

自动填充用户设置列表添加的内容

接下来使用自动填充功能，输入已经添加至用户设置列表的数据。

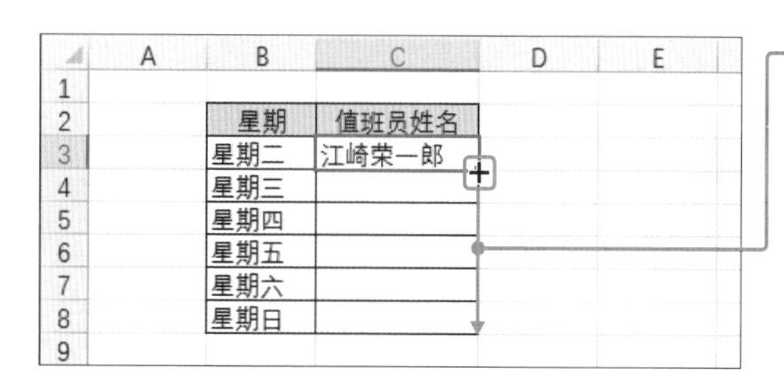

❶ 输入已添加至用户设置列表的内容的某一数据，将填充柄向下拖动。

提示

在用户设置列表添加数据的方法请参见p.76。

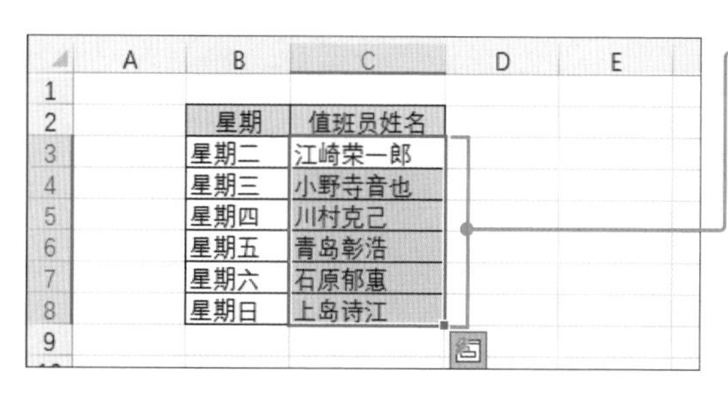

❷ 自动填充已添加至用户设置列表的数据。

提示

如果自动填充时到达列表所添加的最后一个条目，那么填充下一个单元格时，则返回该列表的第一个条目循环填充该序列。

实用的专业技巧！ **改变自动填充顺序的技巧**

序列添加至用户设置列表之后，还可以**通过更换前两个单元格的内容，对序列顺序进行微调**。例如，执行以下操作，可以跳格填充列表条目。

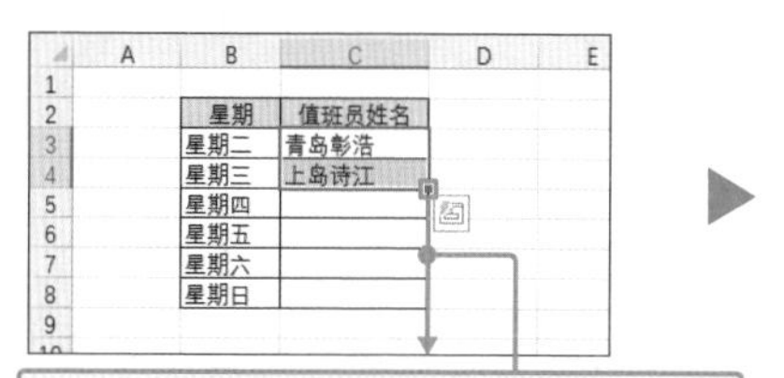

在第一个单元格输入第一个条目，在第二个单元格输入第三个条目，然后拖动填充柄。

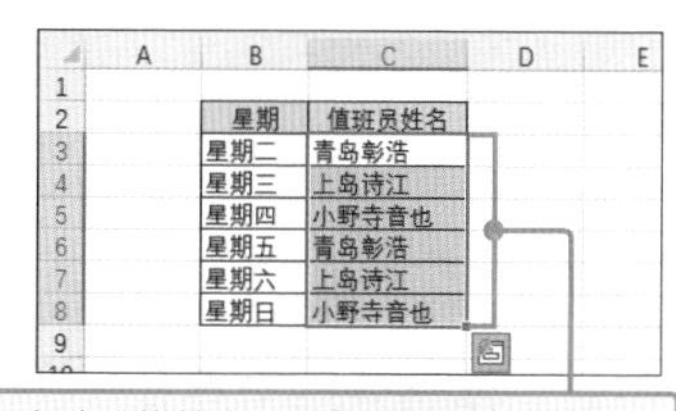

自动跳格填充已添加至列表的数据。

Sample_Data/02-23/

23 依据规则自动填充数据

扫码看视频

利用快速填充功能进行自动输入

可以让Excel推测某个或多个初始数据的规律，使其在其他单元格自动输入**“基于相同规则的数据”**。

下面根据“店名”列输入的“××店”文本，自动显示“所在地”“××市”。

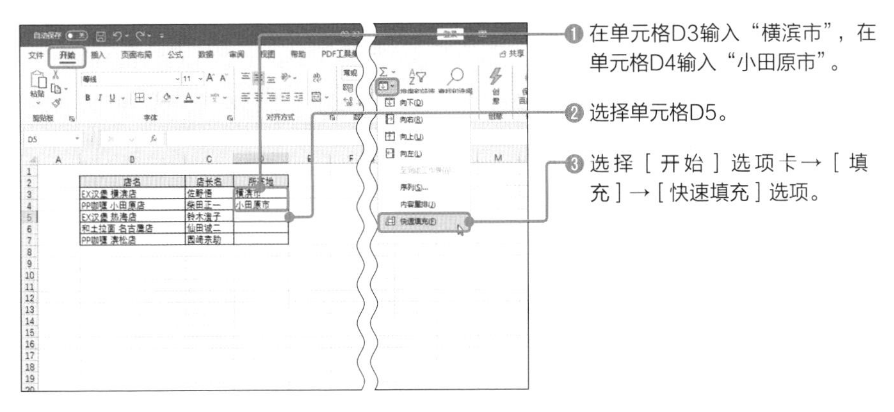

店名	店长名	所在地
EX汉堡 横滨店	佐野悟	横滨市
PP咖喱 小田原店	柴田正一	小田原市
EX汉堡 热海店	铃木澄子	热海市
和土拉面 名古屋店	仙田诚二	名古屋市
PP咖喱 滨松店	园崎宗助	滨松市

❹ 单元格区域D5:D7自动生成“××市”文本。

提示

本例中自动填充依据的规则是，从同一行B列单元格文本中，提取半角空格和“店”之间的文本并添加“市”。

不过，**这种规则毕竟是一种推测，有些数据可能会导致推测失准**。例如，数据按照以下顺序排列时，即便在前两个单元格输入数据并执行快速填充，也无法提取正确的城市名称。

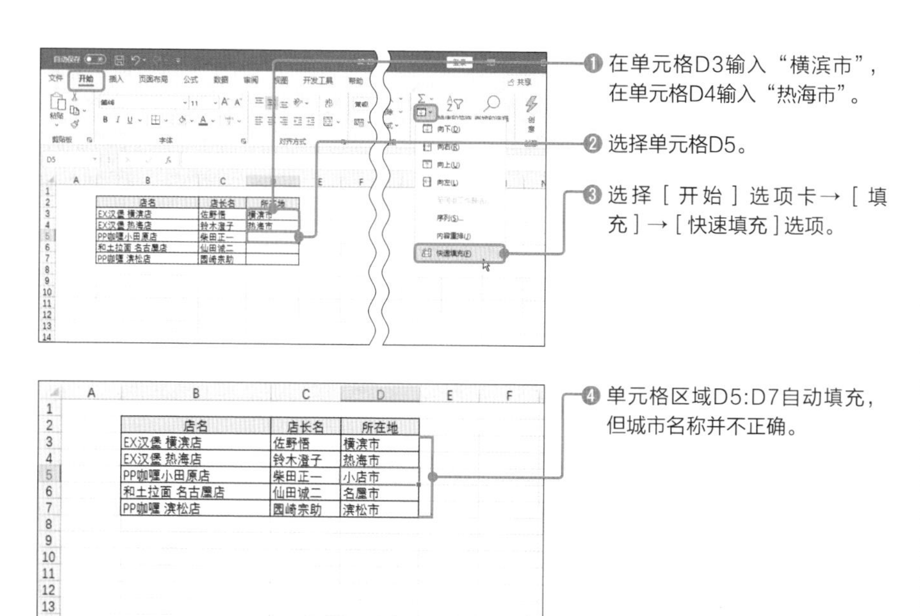

此外，快速填充会在某些数据内容输入前两个单元格后自动运行，并用灰色字体显示输入提示。在该状态下按Enter键，可以将输入提示直接填充至单元格区域。

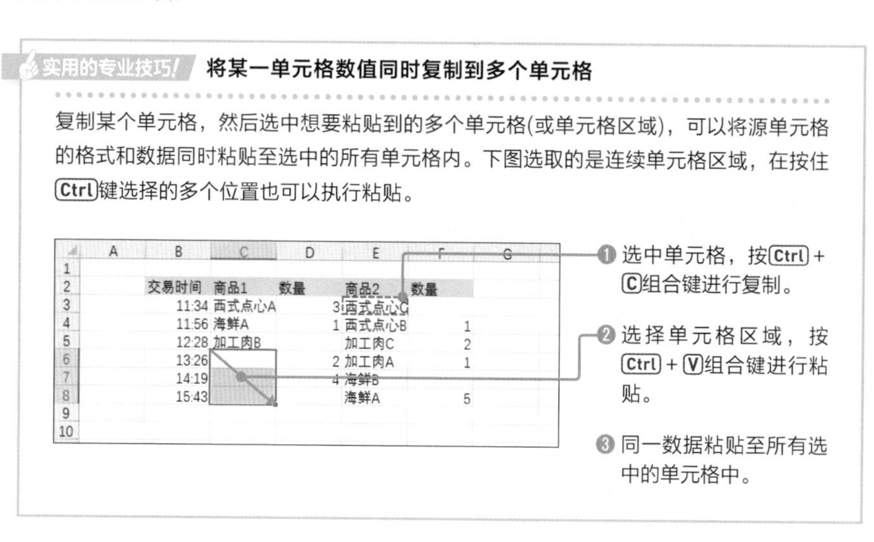

实用的专业技巧！ **将某一单元格数值同时复制到多个单元格**

复制某个单元格，然后选中想要粘贴到的多个单元格(或单元格区域)，可以将源单元格的格式和数据同时粘贴至选中的所有单元格内。下图选取的是连续单元格区域，在按住Ctrl键选择的多个位置也可以执行粘贴。

24 插入空白单元格扩展表格

在表格中插入空白行

如果想在已经完成编辑的表格中插入其他数据，可以插入**空白单元格**。下面介绍如何在表格区域添加空白行。

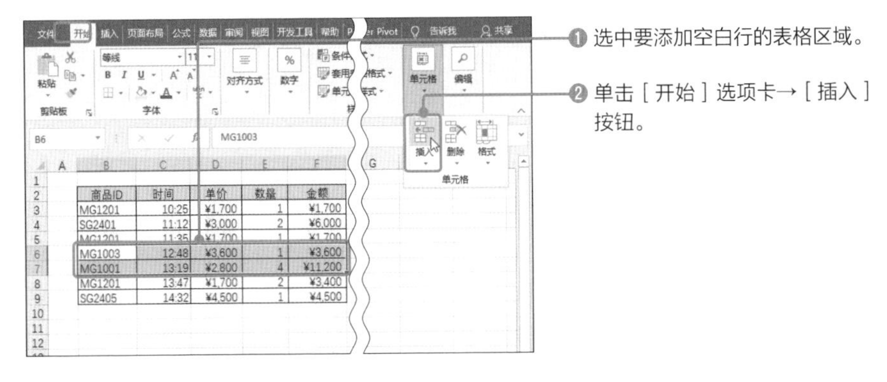

商品ID	时间	单价	数量	金额
MG1201	10:25	¥1,700	1	¥1,700
SG2401	11:12	¥3,000	2	¥6,000
MG1201	11:35	¥1,700	1	¥1,700
MG1003	12:48	¥3,600	1	¥3,600
MG1001	13:19	¥2,800	4	¥11,200
MG1201	13:47	¥1,700	2	¥3,400
SG2405	14:32	¥4,500	1	¥4,500

❸ 所选区域插入空白单元格，原单元格向下移动。

此外，所选区域的形状不同，执行该操作后原单元格的移动（换行）方向也有所不同。当**所选区域的列数多于行数**，原单元格**向下**移动；当**所选区域的列数少于行数**，原单元格则**向右**移动。

插入时指定移动方向

还可以在插入空白单元格时，指定原单元格的移动方向。

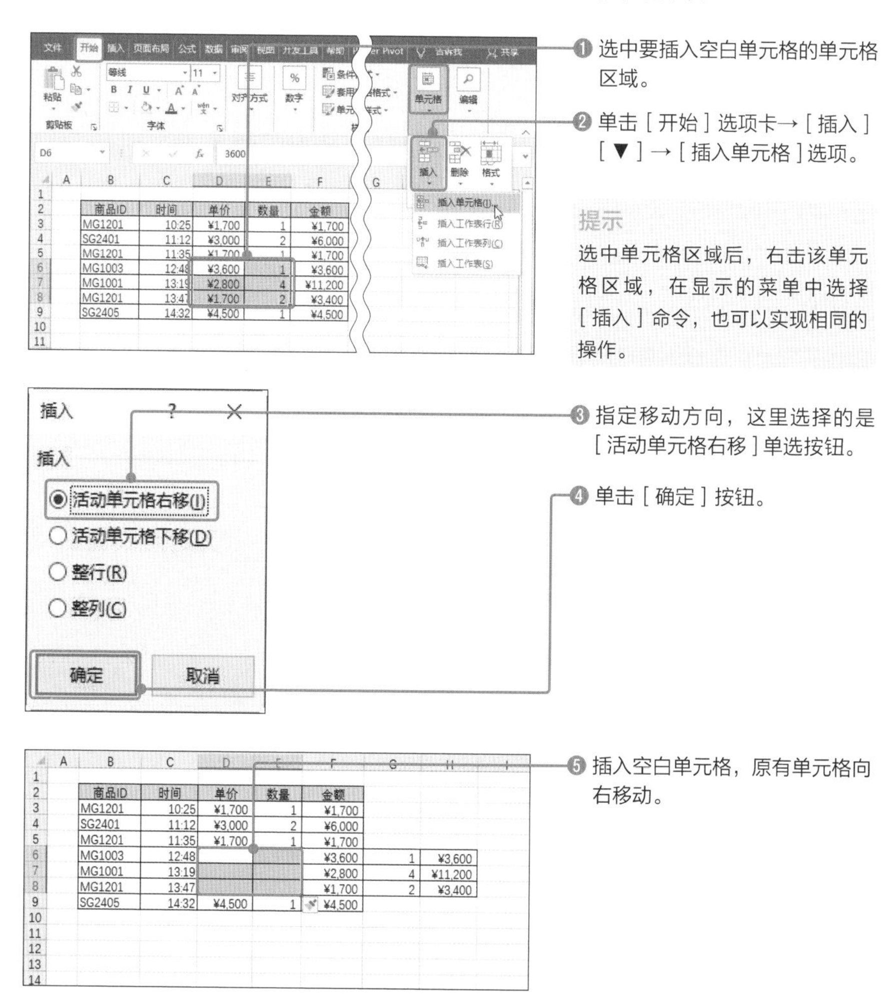

提示

选中单元格区域后，右击该单元格区域，在显示的菜单中选择［插入］命令，也可以实现相同的操作。

实用的专业技巧！ 插入整行或整列的方法

选择［插入］→［插入工作表行］选项，即可在所选区域内插入空白行。
同样，**选择［插入］→［插入工作表列］选项**，即可在所选区域内插入空白列。

Sample_Data/02-25/

25 删除多余单元格以缩小表格

删除列

前一节讲解如何插入行、列，还可以执行逆向操作，删除多余的单元格，让该单元格下方或右侧的单元格移动至该单元格的位置。下面讲解如何删除表格中的一列。

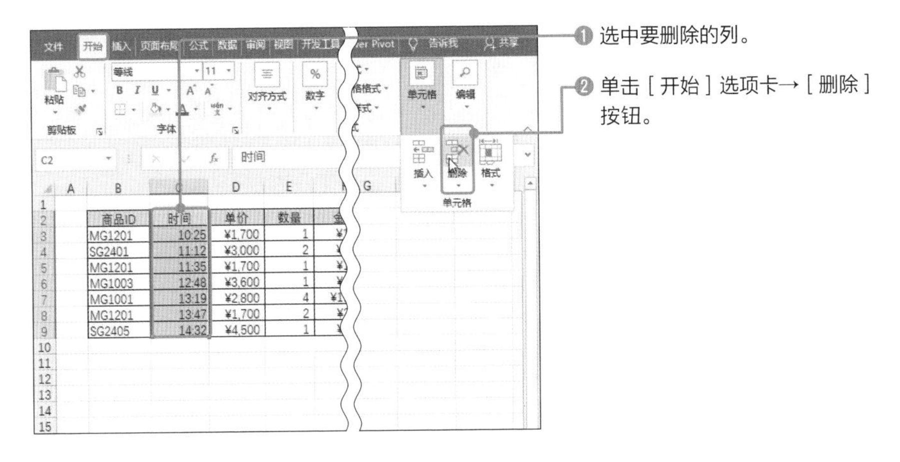

商品ID	单价	数量	金额
MG1201	¥1,700	1	¥1,700
SG2401	¥3,000	2	¥6,000
MG1201	¥1,700	1	¥1,700
MG1003	¥3,600	1	¥3,600
MG1001	¥2,800	4	¥11,200
MG1201	¥1,700	2	¥3,400
SG2405	¥4,500	1	¥4,500

❸ 所选区域被删除，右侧单元格移动至被删除位置。

此外，**所选区域的形状不同，执行该操作后移动至被删除位置的单元格也有所不同，可能是下方的单元格，也可能是右侧的单元格**。当**所选区域的列数多于行数，下方的单元格**移至被删除的位置。当**所选区域的列数少于行数，**则**右侧的单元格**移至被删除的位置。

删除时指定移动方向

可以在删除单元格区域时指定移动方向。

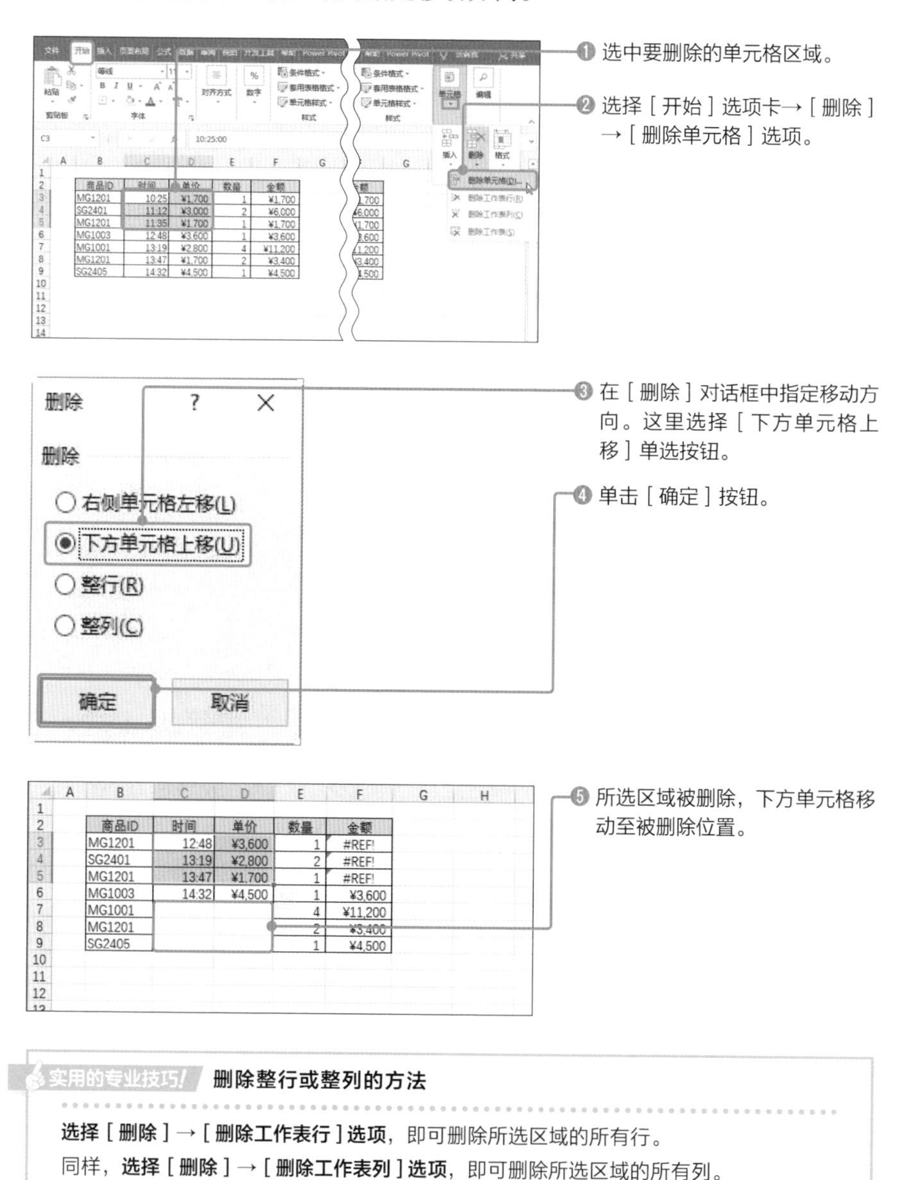

实用的专业技巧！ **删除整行或整列的方法**

选择［删除］→［删除工作表行］选项，即可删除所选区域的所有行。
同样，**选择［删除］→［删除工作表列］选项**，即可删除所选区域的所有列。

26 清除全部单元格区域的数据

仅删除数据

删除单元格内的无用数据时，**可以只删除数据，也可以连同格式全部清除**。

先讲解只删除数据的方法。

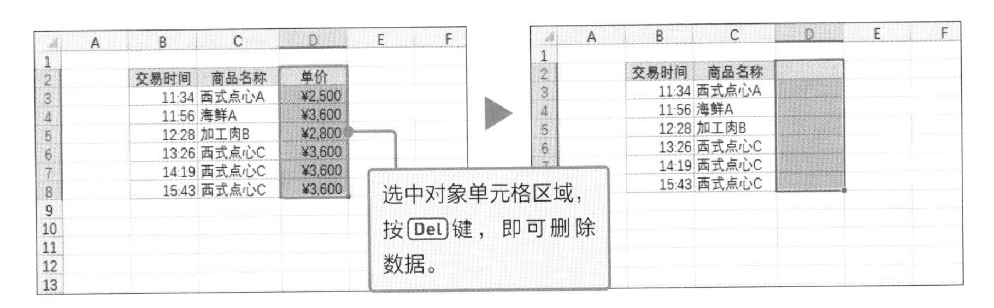

清除全部数据和格式

执行下述操作，不仅可以删除数据，还可以删除单元格设置的格式。

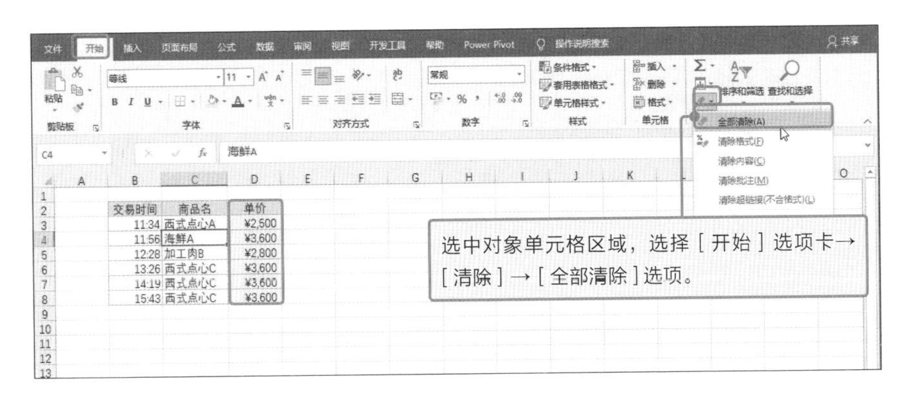

此外，利用［**清除**］**选项**还可以清除对象区域的格式、批注和注释、超链接。而其中已创建的［**清除内容**］**选项**，作用与前文Del键相同。

27 迅速查找所需单元格

逐一查找单元格

当工作簿里的数据量较大时，可能难以找到所需数据，这时可以使用**［查找］功能**寻找所需数据。

下面将在商品ID中查找包含SG的单元格。

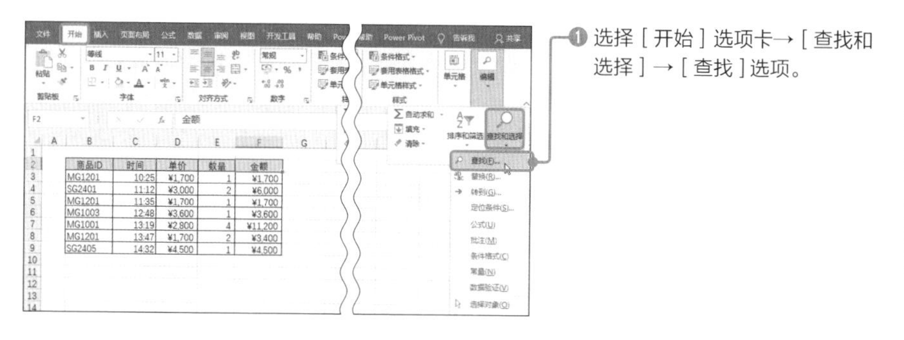

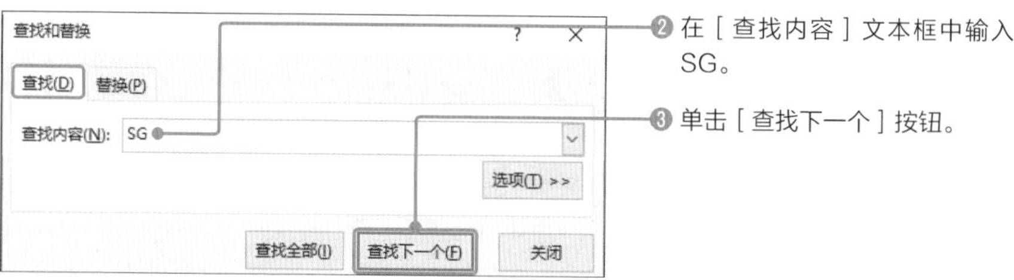

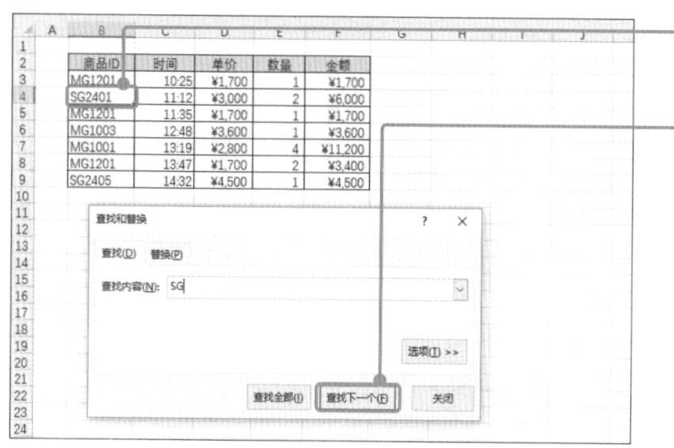

此外，即使查找到了单元格，这个［**查找和替换**］**对话框**也不会自动关闭。在显示该对话框的状态下依然可以对单元格进行操作。查找结束后，可以单击［**关闭**］**按钮**或位于窗口右上角的［**×**］**按钮**将其关闭。

查找所有目标单元格

第二步是查找所有包含了目标文本的单元格，下面将查找所有包含“东京都”的单元格。

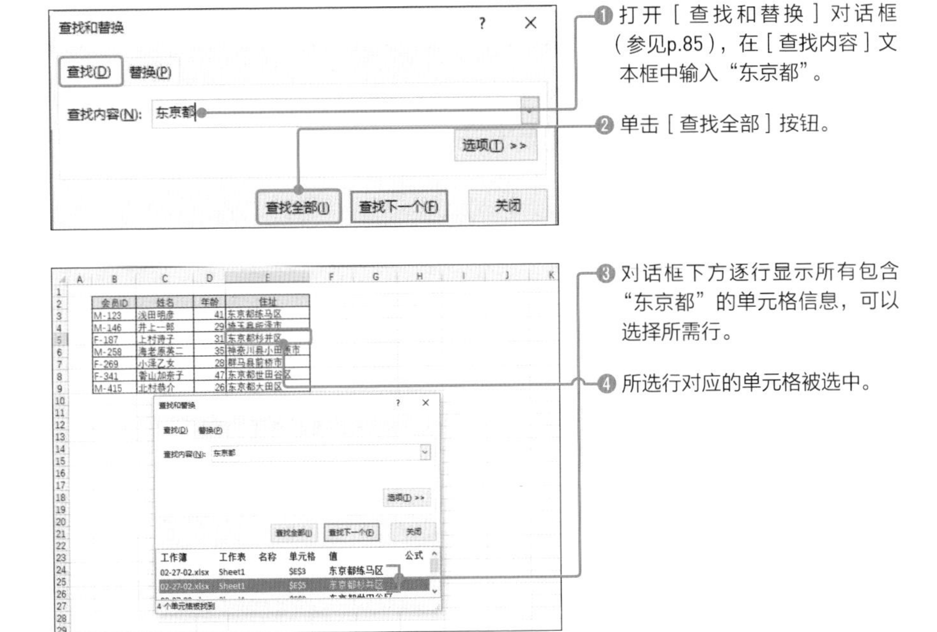

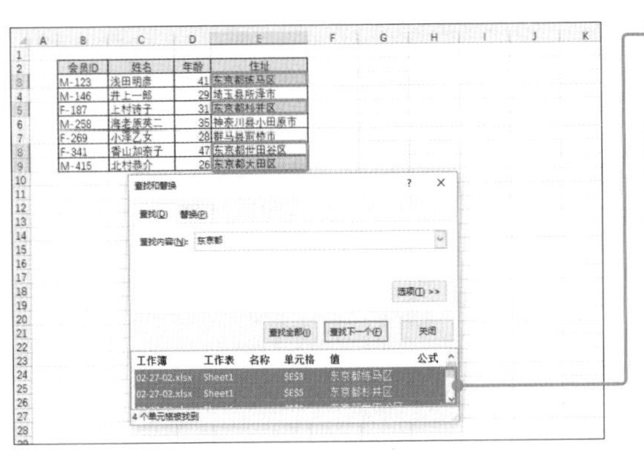

⑤按Ctrl＋A组合键，查找结果里包含的所有单元格都会被选中。

提示

单击［选项］按钮，可以设置更加详细的查找方法。

Sample_Data/02-28/

28 查找时指定格式

在Excel中查找非文本内容

在［**查找和替换**］**对话框**中查找单元格时，不仅可以指定文本，还可以指定**格式**。下面来查找“背景色设置为浅蓝色的单元格”。

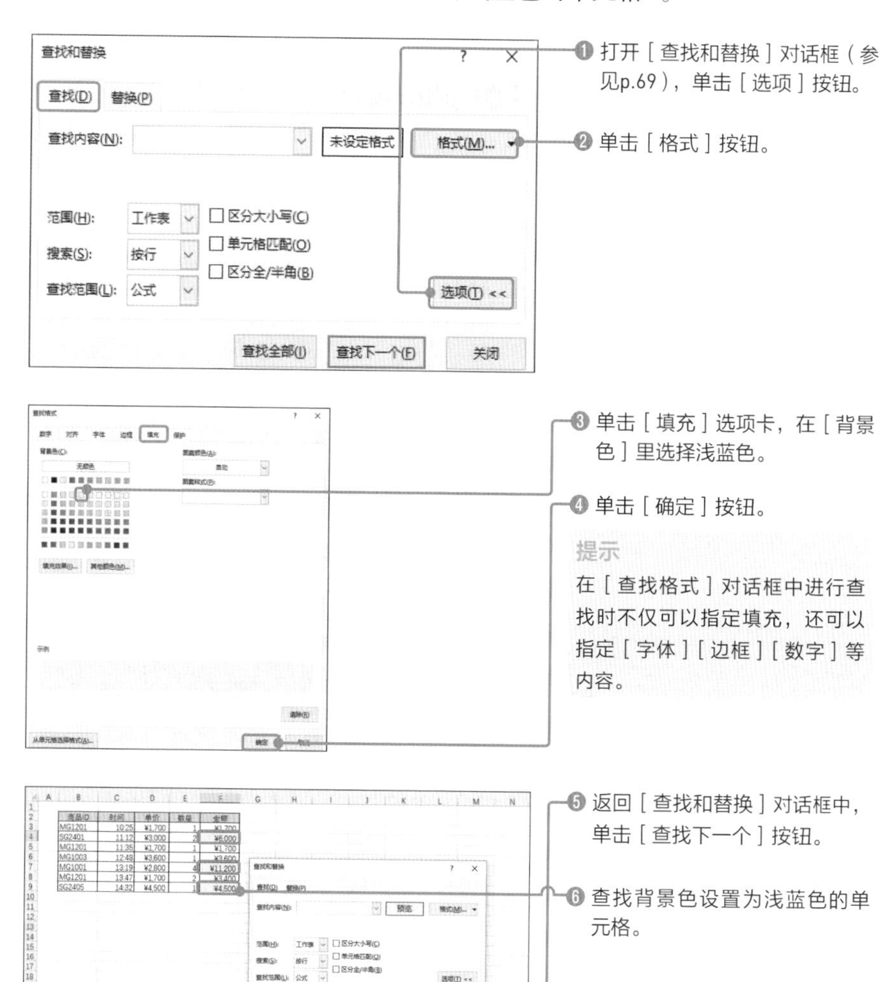

❶ 打开［查找和替换］对话框（参见p.69），单击［选项］按钮。

❷ 单击［格式］按钮。

❸ 单击［填充］选项卡，在［背景色］里选择浅蓝色。

❹ 单击［确定］按钮。

提示

在［查找格式］对话框中进行查找时不仅可以指定填充，还可以指定［字体］［边框］［数字］等内容。

❺ 返回［查找和替换］对话框中，单击［查找下一个］按钮。

❻ 查找背景色设置为浅蓝色的单元格。

Sample_Data/02-29/

29 替换数据

逐一查找替换

当多个已输入数据的单元格出现相同错误时，逐一手动修改效率非常低。此时可以利用 **[替换] 功能**自动修改错误部分。

先介绍如何逐一查找“山田”并将其替换为“山口”。

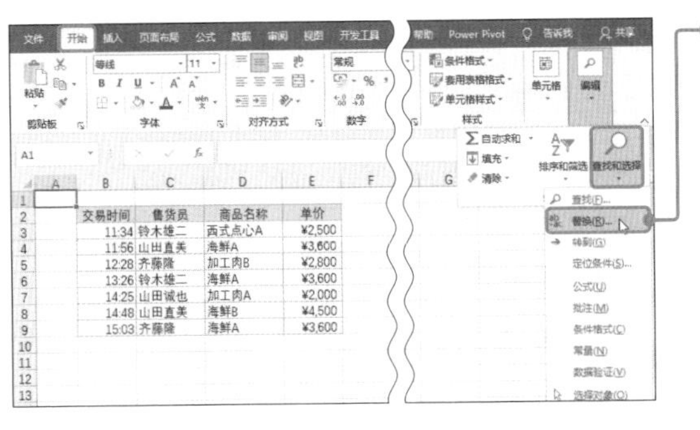

❶ 选择 [开始] 选项卡→ [查找和替换] → [替换] 选项。

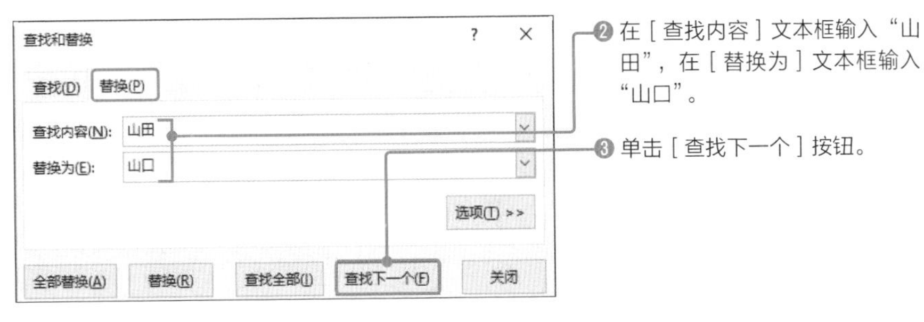

❷ 在 [查找内容] 文本框输入“山田”，在 [替换为] 文本框输入“山口”。

❸ 单击 [查找下一个] 按钮。

❹ 选中包含“山田”的单元格。

❺ 单击 [替换] 按钮进行修改。

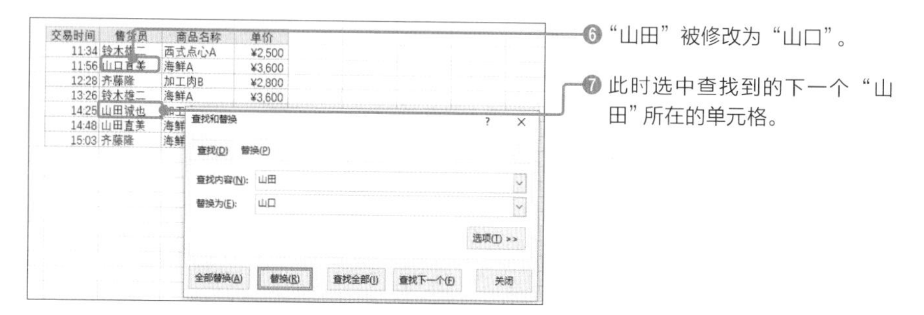

笔记

如果不想修改并查找下一个目标单元格，就不要单击［替换］按钮，而要直接单击［查找下一个］按钮。重复之前的步骤进行查找和替换操作。

全部替换

执行下列步骤，无须逐个查看单元格内容，即可实现全部替换。接下来将“海鲜”全部替换为“海产品”。

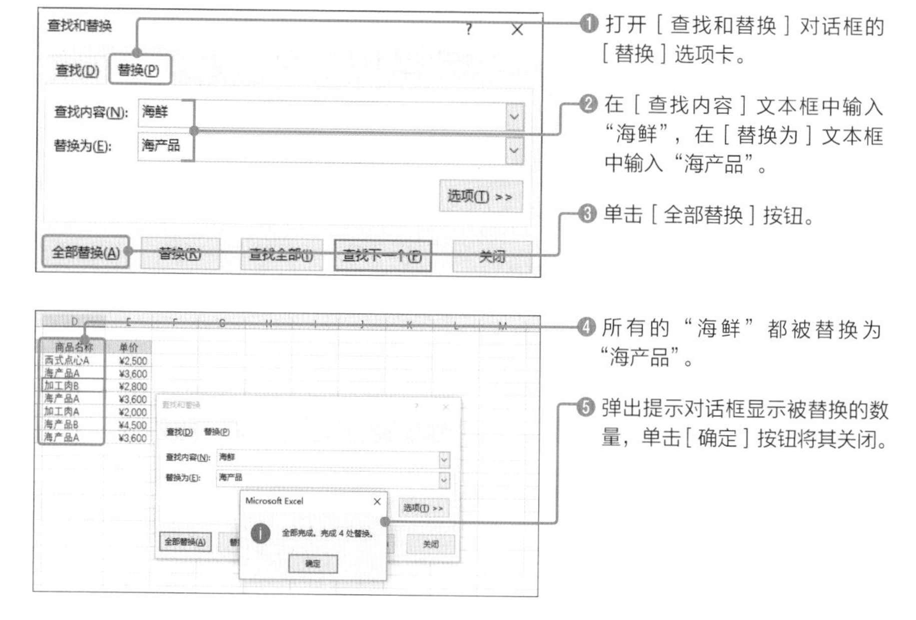

此外，即使执行了全部替换操作，**［查找和替换］对话框**也不会自动关闭。在该对话框操作完毕后，可以单击**［关闭］按钮**或**［×］按钮**将其关闭。

Sample_Data/02-30/

扫码看视频

30 全部替换特定颜色的单元格

全部替换格式

替换功能不仅能全部替换数据，还可以**通过查找格式，替换找到单元格的数值，或者将查找到单元格的格式替换为其他格式**。此外，还可以查找格式和数据的组合，将其替换为其他格式和数据的组合。

接下来介绍如何查找设置为浅蓝色的单元格，并将这些单元格的字体变更为“加粗”。

❶ 打开［查找和替换］对话框的［替换］选项卡（参见p.72）。

❷ 单击［选项］按钮。

❸ 单击［查找内容］右侧的［格式］按钮。

❹ 打开［填充］选项卡，在［背景色］中选择浅蓝色。

❺ 单击［确定］按钮。

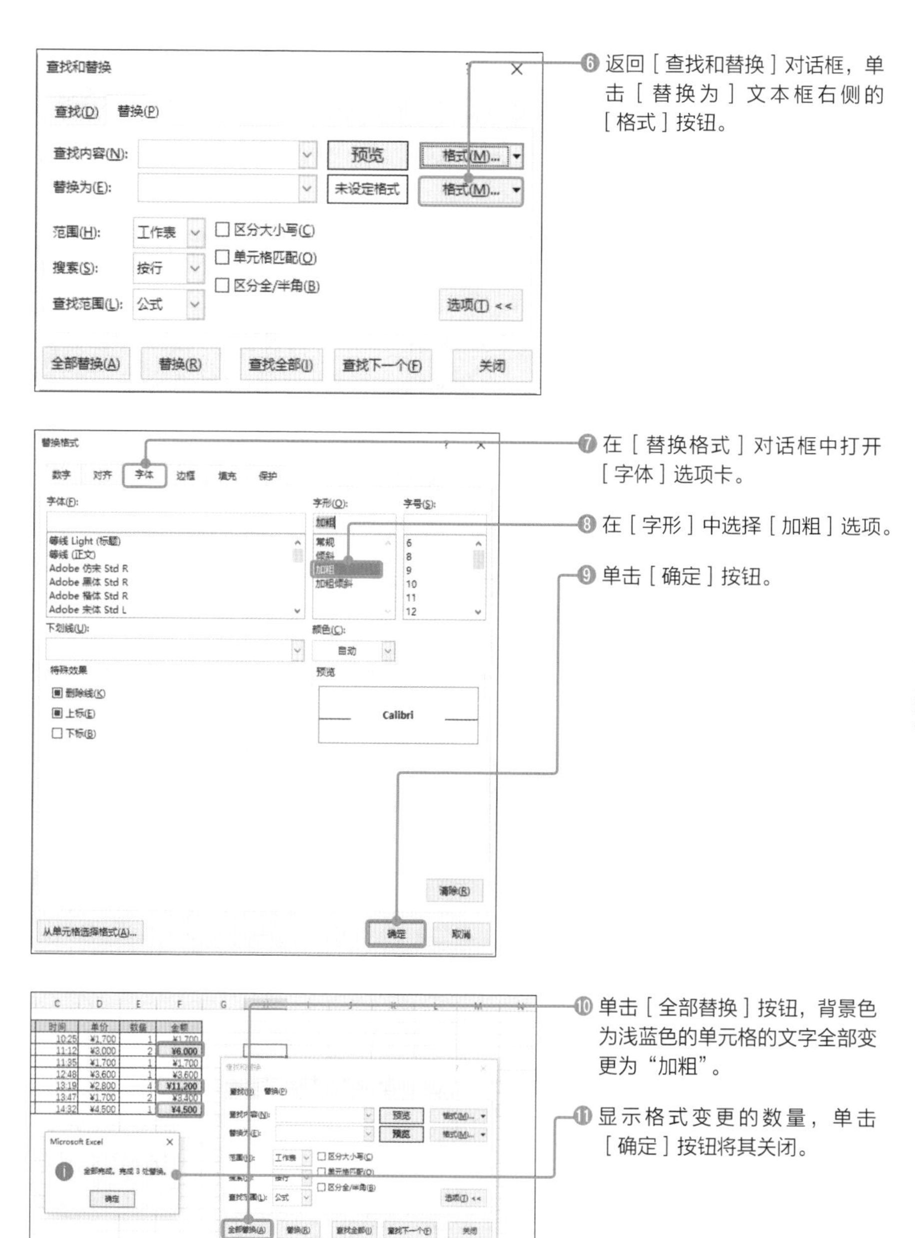

值得关注的是［查找内容］指定的**查找条件**与［替换为］指定的**替换内容**可以截然不同。在本例中，查找对象是单元格的背景色，替换的则是符合查找结果单元格的字体。利用这一技巧，可以对数据格式进行调整加工。

Sample_Data/02-31/

31 禁止输入错误数据

扫码看视频

只允许输入大于5的整数

在已知各个单元格输入数据类型的情况下，可以对**可输入单元格数据的数值和类型进行限制**，避免错误，让操作更加高效。设置输入限制时，要使用**“数据验证”功能**。

接下来对输入数据进行限制，使E列单元格（数量）中只能输入大于5的整数。

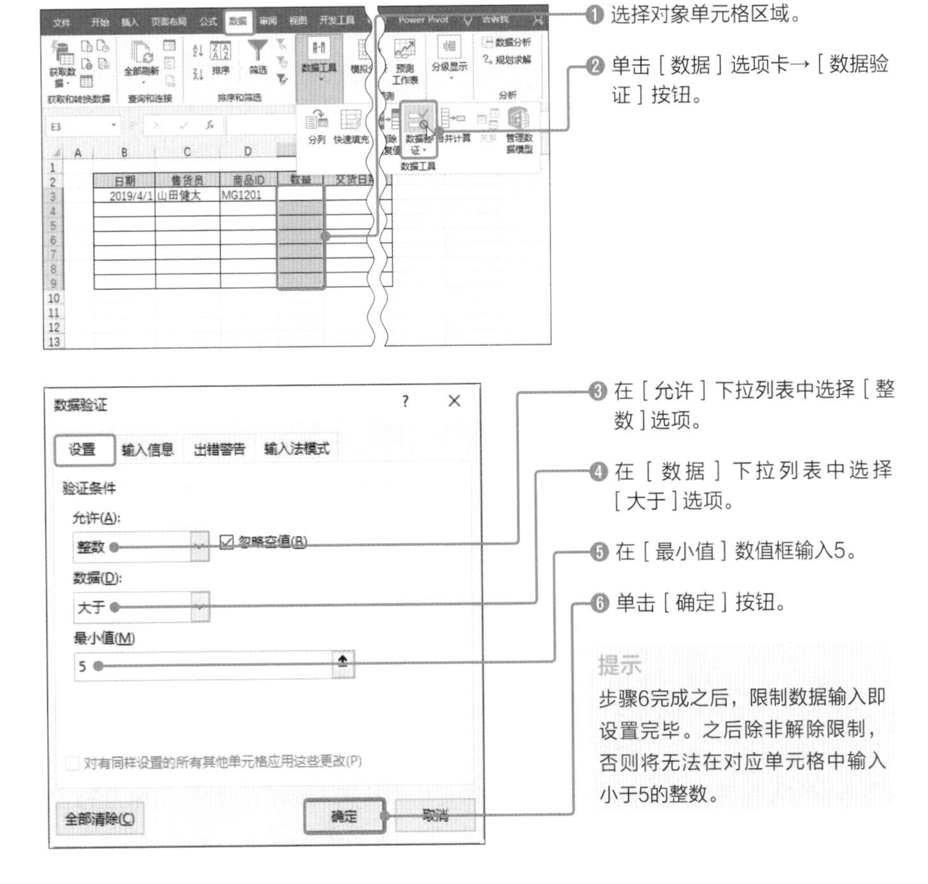

提示

步骤6完成之后，限制数据输入即设置完毕。之后除非解除限制，否则将无法在对应单元格中输入小于5的整数。

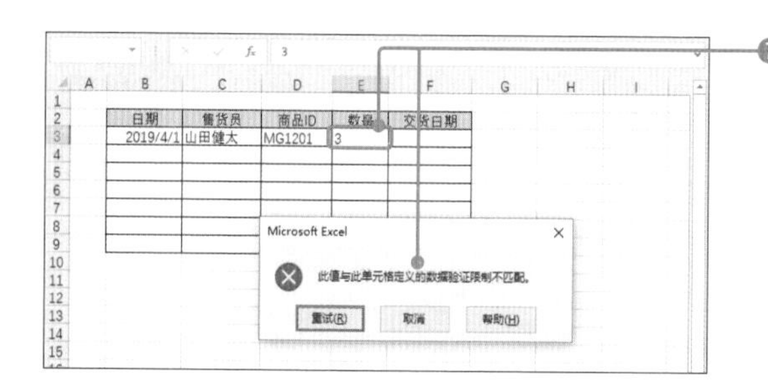

⑦ 在对象单元格输入小于5的数据并按Enter键，结果出现错误，并弹出提示对话框。

只能输入一定时间段内的日期

数据验证功能也可以指定“单元格引用”和“公式”。在下面的范例中，将对内容为“交货日期”的各个单元格进行设置，使其只能输入**“晚于同一行B列单元格输入的日期且不晚于下个月最后一天的日期”**。

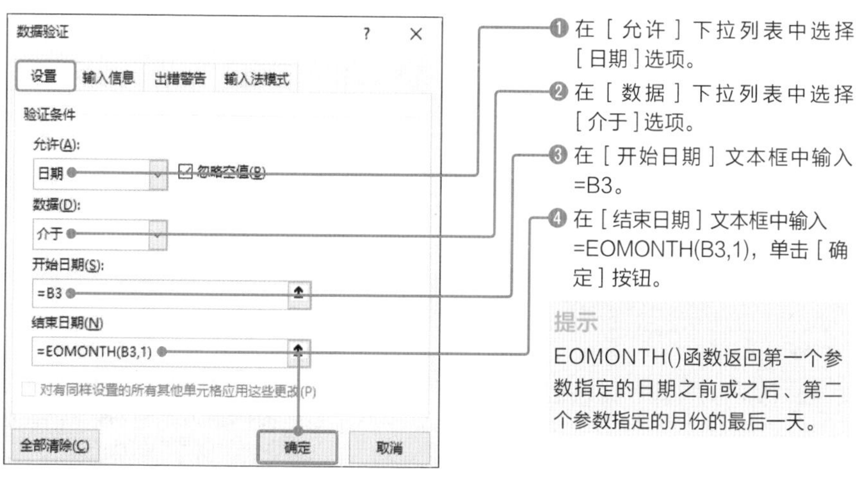

① 在［允许］下拉列表中选择［日期］选项。

② 在［数据］下拉列表中选择［介于］选项。

③ 在［开始日期］文本框中输入=B3。

④ 在［结束日期］文本框中输入=EOMONTH(B3,1)，单击［确定］按钮。

提示

EOMONTH()函数返回第一个参数指定的日期之前或之后、第二个参数指定的月份的最后一天。

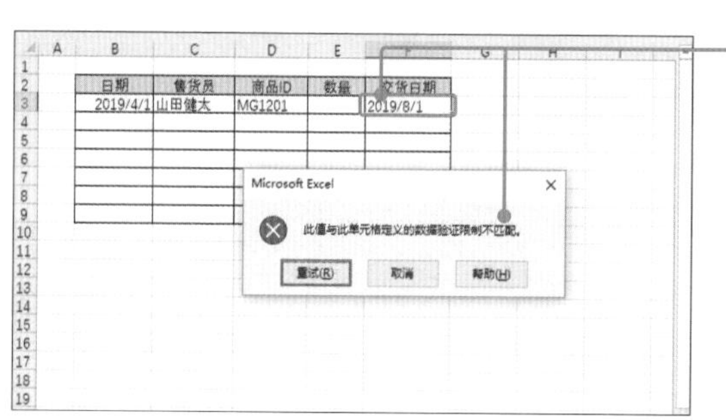

⑤ 在对象单元格输入该时间段之外的日期并按Enter键，结果出现错误。

提示

在设置值中指定单元格引用时，要以对象单元格区域内的激活单元格(输入对象单元格)为基准。在本例中，激活单元格为单元格F3，因此指定的就是同一行B列的单元格B3。

Sample_Data/02-32/

32 从备选项中选择输入

扫码看视频

从列表条目中选择输入

如果已经事先明确要输入单元格区域的数据，可以把已确定的内容添加至下拉菜单，从中选择输入，这样更加方便。同样可以使用**“数据验证”**创建这种下拉列表。接下来进行设置，让“售货员”（C列）的各个单元格在输入时可以从“铃木雄二”“田中直美”“齐藤隆”中进行选择。

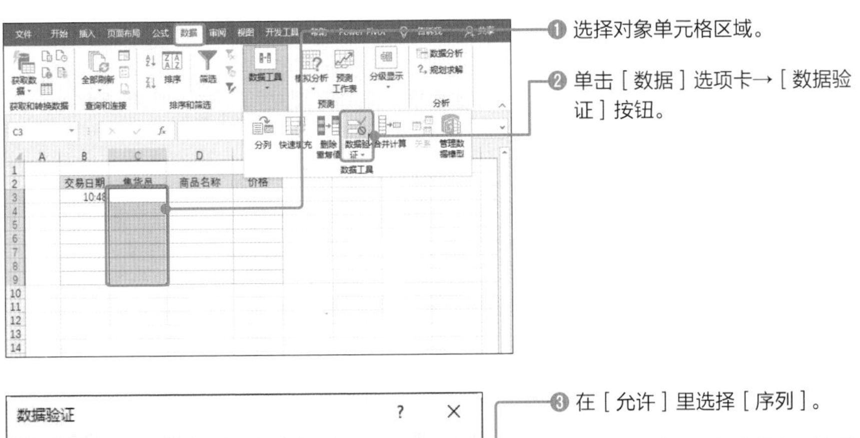

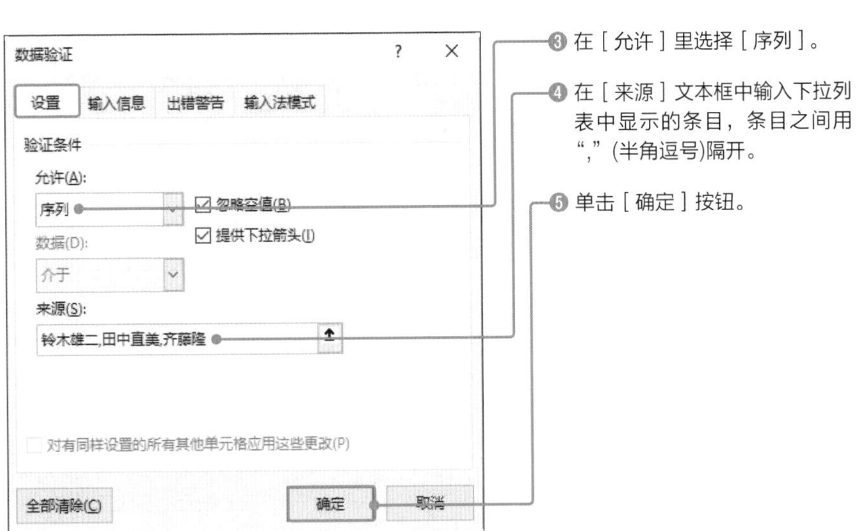

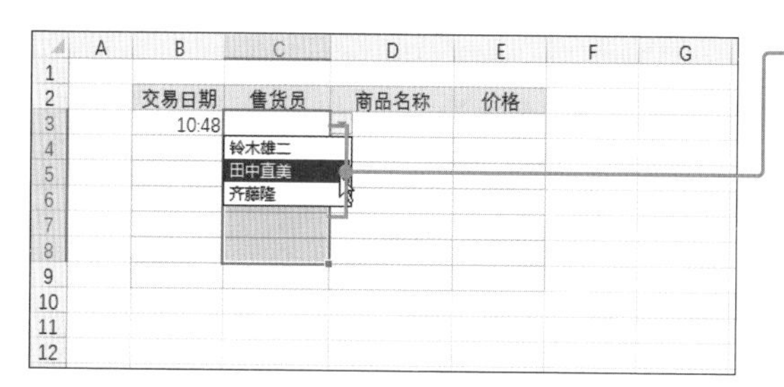

在单元格区域内指定列表来源

设置“来源”时不仅可以直接输入备选条目，还可以指定**某一行或某一列单元格区域**。使用这个方法，可以让实际操作者更加轻松地修改备选项。

接下来创建把“商品名称”（D列）单元格的可输入值限制在“单元格区域G3:G11的数值”之内的下拉列表。

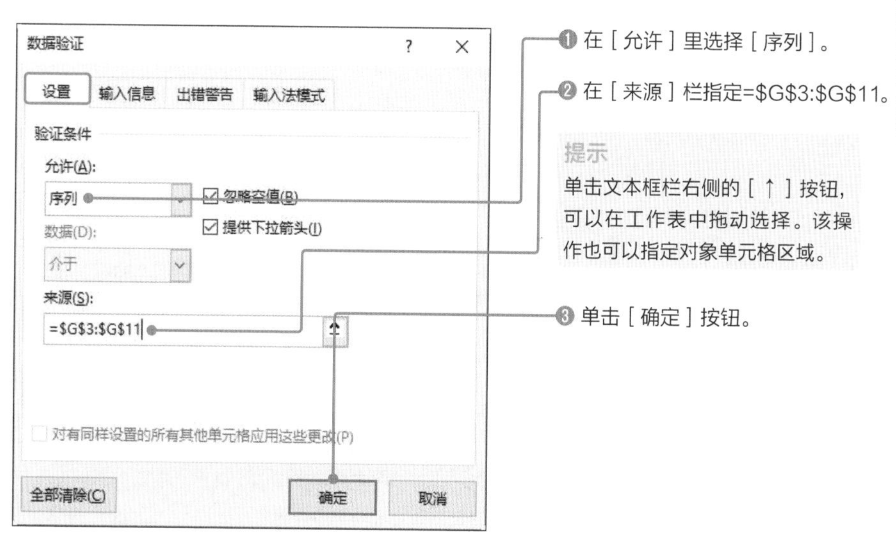

提示

单击文本框栏右侧的［↑］按钮，可以在工作表中拖动选择。该操作也可以指定对象单元格区域。

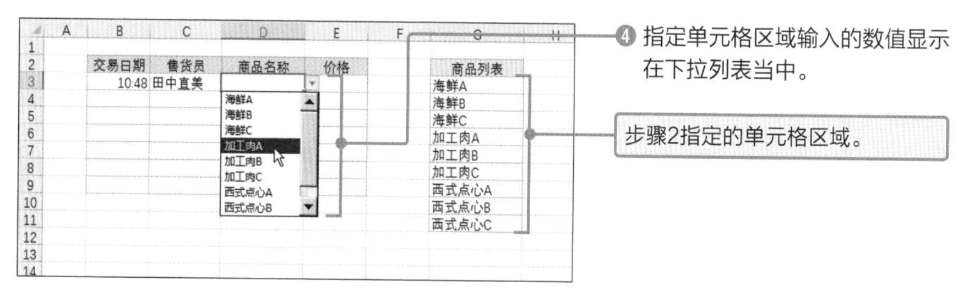

Sample_Data/02-33/

33 修改提示错误信息

修改提示错误信息的显示内容

利用**数据验证功能**（参见p.76）设置限制单元格输入时，如果在该单元格中输入了不正确的数据，会显示错误信息对话框，默认状态的对话框如图所示。

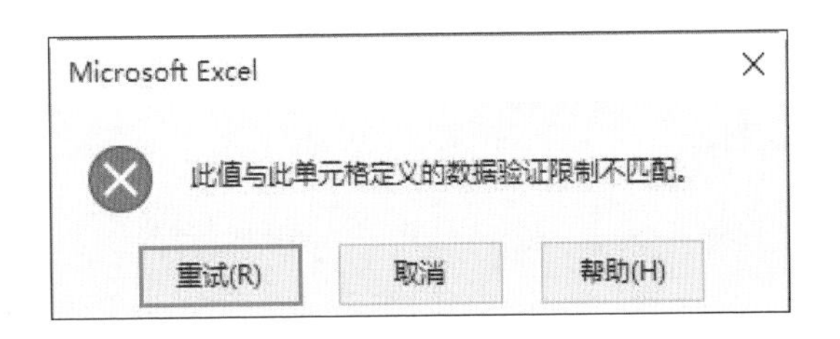

在Excel中，可以通过修改提示信息的内容，**提示使用者输入正确的数据**。下面将在p.92设置输入规则的基础上，对显示的错误信息进行修改。

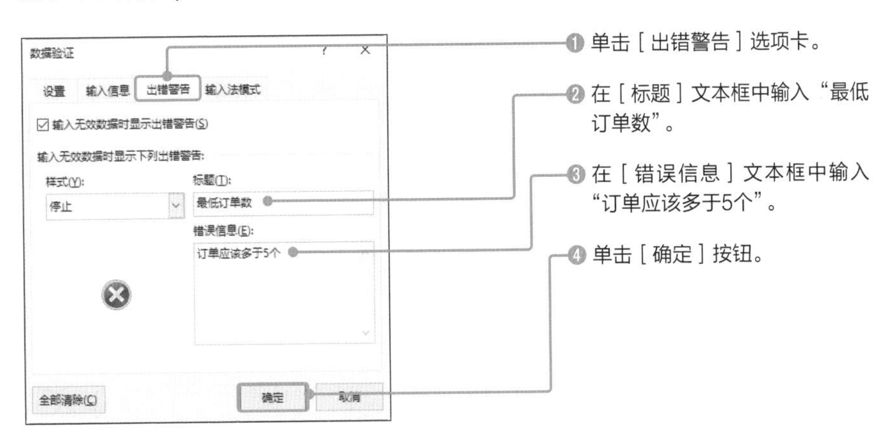

笔记

在**p.92**设置的数据输入限制为“单元格只能输入大于5的整数”。因此，显示前文那样的错误信息，更有利于让输入者输入正确数值。

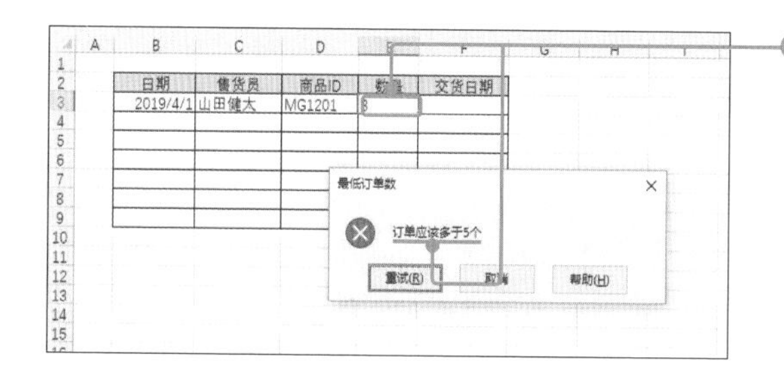

❺ 若在对象单元格中输入小于5的数值，就会显示已创建的错误信息。

修改提示错误信息的样式

在**数据验证功能**中，不仅可以设置禁止输入不正确的数据，还可以**设置输入者可以自行决定采纳与否的警告信息**。

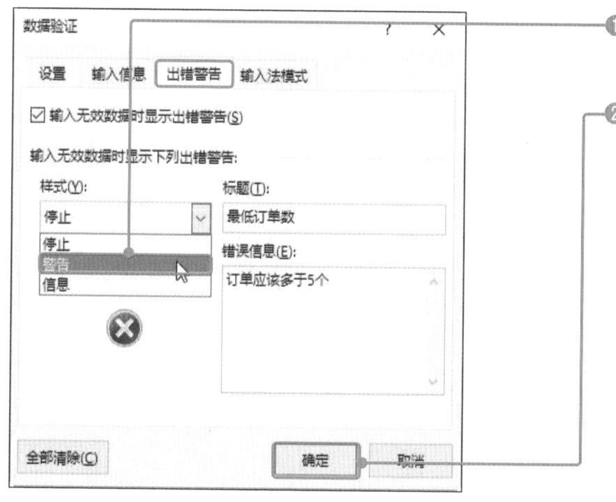

❶ 在［出错警告］选项卡的［样式］列表中选择［警告］选项。

❷ 单击［确定］按钮。

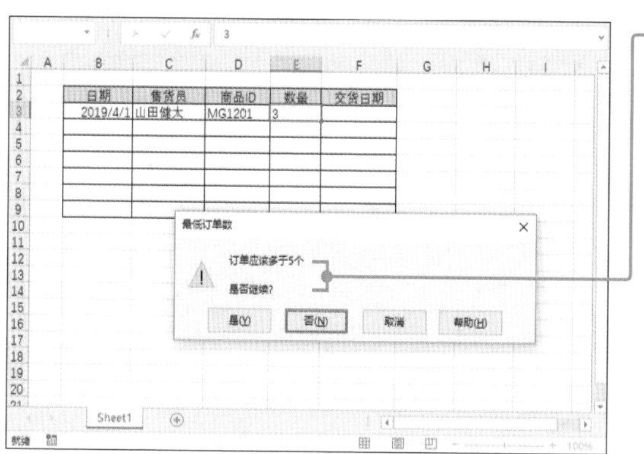

❸ 选择［警告］后，显示这样的警告信息。

提示

除了上述［停止］［警告］外，［出错警告］的［样式］还包括［信息］。［信息］可以设置对象输入规则的补充信息。不同样式的使用方法参见下一页的专栏。

专栏

[出错警告] 选项卡不同 [样式] 选项的使用方法

如果想避免在单元格内输入错误数据，务必选择 [停止] 选项。如果设置为其他选项，输入者就有可能自由输入数据。

那么，什么场合下使用 [警告] 呢？这一设置的目的是当输入内容与条件不相符时，提示输入者再次确认所输入的数据是否存在问题。其作用是在确定数据之前设置一个缓冲，向输入者提问“这个数据是不是真的正确”。在所显示的对话框中单击 [是] 按钮，即可确认正在输入的数据。如果单击 [否] 按钮，则返回输入内容尚未确认的正在编辑的状态。而如果单击 [取消] 按钮，输入操作被取消，返回输入前的状态。

另外，如果将 [样式] 设置为 [信息]，那么信息只会显示 [确认] 和 [取消] 两个选项。因此，这个设置条目的主要作用只是向用户传递信息，告知用户所输入的数据符合特定条件。

注意，如果不勾选 [数据验证] 对话框的 [出错警告] 选项卡中 [输入无效数据时显示出错警告] 复选框，那么即便是输入了 [设置] 选项卡所限制的数据，也不会显示任何错误信息。

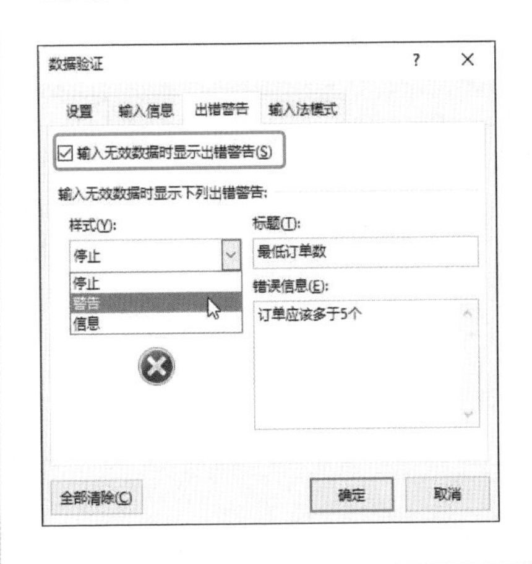

34 选择单元格时显示有关输入数据的提示

设置输入时的提示信息

利用**数据验证功能**选择单元格时，可以显示**在该单元格中输入数据的相关信息**。下面介绍如何设置在选定“商品ID”列（D列）单元格时显示信息。

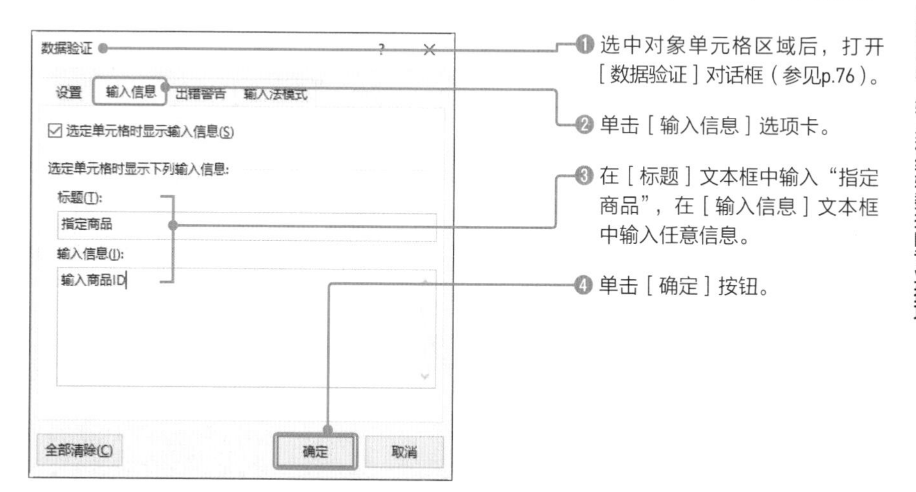

❺ 选中对象单元格，则显示有关该单元格的说明。

> **笔记**
>
> 如果没有勾选位于对话框上方的［**选定单元格时显示输入信息**］**复选框**，那么即使设置了［**输入信息**］，信息也不会显示。

Sample_Data/02-35/

35 自动切换输入模式

自动切换输入设置

如果输入数据已经确定为某一特定类型，那么利用**数据验证功能**，可以**设置为选中对象单元格后自动切换输入模式**。下面介绍如何设置选中“数量”列（E列）的单元格后自动关闭中文输入模式。

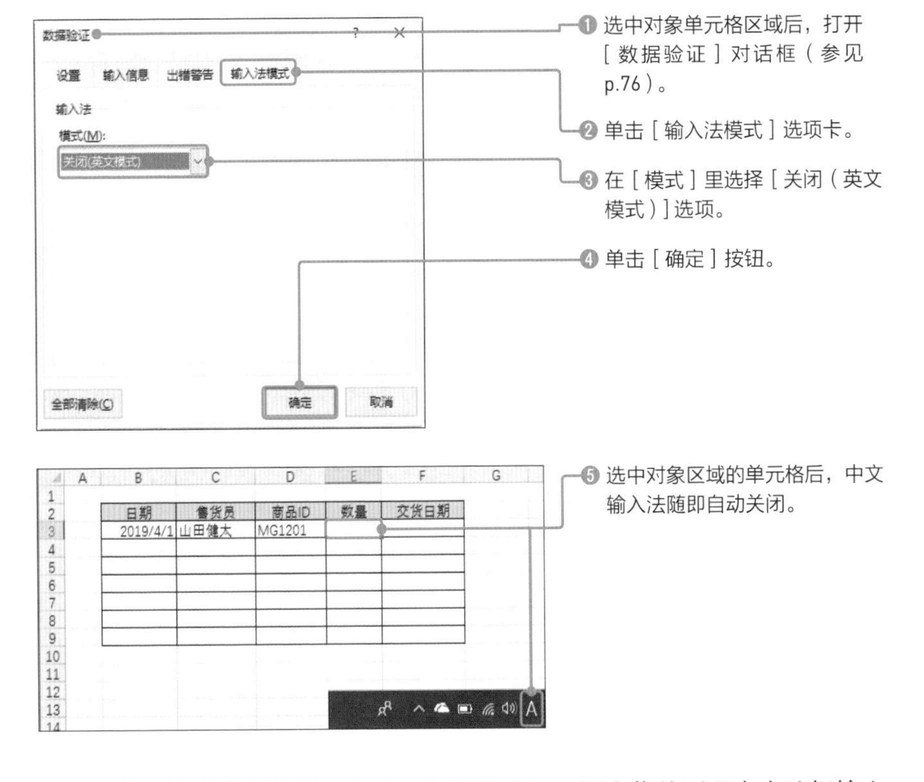

此外，即使利用该设置自动切换了输入法，用户依然可以自由地把输入法切换回来。

36 将输入一列的数据分隔为多列

使用特定的分隔字符分隔列

如果要把集中输入在某个单元格或是某一列单元格区域内的数据，用其中特定的文字分隔为多列，可以使用［**分列**］**功能**，把一列数据分隔为多列。

下面以“PG：山田 一郎”为例，输入篮球球员位置名称和选手姓名。介绍如何用“:”和半角空格将其分隔为位置名称、姓、名三列。

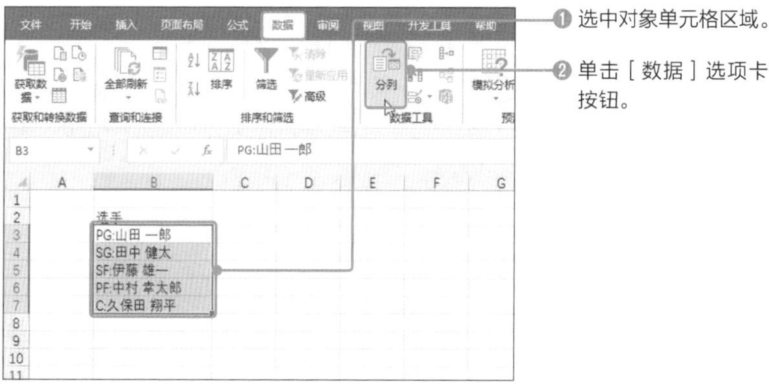

❶ 选中对象单元格区域。

❷ 单击［数据］选项卡→［分列］按钮。

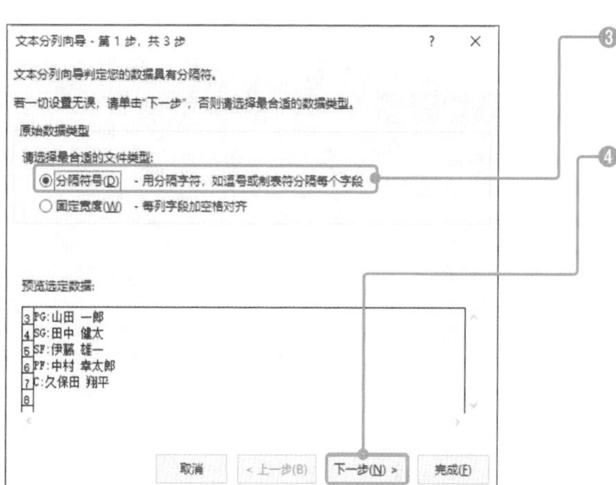

❸ 选择［分隔符号-用分隔字符，如逗号或制表符分隔每个字段］单选按钮。

❹ 单击［下一步］按钮。

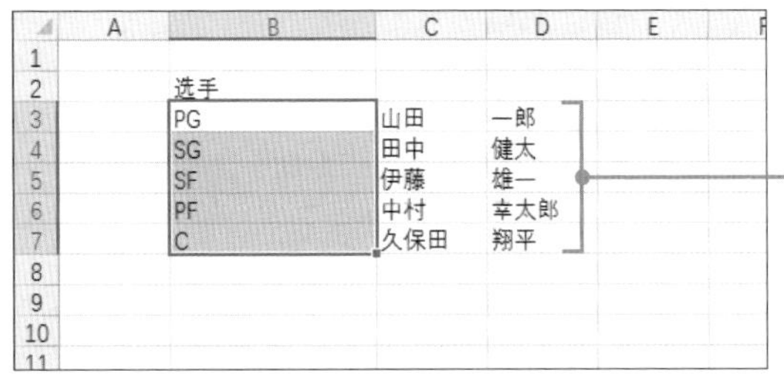

❼ 所选区域的数据在“:”和空格的位置被分隔开，移动至右侧单元格中。

在特定位置进行分隔

还可以在**数据的特定位置**将其分隔为多列，无须指定分隔符。下面把输入的代表会员ID的“AFP1001”等文本中，表示会员类别的前3个英文字母和表示会员编号的后4个数字分开。

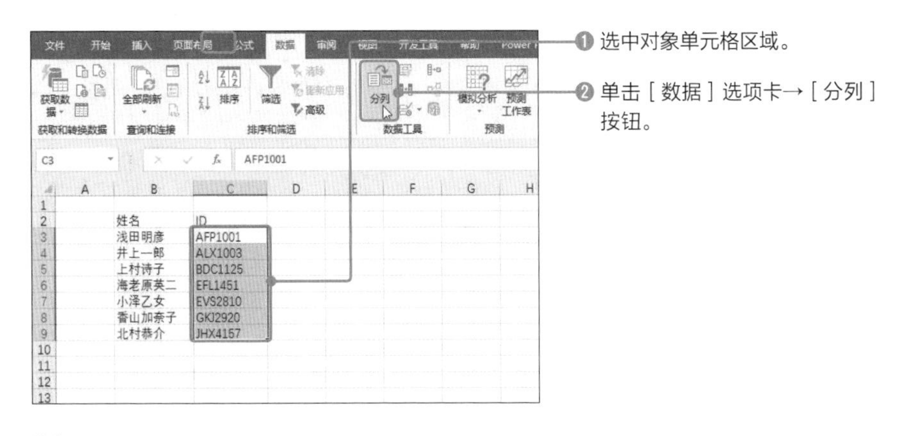

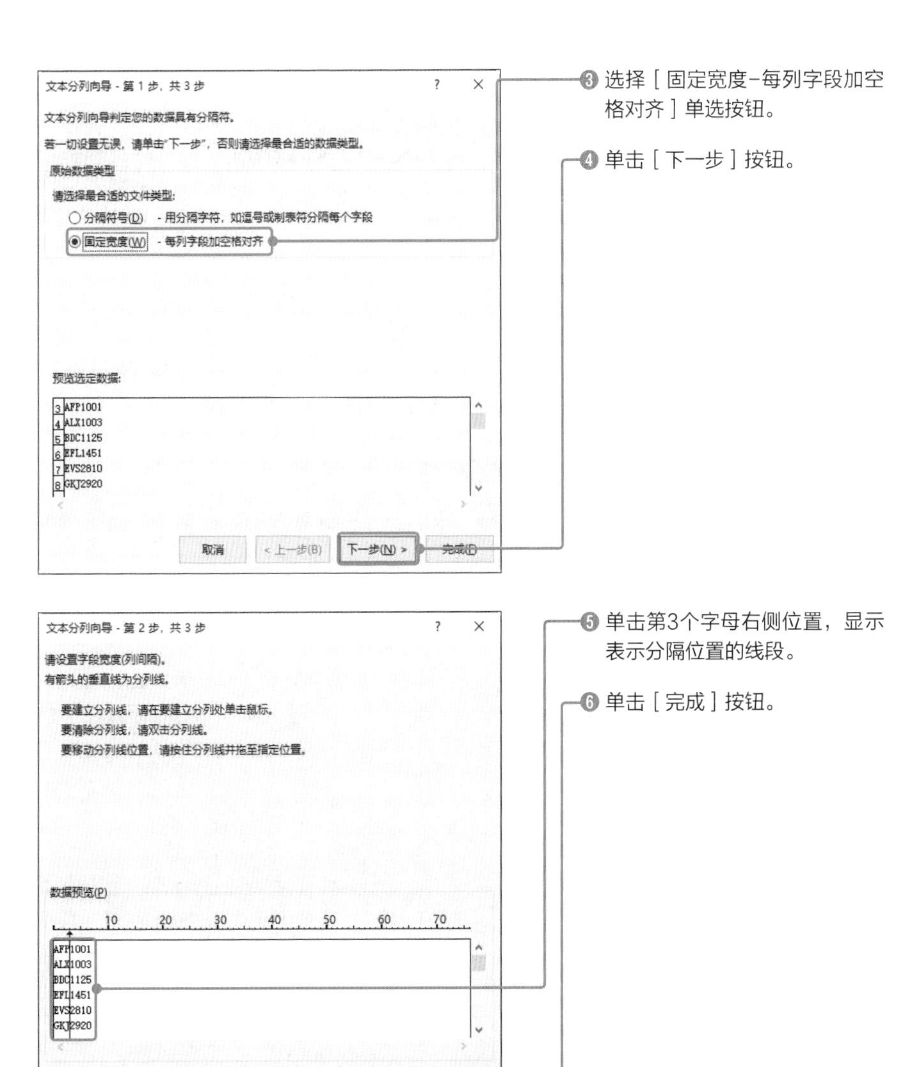

❸ 选择［固定宽度-每列字段加空格对齐］单选按钮。

❹ 单击［下一步］按钮。

❺ 单击第3个字母右侧位置，显示表示分隔位置的线段。

❻ 单击［完成］按钮。

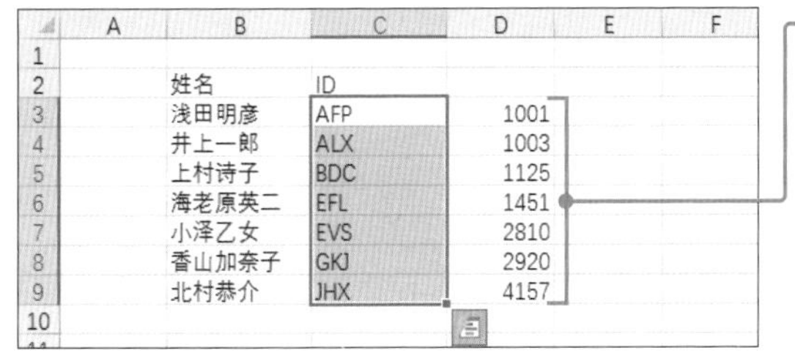

	A	B	C	D	E	F
1						
2		姓名	ID			
3		浅田明彦	AFP	1001		
4		井上一郎	ALX	1003		
5		上村诗子	BDC	1125		
6		海老原英二	EFL	1451		
7		小泽乙女	EVS	2810		
8		香山加奈子	GKJ	2920		
9		北村恭介	JHX	4157		
10						

❼ 所选区域的数据在第3个字母右侧被分隔开，移动至右侧单元格中。

Sample_Data/02-37/

37 将8位数值转换为日期

快速将数值转换为日期

利用**分列功能**，可以将类似“20190729”的8位数值，转换为开始4位数是“年”，中间2位数是“月”，最后2位数是“日”的日期数据。

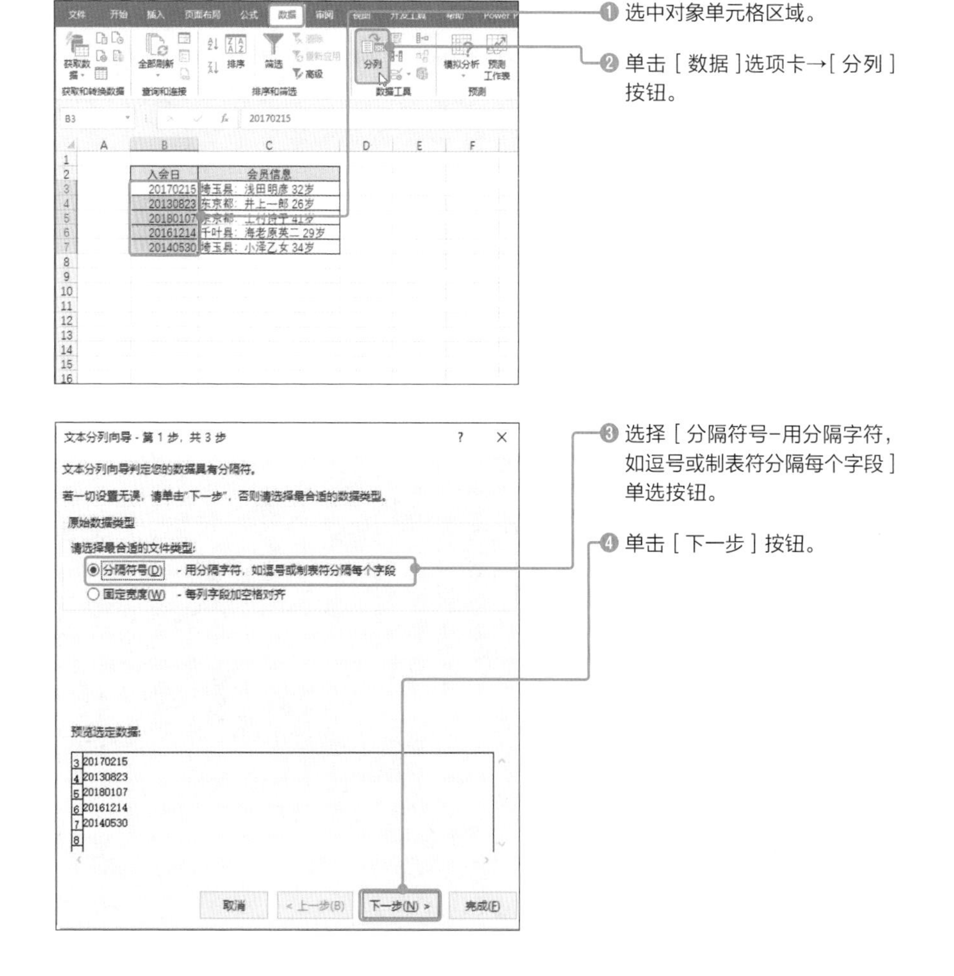

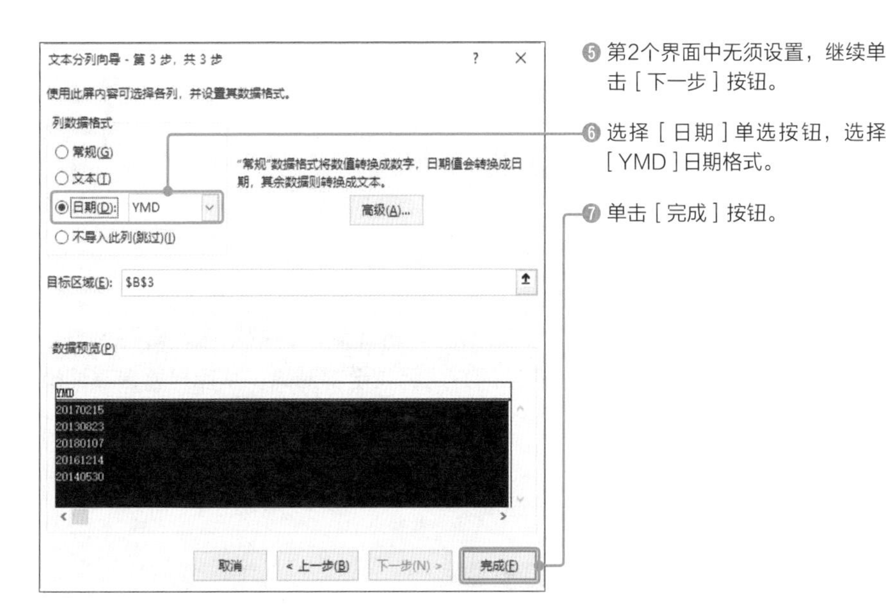

⑤ 第2个界面中无须设置，继续单击［下一步］按钮。

⑥ 选择［日期］单选按钮，选择［YMD］日期格式。

⑦ 单击［完成］按钮。

	A	B	C	D
1				
2		入会日	会员信息	
3		2017/2/15	埼玉县：浅田明彦 32岁	
4		2013/8/23	东京都：井上一郎 26岁	
5		2018/1/7	东京都：上村诗子 41岁	
6		2016/12/14	千叶县：海老原英二 29岁	
7		2014/5/30	埼玉县：小泽乙女 34岁	
8				
9				
10				

⑧ 可以发现所选区域各个单元格的数值已经转换为日期数据。

实用的专业技巧！ **年、月、日的顺序**

在上文的示例中，源数据的排列顺序是“年、月、日”，如果需要另外的顺序，也可以在第3个界面进行设置。例如，排列顺序是“月、日、年”时，可以在“列数据格式”的“日期”右侧选择**MDY选项**（M即Month，D即Day，Y即Year）。

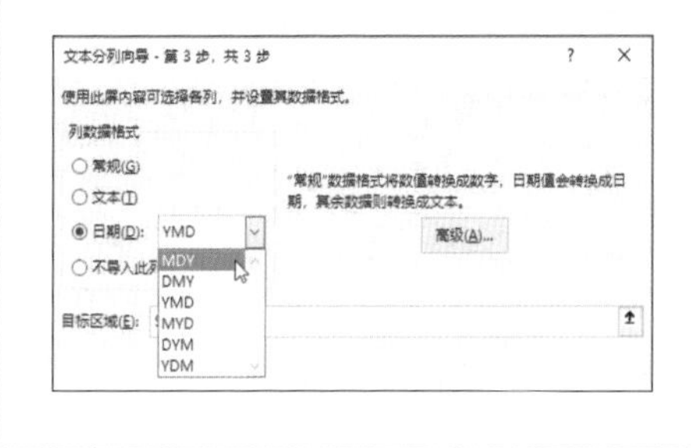

Sample_Data/02-38/

38 删除单元格内部分无用内容

利用分列功能进行全部清除

利用**分列功能**可以删除源数据中的无用部分。**当数据量非常庞大时，不要逐一删除，而要使用下面介绍的方法将其全部清除，从而显著提高编辑效率**。

下面要集中删除“埼玉县：浅田明彦32岁”等数据前半部分的都道府县的名称，然后将姓名和年龄分为两列。

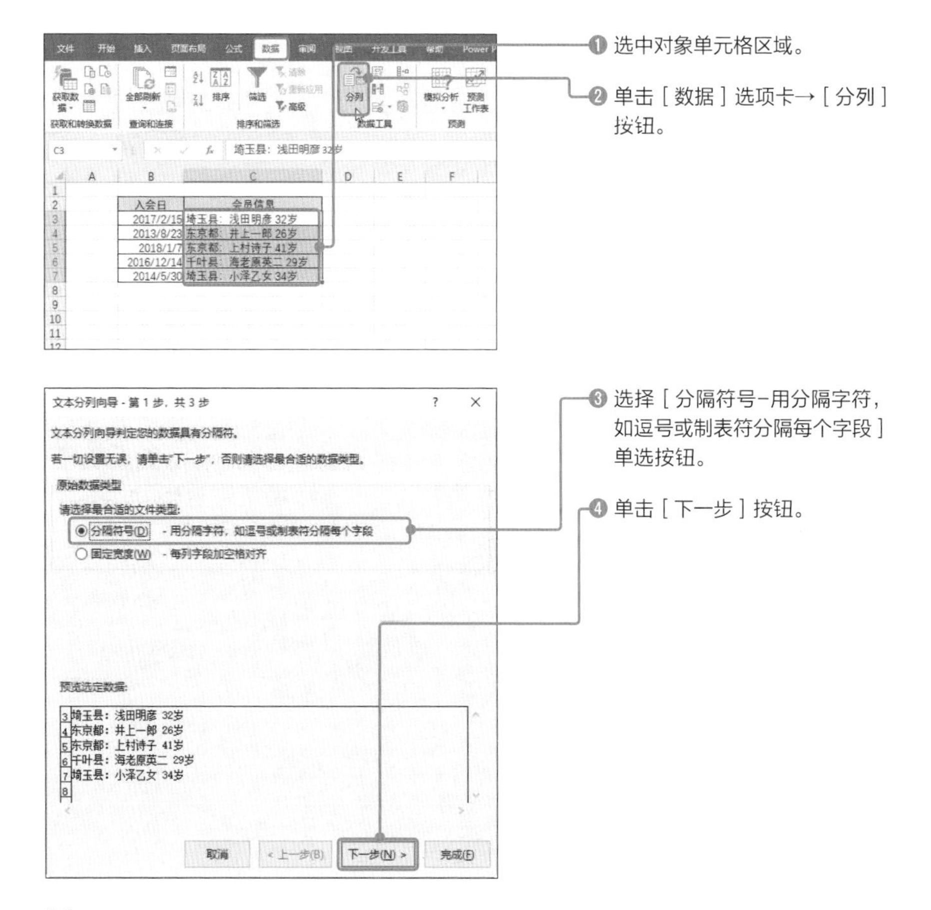

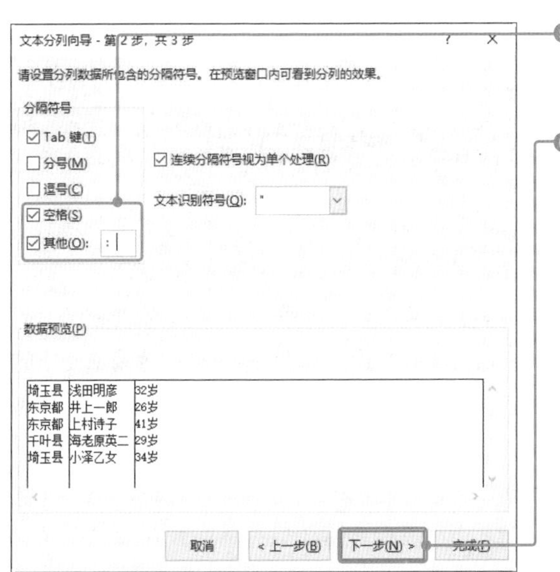

❺ 在［分隔符号］里勾选［空格］和［其他］复选框，在［其他］右侧输入“：”。

❻ 单击［下一步］按钮。

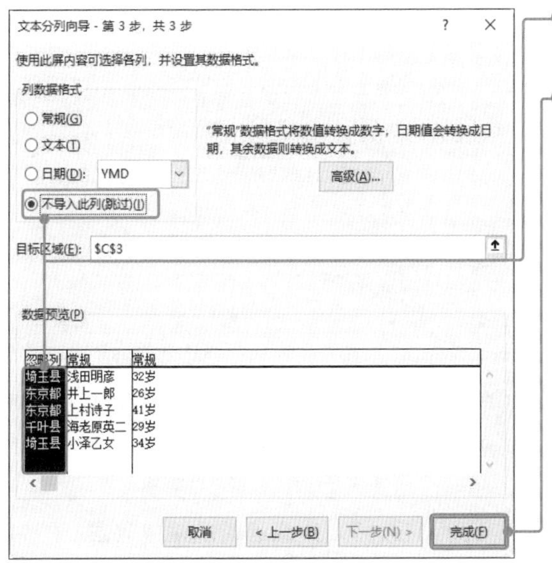

❼ 选中第1列，选择［不导入此列］单选按钮。

❽ 单击［完成］按钮。

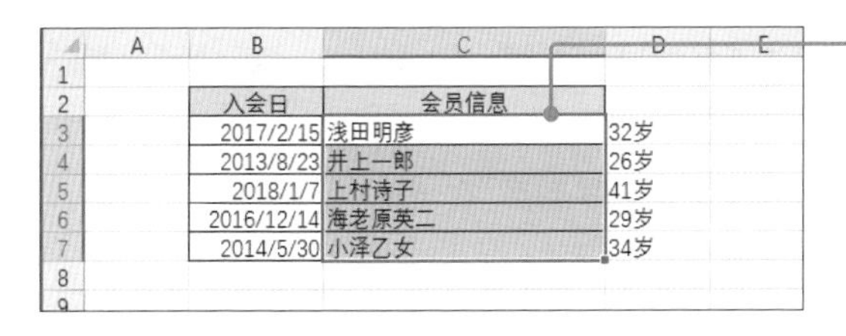

❾ 源数据被分为姓名和年龄两列，都道府县名称被删除。

Sample_Data/02-39/

39 正确理解日期、时间等数据格式

关于序列数

在Excel中，日期和时间数据可以用于多种操作。在格式为“常规”的单元格中输入**“Excel能够识别为日期的数据”**后，Excel**自动将该单元格的格式设置为日期**。同样，输入能够识别为时间的数据后，自动将格式设置为时间。

日期的基本格式是**“2019/4/1”**，时间的基本格式是**“10:52:00”**。选中输入了日期、时间的单元格后，其**“实际数据”**以这种格式在编辑栏显示出来。

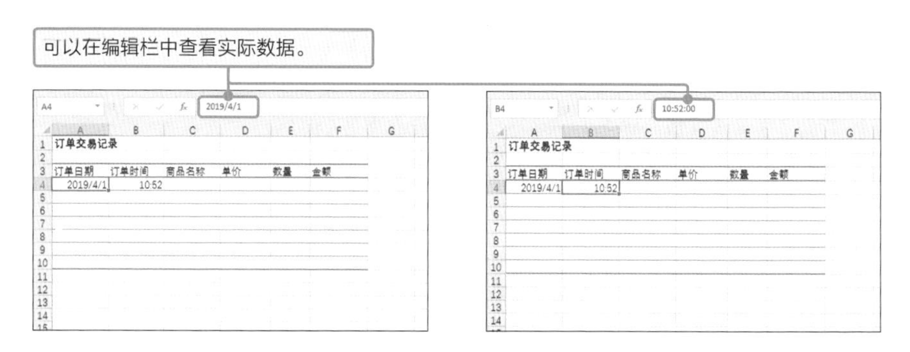

但是，**这些数据并不是Excel中日期、时间的“实体”**。在Excel中正确处理日期和时间的关键，在于了解本节将要讲解的日期数据和时间数据各自的实体。

日期数据的实体是**以1900年1月1日为1，逐天递增的整数数据**。例如2019年4月1日，就是从1900年1月1日算起的第43556天。

而时间数据的实体是**以1天(24小时)为1，每小时是1/24，每分钟是每小时的1/60，这样求得的小数值**。

像这样表示日期和时间的数值称为**“序列数”**。也就是说，日期用整数序列数表示，时间用小于1的小数序列数表示。

下面看一看日期数据的实体。选中输入了日期或时间的单元格❶，将格式修改为［常规］❷。可以看到日期数据变成了整数，时间数据变成了小数。

一般情况下，在单元格内输入时间和日期数据时，只能在日期和时间当中二选一，其实是**一个单元格也可以同时显示日期和时间**。这时需要用**半角空格**将日期和时间隔开。这个数据就变成了既有整数部分又有小数部分的序列数。

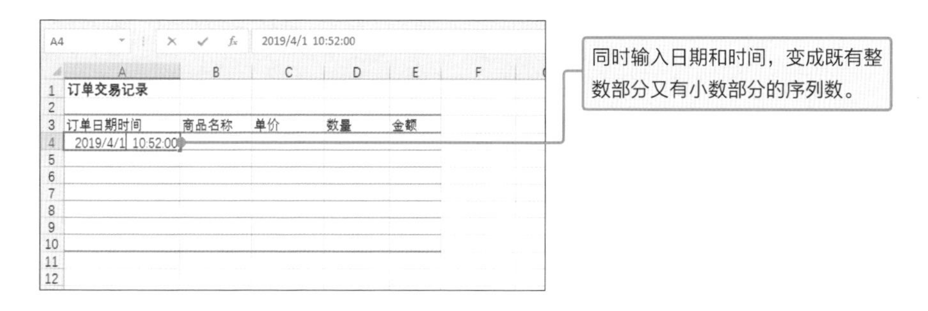

40 计算日期与时间数据

计算日期

正如上一页所述，**因为日期和时间数据的实体是数值(序列数)，所以可以直接用于计算**。1天就是1，因此天数计算极为浅显易懂。例如，要显示某一天的**50天之后的日期**，那么在那天的日期后面加上50即可❶。此外，用日期减去日期，可以求出二者之间的天数❷。

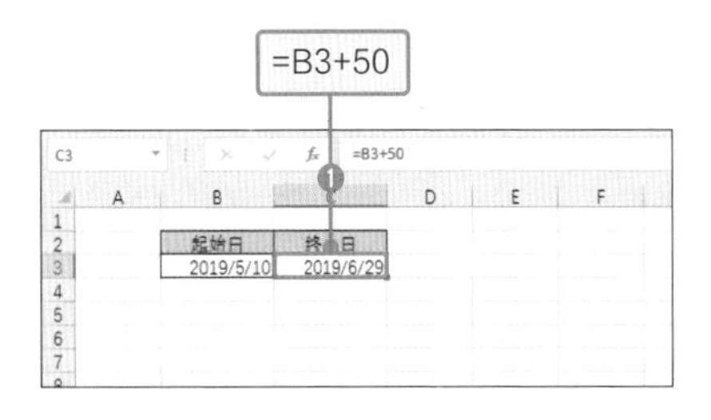

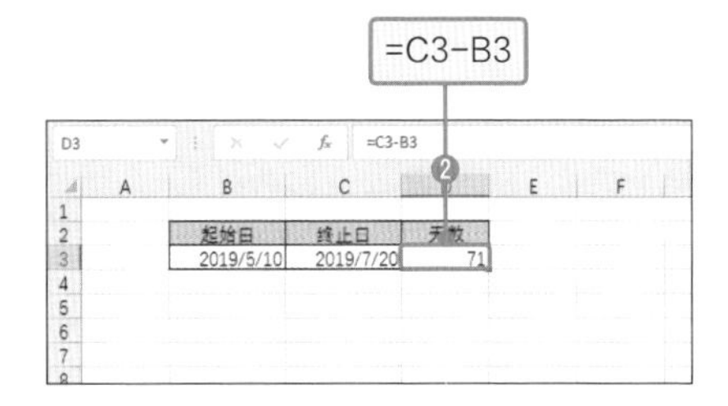

计算时间与时刻

时间数据与日期数据一样，可以利用减法算出**时长**。此外，利用加法，可以算出**一段时间之后的时刻**。

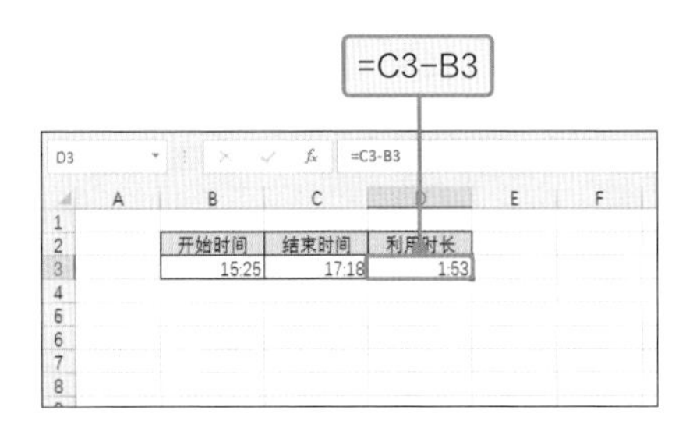

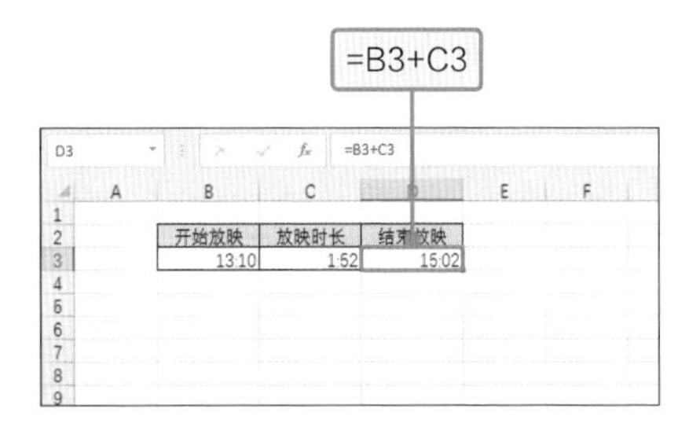

笔记

严格来说，“时刻”是流动的时间当中的某一点，“时间”是两个时刻的间隔，但在Excel中，二者一概处理为时间数据。

第3章

提高编辑效率的“工作表操作”省时窍门

Effective Time-savign Methods for Users

Sample_Data/03-01/

01 瞬间移至表格底部

定位至底部单元格

对于数据量巨大的表格，如果只用滚动条，即使仅仅是从数据的一端移动至另一端，也是非常麻烦的。**在制作大型表格时，必须要记住表格操作相关的快捷键**。仅用键盘就可以轻松实现在单元格之间的移动。

下面将演示在选中单元格B6的状态下，如何轻松移动至表格区域内同一列最后一行的单元格。

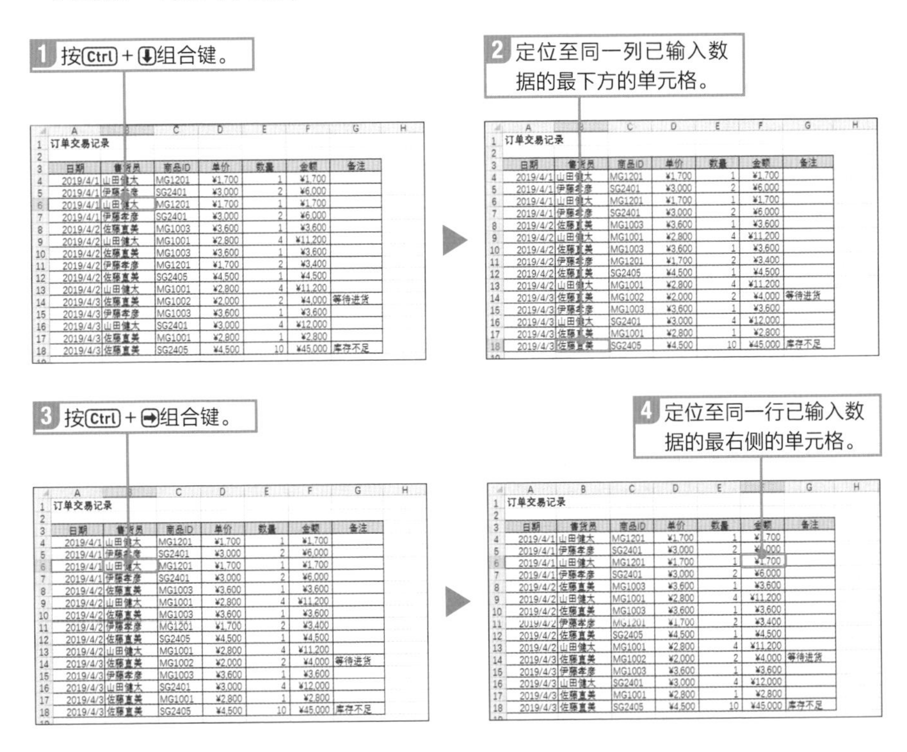

根据上述操作步骤，可以推测按Ctrl+↑或←组合键进行同样的操作，可以向各自方向定位至“**连续输入数据区域的最后一格**”。

此外，上述方法并不受限于表格区域或已设置格式的区域，至少可以定位至**已输入数据区域的最后一个单元格**。

实用的专业技巧！ 与End键组合

按End键之后按方向键，也可以定位至该方向的最后一个单元格。

专栏 定位至第一个输入完毕的单元格

如果从指定方向的下一个单元格开始没有输入数据，则选中该方向上第一个输入完毕的单元格。

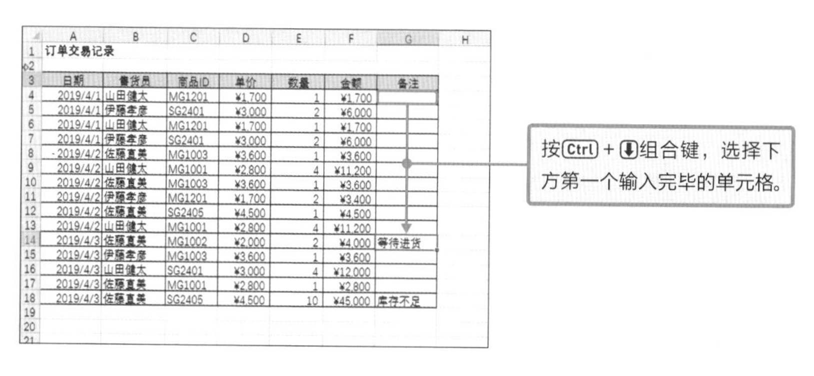

订单交易记录

日期	售货员	商品ID	单价	数量	金额	备注
2019/4/1	山田健太	MG1201	¥1,700	1	¥1,700	
2019/4/1	伊藤孝彦	SG2401	¥3,000	2	¥6,000	
2019/4/1	山田健太	MG1201	¥1,700	1	¥1,700	
2019/4/1	伊藤孝彦	SG2401	¥3,000	2	¥6,000	
2019/4/2	佐藤真美	MG1003	¥3,600	1	¥3,600	
2019/4/2	山田健太	MG1001	¥2,800	4	¥11,200	
2019/4/2	佐藤真美	MG1003	¥3,600	1	¥3,600	
2019/4/2	伊藤孝彦	MG1201	¥1,700	2	¥3,400	
2019/4/2	佐藤真美	SG2405	¥4,500	1	¥4,500	
2019/4/2	山田健太	MG1001	¥2,800	4	¥11,200	
2019/4/3	佐藤真美	MG1002	¥2,000	2	¥4,000	等待进货
2019/4/3	伊藤孝彦	MG1003	¥3,600	1	¥3,600	
2019/4/3	山田健太	SG2401	¥3,000	4	¥12,000	
2019/4/3	佐藤真美	MG1001	¥2,800	1	¥2,800	
2019/4/3	佐藤真美	SG2405	¥4,500	10	¥45,000	库存不足

此外，如果该方向均为空白单元格，则选中该方向工作表的最后一个单元格。

Sample_Data/03-02/

扫码看视频

02 迅速选中单元格

选中数据输入完毕的单元格

按Ctrl+方向键，可以轻松选中上下左右的最后一个单元格（参见p.96），在这一操作的基础上，再按下Shift键，可以选中当前激活单元格至最后一个单元格之间的所有单元格（按End键之后，按Shift+方向键也可以执行相同的操作）。

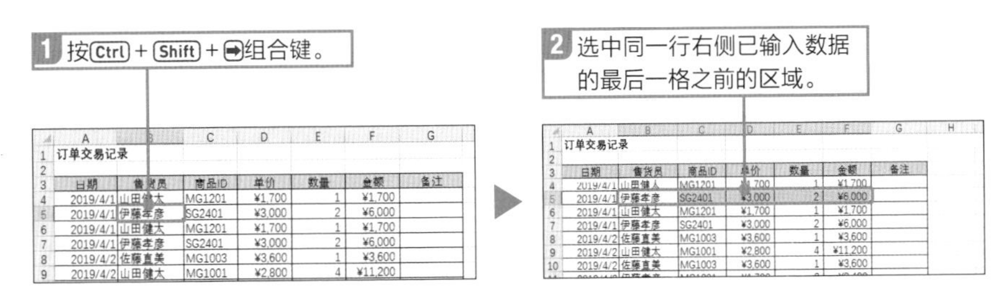

上述列在被选中的状态下，继续按Ctrl+Shift+↓组合键，可以选择选中下方已输入数据的最后一行。

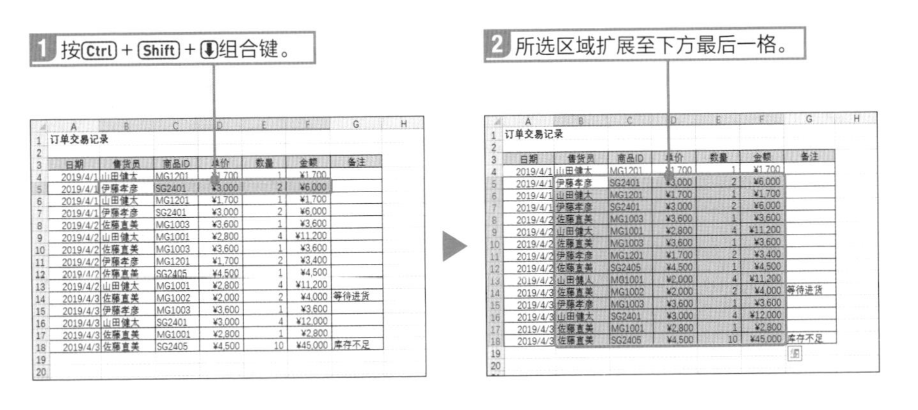

03 迅速选中第一个单元格

用键盘选中A列单元格和单元格A1

仅用键盘就可以轻松选中作为工作表起点的A列单元格。

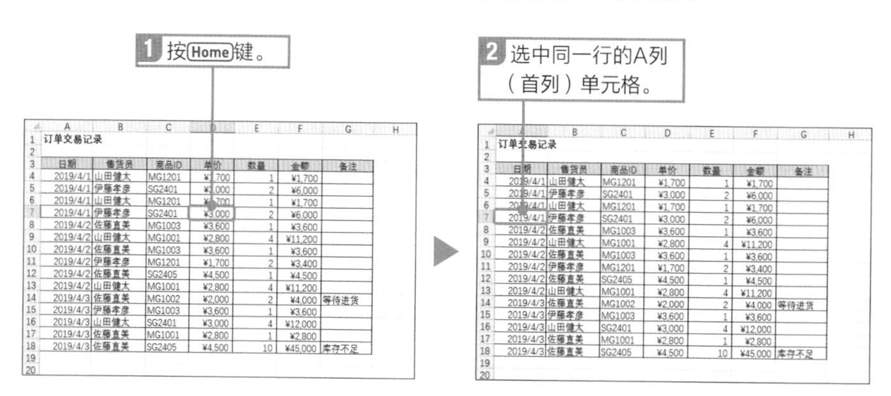

还可以用键盘迅速选中单元格A1。

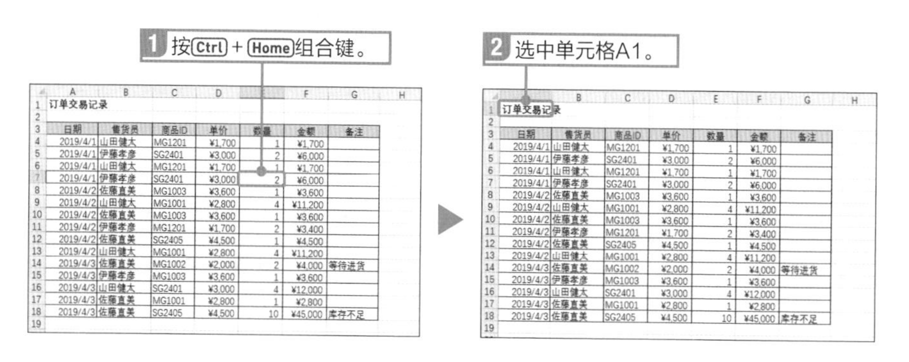

此外，如果在执行这些操作的同时按Shift键，选中激活单元格到单元格A1所围成的单元格区域。

Sample_Data/03-04/

04 迅速选中整张表格

扫码看视频

选中激活单元格区域

在需要选中整张表格，集中设置格式或执行其他操作时，可以在一瞬间选中**包含所选择的单元格在内的、连续输入了数据的矩形区域**。

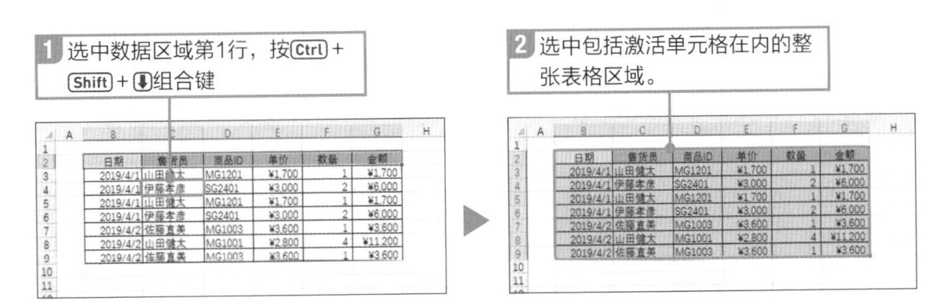

日期	售货员	商品ID	单价	数量	金额
2019/4/1	山田健太	MG1201	¥1,700	1	¥1,700
2019/4/1	伊藤孝彦	SG2401	¥3,000	2	¥6,000
2019/4/1	山田健太	MG1201	¥1,700	1	¥1,700
2019/4/1	伊藤孝彦	SG2401	¥3,000	2	¥6,000
2019/4/2	佐藤直美	MG1003	¥3,600	1	¥3,600
2019/4/2	山田健太	MG1001	¥2,800	4	¥11,200
2019/4/2	佐藤直美	MG1003	¥3,600	1	¥3,600

这里选中的“表格区域”是激活单元格所在的、连续输入数据的矩形单元格区域。这种单元格区域叫作**“激活单元格区域”**。而且**只要没有输入数据，即便设置了边框等格式，都不能看作是激活单元格区域**。

此外，按Ctrl+A组合键也可以选中表格区域。

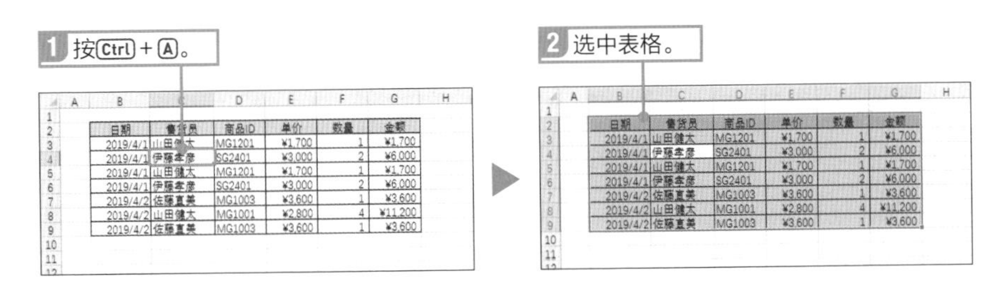

日期	售货员	商品ID	单价	数量	金额
2019/4/1	山田健太	MG1201	¥1,700	1	¥1,700
2019/4/1	伊藤孝彦	SG2401	¥3,000	2	¥6,000
2019/4/1	山田健太	MG1201	¥1,700	1	¥1,700
2019/4/1	伊藤孝彦	SG2401	¥3,000	2	¥6,000
2019/4/2	佐藤直美	MG1003	¥3,600	1	¥3,600
2019/4/2	山田健太	MG1001	¥2,800	4	¥11,200
2019/4/2	佐藤直美	MG1003	¥3,600	1	¥3,600

在整张表格已被选中，或是激活单元格为空白时，按Ctrl+A组合键会选中**整张工作表**。

迅速选中整行或整列

单击行号或列标快速选中整行或整列。执行下列操作可以选中整行。

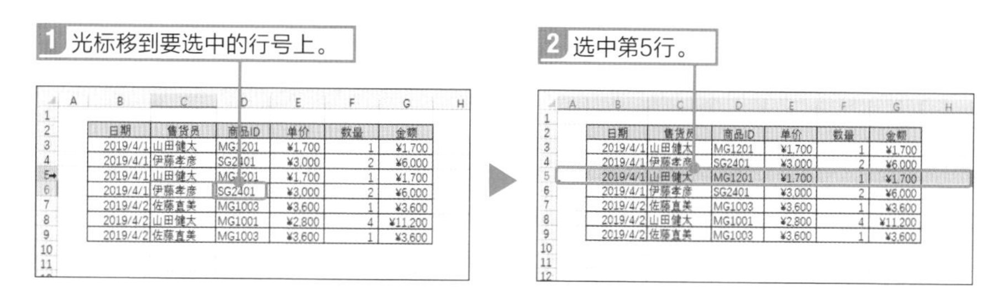

若选中对应的列，将光标移到标号上变为向下箭头并单击即可。还可以通过快捷键选中连续的数据行。

将光标定位在数据区域最左侧任意单元格中，按Ctrl+Shift+→组合键，可选中活动单元格向右连续数据。选择连续数据的列时，按Ctrl+Shift+↓组合键。

执行下列操作可以选中活动单元格连续数据的行。

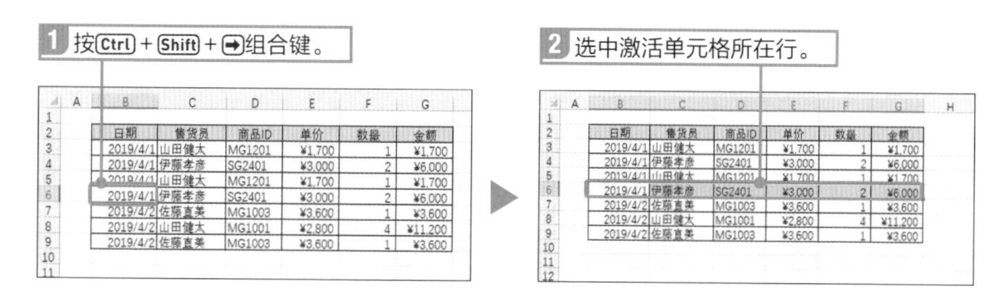

Sample_Data/03-05/

05 选择特定类型的单元格

扫码看视频

全选包含公式的单元格

可以在表格中**对特定类型的单元格执行全选**，尤其是设置了**公式**或**常量**（非公式数据）、**条件格式**或**数据验证**的单元格。

接下来全选输入公式的单元格。

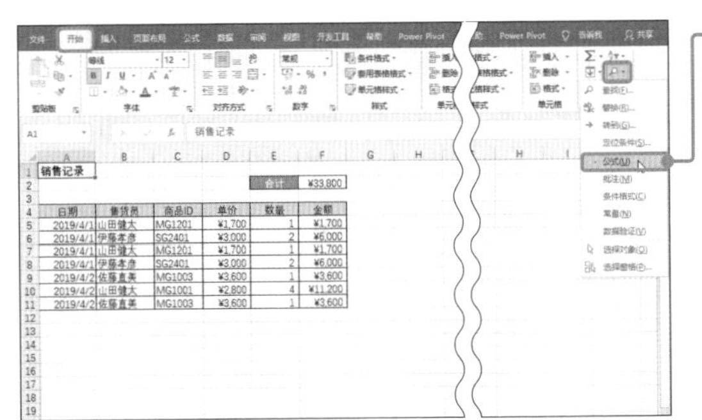

❶ 选择［开始］选项卡→［查找和选择］→［公式］选项。

	A	B	C	D	E	F
1	销售记录					
2					合计	¥33,800
3						
4	日期	售货员	商品ID	单价	数量	金额
5	2019/4/1	山田健太	MG1201	¥1,700	1	¥1,700
6	2019/4/1	伊藤孝彦	SG2401	¥3,000	2	¥6,000
7	2019/4/1	山田健太	MG1201	¥1,700	1	¥1,700
8	2019/4/1	伊藤孝彦	SG2401	¥3,000	2	¥6,000
9	2019/4/2	佐藤直美	MG1003	¥3,600	1	¥3,600
10	2019/4/2	山田健太	MG1001	¥2,800	4	¥11,200
11	2019/4/2	佐藤直美	MG1003	¥3,600	1	¥3,600

❷ 全选正在编辑的工作表内输入公式的单元格。

从［**查找和选择**］列表中，同样可以选择［**常量**］、［**批注**］、［**条件格式**］、［**数据验证**］等。此外，如果想从特定区域而不是整张工作表中选择相应的单元格，则应该**先选中对象单元格区域**，然后再执行该操作。

选择常量数值单元格

还可以在对话框中对可选单元格的类型进行更加详细的设置。下面介绍如何选择输入了常量［不是公式，而是直接输入单元格中的数值（参见p.14）］数值的单元格。

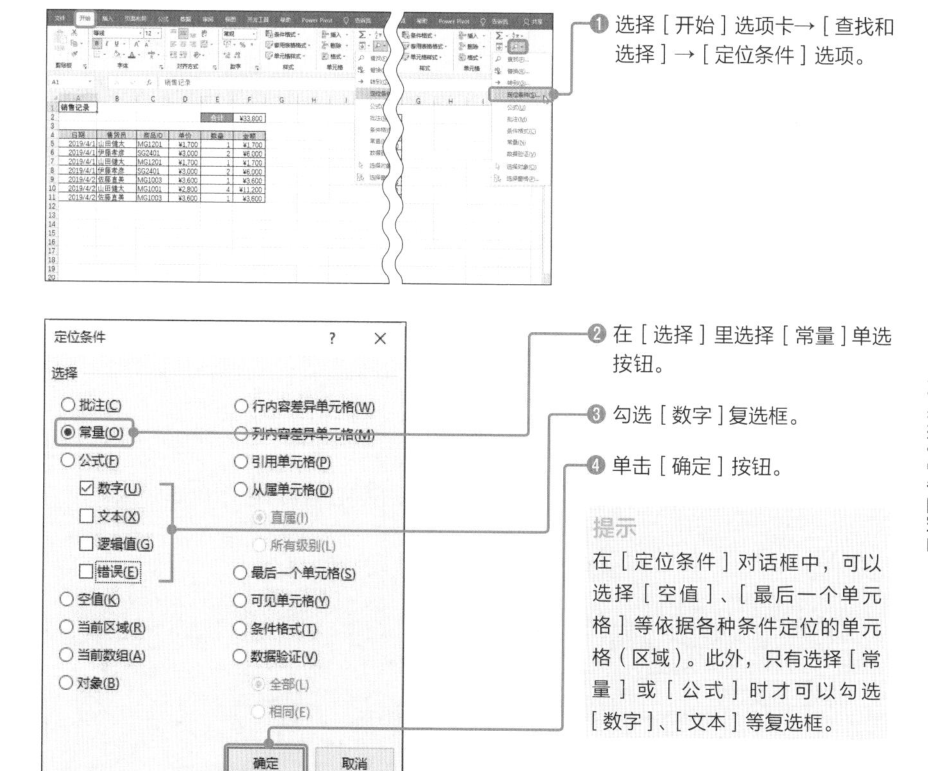

❶ 选择［开始］选项卡→［查找和选择］→［定位条件］选项。

❷ 在［选择］里选择［常量］单选按钮。

❸ 勾选［数字］复选框。

❹ 单击［确定］按钮。

提示

在［定位条件］对话框中，可以选择［空值］、［最后一个单元格］等依据各种条件定位的单元格（区域）。此外，只有选择［常量］或［公式］时才可以勾选［数字］、［文本］等复选框。

	A	B	C	D	E	F	G
1	销售记录						
2					合计	¥33,800	
3							
4	日期	售货员	商品ID	单价	数量	金额	
5	2019/4/1	山田健太	MG1201	¥1,700	1	¥1,700	
6	2019/4/1	伊藤孝彦	SG2401	¥3,000	2	¥6,000	
7	2019/4/1	山田健太	MG1201	¥1,700	1	¥1,700	
8	2019/4/1	伊藤孝彦	SG2401	¥3,000	2	¥6,000	
9	2019/4/2	佐藤直美	MG1003	¥3,600	1	¥3,600	
10	2019/4/2	山田健太	MG1001	¥2,800	4	¥11,200	
11	2019/4/2	佐藤直美	MG1003	¥3,600	1	¥3,600	
12							
13							
14							
15							
16							

❺ 选中输入常量数值的单元格。

提示

日期数据也是一种数值，因此在本例中，单元格区域A5:A11也被选中。

06 选择时指定单元格行列号

扫码看视频

在名称框输入行列号进行选择

当想要选择的区域相隔较远，或是较为复杂时，可以直接指定**单元格行列号**进行选择。虽然也有专门的功能对话框，但使用**“名称框”**指定单元格更加简便。

下面将介绍如何选择**C5:F11**单元格区域。

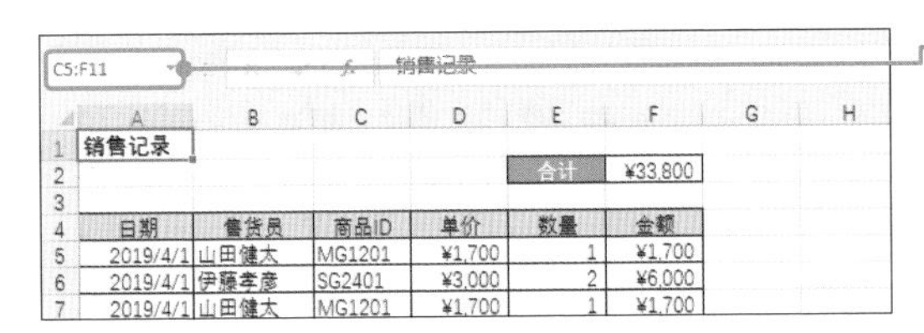

	A	B	C	D	E	F	G	H
1	销售记录							
2					合计	¥33,800		
3								
4	日期	售货员	商品ID	单价	数量	金额		
5	2019/4/1	山田健太	MG1201	¥1,700	1	¥1,700		
6	2019/4/1	伊藤孝彦	SG2401	¥3,000	2	¥6,000		
7	2019/4/1	山田健太	MG1201	¥1,700	1	¥1,700		

❶在名称框中输入C5:F11，按Enter键。

C5　MG1201

	A	B	C	D	E	F	G	H
1	销售记录							
2					合计	¥33,800		
3								
4	日期	售货员	商品ID	单价	数量	金额		
5	2019/4/1	山田健太	MG1201	¥1,700	1	¥1,700		
6	2019/4/1	伊藤孝彦	SG2401	¥3,000	2	¥6,000		
7	2019/4/1	山田健太	MG1201	¥1,700	1	¥1,700		
8	2019/4/1	伊藤孝彦	SG2401	¥3,000	2	¥6,000		
9	2019/4/2	佐藤直美	MG1003	¥3,600	1	¥3,600		
10	2019/4/2	山田健太	MG1001	¥2,800	4	¥11,200		
11	2019/4/2	佐藤直美	MG1003	¥3,600	1	¥3,600		
12								
13								
14								

❷选中C5:F11单元格区域。

实用的专业技巧! **直接定位其他工作表单元格的方法**

在单元格行列号前加上工作表名称，还可以直接定位至其他工作表的单元格，例如“Sheet2!C5:F11”。

格式 **定位其他工作表的方法**

<工作表名称>!<单元格行列号>

07 命名单元格，让定位更容易

命名单元格区域

为经常使用的单元格或单元格区域设置“名称”，可以更轻松地实现定位操作。命名的方法很多，首先介绍一种最简单的方法：利用名称框。

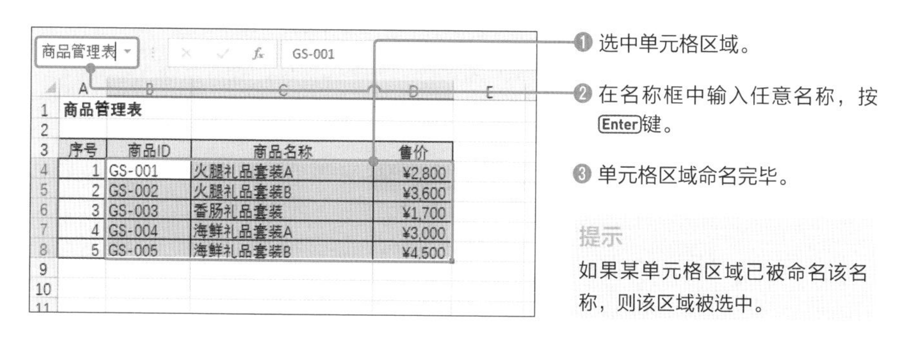

序号	商品ID	商品名称	售价
1	GS-001	火腿礼品套装A	¥2,800
2	GS-002	火腿礼品套装B	¥3,600
3	GS-003	香肠礼品套装	¥1,700
4	GS-004	海鲜礼品套装A	¥3,000
5	GS-005	海鲜礼品套装B	¥4,500

提示

如果某单元格区域已被命名该名称，则该区域被选中。

轻松选中已命名的区域

利用名称框可以选中已命名的单元格或单元格区域。

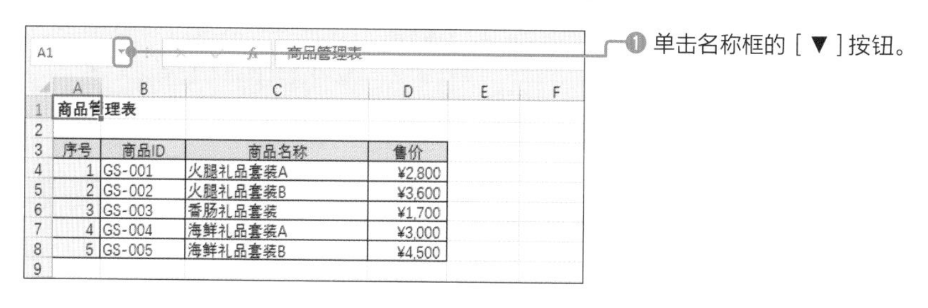

序号	商品ID	商品名称	售价
1	GS-001	火腿礼品套装A	¥2,800
2	GS-002	火腿礼品套装B	¥3,600
3	GS-003	香肠礼品套装	¥1,700
4	GS-004	海鲜礼品套装A	¥3,000
5	GS-005	海鲜礼品套装B	¥4,500

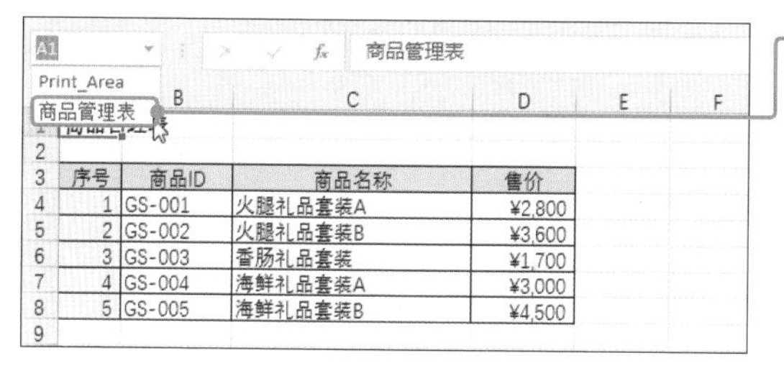

序号	商品ID	商品名称	售价
1	GS-001	火腿礼品套装A	¥2,800
2	GS-002	火腿礼品套装B	¥3,600
3	GS-003	香肠礼品套装	¥1,700
4	GS-004	海鲜礼品套装A	¥3,000
5	GS-005	海鲜礼品套装B	¥4,500

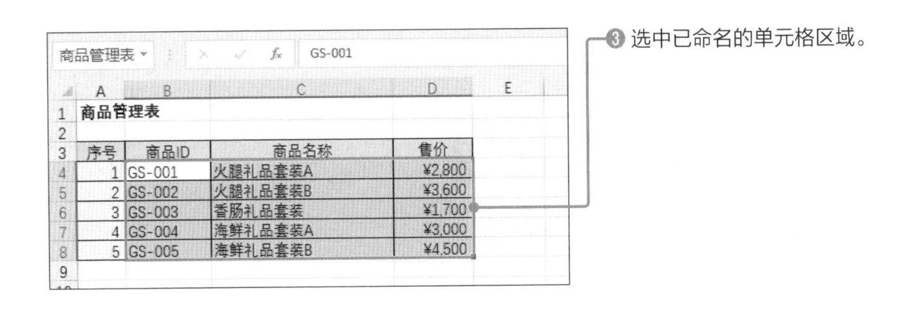

利用［新建名称］对话框创建名称

在名称框设置的名称**有效范围默认为整个工作簿**。如果想把有效范围控制在单张工作表，或者是给名称添加批注，可以利用**［新建名称］对话框**设置名称。

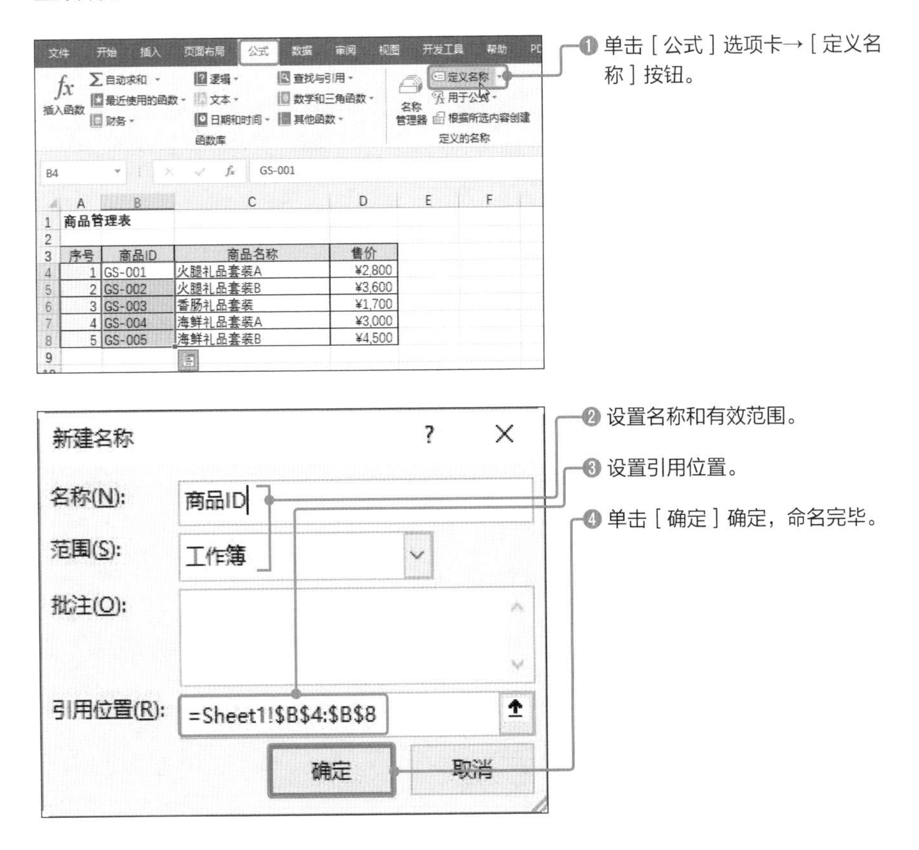

实用的专业技巧！ **［新建名称］对话框的高阶使用方法**

［新建名称］对话框的［引用位置］不仅可以引用单元格，还可以输入数值或公式。利用该操作，可以将特定数值命名为“税率”，让公式的计算内容一目了然。而且这样设置之后，如果需要修改税率，只需修改其名称的定义，就可以让新的税率作用于所有公式。此外，还可以用来给复杂公式的一部分运算命名，让公式变得更加简洁。

管理名称

当要修改已完成的名称或者删除名称时，可以使用**［名称管理器］对话框**来实现。

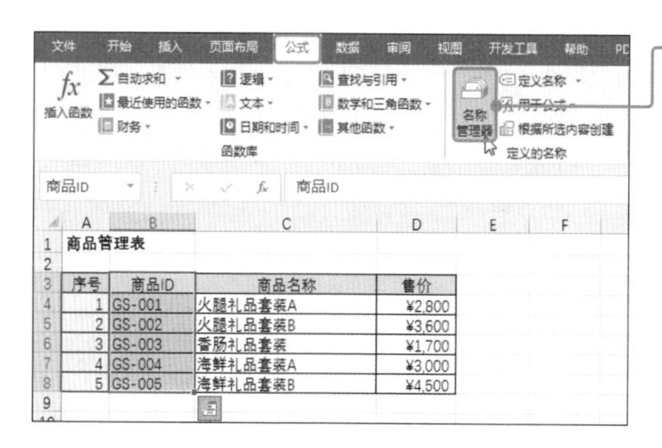

❶ 单击［公式］选项卡→［名称管理器］按钮。

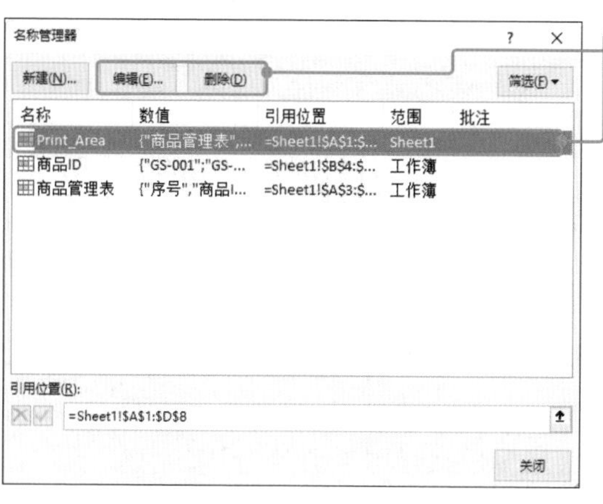

❷ 选择对象名称，可以执行［编辑］［删除］等操作。

提示

单击对话框右上角的［筛选］下三角按钮，可以筛选名称的引用范围(工作表或工作簿)、显示名称有无错误等。

Sample_Data/03-08/

08 单击单元格打开其他工作表

为单元格创建链接

为单元格创建链接后，只需单击该单元格，即可轻松打开特定的工作表。而且可以链接到Excel以外的其他文档或网页。下面介绍如何创建链接，使其链接到同一工作簿内其他工作表的特定单元格。

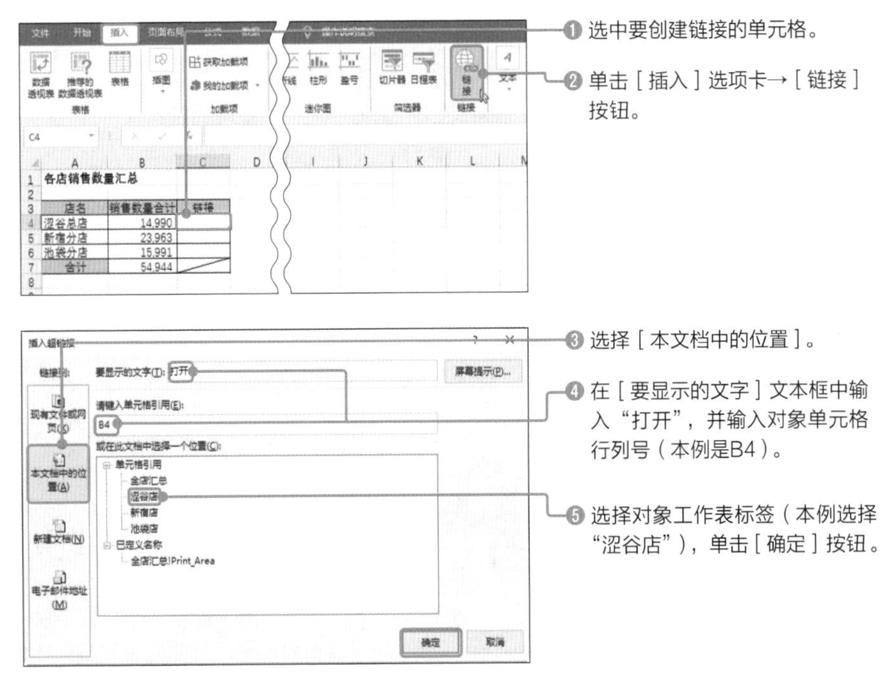

❶ 选中要创建链接的单元格。

❷ 单击［插入］选项卡→［链接］按钮。

❸ 选择［本文档中的位置］。

❹ 在［要显示的文字］文本框中输入“打开”，并输入对象单元格行列号（本例是B4）。

❺ 选择对象工作表标签（本例选择“涩谷店”），单击［确定］按钮。

	A	B	C	D	E
1	各店销售数量汇总				
2					
3	店名	销售数量合计	链接		
4	涩谷总店	14,990	打开		
5	新宿分店	23,963			
6	池袋分店	15,991			
7	合计	54,944			
8					
9					

❻ 对象单元格链接创建完成。

❼ 单击该单元格，则选中工作表标签为“涩谷店”的单元格B4。

09 冻结窗格功能让标题保持始终可见

冻结窗格

通常在表格的上方和左侧输入表格的标题信息。但是，如果表格区域较大，将界面向下或向右滚动后，标题部分就被遮挡起来，不易于了解单元格的内容。遇到这种情况时，推荐执行［**冻结窗格**］操作，让标题行或列保持可见。

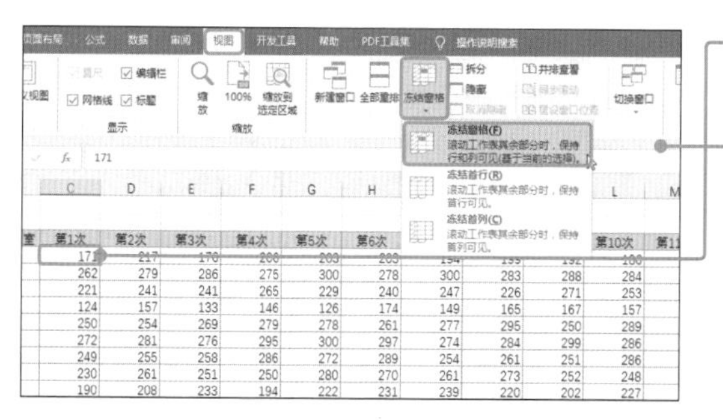

❶ 选择要冻结的行、列内侧的第1个单元格。

❷ 选择［视图］选项卡→［冻结窗格］→［冻结窗格］选项。

提示

关键在于如何选择冻结行或列“内侧第1个单元格”。

	A	B	L	M	N	O	P	Q	R	S	T	U
1	实力测验成绩表											
2												
3	学生姓名	所属教室	第10次	第11次	第12次	第13次	第14次	第15次	第16次	第17次	第18次	第19次
61	花田晴美	下井草	171	171	192	192	164	155	183	182	161	159
62	滨村初彦	大山	277	264	287	277	267	300	300	265	268	283
63	比嘉博之	下井草	249	252	268	240	279	259	261	242	276	239
64	日比野阳菜	大山	238	249	248	245	260	217	229	252	243	243
65	藤冈富美加	下井草	118	148	137	126	142	125	115	121	150	137
66	船村太	下井草	260	224	265	237	237	230	245	226	256	260
67	边见平祐	练马	115	143	161	155	140	147	133	140	126	142
68	堀田穗香	大山	277	299	300	275	300	300	290	283	300	300
69	本田保奈美	大山	185	200	184	198	179	193	197	182	166	172
70	松本[illegible]	江古田	165	168	143	151	154	166	133	143	142	148

❸ 所选单元格为C4，因此向上3行和C列左侧均被冻结。

提示

如果在已经滚动界面的状态下冻结窗格，那么激活单元格上方的行和左侧的列都被冻结。

此外，选择［**视图**］**选项卡**→［**冻结窗格**］→［**取消冻结窗格**］**选项**，即可取消冻结窗格。

Sample_Data/03-10/

10 同时浏览位置相距较远的数据内容

拆分界面

有时希望可以同时浏览并编辑同一工作表内位置相距较远的数据，这时可以拆分界面，单独滚动各个窗格。

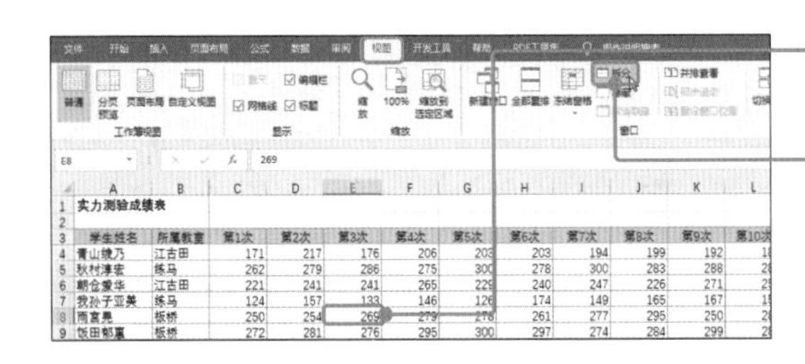

❶ 选择一个单元格作为拆分起点（本例是单元格E8）。

❷ 单击［视图］选项卡→［拆分］按钮。

	A	B	C	D	E	F	G	H	I	J	K	L
1	实力测验成绩表											
2												
3	学生姓名	所属教室	第1次	第2次	第3次	第4次	第5次	第6次	第7次	第8次	第9次	第10次
4	青山绫乃	江古田	171	217	176	206	203	203	194	199	192	186
5	秋村淳宏	练马	262	279	286	275	300	278	300	283	288	284
6	朝仓爱华	江古田	221	241	241	265	229	240	247	226	271	253
7	我孙子亚美	练马	124	157	133	146	126	174	149	165	167	157
8	雨宫晃	板桥	250	254	269	279	278	261	277	295	250	289
9	饭田郁夏	板桥	272	281	276	295	300	297	274	284	299	286
10	石原一郎	下井草	249	255	258	286	272	289	254	261	251	286
11	井上伊都子	板桥	230	261	251	250	280	270	261	273	252	248
12	上原诗子	练马	190	208	233	194	222	231	239	220	202	227

❸ 以指定的单元格为起点，界面被拆分为4个窗格，显示拆分线。

提示

本例中选择的是单元格E8，因此第8行上边框和E列的左边框显示拆分线。

笔记

横竖拆分线划分的4个窗格都可以单独滚动。不过，上下两个窗格的列、左右两个窗格的行在滚动时是联动的。此外，再次单击［视图］选项卡→［拆分］按钮，即可取消拆分。

11 在多个界面显示同一工作簿

新建窗口

当**要同时浏览并编辑同一工作簿的不同工作表**时，可以在其他窗口显示当前工作簿。

❶ 单击［视图］选项卡→［新建窗口］按钮。

提示

新建窗口顶部中间显示的文档名末尾添加“：2”。原窗口文档名末尾添加“：1”。

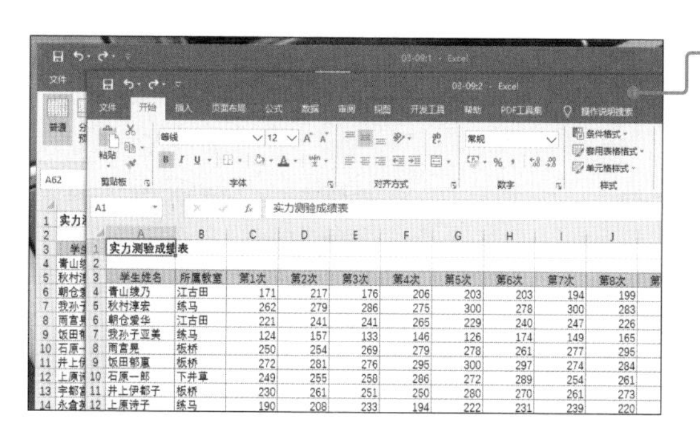

❷ 打开新窗口，显示正在编辑的工作簿。

提示

两个窗口打开同一工作表时，在其中一个窗口的工作表编辑，另一个窗口的工作表内容也自动更新。

笔记

各个窗口都可以单独滚动，同时显示不同位置，还可以单击工作表标签，单独切换至其他工作表。

Sample_Data/03-12/

扫码看视频

12 全部重排多个窗口

重排窗口

当同时打开了多个工作簿，或是在某个工作簿中打开了多个窗口时，在编辑过程中可能想让它们排成一排。接下来介绍如何让两个工作簿的3个窗口横向并排显示。

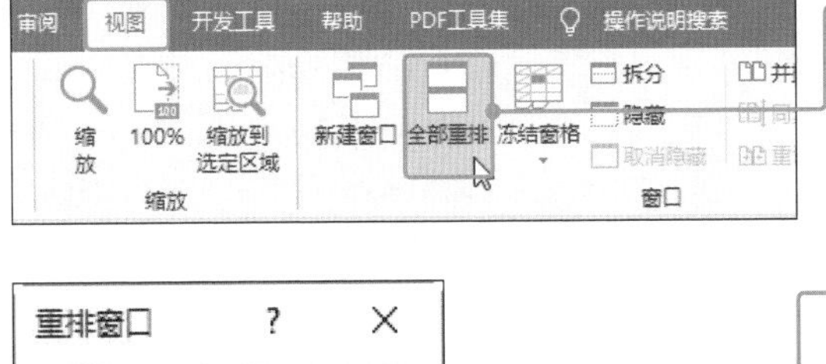

❶ 单击［视图］选项卡→［全部重排］按钮。

重排窗口 ? ×
排列方式
平铺(T)
水平并排(O)
垂直并排(V)
层叠(C)
当前活动工作簿的窗口(W)
确定 取消

❷ 选中［垂直并排］单选按钮。

❸ 单击［确定］按钮。

提示

如果勾选［当前活动工作簿的窗口］复选框❹，那么只有正在编辑的工作簿的两个窗口垂直并排显示。

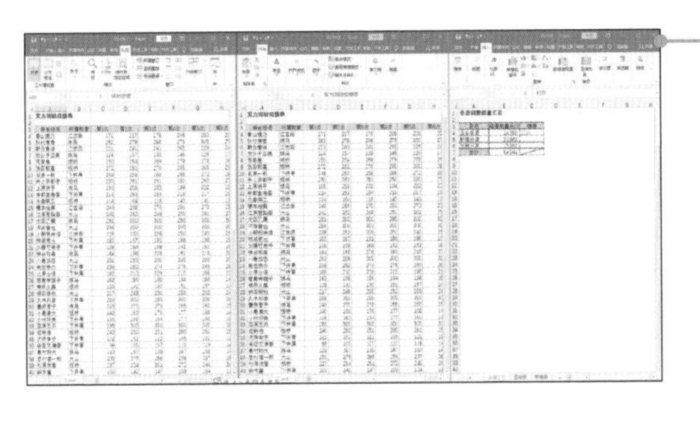

❺ 3个窗口垂直并排显示。

Sample_Data/03-13/

扫码看视频

13 缩放表格

调整缩放比例

如果工作表中输入的数据量较大，难以查看细节部分，可以将表格**局部放大显示**。同样，如果要整体查看一张大型表格，还可以缩小显示。二者都要用到**“缩放功能”**。

执行下列步骤可以放大显示工作表。

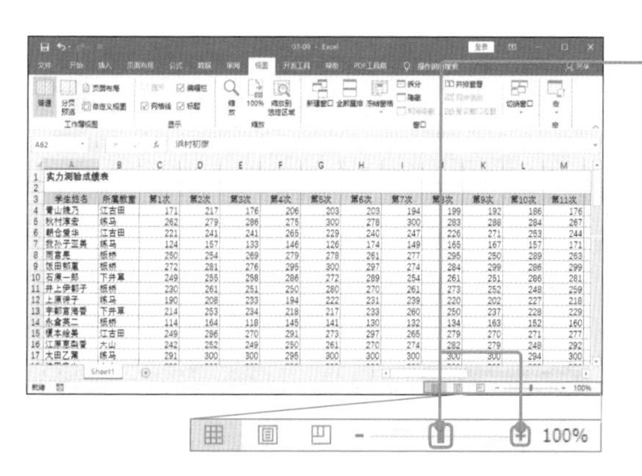

❶ 向右拖动［缩放滑块］，或者单击［+］按钮。

提示

单击［缩放滑块］右侧的缩放比例（左图显示的是“100%”），还可以设置缩放比例的数值。当要更加精确显示比例时，推荐使用这个方法。

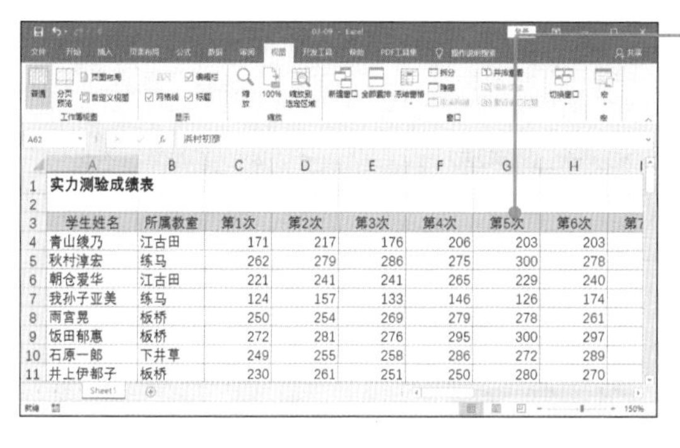

❷ 增大显示比例。

提示

按住Ctrl键同时前后滚动鼠标滚轮，同样可以放大或缩小表格。

Sample_Data/03-14/

14 让所选单元格区域充满整个窗口

可以**以所选单元格区域为基准，使所选单元格区域充满整个窗口**。

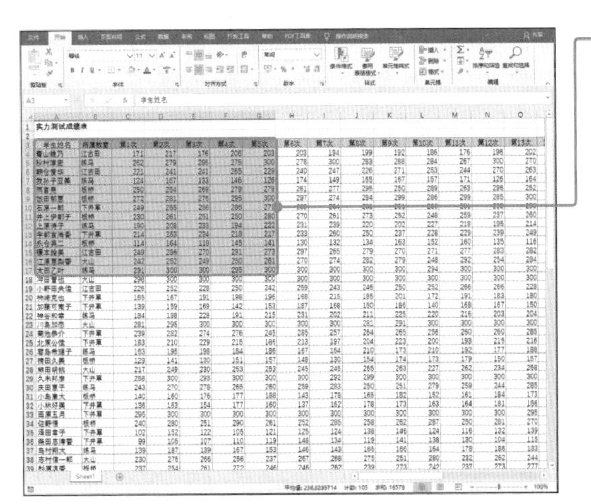

❶ 选择任意单元格区域。

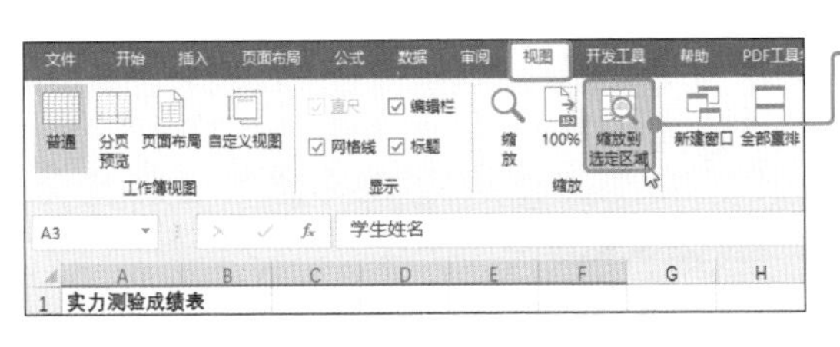

❷ 单击［视图］选项卡→［缩放到选定区域］按钮。

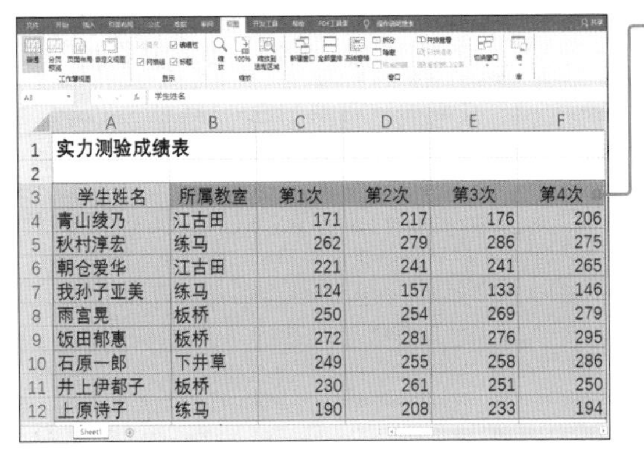

❸ 所选单元格区域充满整个窗口。

15 暂时隐藏行或列

隐藏行和列

有时在浏览数据时，如果希望能够暂时将一些特定行排除在外，而这些数据本身又是所需的，不能将其删除时，可以暂时将其隐藏。

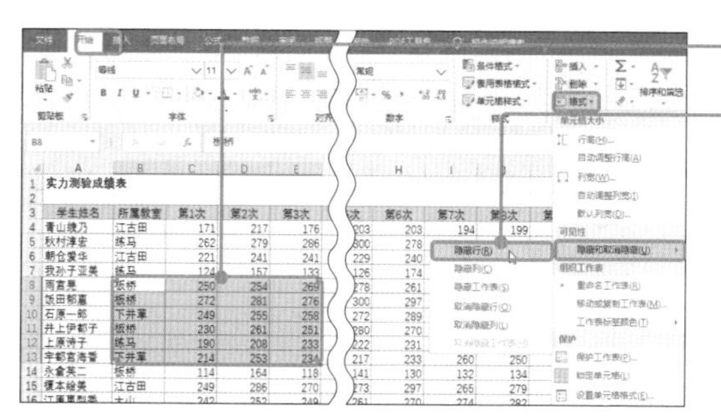

❶ 选择要隐藏的行的单元格。

❷ 选择［开始］选项卡→［格式］→［隐藏或取消隐藏］→［隐藏行］选项。

	A	B	C	D	E	F
1	实力测验成绩表					
2						
3	学生姓名	所属教室	第1次	第2次	第3次	第4次
4	青山绫乃	江古田	171	217	176	206
5	秋村淳宏	练马	262	279	286	275
6	朝仓爱华	江古田	221	241	241	265
7	我孙子亚美	练马	124	157	133	146
14	永仓英二	板桥	114	164	118	145
15	榎本绘美	江古田	249	286	270	291
16	江原惠梨香	大山	242	252	249	250

❸ 所选单元格所在行被隐藏。

提示

执行相同操作，选择［隐藏或取消隐藏］→［隐藏列］选项，即可隐藏列。

笔记

如果要取消隐藏行，选中包含隐藏行在内的区域，选择［开始］选项卡→［格式］→［隐藏或取消隐藏］→［取消隐藏行］选项。取消隐藏列的操作与此操作相同。

16 折叠行或列

组合行

如果数据存在关联的多个行，存在一个类似“统计结果”的具有代表性的行，那么可以将其他数据进行**“组合”**，轻松将其隐藏或取消隐藏，仅保留具有代表性的行（例如，“统计结果”行）。这种功能叫作**“分级显示”**。

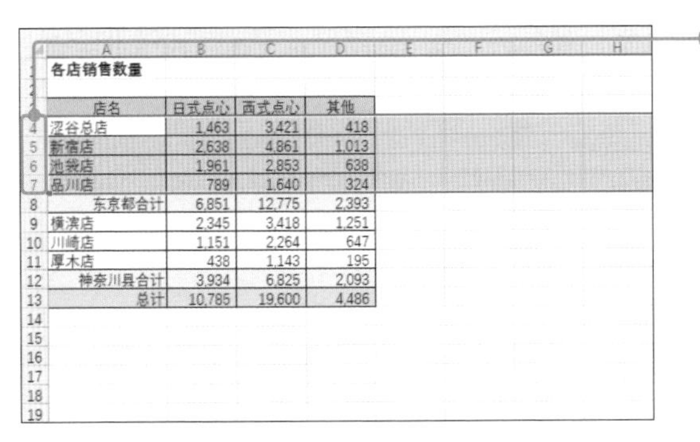

各店销售数量

店名	日式点心	西式点心	其他
涩谷总店	1,463	3,421	418
新宿店	2,638	4,861	1,013
池袋店	1,961	2,853	638
品川店	789	1,640	324
东京都合计	6,851	12,775	2,393
横滨店	2,345	3,418	1,251
川崎店	1,151	2,264	647
厚木店	438	1,143	195
神奈川县合计	3,934	6,825	2,093
总计	10,785	19,600	4,486

❶ 选择第4行至第7行。

❷ 单击［数据］选项卡→［组合］按钮。

各店销售数量

店名	日式点心	西式点心	其他
涩谷总店	1,463	3,421	418
新宿店	2,638	4,861	1,013
池袋店	1,961	2,853	638
品川店	789	1,640	324
东京都合计	6,851	12,775	2,393
横滨店	2,345	3,418	1,251
川崎店	1,151	2,264	647
厚木店	430	1,140	195
神奈川县合计	3,934	6,825	2,093
总计	10,785	19,600	4,486

❸ 行号左侧区域显示组合。

提示

根据相同方法也可以组合列。

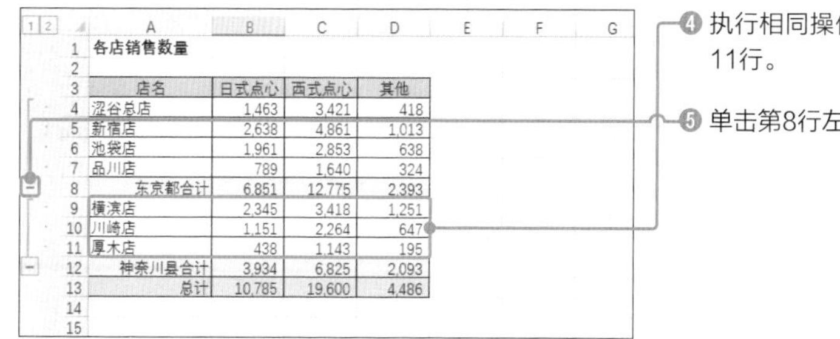

	A	B	C	D
1	各店销售数量			
2				
3	店名	日式点心	西式点心	其他
4	涩谷总店	1,463	3,421	418
5	新宿店	2,638	4,861	1,013
6	池袋店	1,961	2,853	638
7	品川店	789	1,640	324
8	东京都合计	6,851	12,775	2,393
9	横滨店	2,345	3,418	1,251
10	川崎店	1,151	2,264	647
11	厚木店	438	1,143	195
12	神奈川县合计	3,934	6,825	2,093
13	总计	10,785	19,600	4,486

❹ 执行相同操作，组合第9行至第11行。

❺ 单击第8行左侧的［－］按钮。

	A	B	C	D
1	各店销售数量			
2				
3	店名	日式点心	西式点心	其他
8	东京都合计	6,851	12,775	2,393
9	横滨店	2,345	3,418	1,251
10	川崎店	1,151	2,264	647
11	厚木店	438	1,143	195
12	神奈川县合计	3,934	6,825	2,093
13	总计	10,785	19,600	4,486

❻ 隐藏第4行至第7行的数据。

提示

单击［＋］按钮取消隐藏第4行至第7行❼。

实用的专业技巧！ 分级显示的级别

左侧组合区域上方的［1］［2］显示的是“分级显示的级别”。单击［1］，则隐藏两个组合里面的所有行❶。单击［2］则重新显示。

此外，在下图中，选择第4行至第12行进行组合，第13行就成为了代表行，分组级别提升1级。可以在不同层级对行进行隐藏或取消隐藏❷。

	A	B	C	D
1	各店销售数量			
2				
3	店名	日式点心	西式点心	其他
4	涩谷总店	1,463	3,421	418
5	新宿店	2,638	4,861	1,013
6	池袋店	1,961	2,853	638
7	品川店	789	1,640	324
8	东京都合计	6,851	12,775	2,393
9	横滨店	2,345	3,418	1,251
10	川崎店	1,151	2,264	647
11	厚木店	438	1,143	195
12	神奈川县合计	3,934	6,825	2,093
13	总计	10,785	19,600	4,486

	A	B	C	D
1	各店销售数量			
2				
3	店名	日式点心	西式点心	其他
4	涩谷总店	1,463	3,421	418
5	新宿店	2,638	4,861	1,013
6	池袋店	1,961	2,853	638
7	品川店	789	1,640	324
8	东京都合计	6,851	12,775	2,393
9	横滨店	2,345	3,418	1,251
10	川崎店	1,151	2,264	647
11	厚木店	438	1,143	195
12	神奈川县合计	3,934	6,825	2,093
13	总计	10,785	19,600	4,486

Sample_Data/03-17/

17 工作表的管理基础

查看和修改工作表标签

在Excel的**1个工作簿里可以创建多个工作表**。例如，可以分为记录数据用表和打印数据用表，或者按月制表，管理收支记录。

创建新工作簿时，可以查看界面下方的**“工作表标签”**默认只创建1个工作表，名称为Sheet1。

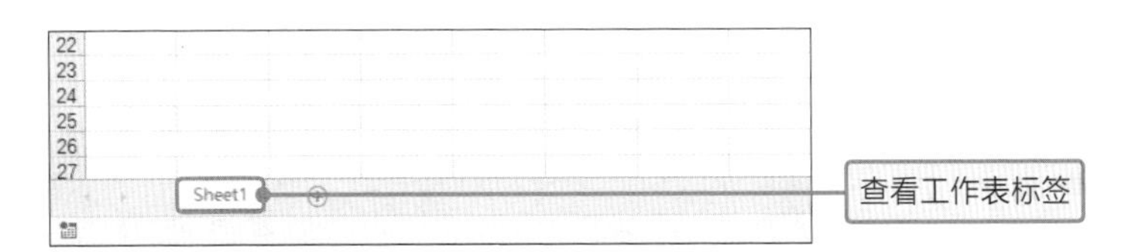

双击工作表标签，则工作表标签进入**编辑状态**，可以修改工作表名称，修改后按Enter键即完成编辑。

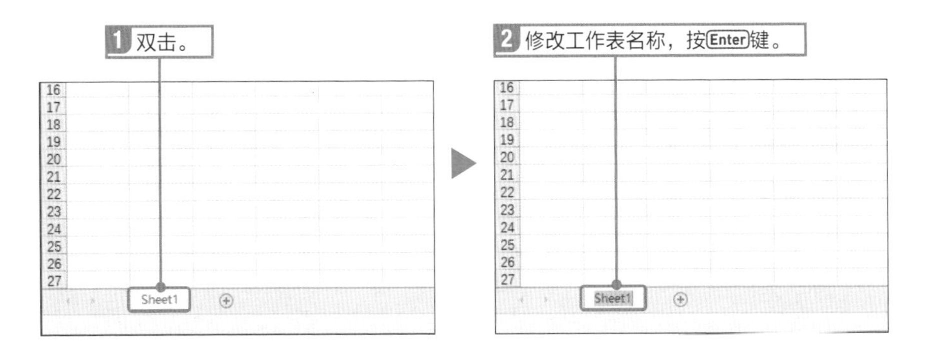

实用的专业技巧！ 工作表名称越简短越好

可以任意设置工作表的名称，但如果不追求简便易懂，以至于工作表名称太长，那么一旦同时打开四五个工作表，工作表部分名称被隐藏，因此注意工作表名称要尽量简短。

添加和删除工作表

如果要在工作簿中添加工作表，最简单的方法就是单击工作表标签右侧的［**新工作表**］**按钮**。执行该操作后，将在**当前工作表的右侧**添加一个新工作表。

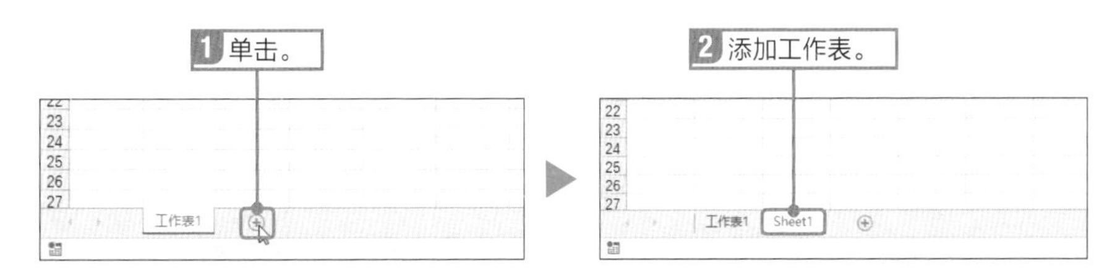

如果要删除不需要的工作表，可以右击目标工作表标签，选择［**删除**］**命令**。

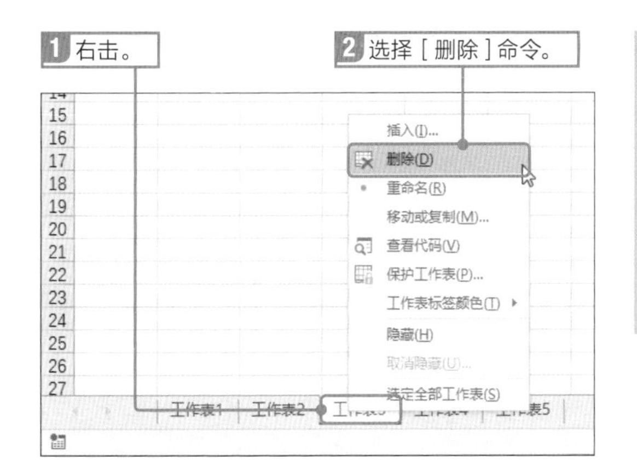

> **笔记**
>
> 单击某一工作表标签，按住Shift键同时单击其他工作表标签，可以选中两张工作表之间所有的工作表。此外，按住Ctrl键同时单击工作表标签，可以同时选中多个位置的工作表，将它们全部删除。

移动和复制工作表

可以拖动工作表标签，任意调整工作表的排列顺序。还可以按住Ctrl键的同时拖动鼠标，复制工作表。

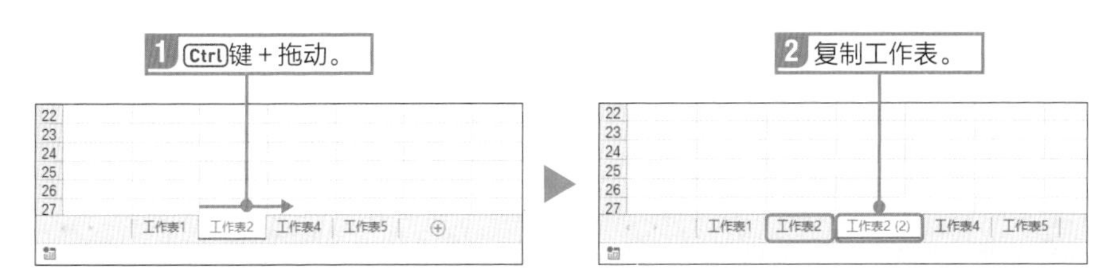

Sample_Data/03-18/

18 修改工作表标签的颜色

扫码看视频

利用标签颜色进行分类

为了更容易分辨不同内容的工作表，可以为工作表标签设置颜色。执行下列步骤，可以修改工作表标签的颜色。

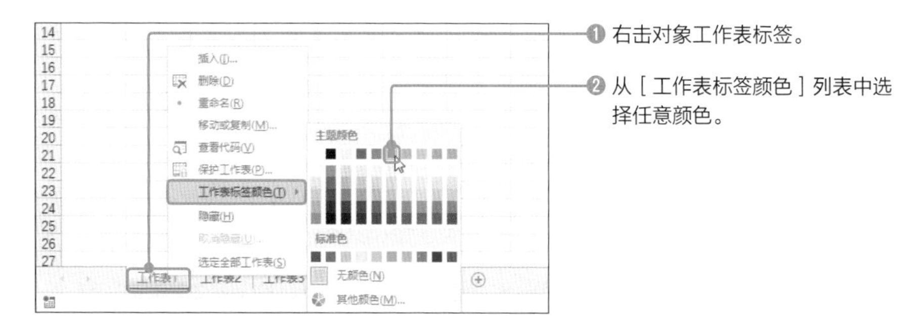

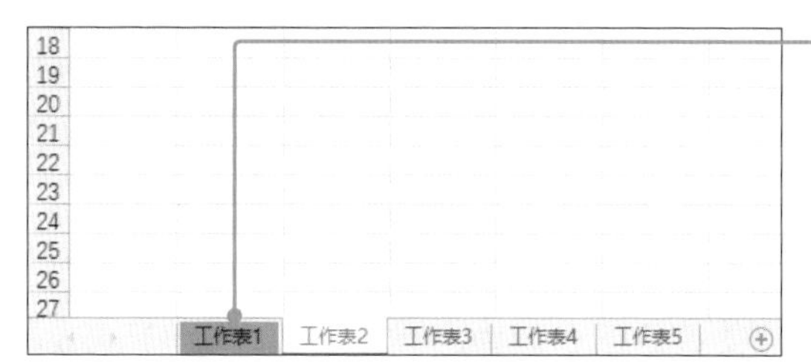

❸ 修改工作表标签颜色。

提示

设置后单击其他工作表标签，可以让颜色更加醒目。

实用的专业技巧！ 根据数据类型为标签设置不同的颜色

建议根据各个工作表所包含的“数据类型和内容”的特点，为标签设置不同的颜色。例如总数用蓝色，源数据用绿色或者关东地区用绿色，中部地区用茶色。

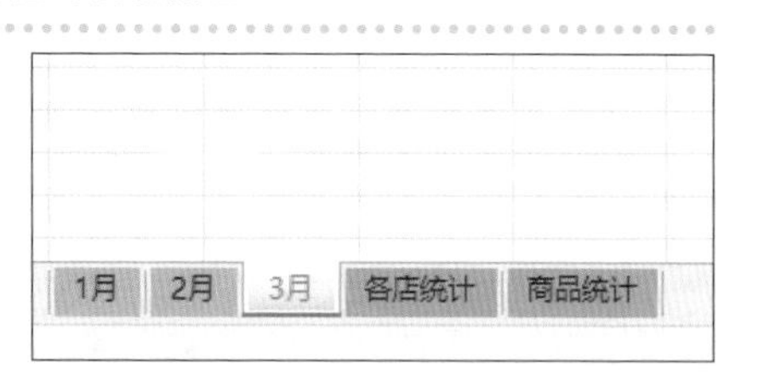

19 暂时隐藏工作表

隐藏工作表标签

有些数据是你日常工作中所需但又不想让其他用户看到的，这时可以隐藏工作表标签，从而暂时隐藏工作表。

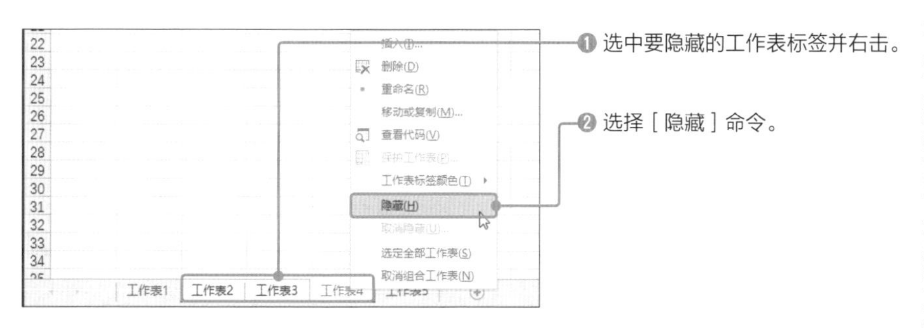

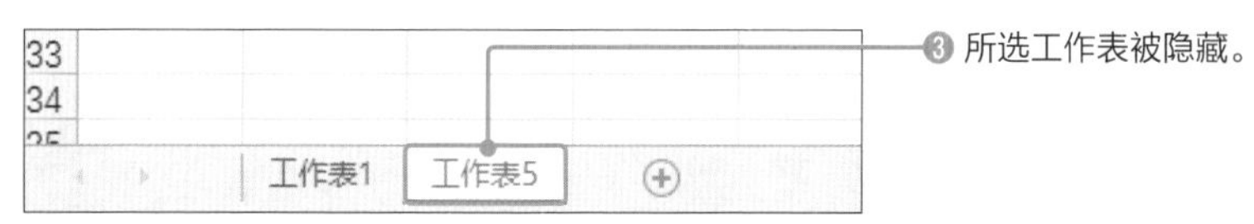

取消隐藏工作表标签

执行下列步骤可以取消隐藏工作表。

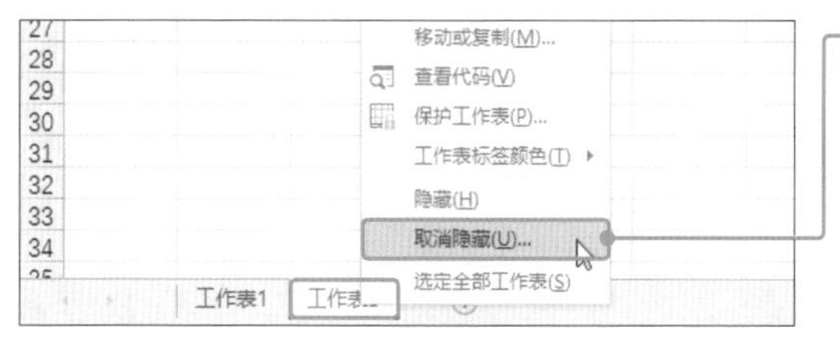

❶ 右击工作表标签，选择［取消隐藏］命令。

❷ 在弹出的［取消隐藏］对话框中选择要取消隐藏的工作表名称。

笔记

隐藏工作表仅仅是“看上去隐藏了”。因此，任何人都可以执行上述步骤取消隐藏工作表。如果确实不想让其他用户看到数据，务必在其他用户使用前备份工作簿，并将原工作簿的对象工作表删除。

Sample_Data/03-20/

20 迅速打开不相邻的工作表

打开看不到工作表标签的工作表

当工作表数量较多，工作表标签区域无法显示所有工作表时，一部分工作表会被隐藏起来。如果想看到被隐藏的工作表标签，就要单击左侧的滚动按钮❶，或单击右侧的“...”按钮❷。

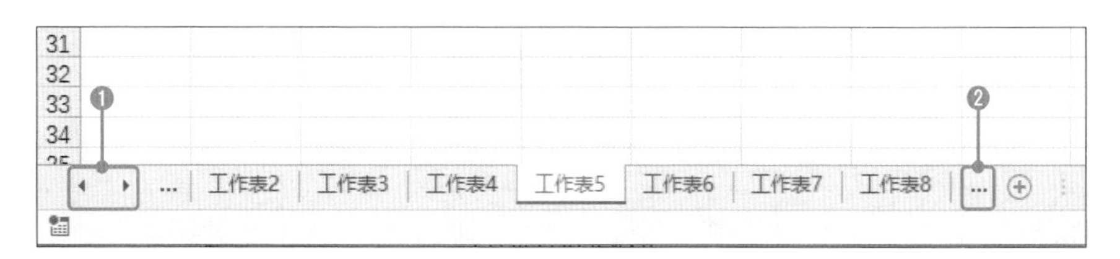

可以使用下述方法，迅速移动至看不到工作表标签的工作表。

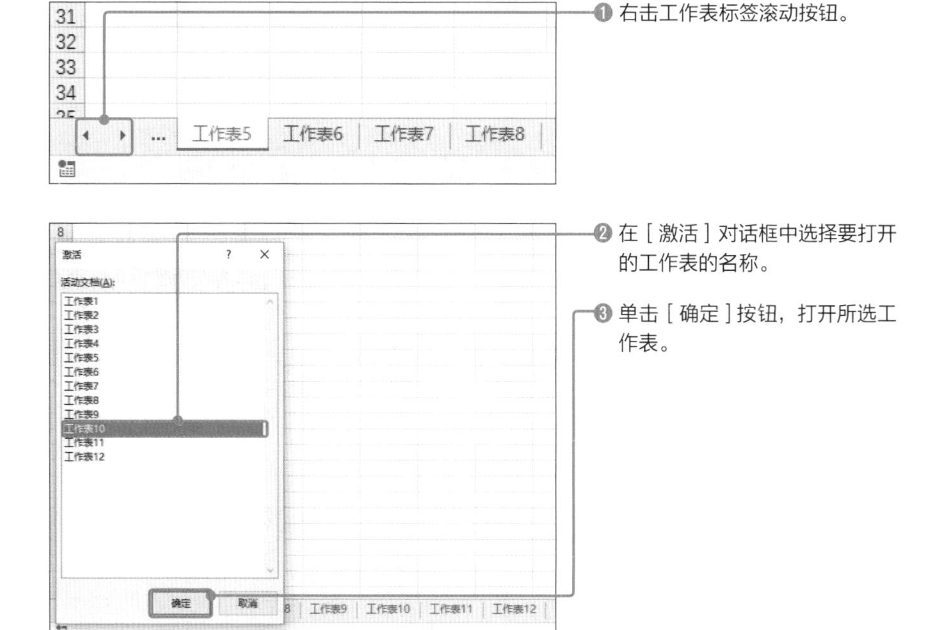

第4章

打造“简洁明快表格”的高阶方法

Table Design and Conditional Formatting

01 了解表格设计的基本知识

什么是“表格设计”

在使用Excel独立制作表格时，不仅要输入数据，还要通过以下操作调整表格的外观。

（1）调整列宽和行高（参见p.125）
（2）绘制边框（参见p.128）
（3）设置填充格式
（4）设置字体样式
（5）设置文本对齐方式（参见p.132）
（6）设置数字格式（参见p.143）

这些操作是制作一张**简洁明快的表格**的关键。注意，设计的好坏取决于**表格的内容和使用目的**，从中发掘最合适的设计，并不存在一个以不变应万变的正确答案。所谓内容和使用目的，具体包括数据类型、数据量以及不同工作的规定、习惯等。

另一个要点是弄清楚最终表格是纸质版还是电子版。如果最后**表格交付打印**(例如商业文件)，通常无须大量使用填充色，最好避免鲜艳的颜色。商业文件表格的**侧重点是美观的边框和对齐方式**，而非填充色。要合理使用列宽和对齐方式让列与列划分得更加清楚，边框最好只使用横线，尽量不要使用竖线，这样表格设计看上去更加美观，视觉效果也更好。

如果是**电子版表格**，那么**从设计角度最应该考虑的就不再是“美观”，而是“界面简洁明快”和“易于编辑”**。因此，可以使用不同的颜色突出重点，让编辑的对象单元格和对应的内容更加一目了然。

02 调整列宽和行高

手动调整

单元格的**列宽**可以按列调整。同样，**行高**也可以按行调整。拖动想要修改列的**列号右侧边框部分**，即可手动调整列宽。同样，如果要手动调整行高，可以上下拖动**行号下方边框部分**。

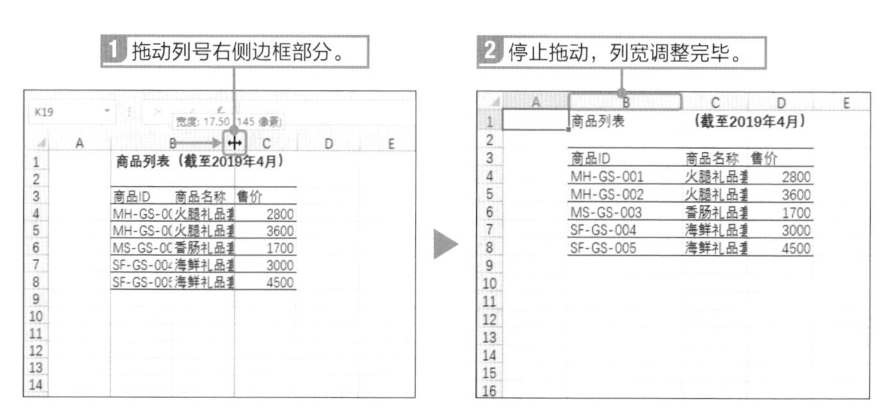

设定调整数值

调整列宽或行高时也可以设定**具体数值**，下面介绍如何调整列宽的数值。

	A	B	C	D	E
1		商品列表	（截至2019年4月）		
2					
3		商品ID	商品名称	售价	
4		MH-GS-001	火腿礼品套	2800	
5		MH-GS-002	火腿礼品套	3600	
6		MS-GS-003	香肠礼品套	1700	
7		SF-GS-004	海鲜礼品套	3000	
8		SF-GS-005	海鲜礼品套	4500	

❶ 选中要调整列宽的列的任意单元格。

提示

选择某一单元格与选择整列效果相同。

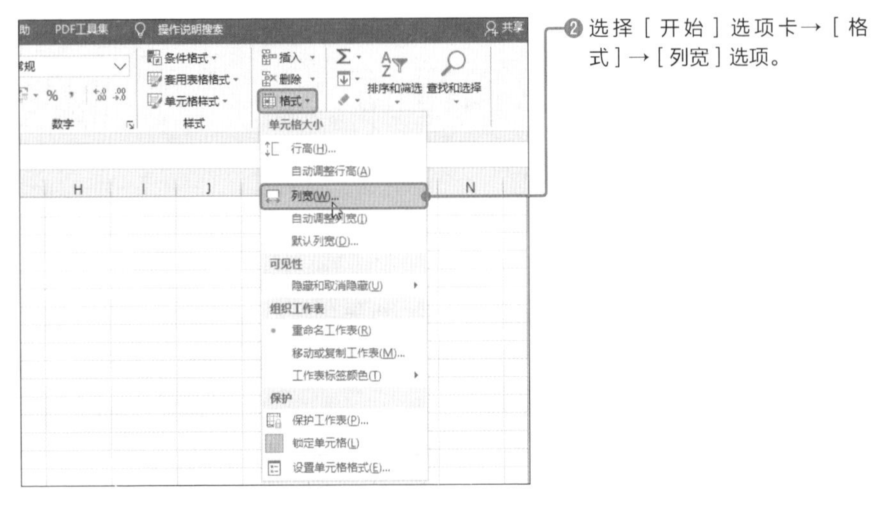

❷选择［开始］选项卡→［格式］→［列宽］选项。

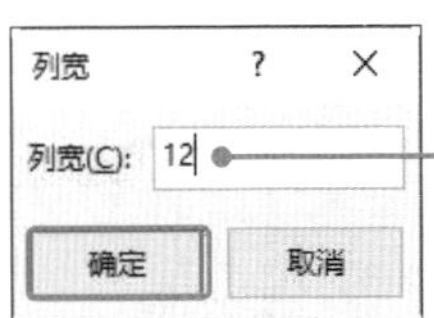

❸设定［列宽］的数值，单击［确定］按钮。

	A	B	C	D	E	F
1		商品列表	（截至2019年4月）			
2						
3		商品ID	商品名称	售价		
4		MH-GS-001	火腿礼品套	2800		
5		MH-GS-002	火腿礼品套	3600		
6		MS-GS-003	香肠礼品套	1700		
7		SF-GS-004	海鲜礼品套	3000		
8		SF-GS-005	海鲜礼品套	4500		
9						

❹所选单元格所在列的列宽调整完毕。

同样，如果要修改所选单元格所在行的**行高**，则选择**［开始］选项卡→［格式］→［行高］**选项，在对话框中进行设置。

实用的专业技巧！ 列宽和行高的单位

在对话框中设定［列宽］和［行高］的数值与手动调整时所显示的数值相同，但要注意的是，列宽和行高的单位并不相同。
当要调整列宽和行高尺寸的时候，可以参考手动调整时所显示的括号里的像素值，也可以参见p.303介绍的“页面布局”的状态下对其尺寸进行调整。

通过双击自动调整列宽为最佳宽度

可以让列宽根据单元格所输入的数据长度自动进行调整。

当想根据对象列中**文字数量最多的数据**自动设置列宽时，可以双击**该列列号右侧边框部分**。

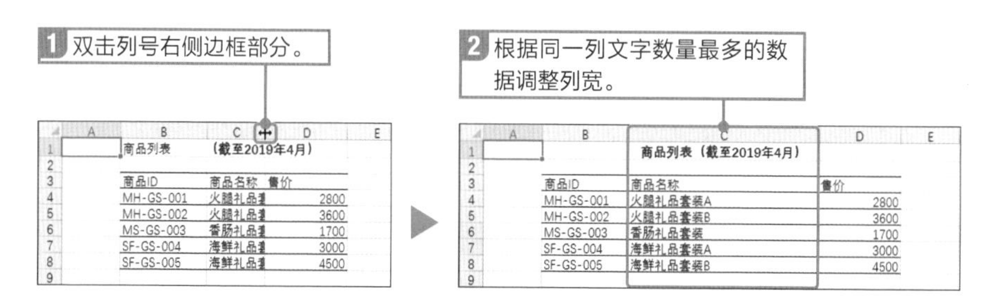

根据特定单元格宽度自动调整列宽

执行下列步骤，可以根据**特定单元格宽度**自动设置列宽。

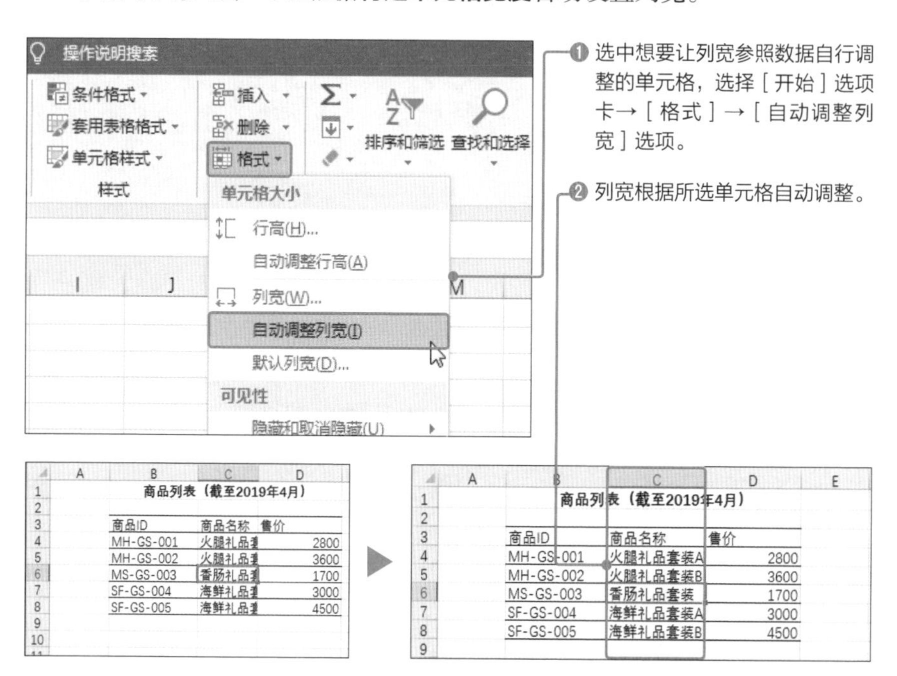

03 利用鼠标绘制边框

利用拖动操作设置边框

当想逐行逐列精准设置各种边框样式时，一个简便方法是用拖动操作绘制边框。

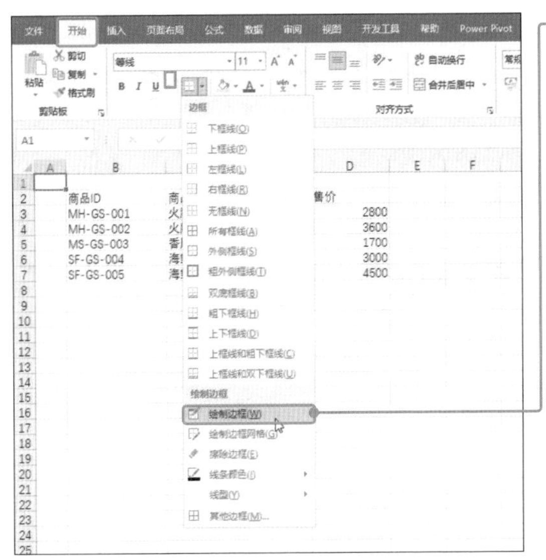

❶ 选择［开始］选项卡→［边框］→［绘制边框］选项。

提示

［绘制边框］仅能绘制外边框，但如果选择［绘制边框网格］选项，就可以拖动绘制网格状边框。

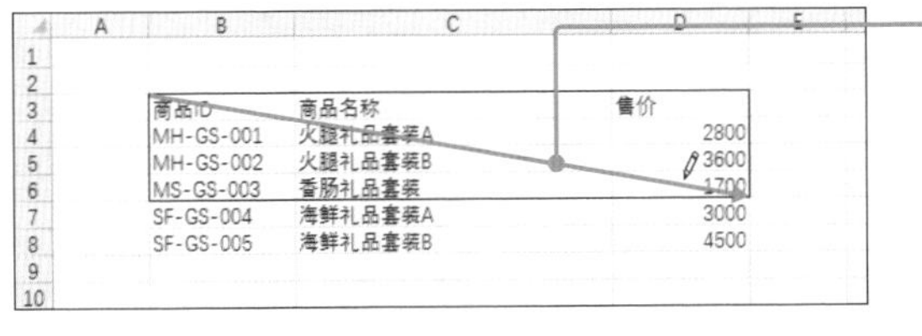

❷ 在要绘制外边框的单元格区域拖动。

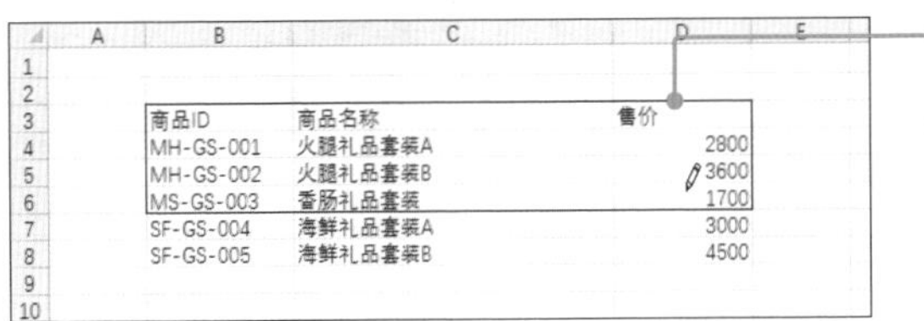

❸ 拖动的区域生成外边框。

❹ 按Esc键或单击［开始］选项卡→［边框］按钮，可取消边框绘制模式。

更改边框颜色

如果要更改拖动绘制的边框颜色，步骤如下。

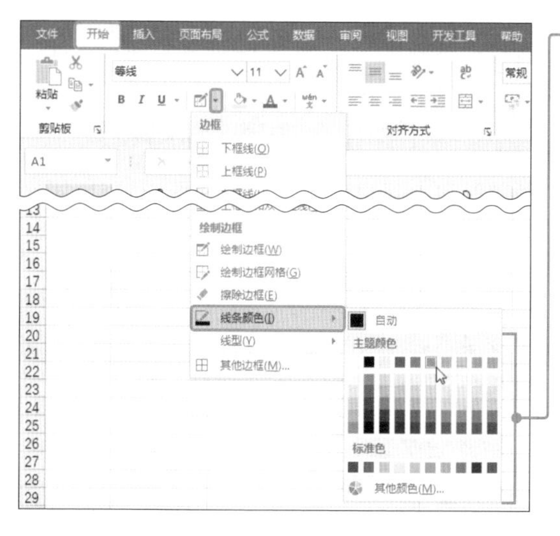

❶ 从［开始］选项卡→［边框］→［线条颜色］列表中选择任意颜色。

提示

还可以从［开始］选项卡→［边框］→［线型］列表中更改线型。

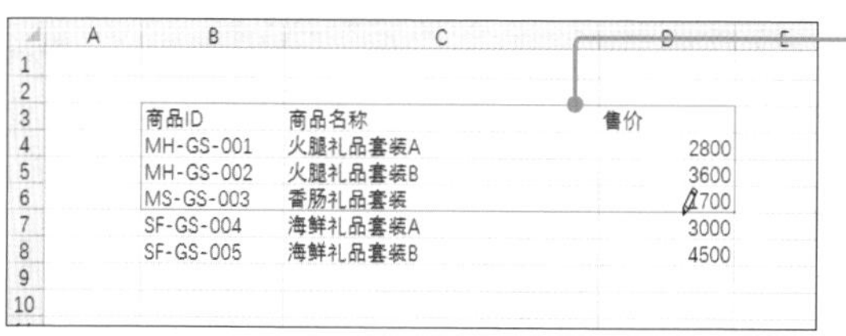

❷ 拖动绘制设定所选颜色的边框。

删除边框

如果要利用拖动操作删除已绘制的边框，可以选择**［开始］选项卡→［边框］→［擦除边框］选项**，然后在工作表中拖动，即可清除拖动区域内的边框。

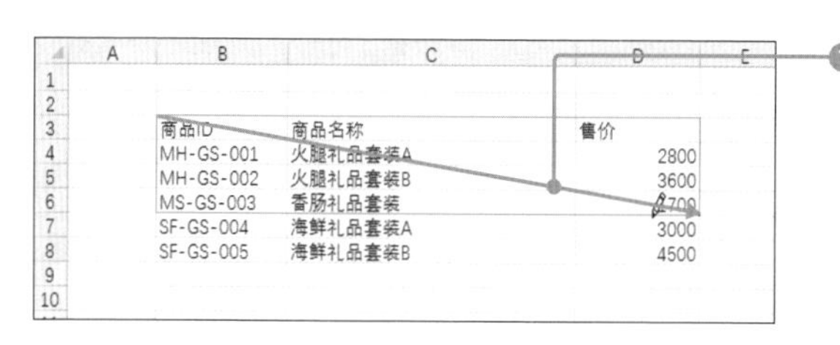

❶ 选择［开始］选项卡→［边框］→［擦除边框］选项后，在工作表中拖动，清除拖动区域内的边框。

Sample_Data/04-04/

04 使用［设置单元格格式］对话框设置边框

扫码看视频

在［设置单元格格式］对话框的［边框］选项卡进行设置

如果想集中设置所选区域外边框和内部的垂直线及水平线，可以使用格式设置对话框。下面介绍基本的设置方法和应用范例。

❶ 选中要设置边框的单元格区域。

❷ 选择［开始］选项卡→［边框］→［其他边框］选项。

提示

选中已经绘制了边框的单元格区域后，在对象单元格区域内右击→选择［设置单元格格式］命令，同样可以打开［设置单元格格式］对话框。此外还可以使用快捷键Ctrl＋1。

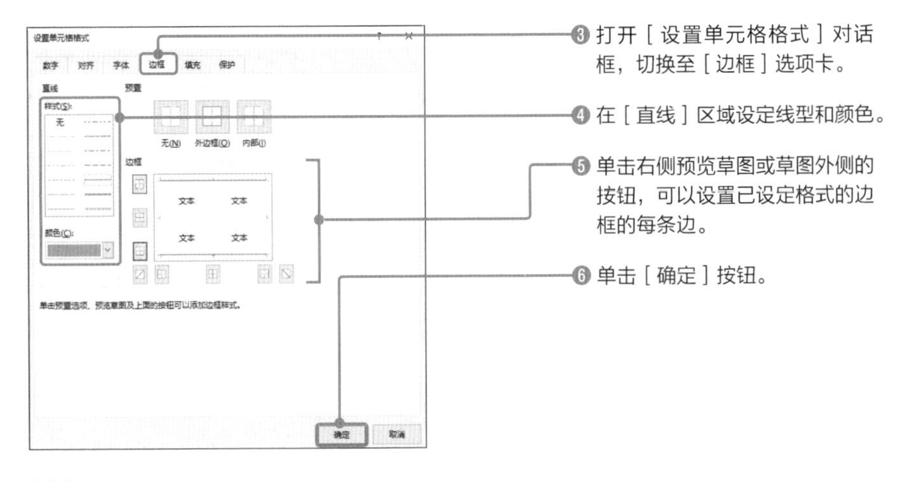

❸ 打开［设置单元格格式］对话框，切换至［边框］选项卡。

❹ 在［直线］区域设定线型和颜色。

❺ 单击右侧预览草图或草图外侧的按钮，可以设置已设定格式的边框的每条边。

❻ 单击［确定］按钮。

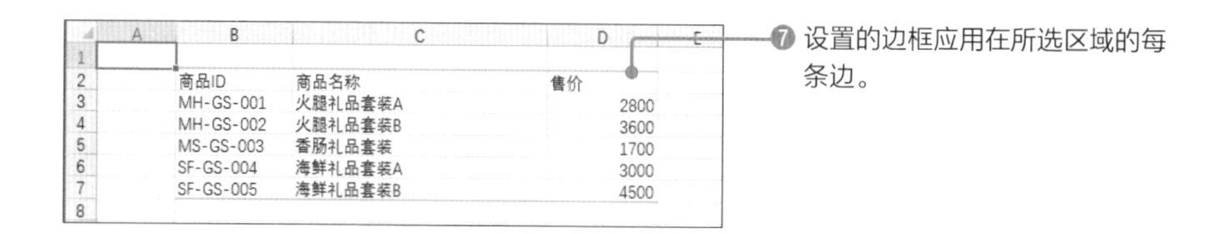

专栏 边框设置应用范例

边框设置与单元格填充格式相互组合，可以绘制出像“按钮”那样具有立体效果的单元格边框。选中某个已设置填充色的单元格，在［设置单元格格式］对话框的［边框］选项卡中进行如下设置。

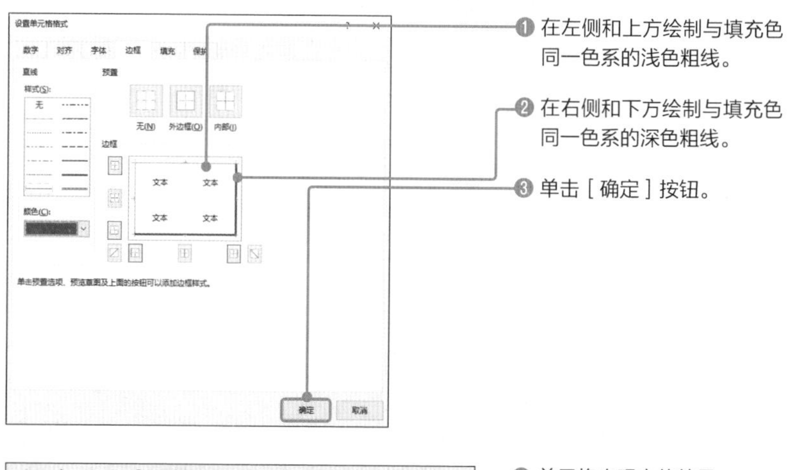

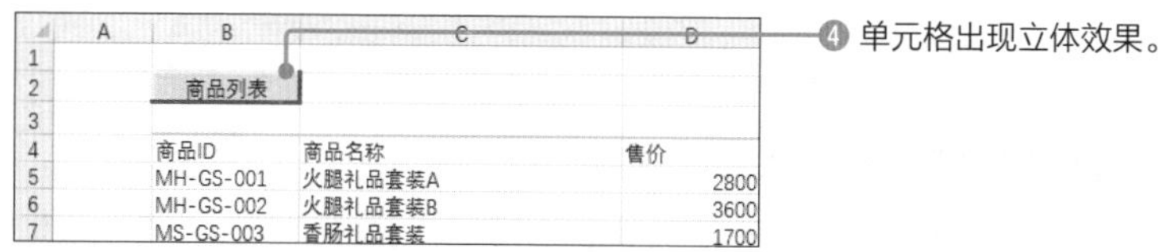

按照同样的步骤，在左侧和上方绘制深色边线，在右侧和下方绘制浅色边线，可以设置具有凹陷效果的格式。

Sample_Data/04-05/

05 让文字靠右对齐

设置单元格的水平位置

在单元格输入数据后，一般**数值是靠右对齐，文本是靠左对齐**。下面介绍让表格文本标题参照同列数值，调整为靠右对齐的方法。

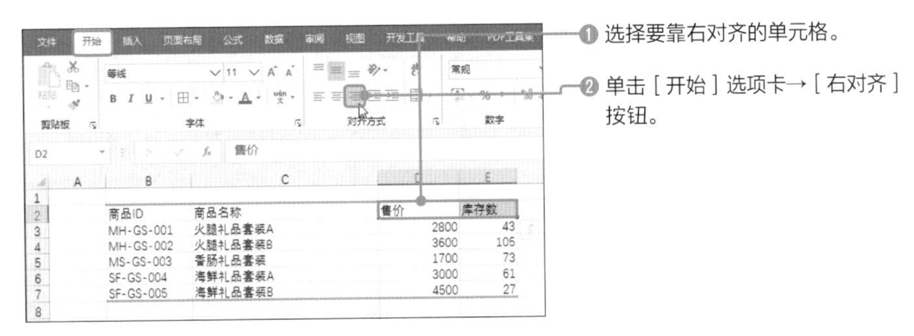

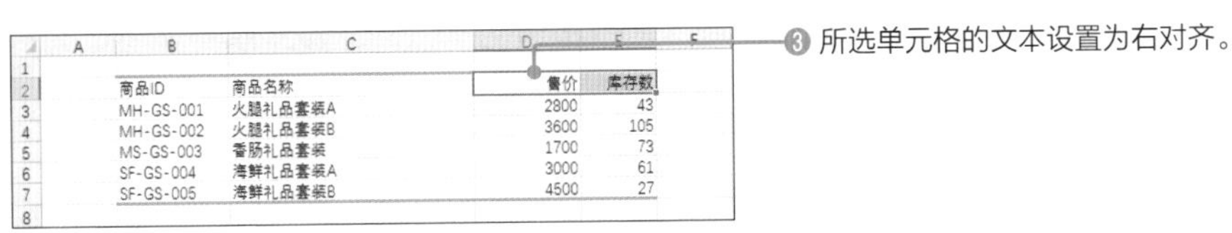

笔记

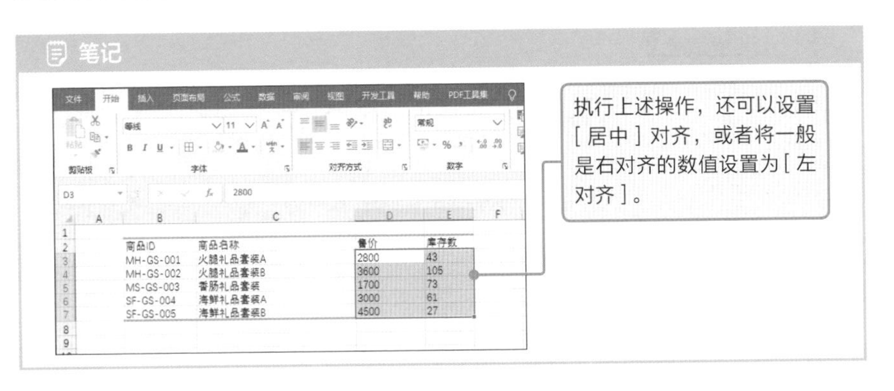

Sample_Data/04-06/

扫码看视频

06 沿顶端对齐文字

设置单元格的垂直位置

一般单元格内的文字都是顶格显示，难以分辨文字的垂直位置，也可以设置单元格内容的**垂直位置**。下面将行高略微调高，修改文字的垂直位置。

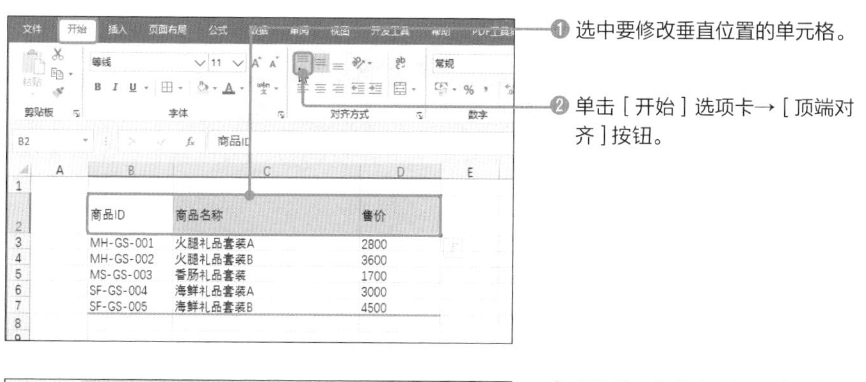

❶ 选中要修改垂直位置的单元格。

❷ 单击［开始］选项卡→［顶端对齐］按钮。

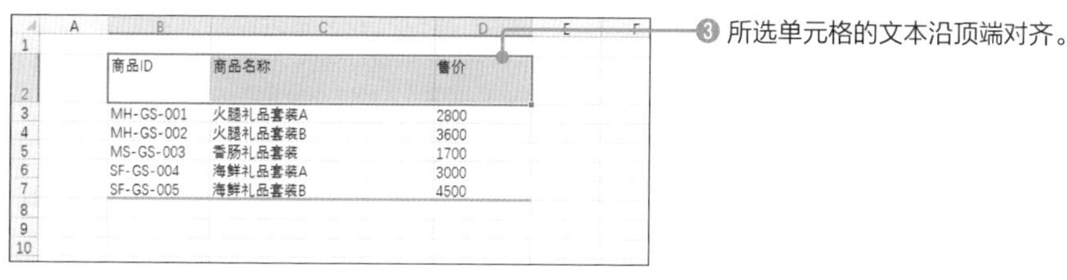

❸ 所选单元格的文本沿顶端对齐。

笔记

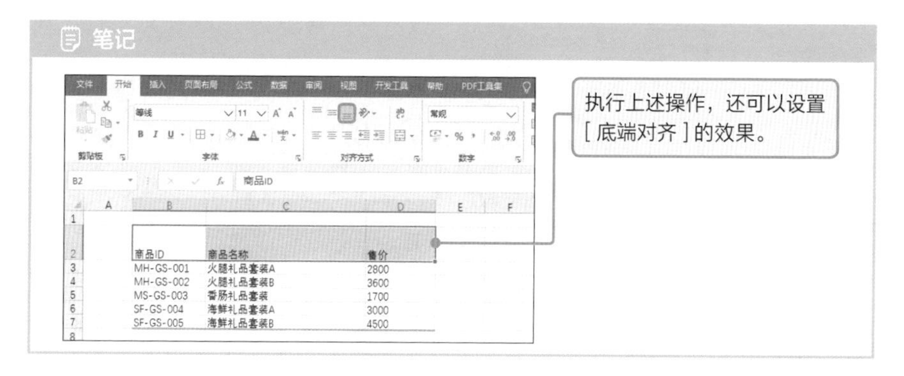

Sample_Data/04-07/

扫码看视频

07 旋转单元格内的文字

改变文字的角度

通常单元格中的文字都是水平显示的，但调整设置可以让文字倾斜。下面首先让单元格的文字向左上方倾斜。注意，该操作**也会导致单元格设置的边框发生倾斜**。

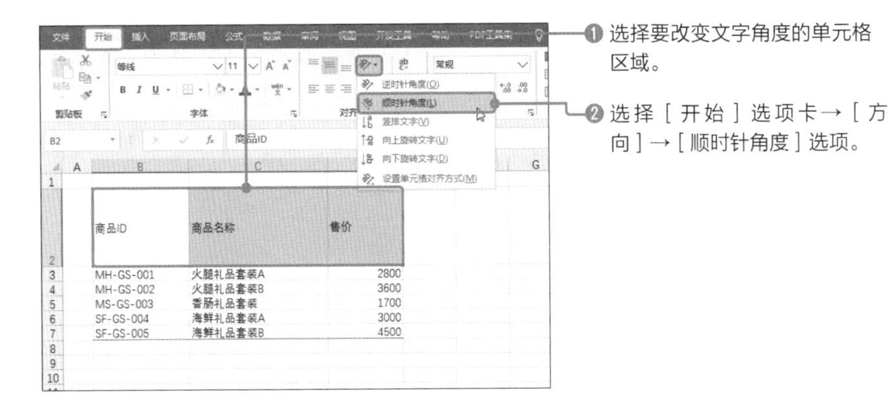

❶ 选择要改变文字角度的单元格区域。

❷ 选择［开始］选项卡→［方向］→［顺时针角度］选项。

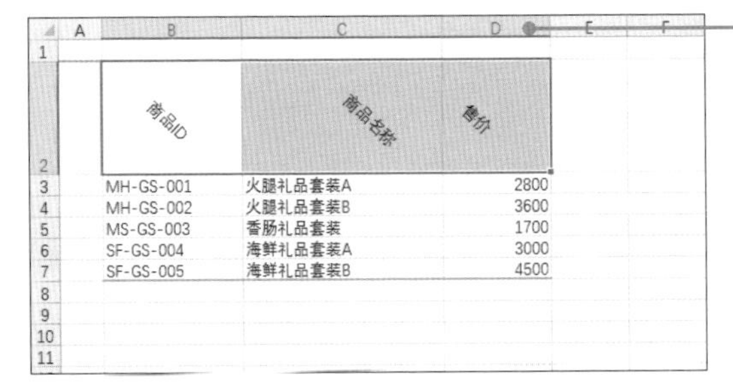

❸ 所选单元格内的文字向左上方倾斜。

提示

在步骤2中选择［逆时针角度］选项，则单元格内的文字向右上方倾斜。

笔记

选择［方向］→［向上旋转文字］或［向下旋转文字］选项，会让文字竖着躺下。右图就是设置［向下旋转文字］的效果❹。

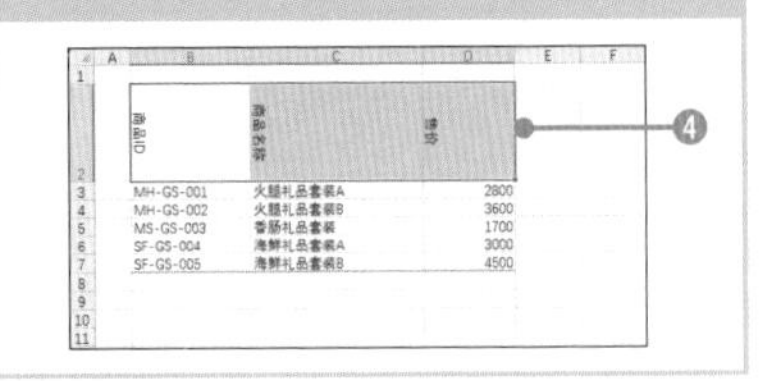

设定旋转角度

执行下列步骤可以精确调整文本的旋转角度。

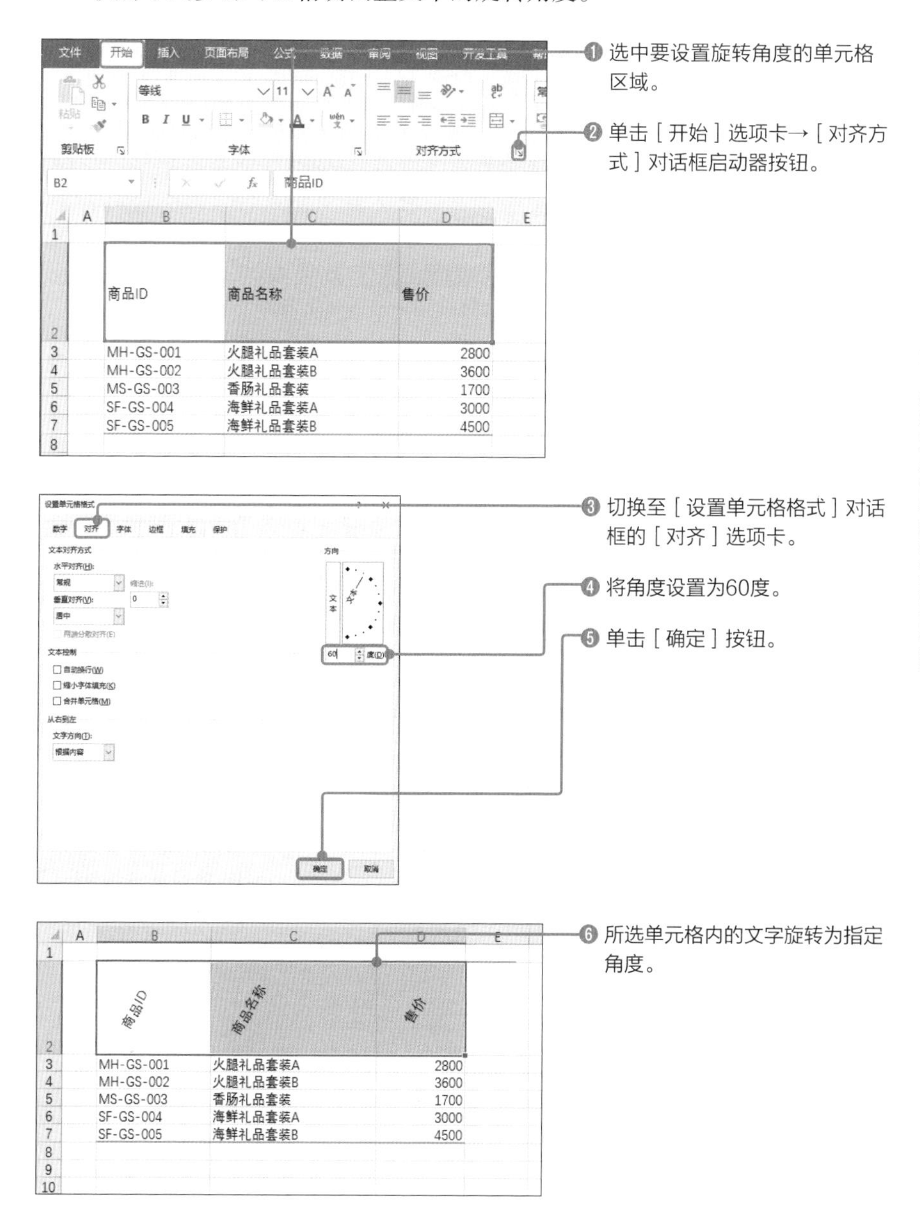

Sample_Data/04-08/

扫码看视频

08 将单元格内文字设置为竖排文字

将一部分文字设置为竖排

可以让单元格内的文字竖排显示。

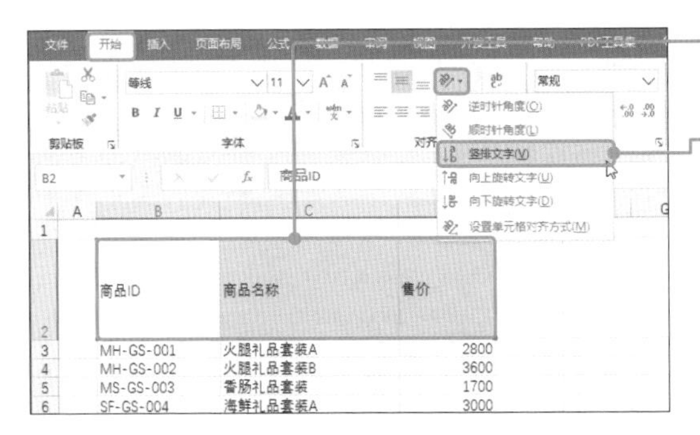

❶ 选中要显示竖排文字的单元格区域。

❷ 选择［开始］选项卡→［方向］→［竖排文字］选项。

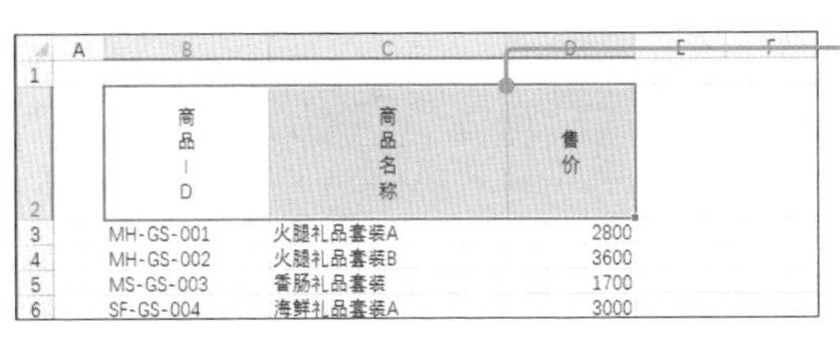

❸ 所选单元格的文本竖排显示。

实用的专业技巧! 组合使用竖排文字和合并单元格

因为在Excel工作表中同一行的单元格高度相同，所以一般很难让横排单元格和竖排单元格同时存在于同一行。

合并多行单元格，在合并后的单元格编辑标题时，常常用到竖排单元格。在右图中，合并单元格区域B3:B5以及单元格区域B6:B7，并在B列设置竖排文字。这样可以制作纵向布局的标题，便于浏览。关于合并单元格的方法参见**p.138**。

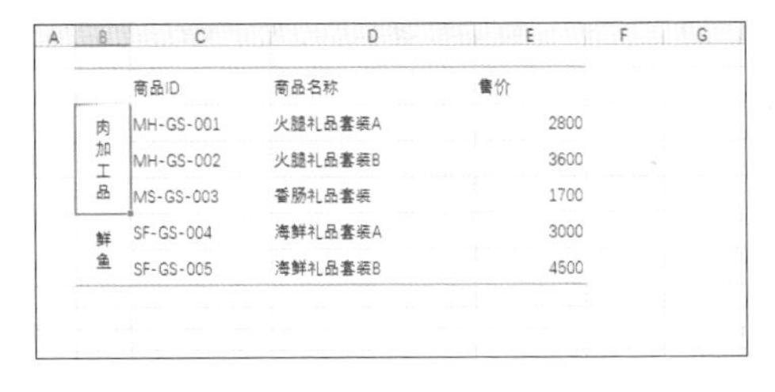

09 缩进文字

缩进设置

一般让单元格内文字**左对齐**或**右对齐**时，文字都是向左或向右顶格。在单元格设置**“缩进”**，可以在文字左右留出空隙。而且这种方法不仅限于一段，还可以设置多段。

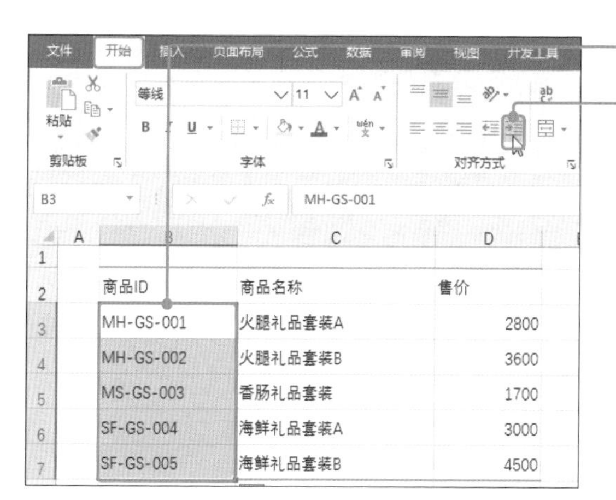

❶ 选中单元格区域。

❷ 单击［开始］选项卡→［增加缩进量］按钮。

提示

单击［增加缩进量］按钮，所选单元格自动调整为［左对齐］。

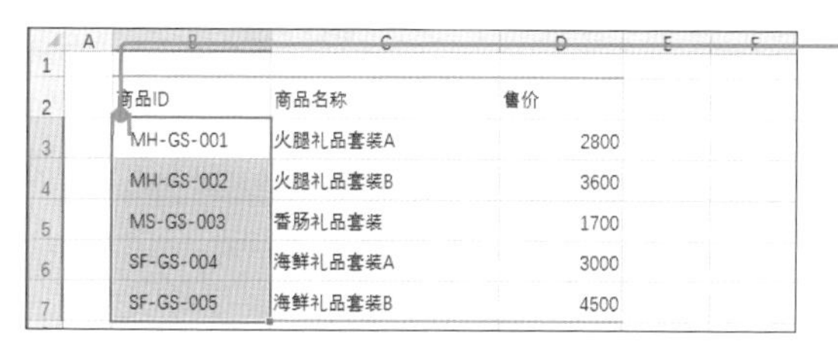

❸ 左侧出现一定的空隙。

提示

每单击一次［增加缩进量］按钮，左侧空隙就会更大。

❹ 如果要缩小空隙，则在单元格区域被选中的状态下，单击［开始］选项卡的［减少缩进量］按钮。

提示

将单元格设置为右对齐后，通过设置缩进量，也可以在右侧留出空隙。

10 将多个单元格合并为一个

扫码看视频

将单元格合并后居中

设计表格时，**有时希望能够在两个或更多的单元格空间显示某一个数据**，可以利用**“合并单元格”**功能。如果要让标题位于表格中央，那么一个简便方法就是将单元格合并后居中。

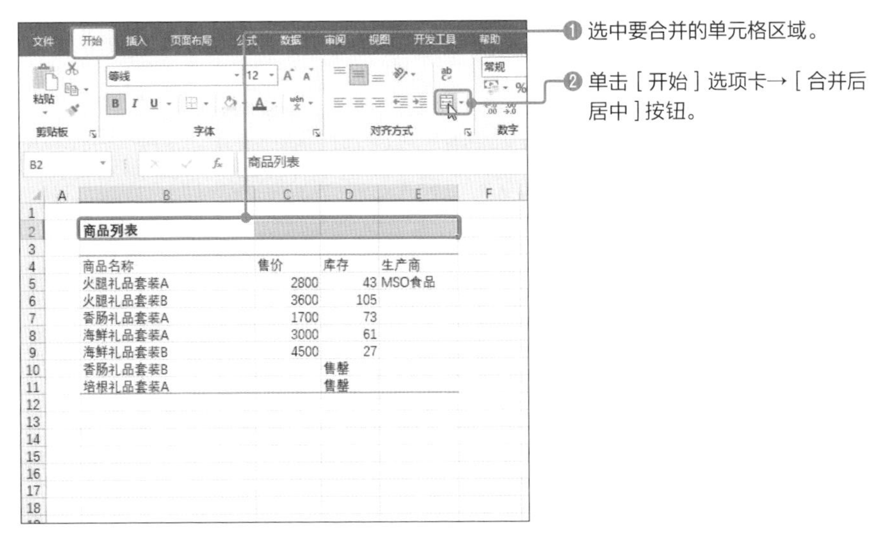

❶ 选中要合并的单元格区域。

❷ 单击［开始］选项卡→［合并后居中］按钮。

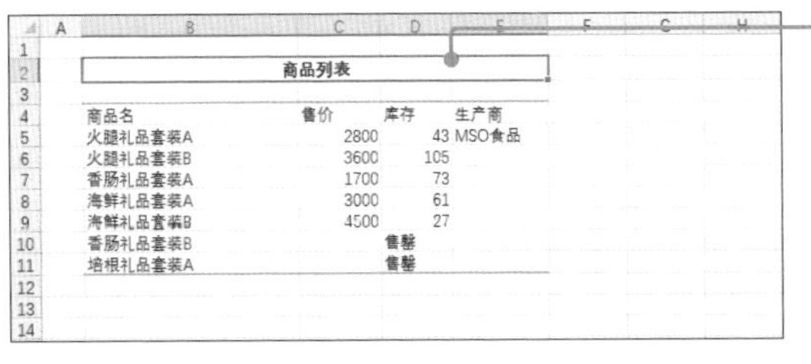

❸ 所选单元格合并且设置为居中对齐。

此外，如果所选区域已输入数据，那么合并后的单元格将保留所选区域的**第一个（位于左上角的单元格）数据**。当有多个已输入数据的单元格，合并时**显示“仅保留左上角的值，而放弃其他值”的警告信息**。

合并单元格区域

也可以只合并单元格而不设置居中。

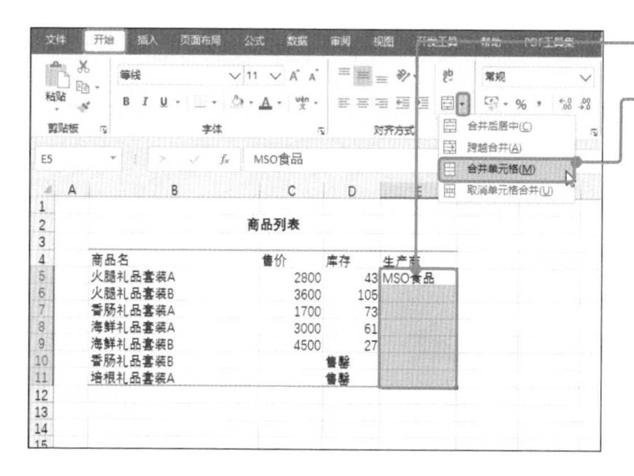

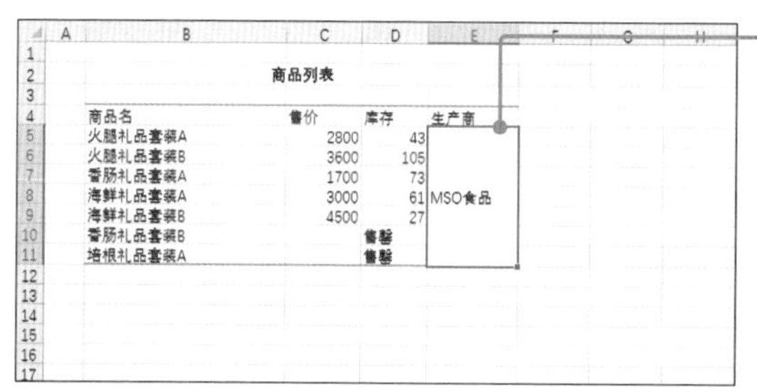

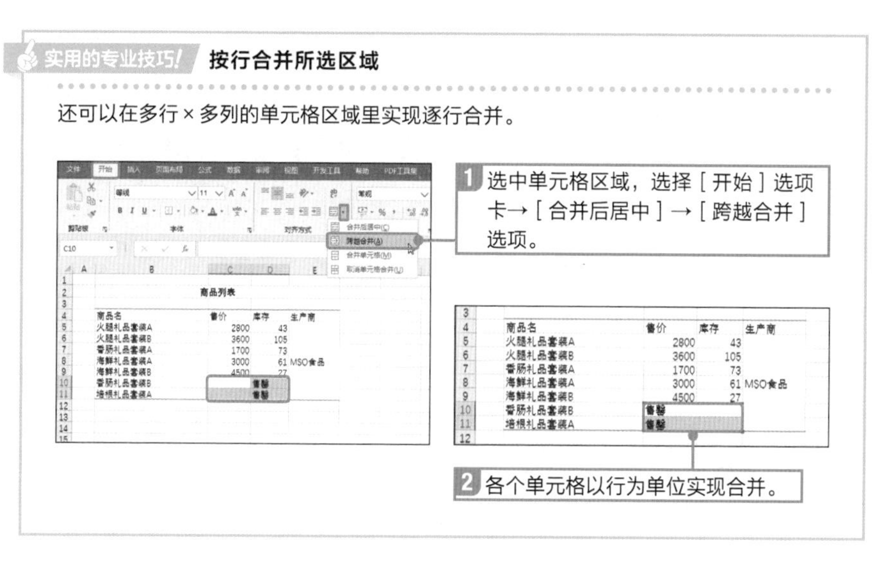

按行合并所选区域

还可以在多行×多列的单元格区域里实现逐行合并。

1 选中单元格区域，选择［开始］选项卡→［合并后居中］→［跨越合并］选项。

2 各个单元格以行为单位实现合并。

Sample_Data/04-11/

11 将同一列文本调整为同一宽度

扫码看视频

设置分散对齐

当一列中的单元格内容长短不一，需让它们统一宽度时，可以利用**"分散对齐"**功能。如果想在两端留出空隙，还可以与**"缩进"**功能组合使用。

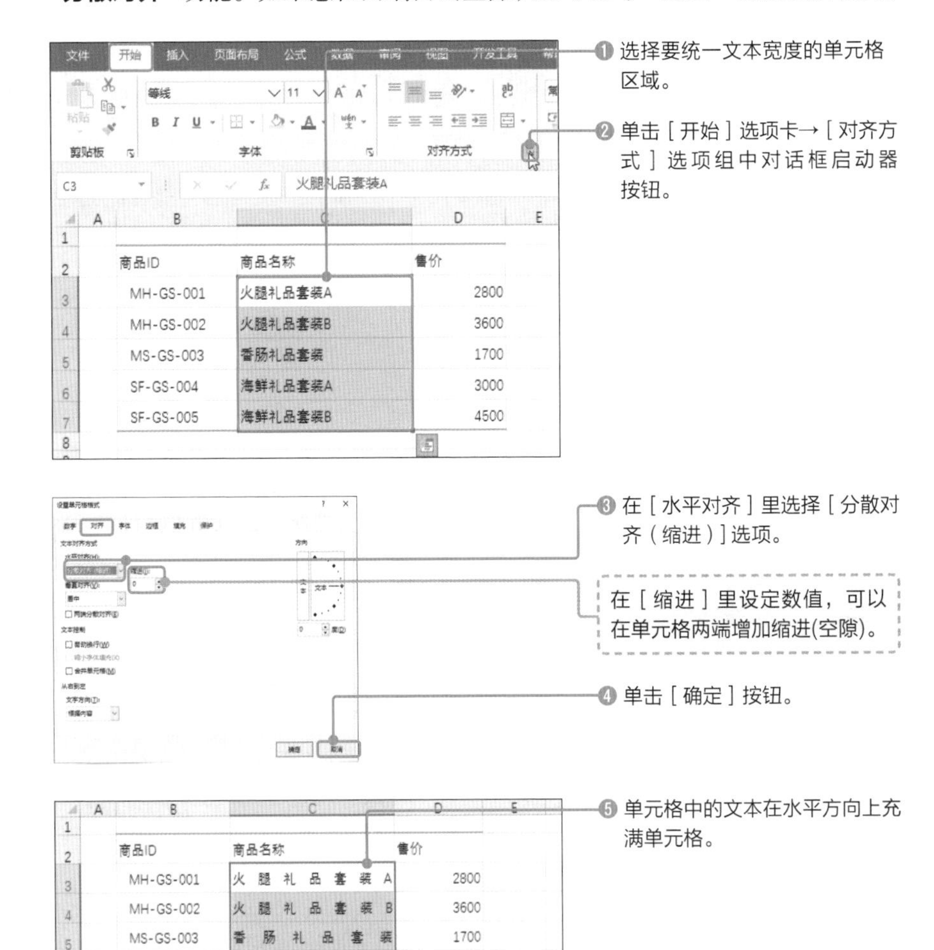

Sample_Data/04-12/

12 让文本在单元格内自动换行

自动换行

当所输入的文本宽度超过单元格宽度时，解决方法之一就是让文本在单元格右侧顶格后换行显示。

1 选择单元格区域，单击［开始］选项卡的［自动换行］按钮。

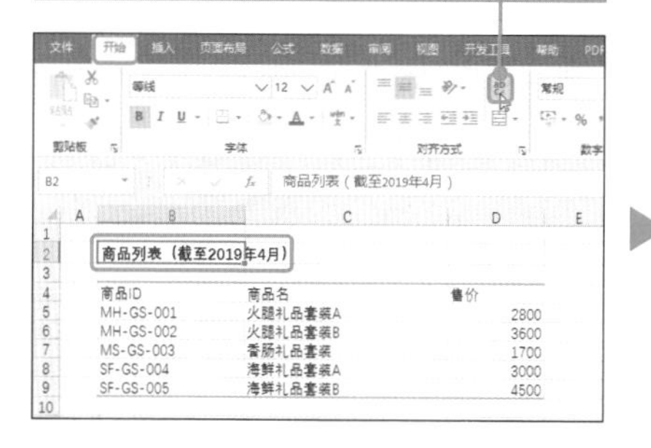

2 文本达到单元格宽度后换行显示。

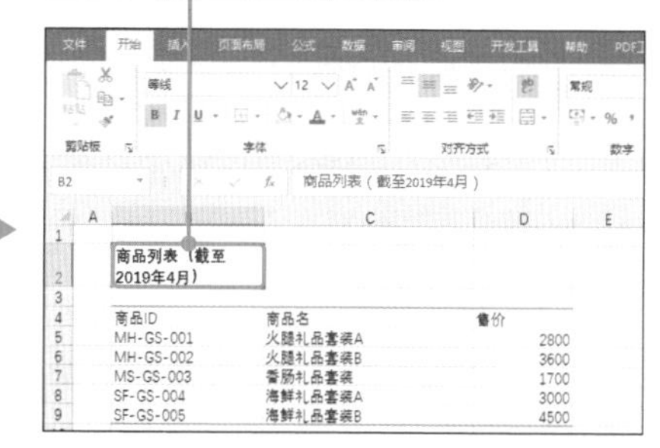

笔记

单元格的行高根据单元格内的行数自动调整。但如果预先手动更改了行高，那么行高不再自动调整。

在指定位置换行

当不希望自动换行而是自行决定换行的位置时，可以将光标放在要换行的位置，按Alt+Enter组合键。

1 将光标放在想要换行的位置，按Alt+Enter组合键。

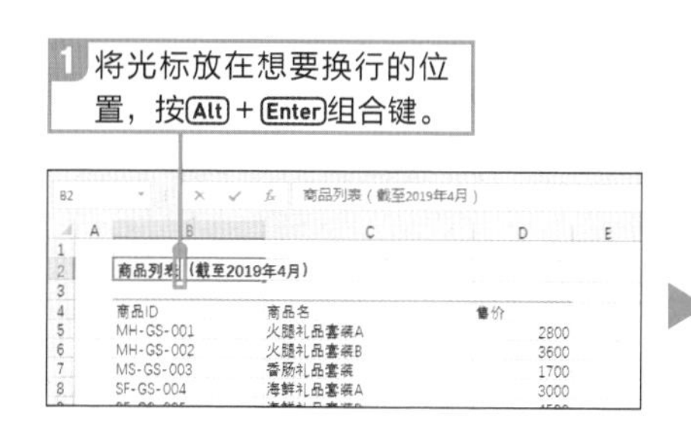

2 在光标位置处换行。

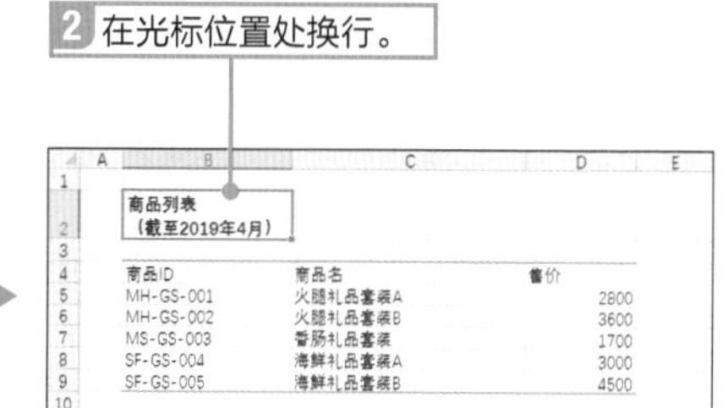

Sample_Data/04-13/

13 根据单元格宽度缩小文本

扫码看视频

缩小字体填充

当文本宽度超过单元格宽度时，解决方法之一是缩小文本，使其宽度可以被单元格容纳。无须手动操作，即可使其**宽度自动缩小并填充至单元格内**。

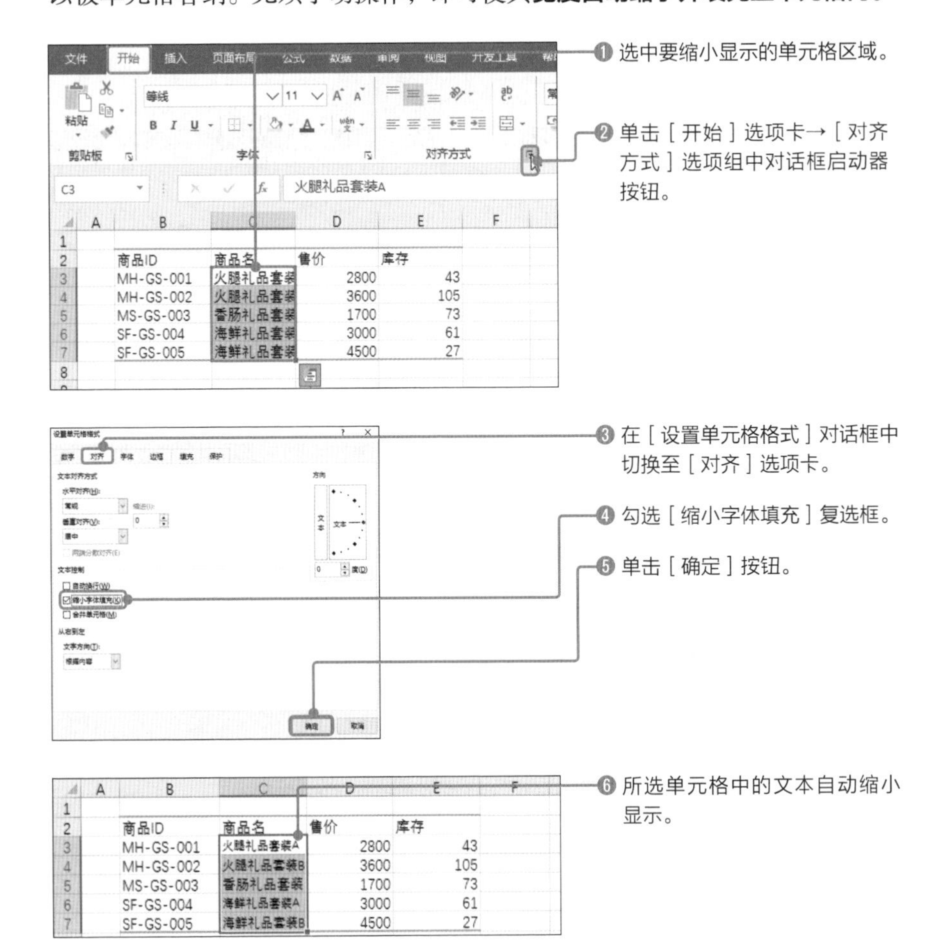

Sample_Data/04-14/

14 为数字添加货币符号

扫码看视频

设置“货币”的会计数字格式

为表示金额的数字添加“¥”等货币符号，可以让该数字的含义更加明了。**货币格式**是Excel格式之一，使用该格式，可以为数据添加**货币符号**和**千位分隔符**。

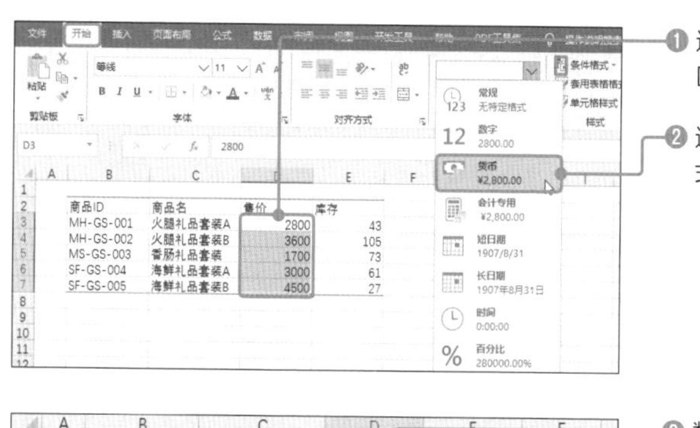

❶ 选中要显示货币格式的单元格区域。

❷ 选择［开始］选项卡→［数字格式］→［货币］选项。

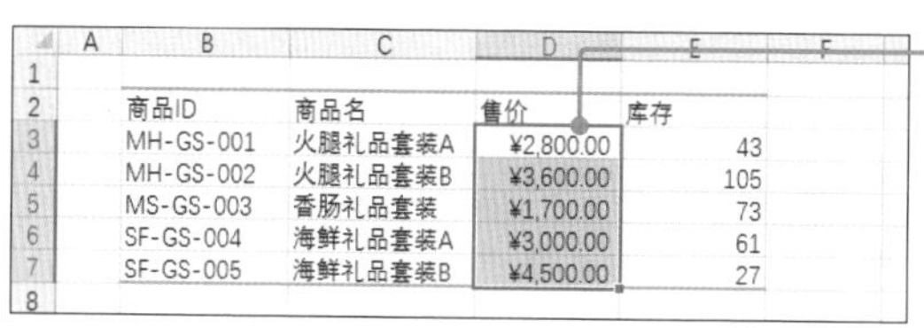

❸ 数值添加了“¥”和“,”，右侧留出了少量空隙。

此外，单击**［开始］选项卡→［会计数字格式］按钮**，同样可以将单元格修改为货币格式。不过这样设置时数值右侧不会留出空隙。

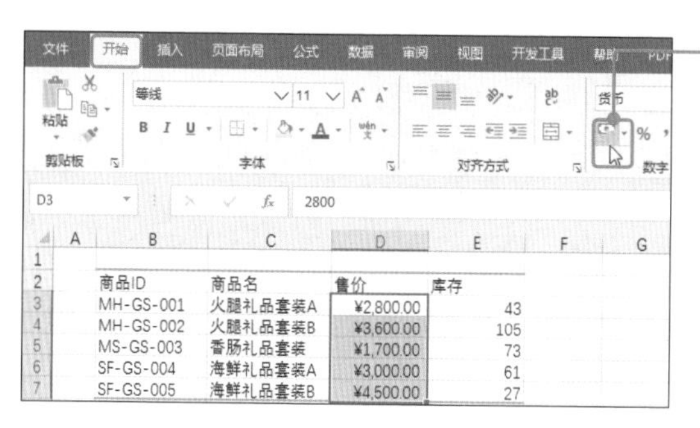

❶ 选中单元格区域后，单击［开始］选项卡→［会计数字格式］按钮。

提示

该操作不同于上文对［数字］格式的修改，而是将单元格的样式（参见p.158）从“常规”修改为“货币”。

15 显示带小数点的数值格式

设置“数值”格式

选择 **[开始] 选项卡→ [数字格式] → [数字] 选项❶**，所选区域的格式即被设置为“数字”。在该格式下，数字右侧出现少量空隙，而且即使原数值的小数点之后没有数值，也显示两位小数。

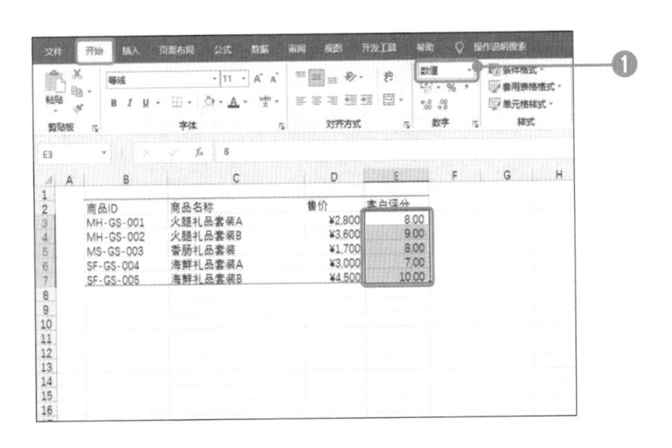

不过，在该格式下，4位数以上的数值并不会像“货币”格式那样出现千位分隔符“,”（逗号）❷。

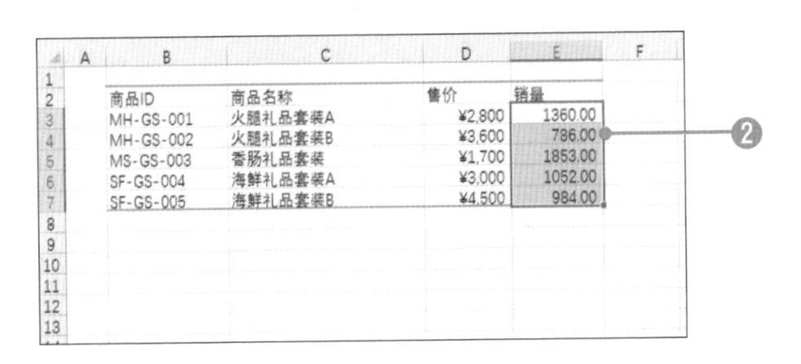

如果要显示千位分隔符，可以单击 **[开始] 选项卡→ [千位分隔样式] 按钮**，在所选区域设置显示千位分隔符。但**使用该方法，单元格右侧不会出**

现空隙。实际上该操作只是应用了**“千位分隔样式”**，所设定的格式也不是“数字”，而是**没有“¥”符号的“货币”格式**。

如果要用“数字”格式添加千位分隔符，可以执行下列步骤。

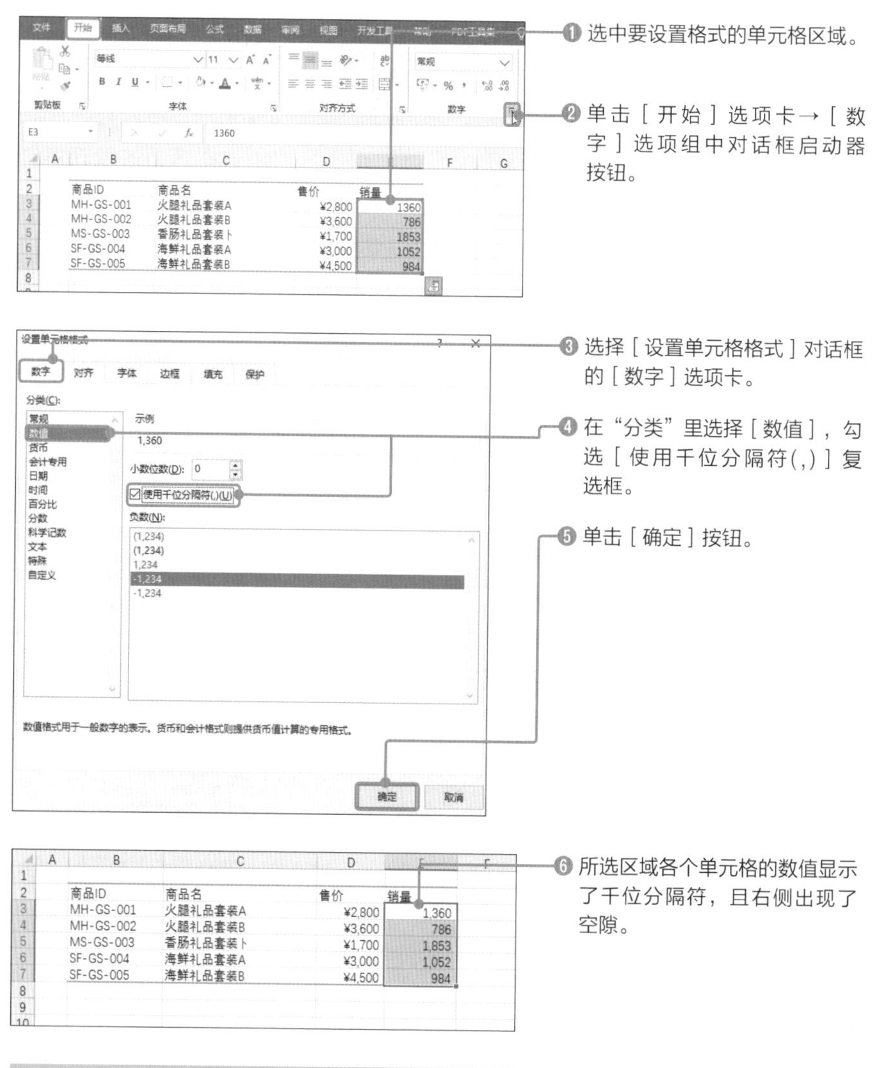

笔记

如果想在“数值”格式下显示小数位数，首先应该将［数字格式］修改为［数字］，然后单击［开始］选项卡→［增加小数位数］按钮（参见**p.148**）。

Sample_Data/04-16/

16 显示不同格式的日期

设置日期格式

在单元格输入“2019/5/20”等可以被识别为日期的数据后，**该单元格自动设置为“日期”格式**。除此以外，还有许多格式在输入时被识别为日期，而且根据这些输入数据显示的日期格式均为默认设置。

通过 **[开始] 选项卡→ [数字格式]** 可以修改日期数据的格式。但执行该操作时可选的日期格式只有“2019/5/20”**“短日期”格式**和“2019年5月20日”**“长日期”格式**❶。

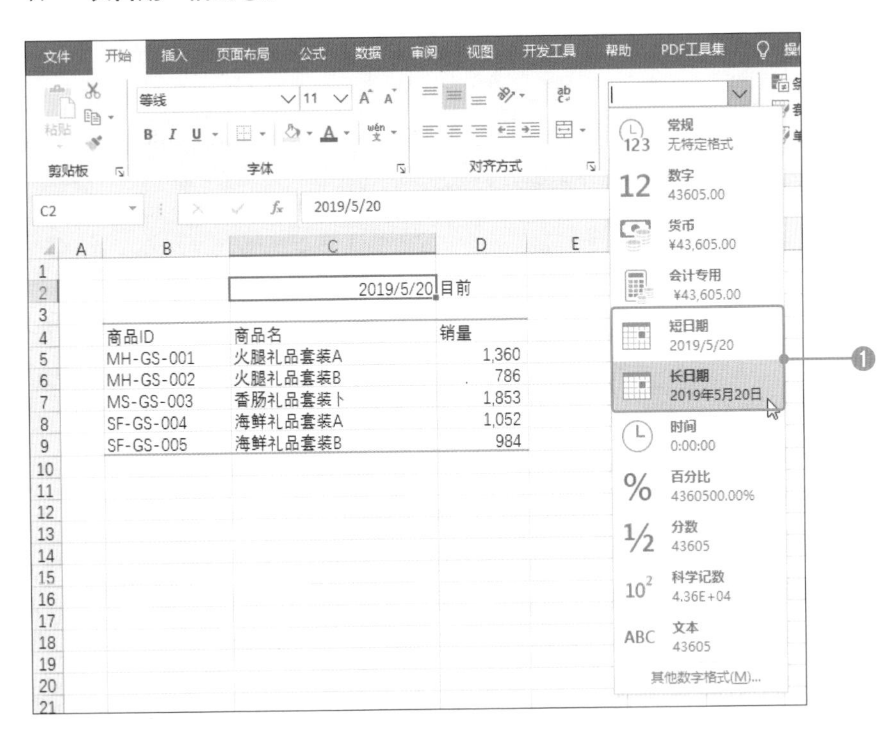

如果要把用公历格式输入的日期数据设置为其他日期格式，就需要在 **[设置单元格格式]** 对话框中进行设置。

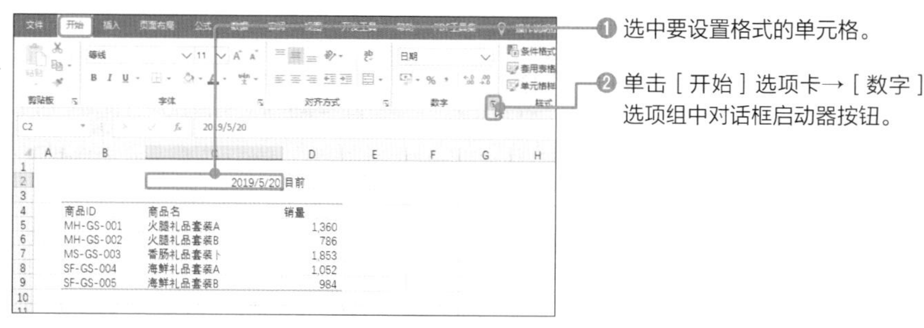

❶ 选中要设置格式的单元格。

❷ 单击［开始］选项卡→［数字］选项组中对话框启动器按钮。

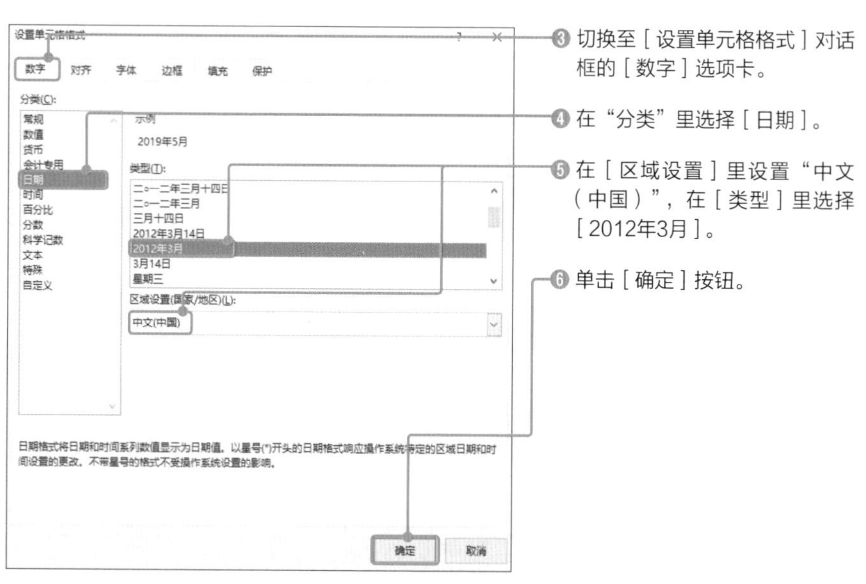

❸ 切换至［设置单元格格式］对话框的［数字］选项卡。

❹ 在“分类”里选择［日期］。

❺ 在［区域设置］里设置“中文（中国）”，在［类型］里选择［2012年3月］。

❻ 单击［确定］按钮。

❼ 所选区域的日期修改为其他格式。

笔记

Excel日期数据的实体是以1900年1月1日为1，此后每过一天就逐一递增的整数数据（参见**p.82**）。将日期格式的单元格格式修改为“常规”，就可以查看这一整数值。

17 修改显示的小数位数

显示到小数点后一位

在Excel **“常规”**格式下，**小数点后的内容会根据实际数值进行显示，如果小数点后没有数值，则不显示**。如果想让纵向排列的单元格区域内的数值位数保持一致，无论有无数值，都可以让其始终显示小数点后一定的位数。

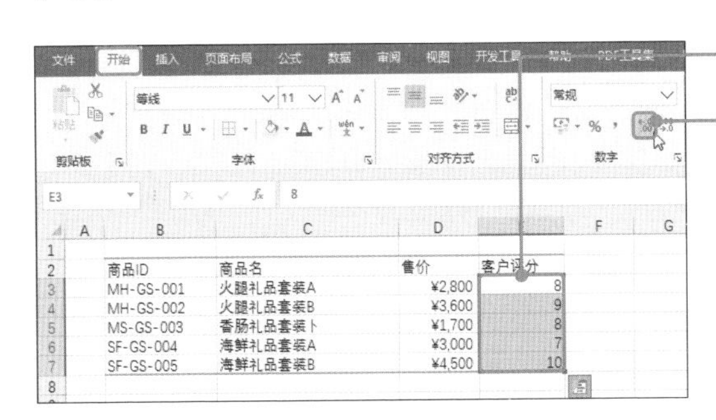

❶ 选中要设置位数的单元格区域。

❷ 单击［开始］选项卡→［增加小数位数］按钮。

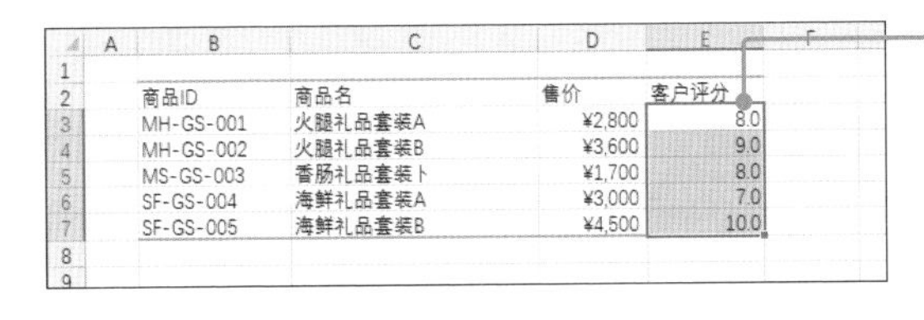

❸ 所选区域的数值都显示到小数点后一位。

提示

在部分设置的格式下，可能无法修改小数点之后的显示位数。

提示

反复单击该按钮，可以增加显示的小数位数。

在原格式**“常规”**下执行该操作，格式变为**“自定义”**。但格式被设置为**“数字”**或**“货币”**时，格式保持不变，小数位数增加。要减少显示位数，则单击**［减少小数位数］选项**。

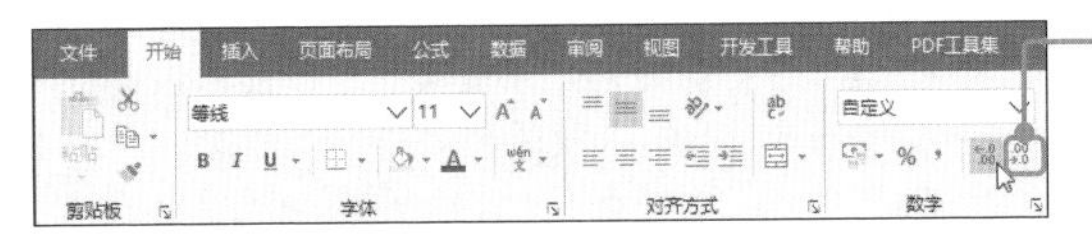

❹ 单击［减少小数位数］选项。

Sample_Data/04-18/

18 自定义格式

在数值后添加“日元”

Excel预置了**“数字”“货币”“日期”**等类型的单元格格式，也可以**结合用于设置显示方法的“格式符号”自定义格式**。

首先设置在数值后面添加“日元”的格式。

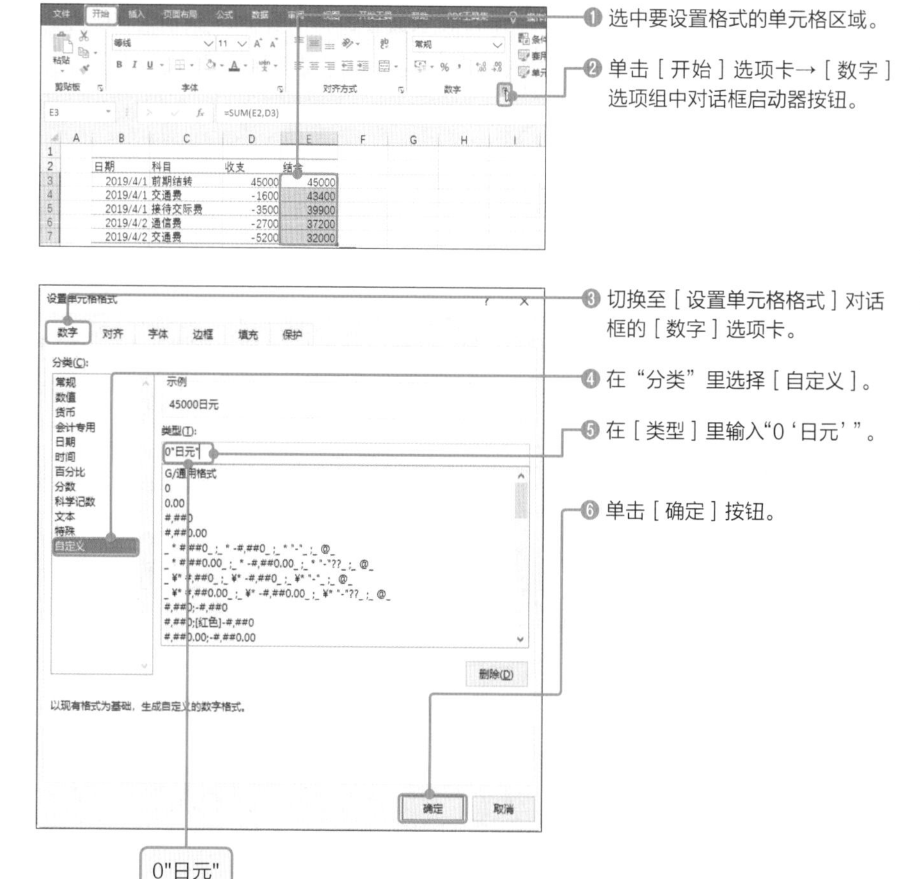

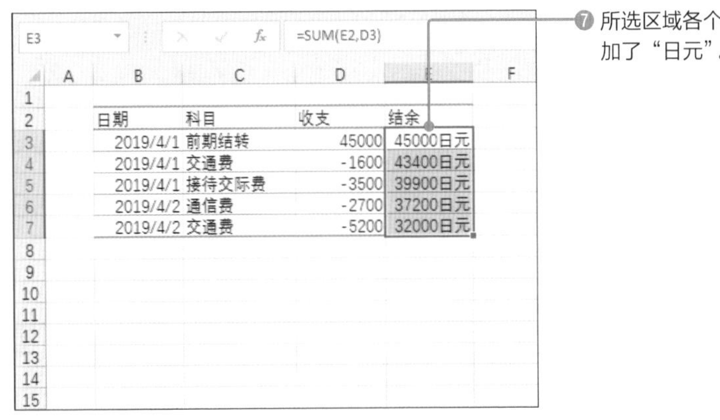

［**类型**］所输入的格式符号“0”**表示数字保持不变**。但数值为0时，则显示“0”。此外，在“""”中输入文本，就可以直接显示该文本。被设置的只有格式，单元格的实际数据并未改变。

借用现有格式

因为自定义格式可使用的格式符号种类繁多，全部掌握和记忆不仅难度大，而且效率比较低。

如果某些现有格式与预期格式设置相近，就可以**修改其格式符号，借用该格式进行设置**，更加方便。

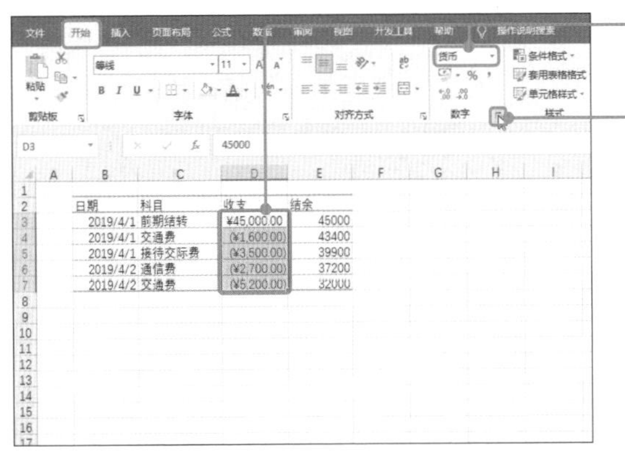

笔记

将单元格格式设置为“货币”的方法参见p.143。

❸ 切换［设置单元格格式］对话框的［数字］选项卡。

❹ “分类”里的［货币］已经被选中，确认［负数］所选是否为左图所示选项。

❺ 在“分类”里选择［自定义］选项。

❻［类型］文本框中已输入相关内容，接下来借用(定制)该格式，创建自定义格式。

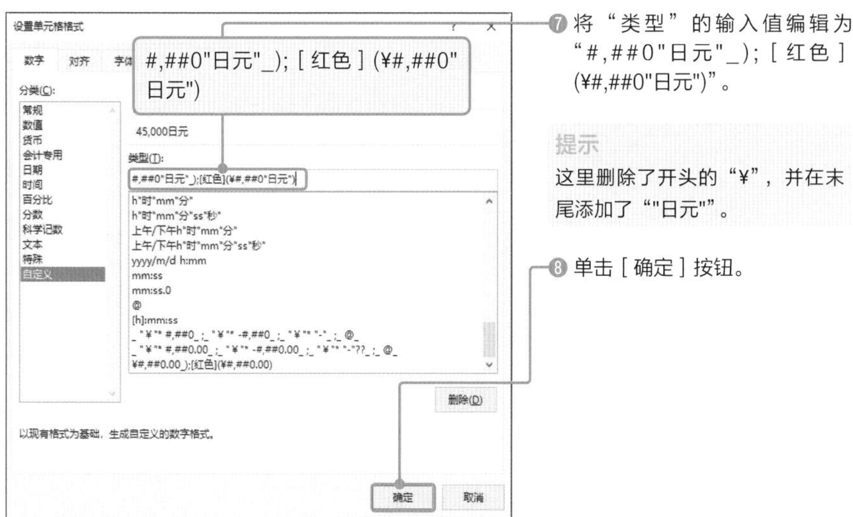

❼ 将“类型”的输入值编辑为“#,##0"日元"_);［红色］(¥#,##0"日元")”。

提示

这里删除了开头的“¥”，并在末尾添加了“"日元"”。

❽ 单击［确定］按钮。

日期	科目	收支	结余
2019/4/1	前期结转	45,000日元	45000日元
2019/4/1	交通费	(¥1,600日元)	43400日元
2019/4/1	接待交际费	(¥3,500日元)	39900日元
2019/4/2	通信费	(¥2,700日元)	37200日元
2019/4/2	交通费	(¥5,200日元)	32000日元

⑨ 千位分隔符和右侧空隙保持不变，格式由“¥”替换为“日元”。

下面详细讲解上面输入的 **“#,##0"日元"_);［红色］(¥#,##0"日元")”** 的含义。

● **格式**

格式	说明
#	表示一位数字。通过输入“#,##0”表示千位插入千位分隔符的数字，若该数位没有数字，则不显示
,	输入千位分隔符
_	在输入下一个文字前输入空格。这里输入“_)”后，如果单元格的数值是正数，则会在数值末尾留出与“)”同宽的空白。输入这一空白，末尾数值的位置即为负数
;	利用“;”分隔，可以显示负数格式，也就是“;”右侧的“[红色] (¥ #,##0" 日元 ")”均为负数。利用“;”分隔，数据为 0 或文本时也可以输入
( )	用“()”（括号）括住数值
[红色]	用红色字体显示之后输入的内容（这里为负数）

格式 **单元格格式范例**

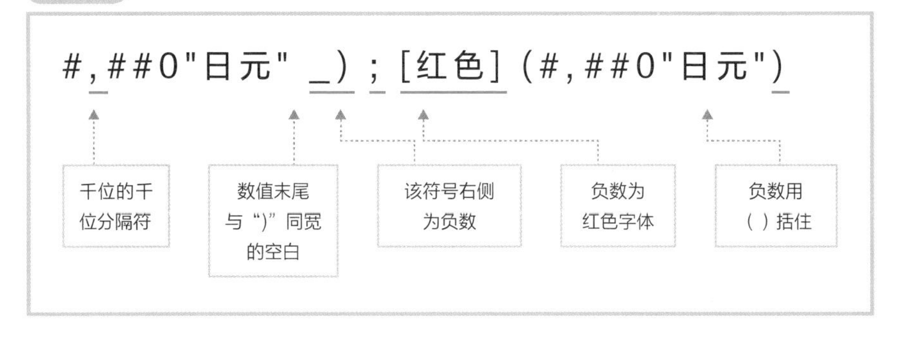

19 显示汉字读法

为汉字添加拼音

单元格中包含汉字时，**可以在该单元格添加“拼音”**。

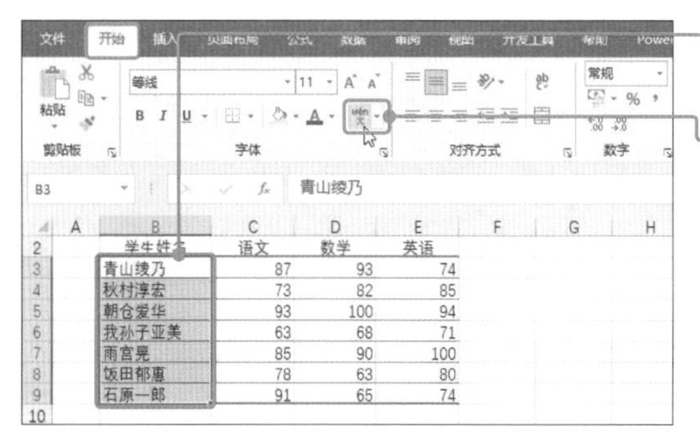

❶ 首先选中要显示拼音的单元格区域。

❷ 单击［开始］选项卡→［显示或隐藏拼音字段］按钮。

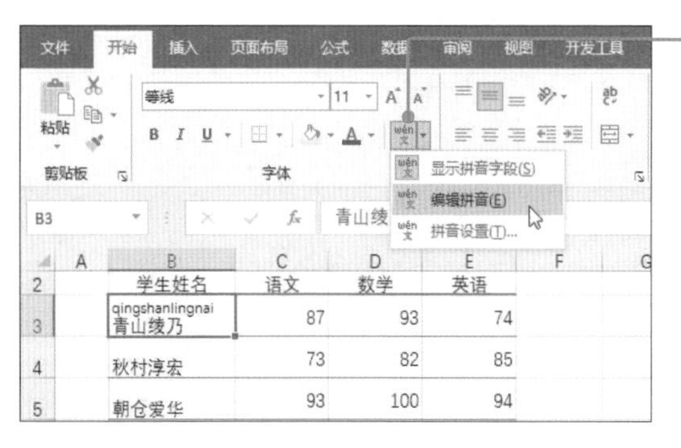

❸ 在文本上方预留拼音空间，在［显示或隐藏拼音字段］中选择［编辑拼音］选项，在文字上方输入拼音。

在Excel中不提供自动添加拼音和声调的功能，可以借助Word添加拼音。将Excel中文本复制到Word文档中并选中，单击［开始］选项卡中［拼音指南］按钮。最后选中Word中添加拼音的文本并复制，再粘贴到Excel指定的单元格中即可。

编辑拼音

当单元格显示的拼音存在错误时，可以双击对象单元格，编辑拼音内容。

1 双击对象单元格。

	学生姓名	语文	数学	英语
3	qingshanlingnai 青山绫乃	87	93	74
4	qiucunchunhong 秋村淳宏	73	82	85
5	zhaocangaihua 朝仓爱华	93	100	94
6	wosunziyamei 我孙子亚美	63	68	71
7	yugonghuang 雨宫晃	85	90	100
8	fantanyuhui 饭田郁惠	78	63	80
9	shiyuanyilang 石原一郎	91	65	74

2 移动光标，修改拼音。

实用的专业技巧! **不显示拼音时的解决方法**

从其他软件向Excel复制文字数据时，可能不显示拼音。此时即使单击［显示或隐藏拼音字段］，拼音也不会出现。

遇到这种情况，可以选中对象单元格，选择［开始］选项卡→［显示或隐藏拼音字段］→［编辑拼音］选项❸。

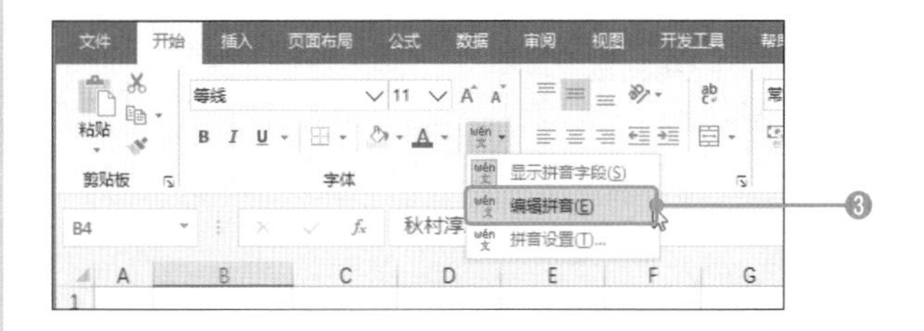

这一操作原本的作用是为所选单元格中文本添加拼音，如果该单元格未设置拼音，在文字上方显示文本框，然后输入对应的拼音。

Sample_Data/04-20/

20 修改拼音设置

[拼音属性] 对话框的设置方法

在 [**拼音属性**] 对话框中可以设置拼音的字体和对齐方式。

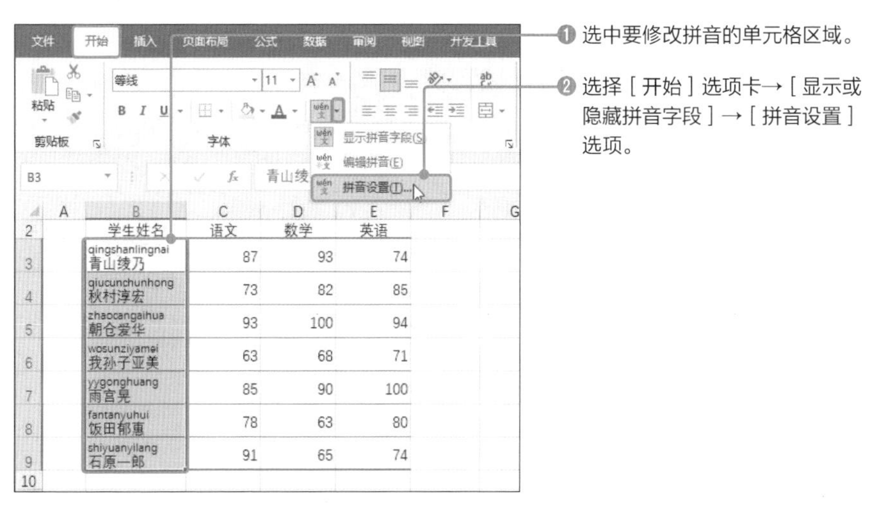

❶ 选中要修改拼音的单元格区域。

❷ 选择 [开始] 选项卡→ [显示或隐藏拼音字段] → [拼音设置] 选项。

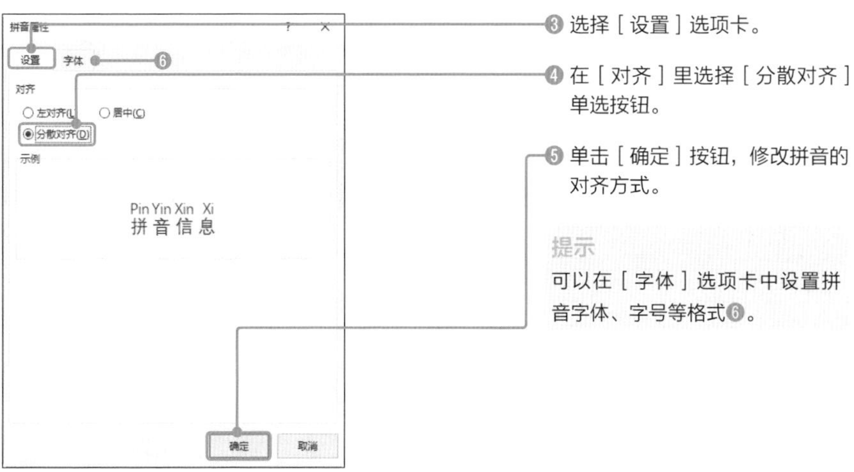

❸ 选择 [设置] 选项卡。

❹ 在 [对齐] 里选择 [分散对齐] 单选按钮。

❺ 单击 [确定] 按钮，修改拼音的对齐方式。

提示

可以在 [字体] 选项卡中设置拼音字体、字号等格式❻。

Sample_Data/04-21/

21 一秒钟应用复杂格式

灵活运用“重复上一个操作”功能

当想连续设置同一格式时，利用**重复功能**，可以提高编辑的效率。尤其是在多个位置统一设置**“多种格式组合”**时，效果更加明显。

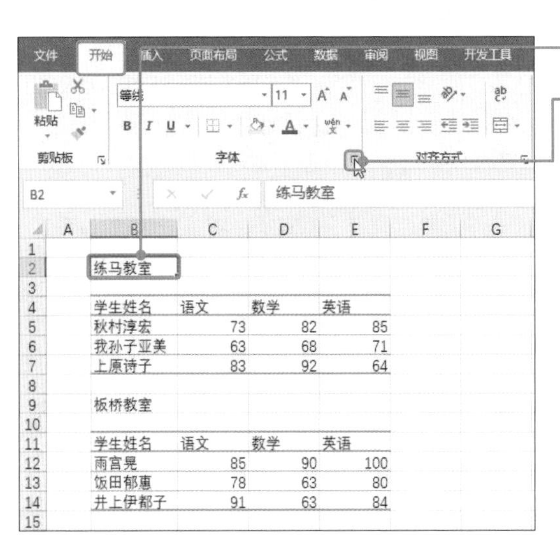

❶ 选中要设置格式的单元格。

❷ 单击［开始］选项卡→［字体］选项组中对话框启动器按钮。

提示

这里介绍的设置单元格格式的步骤，只是为了讲解“重复上一个操作功能”的使用方法。因此在实际操作中无须遵循相同步骤。

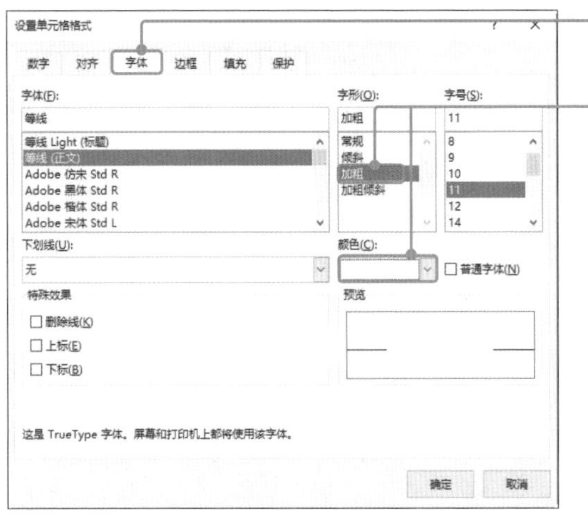

❸ 打开［设置单元格格式］对话框的［字体］选项卡。

❹ 在［字形］里选择［加粗］，设置［颜色］为［白色，背景1］。

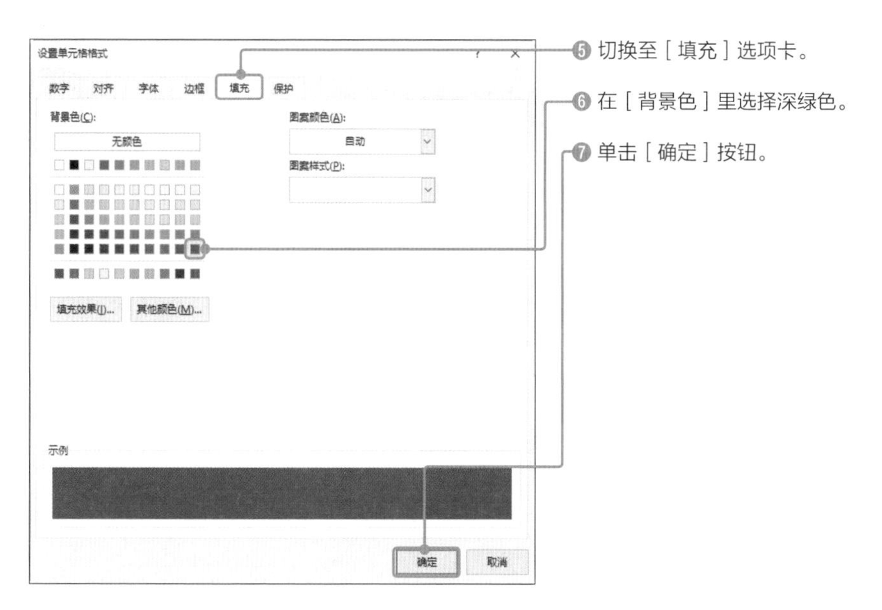

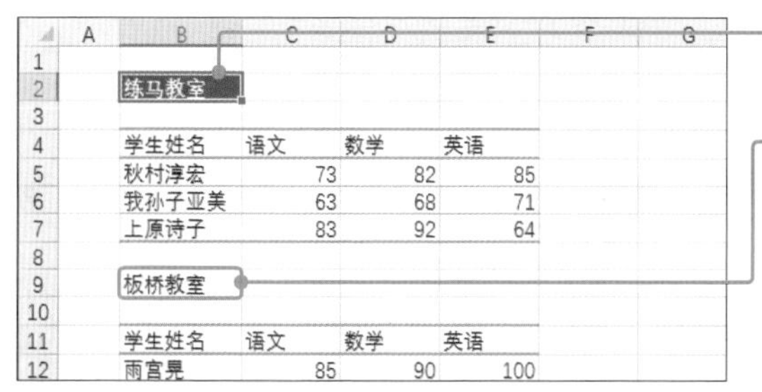

⑧ 设置字体和填充色等格式后的效果。

⑨ 选中要设置相同格式的单元格，按Ctrl+Y组合键。

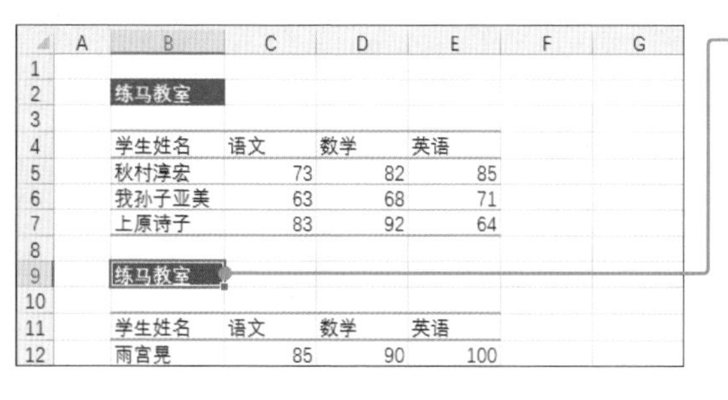

⑩ 设置相同格式。

笔记

［设置单元格格式］对话框打开和关闭期间的操作被保存下来。打开其他工作表或其他工作簿的工作表，同样可以使用Ctrl+Y组合键对其单元格区域设置相同格式。

Sample_Data/04-22/

22 瞬间设置格式组合

扫码看视频

应用“样式”功能

Excel预置了多种格式组合，这些组合叫作**“样式”**。利用该功能可以轻松地将所需格式应用于单元格。

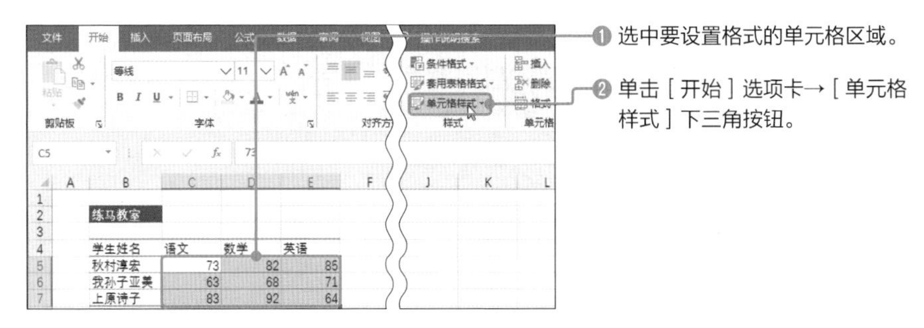

❶ 选中要设置格式的单元格区域。

❷ 单击［开始］选项卡→［单元格样式］下三角按钮。

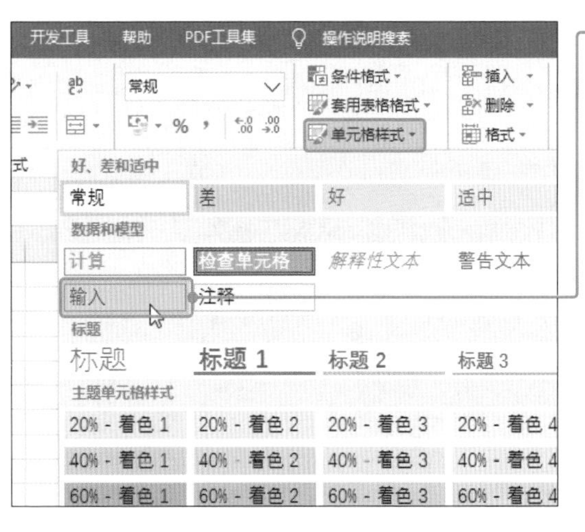

❸ 列表中包括可以使用的样式。这里选择［输入］样式。

提示

样式分为“数据和模型”“标题”等不同的类别，根据需要选用适当的样式。

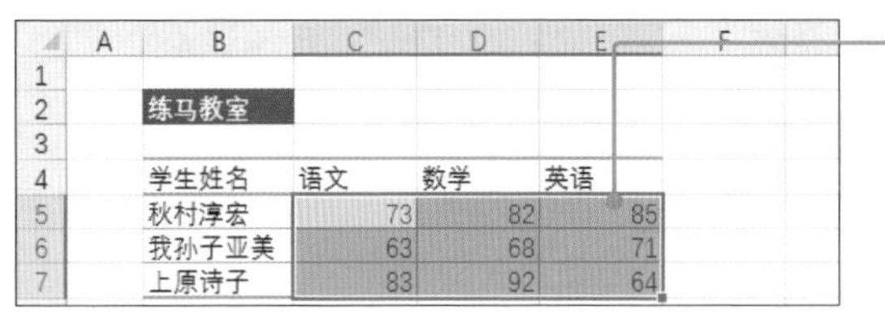

❹ 单元格区域应用指定样式。

Sample_Data/04-23/

23 修改样式内容

扫码看视频

修改多个位置的样式设置

用户可以任意修改已设置为单元格样式的格式组合，下面讲解如何修改下图两个单元格区域中样式的格式。

❶ 选择需要修改样式的单元格区域。

❷ 右击［开始］选项卡→［单元格样式］→［输入］，鼠标右键单击选择［修改］命令。

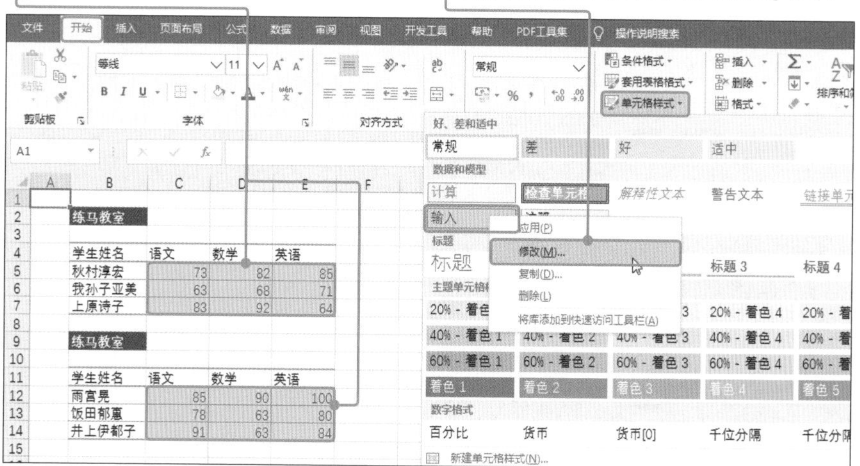

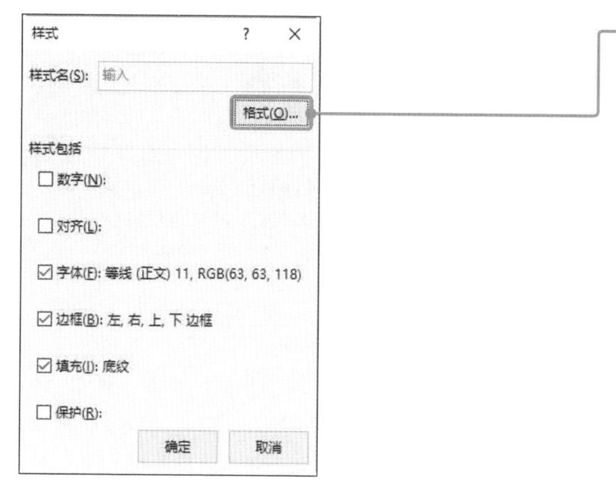

❸ 在［样式］对话框中单击［格式］按钮。

提示

［样式包括］区域显示［输入］样式所包含的格式内容。

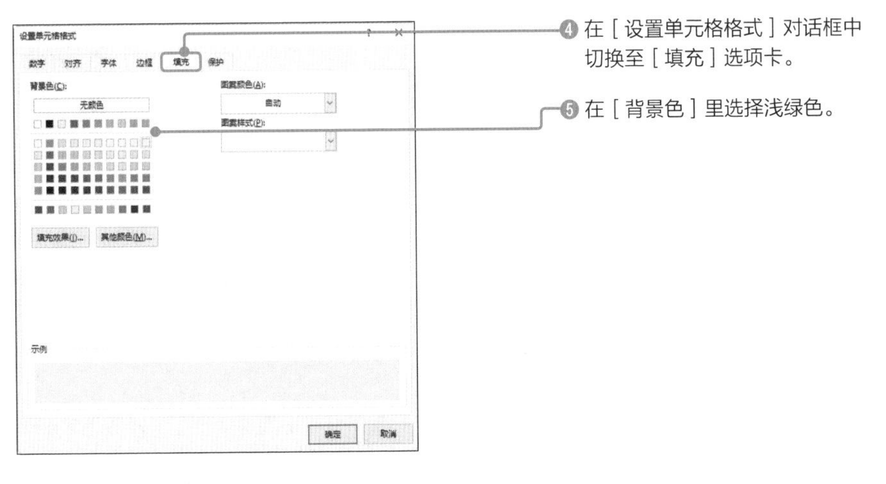

❹ 在［设置单元格格式］对话框中切换至［填充］选项卡。

❺ 在［背景色］里选择浅绿色。

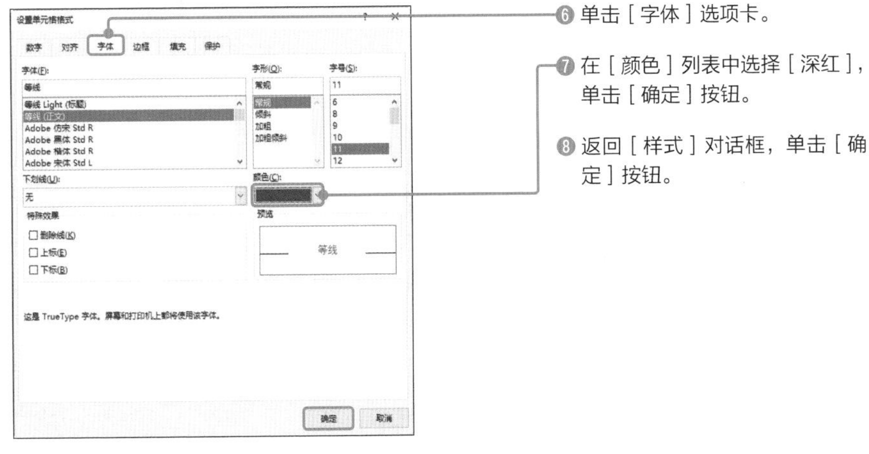

❻ 单击［字体］选项卡。

❼ 在［颜色］列表中选择［深红］，单击［确定］按钮。

❽ 返回［样式］对话框，单击［确定］按钮。

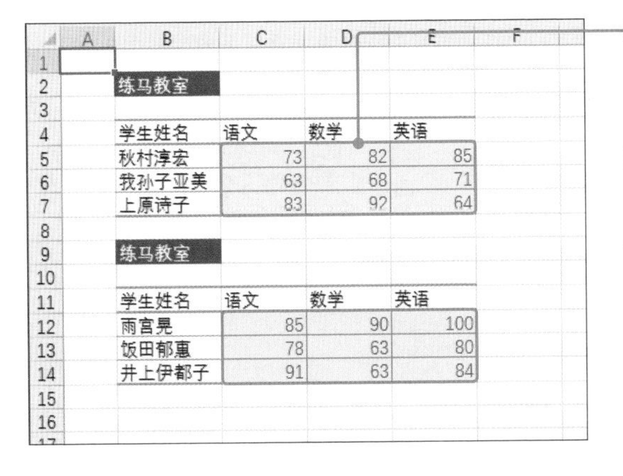

❾［输入］样式的格式发生变化，应用该样式的单元格的格式也随之发生变化。

提示

样式设置的保存范围是工作簿，这里的修改内容也仅在该工作簿内有效。

Sample_Data/04-24/

24 自定义样式

扫码看视频

添加单元格样式

用户不仅可以使用已创建的单元格样式，**还可以自主添加样式**。注意，该设置的保存范围是工作簿，不能应用于其他工作簿。

❶ 选中要自定义设置样式格式的单元格。

❷ 选择［开始］选项卡→［单元格样式］→［新建单元格样式］选项。

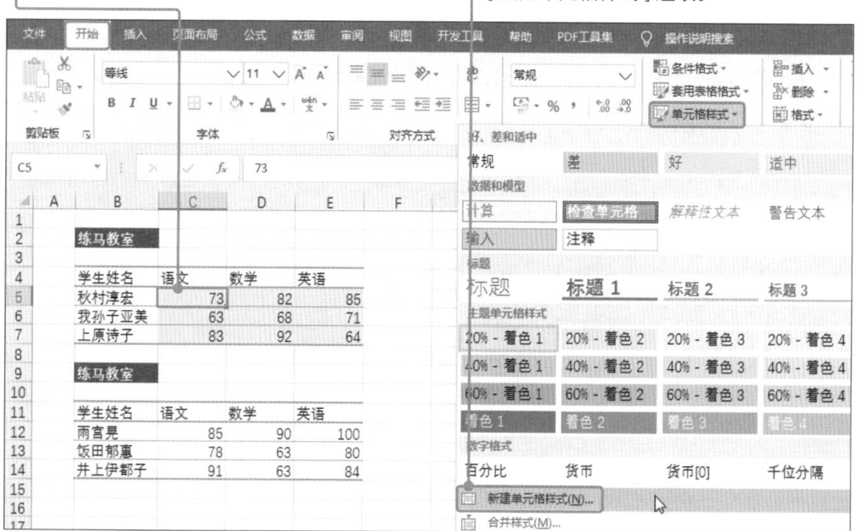

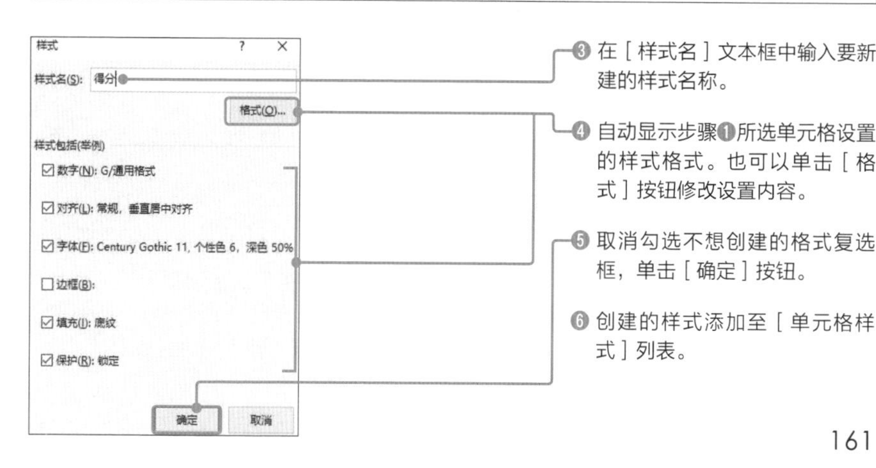

❸ 在［样式名］文本框中输入要新建的样式名称。

❹ 自动显示步骤❶所选单元格设置的样式格式。也可以单击［格式］按钮修改设置内容。

❺ 取消勾选不想创建的格式复选框，单击［确定］按钮。

❻ 创建的样式添加至［单元格样式］列表。

Sample_Data/04-25/

25 只有满足特定条件，才能修改单元格格式

灵活运用“条件格式”功能

有时希望只有在满足**“单元格为特定数值”“单元格数值超过某一基准值”**等条件时，才能对格式进行修改。如果手动逐一处理，不仅非常浪费时间，而且可能会遗漏一些单元格。

在这种情况下，使用**“条件格式”**功能更加方便。利用该功能**可以轻松修改满足指定条件单元格的格式**。

下面首先介绍在满足**“得分高于275的单元格”**条件下，设置深绿色文字和绿色背景色的方法。

学生姓名	第1次	第2次	第3次
青山绫乃	171	217	176
秋村淳宏	262	279	286
朝仓爱华	221	241	241
我孙子亚美	124	157	133
雨宫晃	250	254	269
饭田郁惠	272	281	276
石原一郎	249	255	258

❶ 选中要设置条件格式的单元格区域。

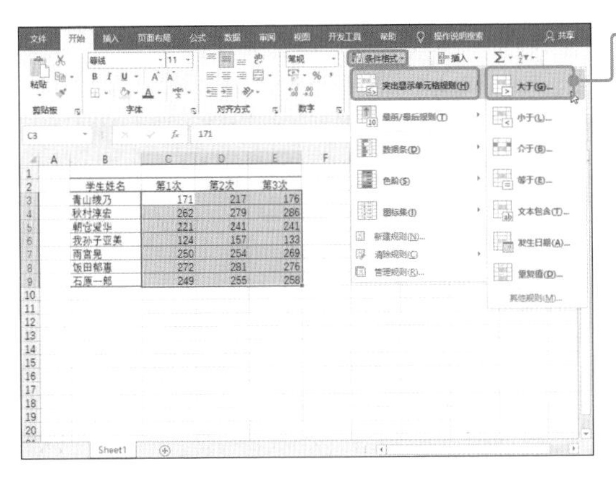

❷ 选择［开始］选项卡→［条件格式］→［突出显示单元格规则］→［大于］选项。

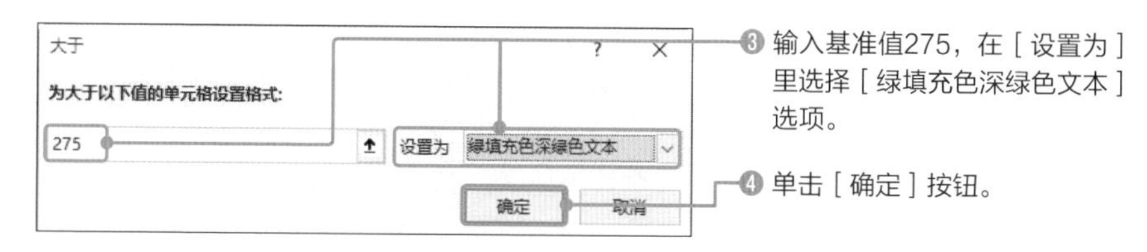

❸ 输入基准值275，在［设置为］里选择［绿填充色深绿色文本］选项。

❹ 单击［确定］按钮。

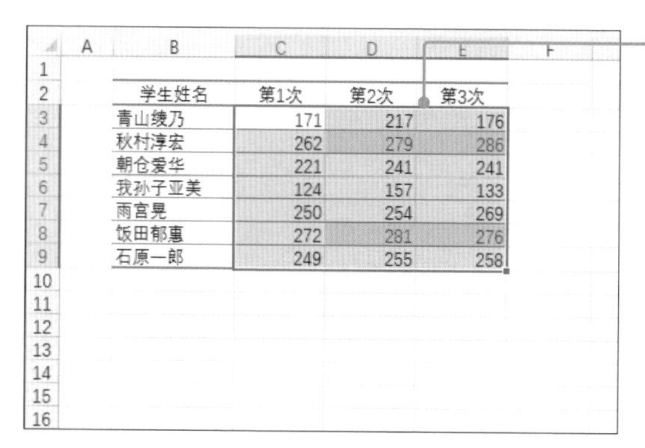

	A	B	C	D	E	F
1						
2		学生姓名	第1次	第2次	第3次	
3		青山绫乃	171	217	176	
4		秋村淳宏	262	279	286	
5		朝仓爱华	221	241	241	
6		我孙子亚美	124	157	133	
7		雨宫晃	250	254	269	
8		饭田郁惠	272	281	276	
9		石原一郎	249	255	258	

❺ 在所选区域内，只有数值大于275的单元格的格式才应用设置的条件格式。

笔记

在“突出显示单元格规则”列表中除了可以设置“大于”，还可以设置“小于”“介于”“发生日期”等各种条件。

设置最前/最后规则

还可以在所选区域中**选择前几项或后几项数值，修改这些数值所在单元格的格式**（例如，前10项）。

下面把得分最少的5项数值所在的单元格设置为深红色加粗字体。

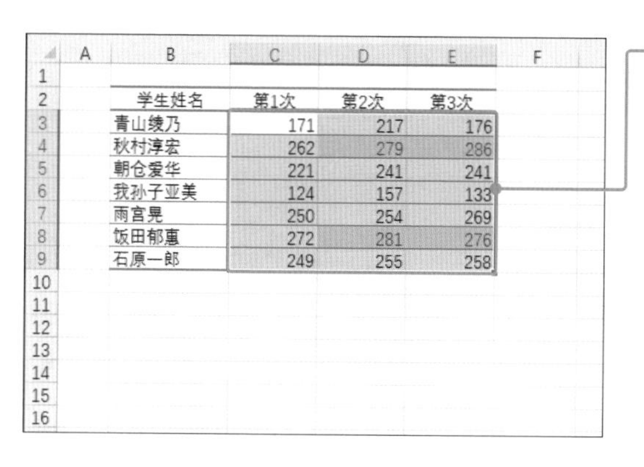

	A	B	C	D	E	F
1						
2		学生姓名	第1次	第2次	第3次	
3		青山绫乃	171	217	176	
4		秋村淳宏	262	279	286	
5		朝仓爱华	221	241	241	
6		我孙子亚美	124	157	133	
7		雨宫晃	250	254	269	
8		饭田郁惠	272	281	276	
9		石原一郎	249	255	258	

❶ 选中要设置条件格式的单元格区域。

提示

左图中已预设前文所设置的条件格式，表内背景色为绿色的单元格即“数值大于275”的单元格。

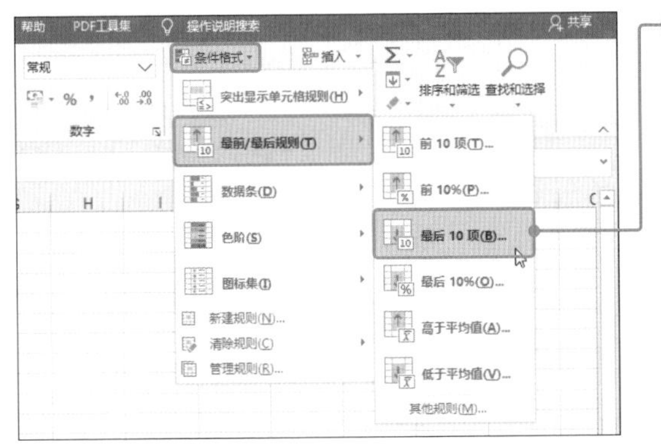

❷ 选择［开始］选项卡的［条件格式］→［最前/最后规则］→［最后10项］选项。

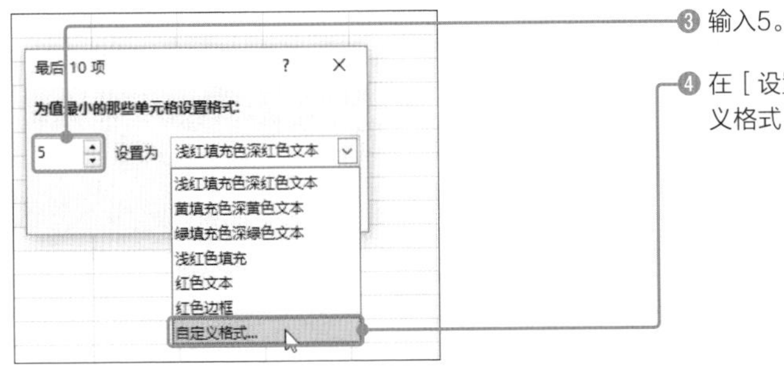

❸ 输入5。

❹ 在［设置为］列表中选择［自定义格式］选项。

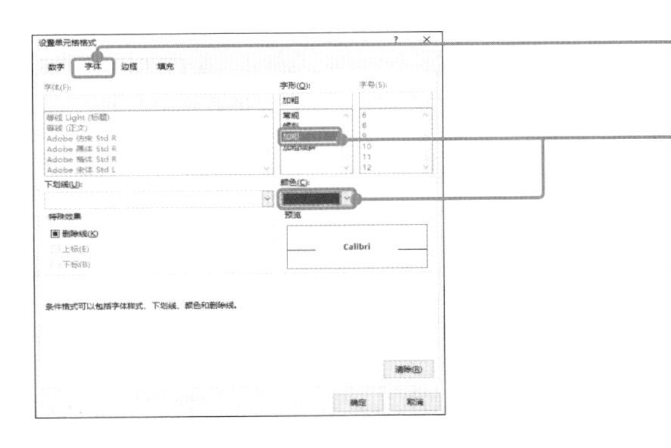

❺ 在［设置单元格格式］对话框中切换至［字体］选项卡。

❻ 在［字形］里选择［加粗］，在［颜色］里选择［深红］，单击［确定］按钮。

❼ 返回［最后10项］对话框，单击［确定］按钮。

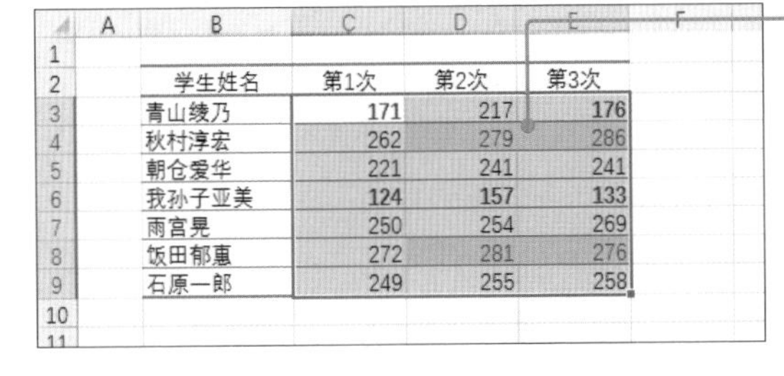

❽ 得分最少的5个单元格的格式发生了变化（变为红色字体）。

提示

左图设置了两种类型的条件格式。条件之一是将“数值大于275”的单元格填充为绿色（参见**p.162**）；之二是将“得分最少的5项”的字体调整为红色。

Sample_Data/04-26/

扫码看视频

26 自定义条件格式

用“公式”设置条件

Excel预置了**“突出显示单元格规则”“最前/最后规则”**等条件（参见p.162），**使用“新建格式规则”对话框，还可以更加详细地设置自定义条件**。例如可以以某个单元格的数值为条件，修改其他单元格的格式。

下面把**“E列日期在单元格D1数值（今天的日期）之后5天内的单元格”**设置为整行背景色为浅橙色的条件。

❶ 选中要设置条件格式的单元格区域。

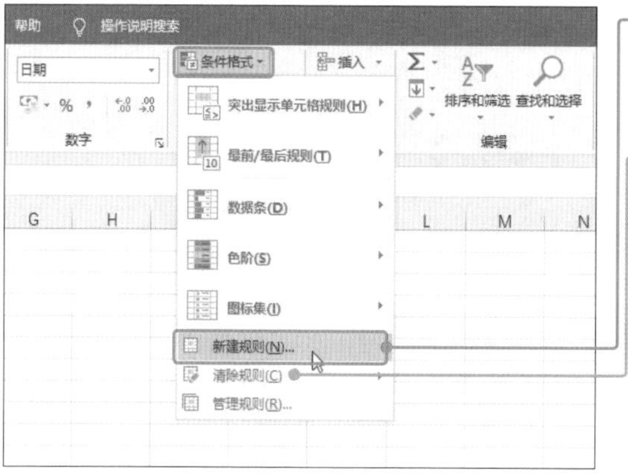

❷ 选择［开始］选项卡 →［条件格式］→［新建规则］选项。

选择［清除规则］选项可以取消已设置的条件。

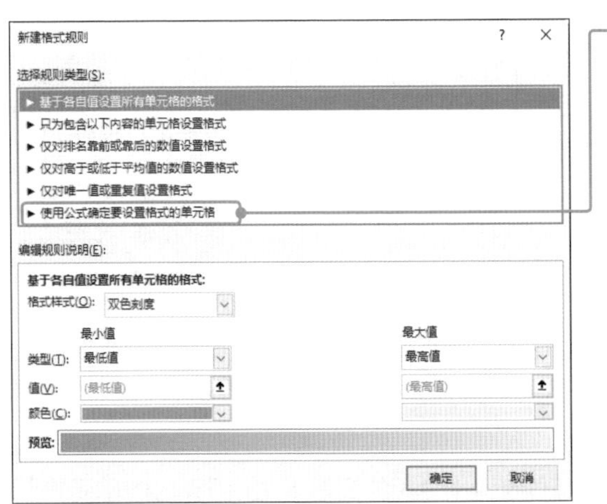

❸ 规则类型选择［使用公式确定要设置格式的单元格］选项。

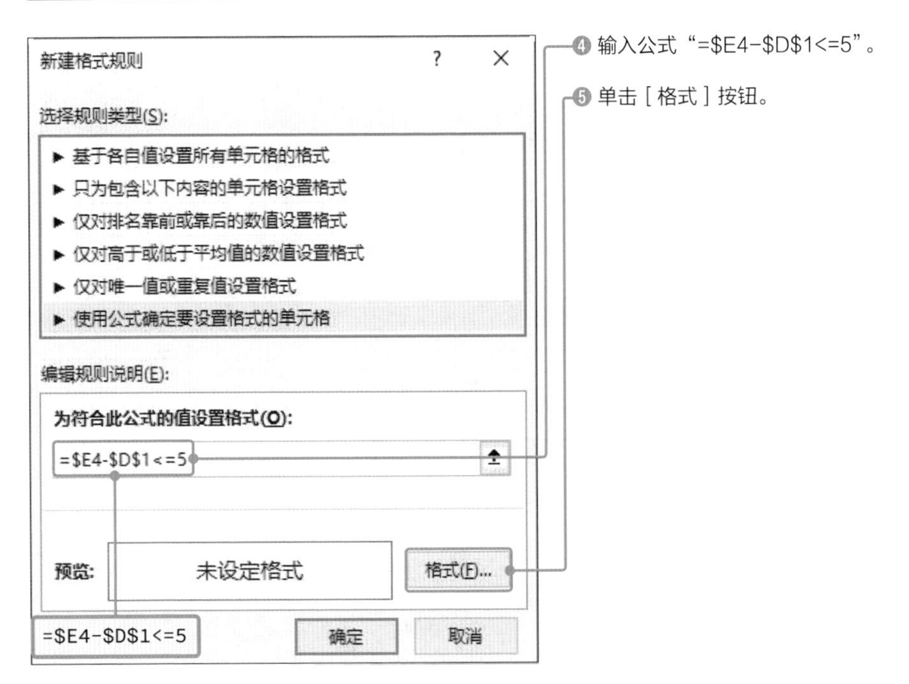

笔记

这里输入的公式“=$E4-$D$1<=5”就是本次的条件，含义是“当单元格E4的数值和单元格D1的数值之差小于等于5时设置该格式”。将公式设置为单元格区域的条件时，公式中引用的单元格就是所选区域中的激活单元格(浅色单元格)，本例中将单元格B4设置为基准。

此外，公式中单元格行列号前的“$”，是表示对该列或行进行绝对引用或混合引用的符号。参见下一页。

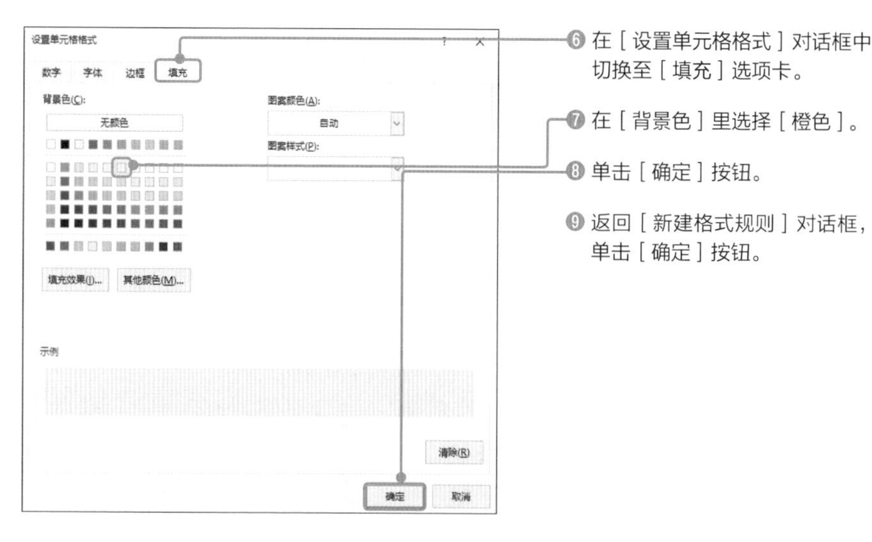

⑥ 在［设置单元格格式］对话框中切换至［填充］选项卡。

⑦ 在［背景色］里选择［橙色］。

⑧ 单击［确定］按钮。

⑨ 返回［新建格式规则］对话框，单击［确定］按钮。

	A	B	C	D	E	F
1				2019/4/4 目前		
2						
3		订货日期	售货员	商品名称	预订发货日期	
4		2019/4/1	铃木雄二	西式点心A	2019/4/5	
5		2019/4/1	山田直美	海鲜A	2019/4/10	
6		2019/4/2	齐藤隆	加工肉B	2019/4/6	
7		2019/4/2	铃木雄二	海鲜A	2019/4/7	
8		2019/4/2	山田诚也	加工肉A	2019/4/15	
9		2019/4/3	山田直美	海鲜B	2019/4/10	
10		2019/4/3	齐藤隆	海鲜A	2019/4/12	
11						
12						
13						

⑩ E列日期在单元格D1数值（今天的日期）之后5天内的单元格所在行的格式发生变化。

实用的专业技巧! **区别使用绝对引用和混合引用**

在本例中，指定条件的公式所使用的是像“$E4”那样只有列号前添加“$”的混合引用，因此所选区域内的单元格依然指定“E”这一列。而指定基准单元格B4所在的“4”行则随单元格变化而变化，每个单元格始终对应其所在行。

“$D$1”是绝对引用，因此任何单元格都不会发生变化。换言之，就是将同一行E列单元格数值减去D1单元格数值的结果是否“小于等于5”的问题，转换成了验证TRUE或FALSE的合式公式。只有其结果为TRUE，才会设置指定格式。

关于绝对引用和混合引用的基本知识，参见**p.189**。

Sample_Data/04-27/

扫码看视频

27 显示数据条和色阶

条件格式的高阶使用方法

使用**“条件格式”**功能，不仅可以根据条件为单元格设置一般性格式，还可以通过某些方法，**设置通常无法设置的特殊格式**。

首先，在各个单元格内显示**“数据条”**（长度跟随数值变化而变化的条状图形）。

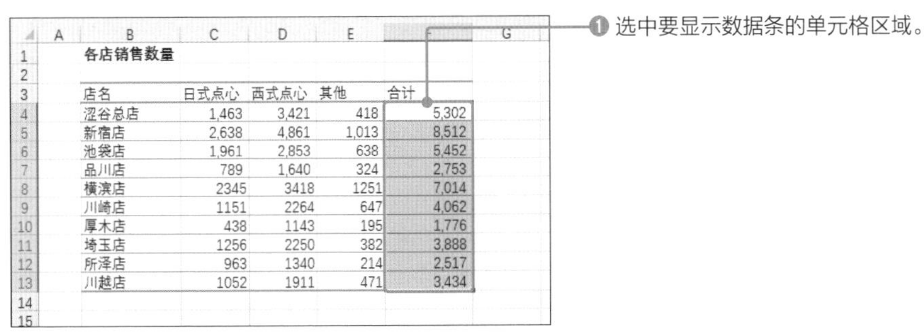

各店销售数量

店名	日式点心	西式点心	其他	合计
涩谷总店	1,463	3,421	418	5,302
新宿店	2,638	4,861	1,013	8,512
池袋店	1,961	2,853	638	5,452
品川店	789	1,640	324	2,753
横滨店	2345	3418	1251	7,014
川崎店	1151	2264	647	4,062
厚木店	438	1143	195	1,776
埼玉店	1256	2250	382	3,888
所泽店	963	1340	214	2,517
川越店	1052	1911	471	3,434

❶ 选中要显示数据条的单元格区域。

❷ 选择［开始］选项卡→［条件格式］→［数据条］选项。

❸ 选择［渐变填充］→［绿色数据条］选项。

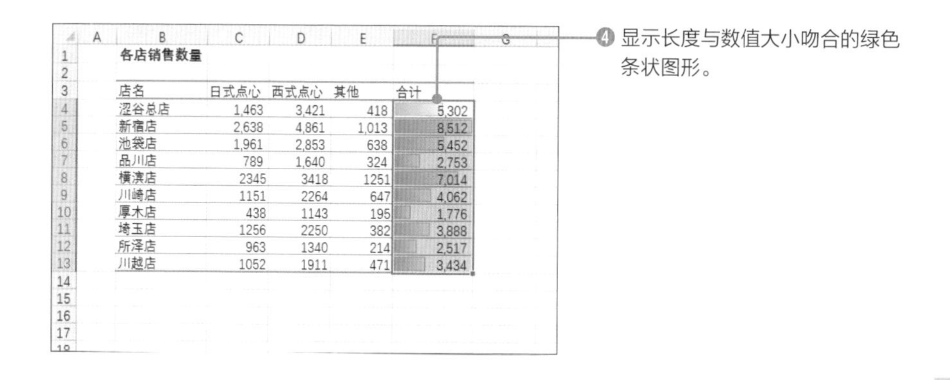

各店销售数量

店名	日式点心	西式点心	其他	合计
涩谷总店	1,463	3,421	418	5,302
新宿店	2,638	4,861	1,013	8,512
池袋店	1,961	2,853	638	5,452
品川店	789	1,640	324	2,753
横滨店	2345	3418	1251	7,014
川崎店	1151	2264	647	4,062
厚木店	438	1143	195	1,776
埼玉店	1256	2250	382	3,888
所泽店	963	1340	214	2,517
川越店	1052	1911	471	3,434

应用色阶功能

接下来，根据对象区域内各个单元格数值的大小，**让单元格颜色在所设置的2~3种颜色内产生渐变**。

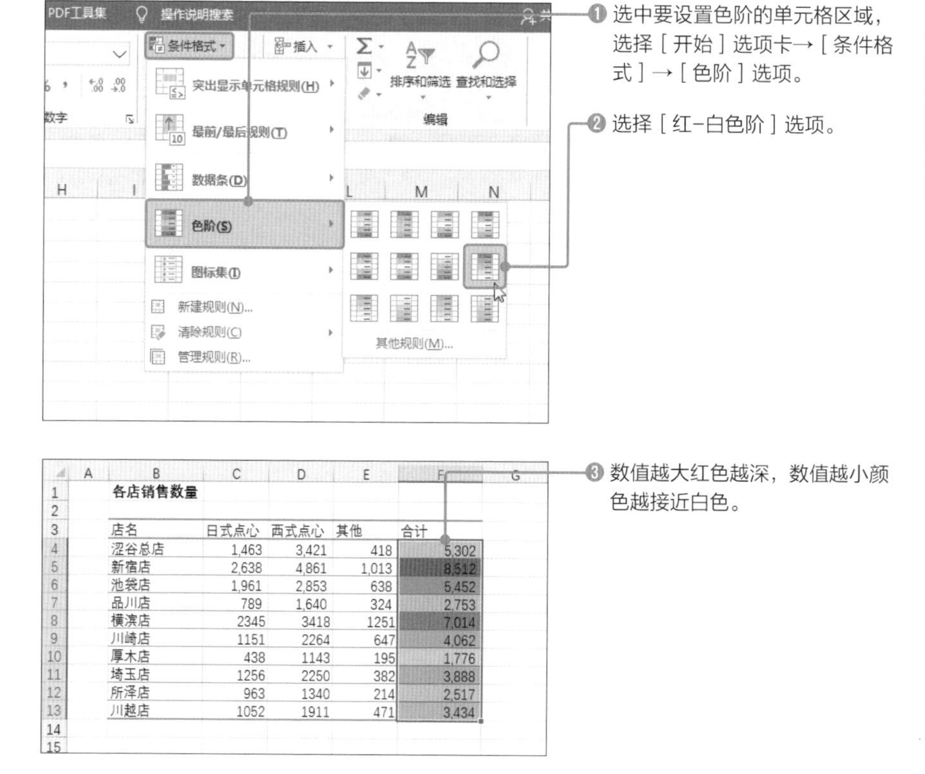

各店销售数量

店名	日式点心	西式点心	其他	合计
涩谷总店	1,463	3,421	418	5,302
新宿店	2,638	4,861	1,013	8,512
池袋店	1,961	2,853	638	5,452
品川店	789	1,640	324	2,753
横滨店	2345	3418	1251	7,014
川崎店	1151	2264	647	4,062
厚木店	438	1143	195	1,776
埼玉店	1256	2250	382	3,888
所泽店	963	1340	214	2,517
川越店	1052	1911	471	3,434

28 修改条件格式的设置内容

扫码看视频

查看已设置规则列表

在条件格式中，已设置的条件和格式的组合叫作**“规则”**。后期可以修改已设置规则的条件和格式，也可以修改多个规则的应用顺序。

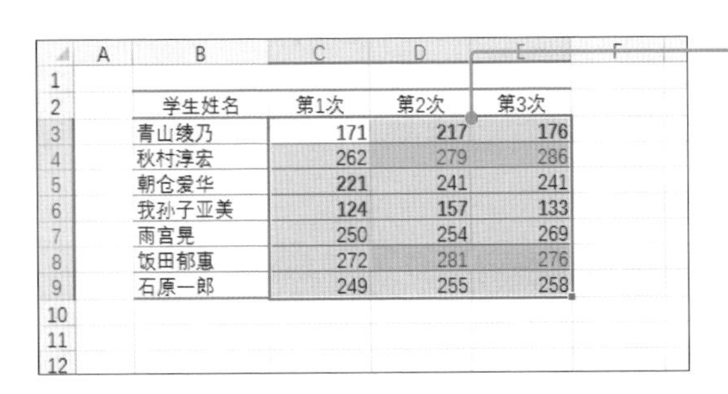

学生姓名	第1次	第2次	第3次
青山绫乃	171	217	176
秋村淳宏	262	279	286
朝仓爱华	221	241	241
我孙子亚美	124	157	133
雨宫晃	250	254	269
饭田郁惠	272	281	276
石原一郎	249	255	258

❶ 选择已设置条件格式的单元格区域。

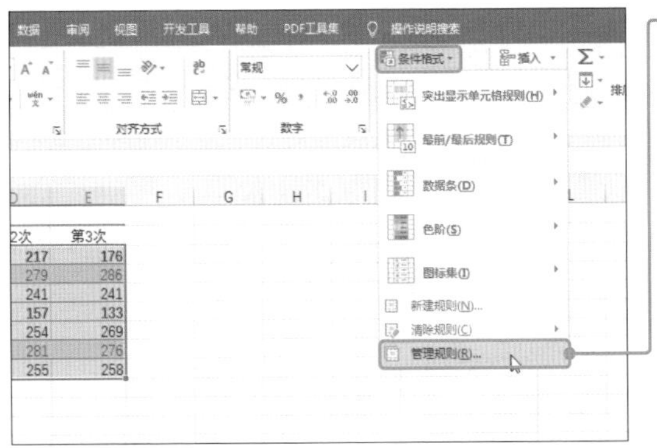

❷ 选择［开始］选项卡→［条件格式］→［管理规则］选项。

提示

选择［新建规则］选项可以添加新的规则（参见**p.181**）。此外，选择［清除规则］选项可以取消已设置的规则。

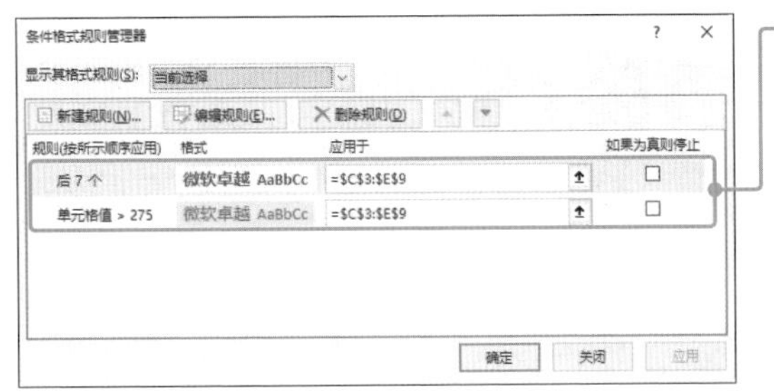

❸［条件格式规则管理器］对话框显示所选单元格区域设置的规则列表。

实用的专业技巧！ 规则的应用顺序

当某个单元格应用了多个规则，［条件格式规则管理器］对话框中会从上到下显示这些规则，列表第一行显示的是最后设置的规则。而且如果不同规则的内容(例如填充色)出现冲突，会从上至下优先应用。

如果要修改优先顺序，选中对象规则后，可以单击［上移］或［下移］按钮修改顺序❶。

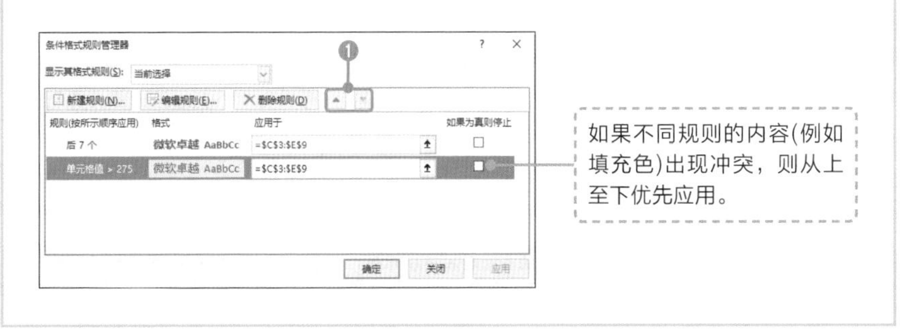

修改规则设置

单击［**条件格式规则管理器**］对话框的［**编辑规则**］按钮，可以修改已设置的规则。

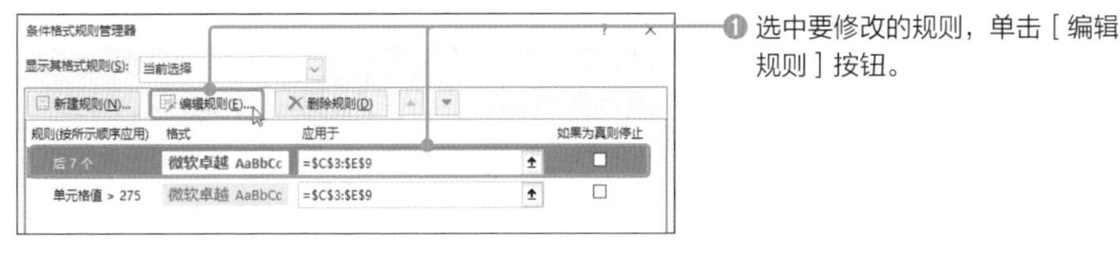

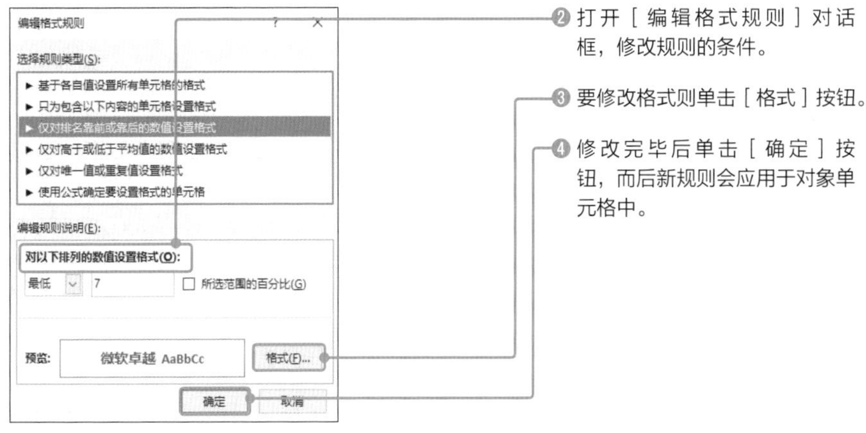

29 在单元格内显示迷你图

应用迷你图

如果结合单元格数据，在单元格所在位置以图片形式创建图表（参见第8章）并打印，会有一些小题大做。利用**“迷你图”**功能，可以使用同一行的连续数据，在相邻的单元格显示简易的图表。

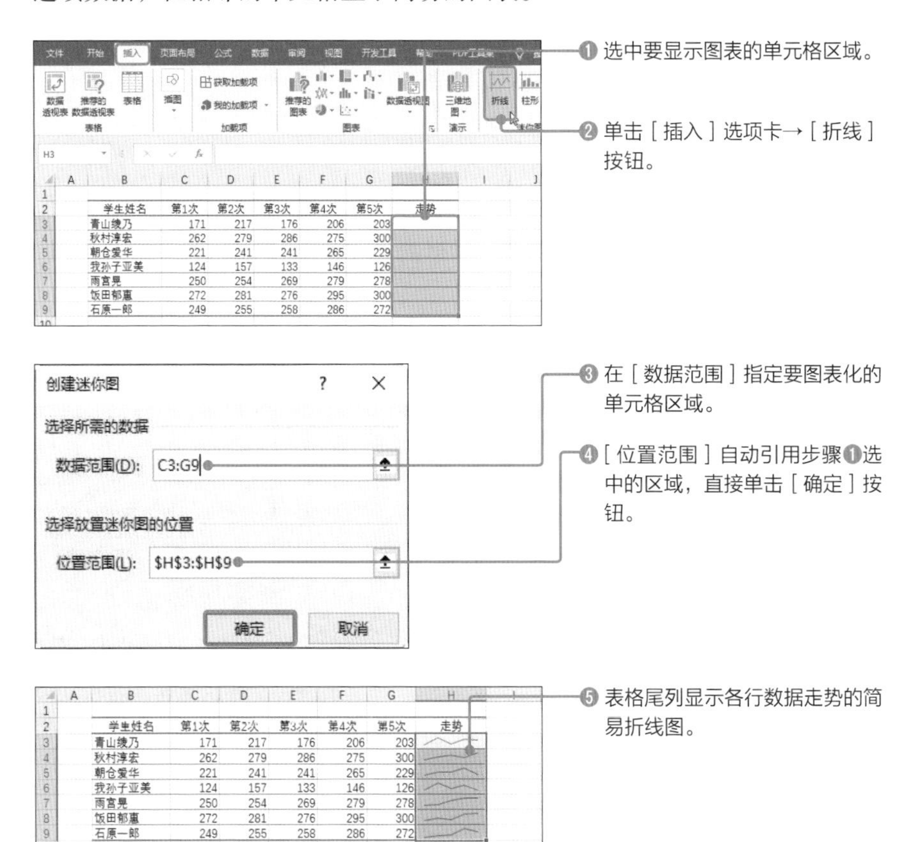

30 一键改变工作簿的整体面貌

修改工作簿主题

工作簿预置了一些设置常用色彩和基本字体的**“主题”**。Excel中的基本主题为Office主题，可以通过切换主题，轻松改变工作簿的整体印象。

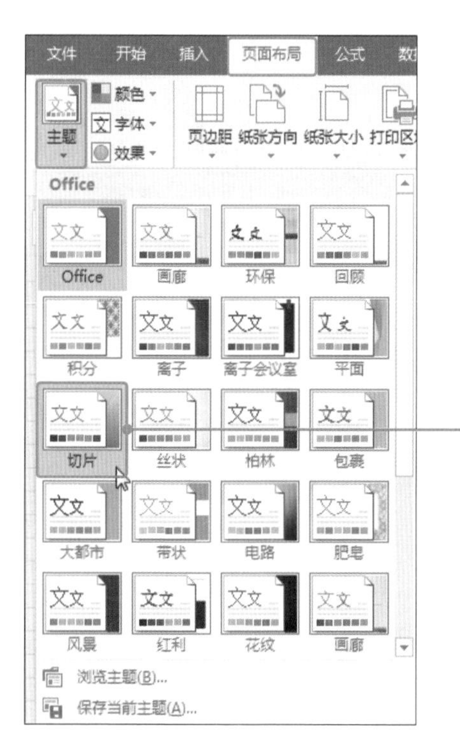

❶ 在［页面布局］选项卡→［主题］列表中选择任意主题(这里选择的是［切片］)。

提示

修改主题只能在该工作簿中生效。如果打开了多个工作簿，每个工作簿分别显示其所设置的主题。

❷ 工作簿内的颜色和字体等均发生变化。

练马教室			
学生姓名	语文	数学	英语
秋村淳宏	73	82	85
我孙子亚美	63	68	71
上原诗子	83	92	64

板桥教室			
学生姓名	语文	数学	英语
雨宫晃	85	90	100
饭田郁惠	78	63	80
井上伊都子	91	63	84

▶

练马教室			
学生姓名	语文	数学	英语
秋村淳宏	73	82	85
我孙子亚美	63	68	71
上原诗子	83	92	64

板桥教室			
学生姓名	语文	数学	英语
雨宫晃	85	90	100
饭田郁惠	78	63	80
井上伊都子	91	63	84

Sample_Data/04-31/

31 单独修改主题的颜色和字体

修改主题的颜色

修改主题其实就是修改下列3个要素。

1）填充所使用的“主题颜色”组合。

2）标题和正文所使用的字体组合。

3）图形的效果设置。

这些要素可以进行**单独修改**。执行下列步骤，可以单独修改主题的颜色组合。

❶ 在［页面布局］选项卡→［颜色］列表中选择颜色组合(这里选择的是［橙色］)。

提示

选择该菜单底部的［自定义颜色］，可以逐一设置主题所显示的颜色样式。

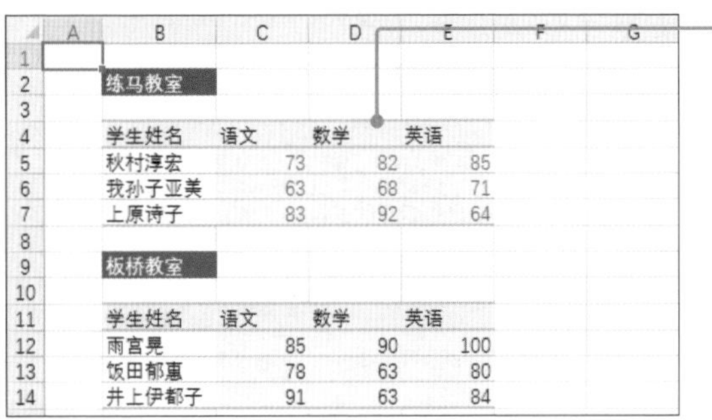

	A	B	C	D	E
1					
2		练马教室			
3					
4		学生姓名	语文	数学	英语
5		秋村淳宏	73	82	85
6		我孙子亚美	63	68	71
7		上原诗子	83	92	64
8					
9		板桥教室			
10					
11		学生姓名	语文	数学	英语
12		雨宫晃	85	90	100
13		饭田郁惠	78	63	80
14		井上伊都子	91	63	84

❷ 该工作簿内，设置了“主题颜色”的单元格发生变化。

提示

同样，单击［页面布局］选项卡［颜色］下面的［字体］下三角按钮，可以单独修改主题的字体。此外，单击［效果］下三角按钮，可以单独设置主题的图形效果。

第5章

统计分析数据的基础与应用

Basic Knowledge of Data Analysis

Sample_Data/05-01/

01 将表格按照成绩排序

扫码看视频

按行降序排序

转换为**序列**（参见p.179）或**表格**（参见p.264）数据，**可以以特定列的数值为基准执行按行排序**。数值从小到大，文本从A到Z排序称为**“升序”**，反之称为**“降序”**。包含中文文本时，通常根据拼音升序或降序排序，也可以按照汉字的笔画进行排序。

下面将“总分”列的数值从大到小排序。

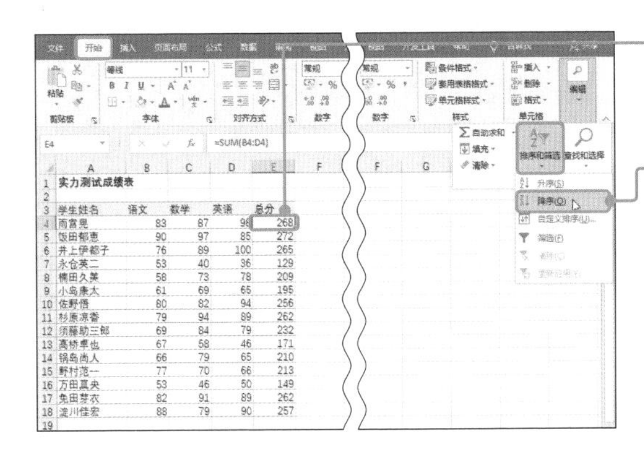

❶ 选中作为排序基准的列(这里选择的是“总分”列)的任一单元格。

❷ 选择［开始］选项卡→［排序和筛选］→［降序］选项。

	A	B	C	D	E	F	G
1	实力测试成绩表						
2							
3	学生姓名	语文	数学	英语	总分		
4	饭田郁惠	90	97	85	272		
5	雨宫晃	83	87	98	268		
6	井上伊都子	76	89	100	265		
7	杉原凉香	79	94	89	262		
8	免田芽衣	82	91	89	262		
9	淀川佳宏	88	79	90	257		
10	佐野悟	80	82	94	256		
11	须藤助三郎	69	84	79	232		
12	野村范一	77	70	66	213		
13	锅岛尚人	66	79	65	210		
14	楠田久美	58	73	78	209		
15	小岛康太	61	69	65	195		
16	桥卓也	67	58	46	171		
17	万田真央	53	46	50	149		
18	永仓英二	53	40	36	129		
19							
20							
21							
22							

❸ 每位学生的数据按照总分从高到低的顺序按行排序。

提示

如果要按照总分从低到高的顺序排序，执行同样步骤，选择［升序］选项即可。

提示

表格格式下，单击基准列标题单元格的［▼］，也可以选择［升序］或［降序］选项（参见p.271）。

02 仅对部分数据排序

仅处理所选区域内的数据

在Excel中，**也可以只对表格的部分区域排序**。下面只对商品名称包含“加工肉”和“西式点心”的行进行排序。

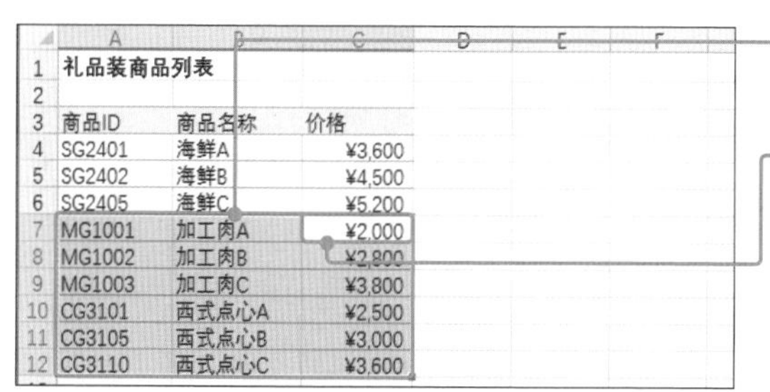

	A	B	C	D	E	F
1	礼品装商品列表					
2						
3	商品ID	商品名称	价格			
4	SG2401	海鲜A	¥3,600			
5	SG2402	海鲜B	¥4,500			
6	SG2405	海鲜C	¥5,200			
7	MG1001	加工肉A	¥2,000			
8	MG1002	加工肉B	¥2,800			
9	MG1003	加工肉C	¥3,800			
10	CG3101	西式点心A	¥2,500			
11	CG3105	西式点心B	¥3,000			
12	CG3110	西式点心C	¥3,600			

❶ 选中要进行数据排序的单元格区域。

❷ 按Tab键，在排序基准列（本例中为“价格”列）内移动激活单元格。

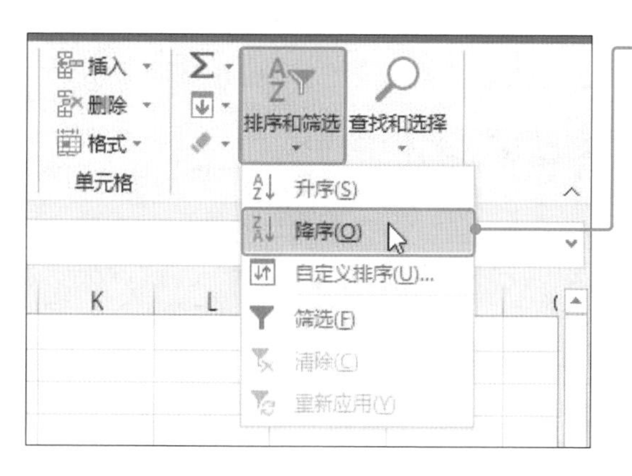

❸ 选择［开始］选项卡→［排序和筛选］→［降序］选项。

	A	B	C	D	E	F
1	礼品装商品列表					
2						
3	商品ID	商品名称	价格			
4	SG2401	海鲜A	¥3,600			
5	SG2402	海鲜B	¥4,500			
6	SG2405	海鲜C	¥5,200			
7	MG1003	加工肉C	¥3,800			
8	CG3110	西式点心C	¥3,600			
9	CG3105	西式点心B	¥3,000			
10	MG1002	加工肉B	¥2,800			
11	CG3101	西式点心A	¥2,500			
12	MG1001	加工肉A	¥2,000			
13						

❹ 只有所选区域内的数据按照从大到小的顺序进行排序。

Sample_Data/05-03/

扫码看视频

03 详细设置排序条件

以多个列为基准进行排序

序列（参见p.179）或表格（参见p.264）的数据不仅能以某一列为基准执行排序，还能以多个列为基准执行排序。例如在棒球击球手成绩一览表中，首先设置以“队名”排序，而后在同队内设置以“击球率从高到低”排序。

	A	B	C
1	击球手成绩一览表		
2			
3	选手姓名	队名	击球率
4	秋山敦	Excel	0.296
5	加藤克也	PowerPoint	0.312
6	坂上佐智夫	Word	0.275
7	高桥隆	Excel	0.303
8	中村直之	Word	0.311
9	滨口春树	PowerPoint	0.292
10	松村正彦	Excel	0.307
11	山本康之	PowerPoint	0.264
12	渡边和三郎	Word	0.305

❶ 选中对象表格内任一单元格。

❷ 选择［开始］选项卡→［排序和筛选］→［自定义排序］选项。

提示

单击［数据］选项卡→［排序］按钮可以执行相同操作。

❸ 在［主要关键字］的［列］选择［队名］。其右侧的［排序依据］为［单元格值］，［次序］为［升序］，均无须调整。

❹ 单击［添加条件］按钮。

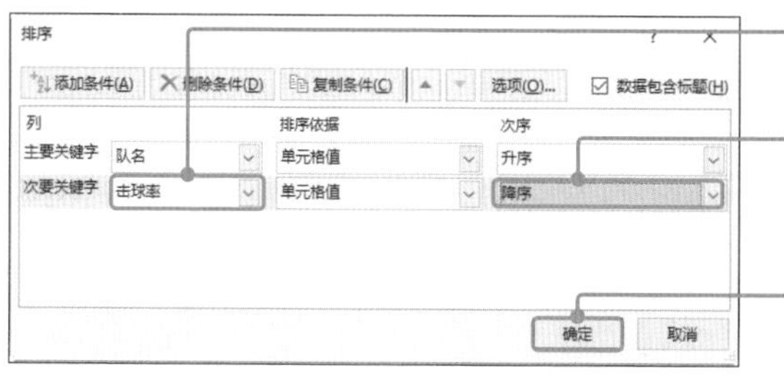

❺ 在所添加的［次要关键字］的［列］选择［击球率］。

❻ 其右侧的［排序依据］保持［单元格值］不变，［次序］修改为［降序］。

❼ 单击［确定］按钮。

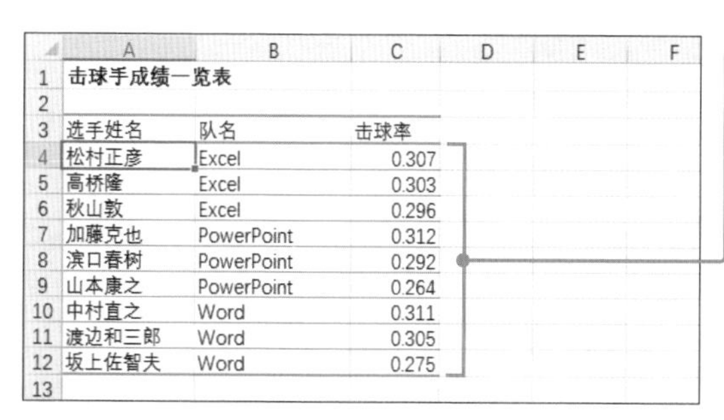

	A	B	C	D	E	F
1	击球手成绩一览表					
2						
3	选手姓名	队名	击球率			
4	松村正彦	Excel	0.307			
5	高桥隆	Excel	0.303			
6	秋山敦	Excel	0.296			
7	加藤克也	PowerPoint	0.312			
8	滨口春树	PowerPoint	0.292			
9	山本康之	PowerPoint	0.264			
10	中村直之	Word	0.311			
11	渡边和三郎	Word	0.305			
12	坂上佐智夫	Word	0.275			
13						

❽ 成绩一览表以队名和击球率为基准进行排序。

提示

如果先以“击球率”列为基准降序排序，再以“队名”列为基准升序排序，结果会大不相同。

实用的专业技巧! **什么是序列**

第1行是各列的标题，第2行以后每行输入一个数据，这种表格格式的数据叫作“序列”。在Excel中，对于要以数据库的模式进行保存、管理的数据而言，这是基本的输入格式。在Excel创建序列时，注意以下两点。

- 不要在与序列相邻的单元格输入与序列无关的数据。
- 不要合并序列内的单元格。

如果选中某一单元格执行本节所介绍的“排序”功能，或是执行以后将介绍的“筛选”功能，那么“包含该单元格的整个序列区域”都自动被视为处理对象。因此，一旦序列内包含不相关的数据或存在合并的单元格，操作就无法正确执行。
此外，如果选中包含了两个以上单元格的单元格区域，那么可以仅以该区域为对象执行操作。在这种情况下建议也严格遵守上述两点注意事项。

Sample_Data/05-04/

扫码看视频

04 排序时包含首行

默认设置的排序不包含首行

Excel**可能将表格的第一行默认为标题，在排序时将其排除在外**。执行下列步骤，可以将首行也加入排序。

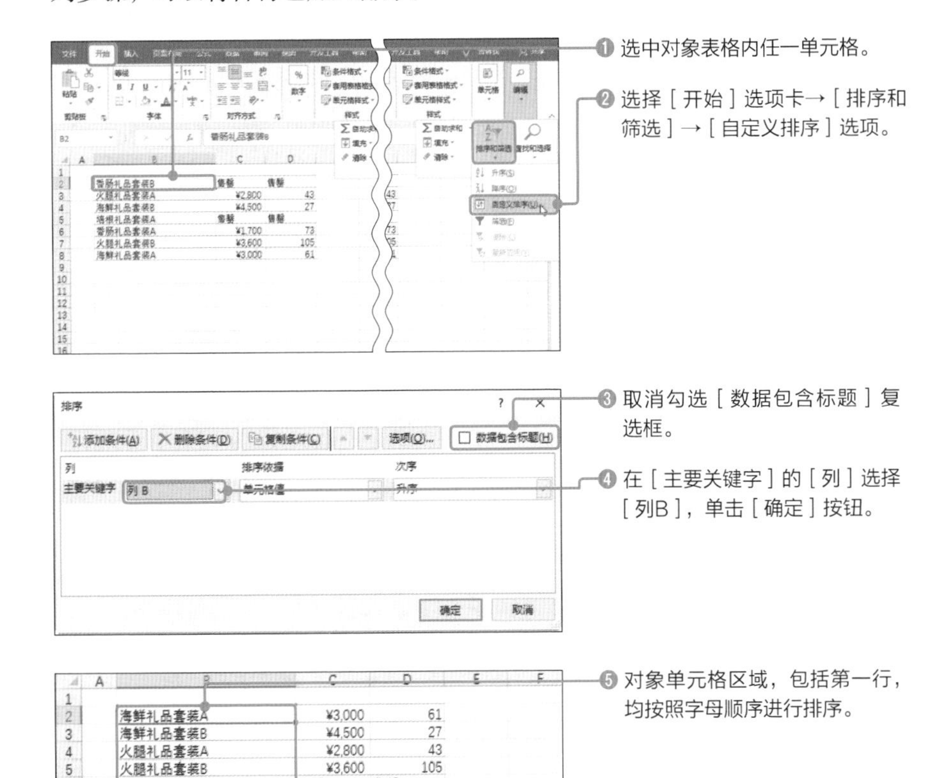

笔记

单击［数据］选项卡→［排序］按钮同样可以打开［排序］对话框。

Sample_Data/05-05/

扫码看视频

05 按行排序

将排序方向修改为水平方向

执行表格排序时，通常都是**“按列”**排序，但也可以**“按行”**排序。下面按照学校测验成绩表各学科的平均分从高到低按行排序。

笔记

转换为“表格”（参见p.264）的表区域无法按行排序，只有一般的单元格区域才能按行排序。

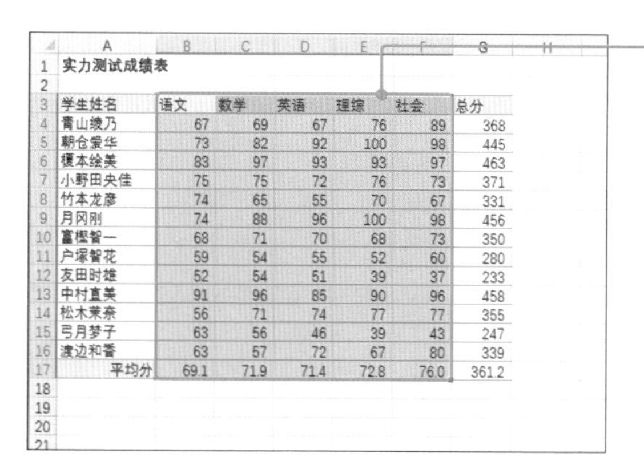

实力测试成绩表

学生姓名	语文	数学	英语	理综	社会	总分
青山绫乃	67	69	67	76	89	368
朝仓景华	73	82	92	100	98	445
榎本绘美	83	97	93	93	97	463
小野田央佳	75	75	72	76	73	371
竹本龙彦	74	65	55	70	67	331
月冈刚	74	88	96	100	98	456
富樫智一	68	71	70	68	73	350
户塚智花	59	54	55	52	60	280
友田时雄	52	54	51	39	37	233
中村直美	91	96	85	90	96	458
松木莱奈	56	71	74	77	77	355
弓月梦子	63	56	46	39	43	247
渡边和香	63	57	72	67	80	339
平均分	69.1	71.9	71.4	72.8	76.0	361.2

❶选中排序对象单元格区域。

提示

“学生姓名”与“总分”列不参与排序，因此没有选中。

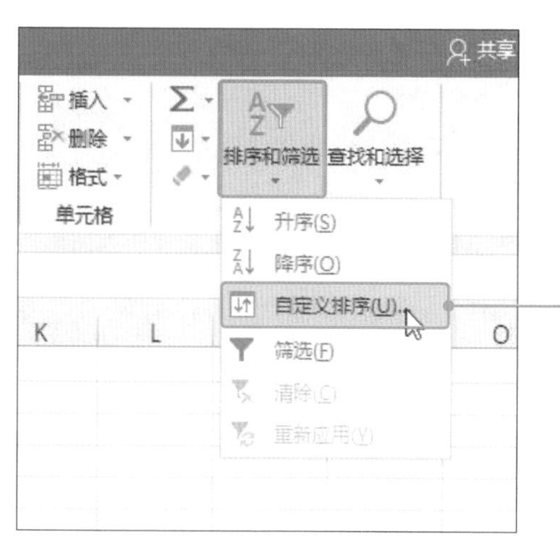

❷选择［开始］选项卡→［排序和筛选］→［自定义排序］选项。

第5章 统计分析数据的基础与应用

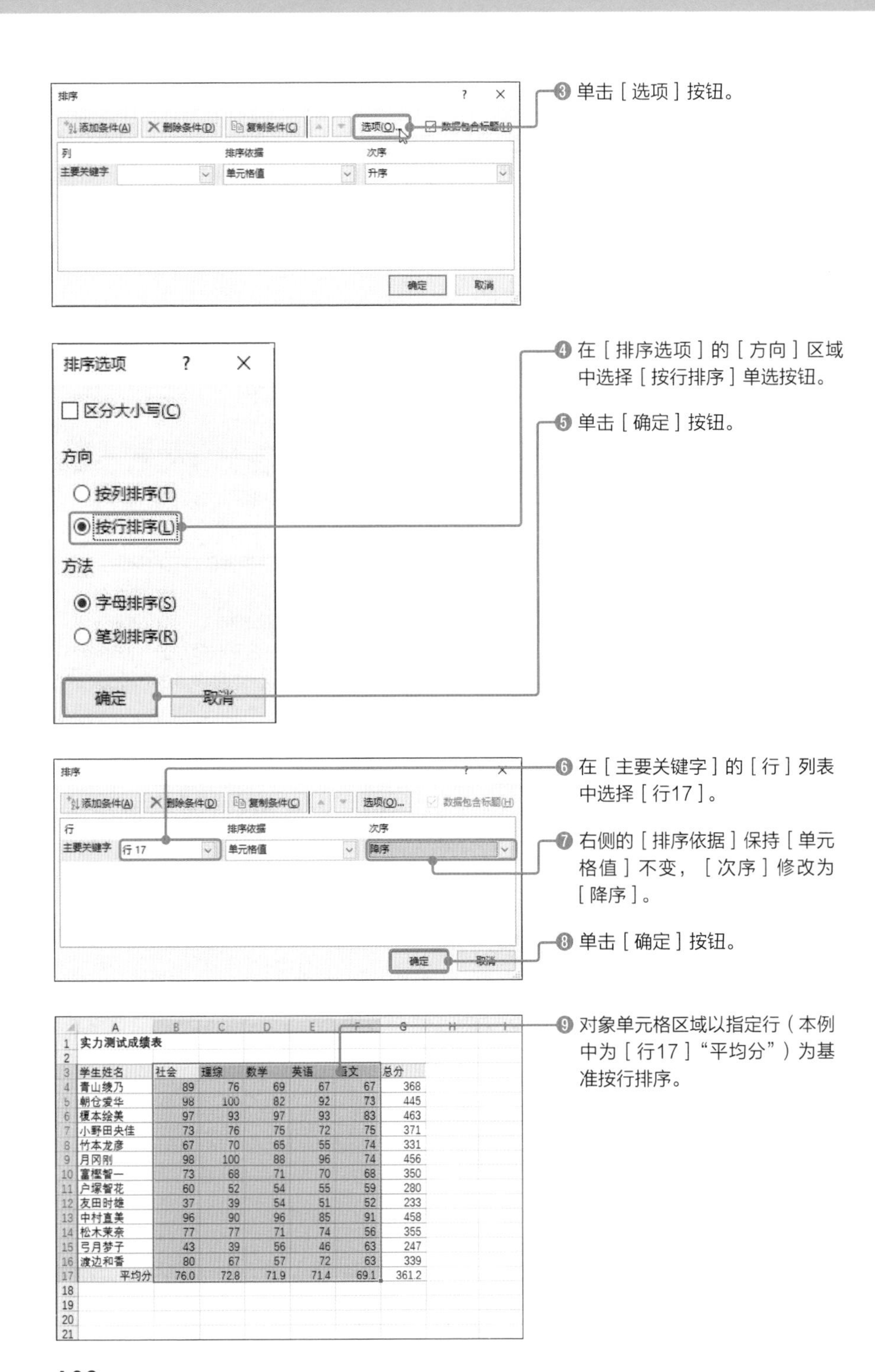

	A	B	C	D	E	F	G	H	I
1	实力测试成绩表								
2									
3	学生姓名	社会	理综	数学	英语	语文	总分		
4	青山绫乃	89	76	69	67	67	368		
5	朝仓爱华	98	100	82	92	73	445		
6	榎本絵美	97	93	97	93	83	463		
7	小野田央佳	73	76	75	72	75	371		
8	竹本龙彦	67	70	65	55	74	331		
9	月冈刚	98	100	88	96	74	456		
10	富樫智一	73	68	71	70	68	350		
11	户塚智花	60	52	54	55	59	280		
12	友田时雄	37	39	54	51	52	233		
13	中村直美	96	90	96	85	91	458		
14	松木茉奈	77	77	71	74	56	355		
15	弓月梦子	43	39	56	46	63	247		
16	渡边和香	80	67	57	72	63	339		
17	平均分	76.0	72.8	71.9	71.4	69.1	361.2		
18									
19									
20									
21									

06 按照负责人排序

按照自定义序列进行排序

也可以不按照数值或拼音等标准顺序排序，而是**按照个性化设置的标准执行排序**。此时需要在**“自定义序列”**中设置该标准。

下面介绍如何使用销售员进入公司的时间来设置个性化标准，并以此标准进行排序。

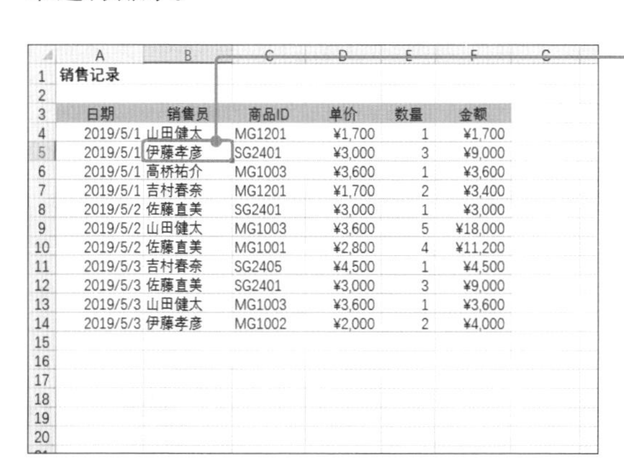
销售记录

日期	销售员	商品ID	单价	数量	金额
2019/5/1	山田健太	MG1201	¥1,700	1	¥1,700
2019/5/1	伊藤孝彦	SG2401	¥3,000	3	¥9,000
2019/5/1	高桥祐介	MG1003	¥3,600	1	¥3,600
2019/5/1	吉村春奈	MG1201	¥1,700	2	¥3,400
2019/5/2	佐藤直美	SG2401	¥3,000	1	¥3,000
2019/5/2	山田健太	MG1003	¥3,600	5	¥18,000
2019/5/2	佐藤直美	MG1001	¥2,800	4	¥11,200
2019/5/3	吉村春奈	SG2405	¥4,500	1	¥4,500
2019/5/3	佐藤直美	SG2401	¥3,000	3	¥9,000
2019/5/3	山田健太	MG1003	¥3,600	1	¥3,600
2019/5/3	伊藤孝彦	MG1002	¥2,000	2	¥4,000

❶ 选中对象表格区域内任一单元格。

提示

个性化排序规则也可以应用于表格（参见p.280）。

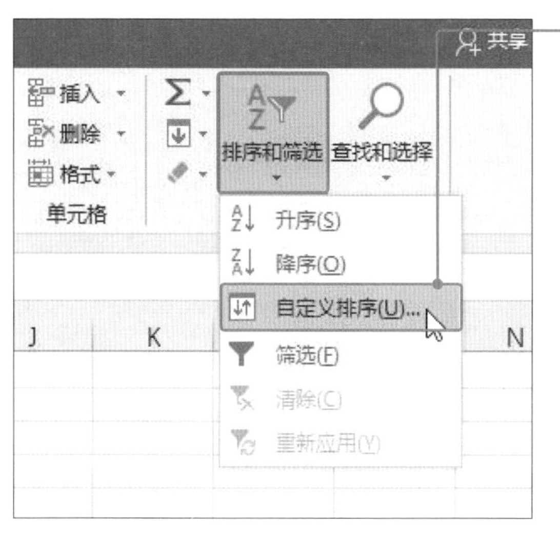

❷ 选择［开始］选项卡→［排序和筛选］→［自定义排序］选项。

提示

单击［数据］选项卡→［排序］按钮也可以执行相同操作。

❸ 在［主要关键字］的［列］列表中选择［销售员］。

❹ 右侧的［排序依据］保持［单元格值］不变，在［次序］列表中选择［自定义序列］选项。

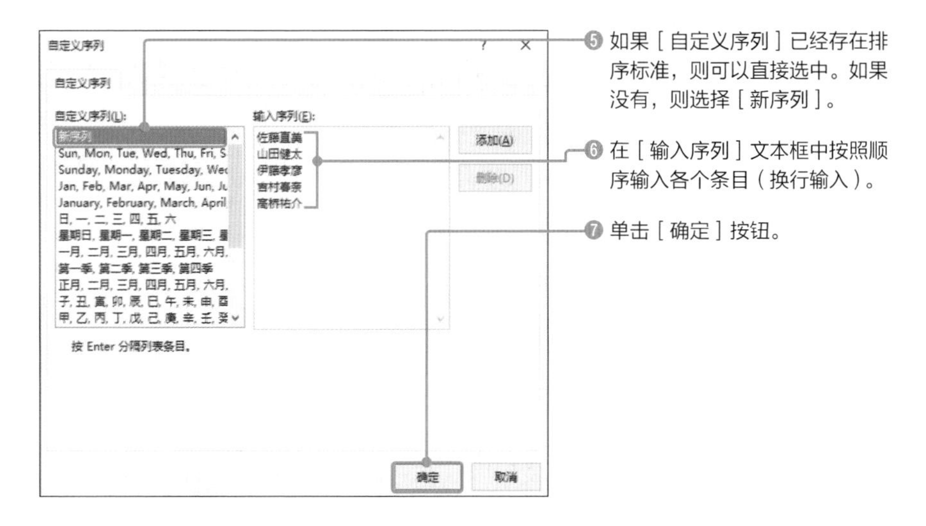

❺ 如果［自定义序列］已经存在排序标准，则可以直接选中。如果没有，则选择［新序列］。

❻ 在［输入序列］文本框中按照顺序输入各个条目（换行输入）。

❼ 单击［确定］按钮。

❽ 确认［次序］所设置的内容，然后单击［确定］按钮。

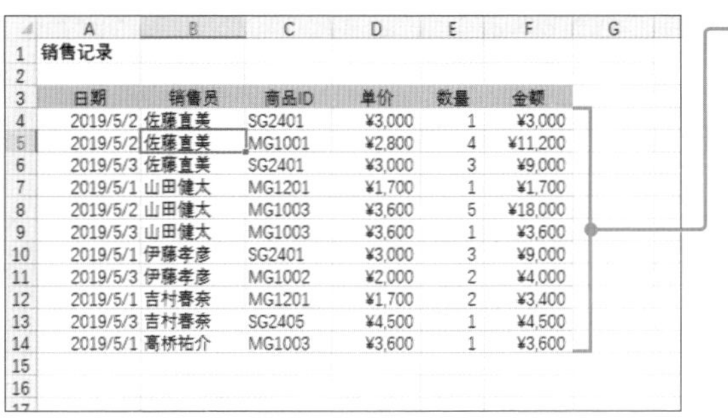

销售记录

日期	销售员	商品ID	单价	数量	金额
2019/5/2	佐藤直美	SG2401	¥3,000	1	¥3,000
2019/5/2	佐藤直美	MG1001	¥2,800	4	¥11,200
2019/5/3	佐藤直美	SG2401	¥3,000	3	¥9,000
2019/5/1	山田健太	MG1201	¥1,700	1	¥1,700
2019/5/2	山田健太	MG1003	¥3,600	5	¥18,000
2019/5/3	山田健太	MG1003	¥3,600	1	¥3,600
2019/5/1	伊藤孝彦	SG2401	¥3,000	3	¥9,000
2019/5/3	伊藤孝彦	MG1002	¥2,000	2	¥4,000
2019/5/1	吉村春奈	MG1201	¥1,700	2	¥3,400
2019/5/3	吉村春奈	SG2405	¥4,500	1	¥4,500
2019/5/1	高桥祐介	MG1003	¥3,600	1	¥3,600

❾ 表格数据按照设置的个性化规则进行排序。

07 仅显示特定数据——筛选功能

筛选满足某些条件的行

在Excel中，**可以设定某些条件，并将满足这些条件的行单独筛选出来**（暂时隐藏其他行），这种功能叫作**"筛选"**。

下面讲解如何让销售数据表格仅显示"销售员"列的内容为"佐藤直美"的行。

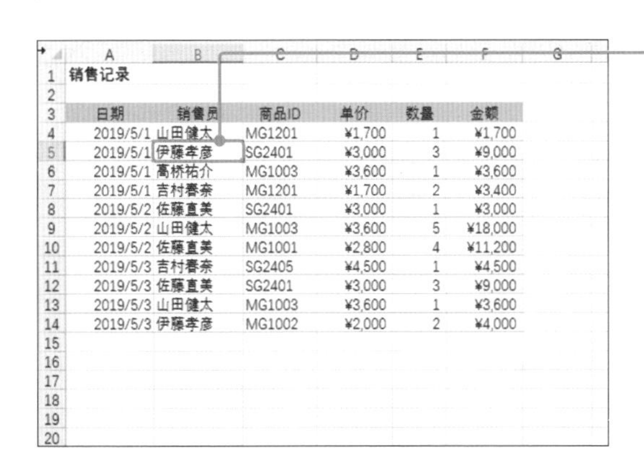

销售记录

日期	销售员	商品ID	单价	数量	金额
2019/5/1	山田健太	MG1201	¥1,700	1	¥1,700
2019/5/1	伊藤孝彦	SG2401	¥3,000	3	¥9,000
2019/5/1	高桥祐介	MG1003	¥3,600	1	¥3,600
2019/5/1	吉村春奈	MG1201	¥1,700	2	¥3,400
2019/5/2	佐藤直美	SG2401	¥3,000	1	¥3,000
2019/5/2	山田健太	MG1003	¥3,600	5	¥18,000
2019/5/2	佐藤直美	MG1001	¥2,800	4	¥11,200
2019/5/3	吉村春奈	SG2405	¥4,500	1	¥4,500
2019/5/3	佐藤直美	SG2401	¥3,000	3	¥9,000
2019/5/3	山田健太	MG1003	¥3,600	1	¥3,600
2019/5/3	伊藤孝彦	MG1002	¥2,000	2	¥4,000

❶ 选中对象表格区域内的任一单元格。

提示

如果是有标题行的序列格式的数据（参见p.179），选中其中任一单元格，那么该单元格所在的整个表格将默认成为筛选对象。

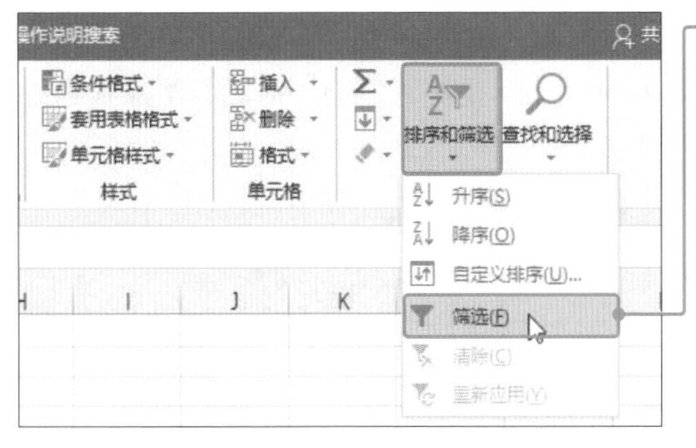

❷ 选择［开始］选项卡→［排序和筛选］→［筛选］选项。

提示

单击［数据］选项卡→［筛选］按钮也可以执行相同操作。

笔记

如果操作对象表已转换为"表格"（参见p.264），则无须执行上述步骤❶和步骤❷。转换为表格之后各列标题单元格自动添加可以执行筛选功能的按钮。

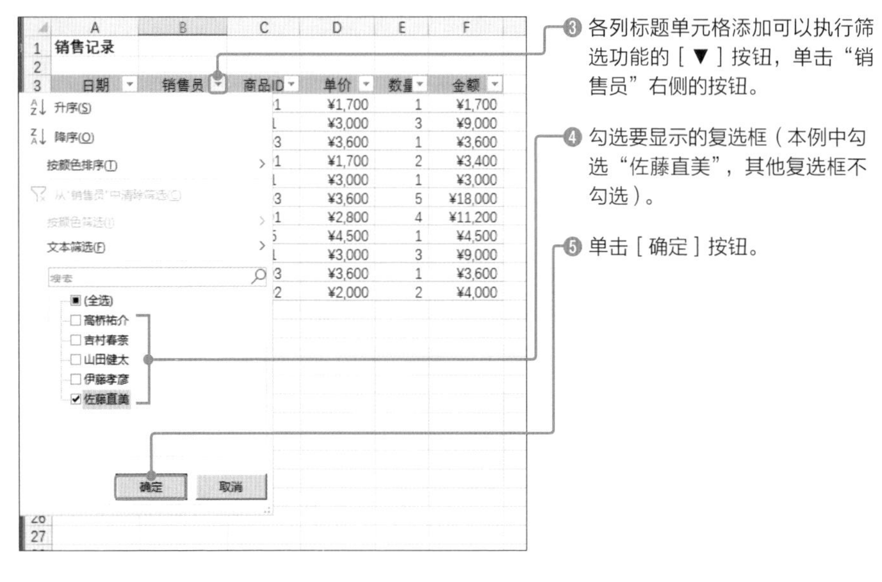

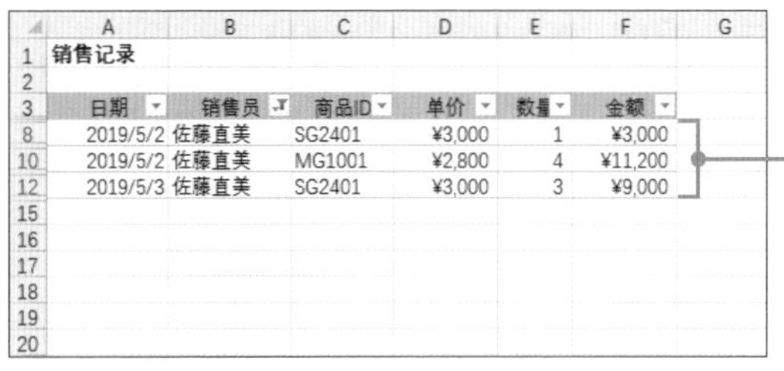

❻仅显示“销售员”列的内容为“佐藤直美”的行，其他行被隐藏。

清除筛选

筛选功能只是暂时隐藏某些行，而不是将其删除。因此，清除筛选设置，即可随时恢复原来状态。

执行下列步骤可以清除已设置的筛选状态，显示所有的行。

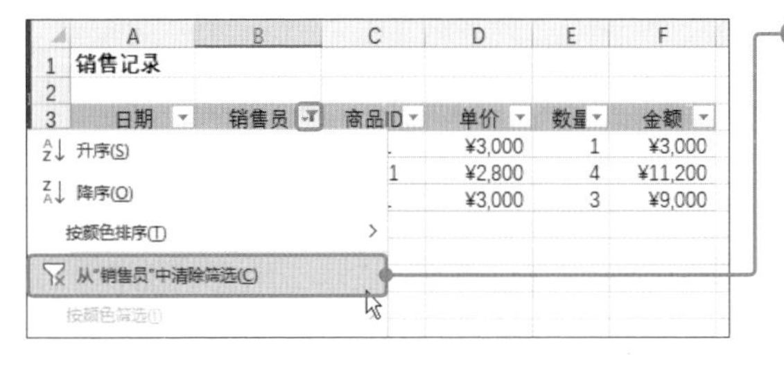

❶单击已设置筛选的列的 [▼] 按钮，选择 [从“销售员”中清除筛选] 选项。

Sample_Data/05-08/

08 仅显示大于或小于指定值的行

有助于筛选功能实操的实践技巧

如果以数值数据所在列为操作对象，**还可以在筛选条件中设置指定值的比较值**。

下面来设置只显示“金额”列数据大于9000的行。

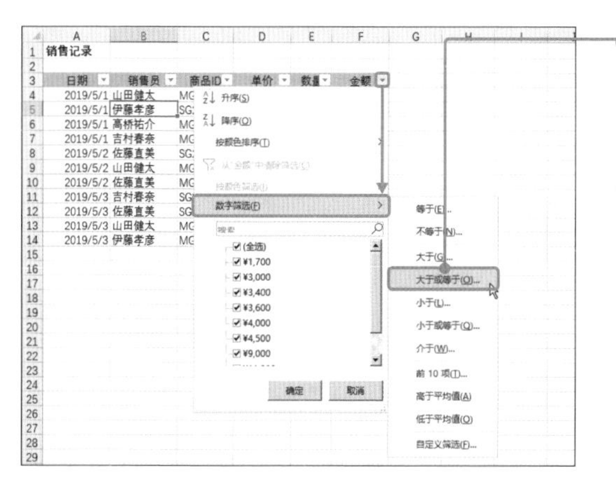

❶ 选择［金额］列标题［数字筛选］→［大于或等于］选项。

提示

如何设置筛选功能参见**p.185**。

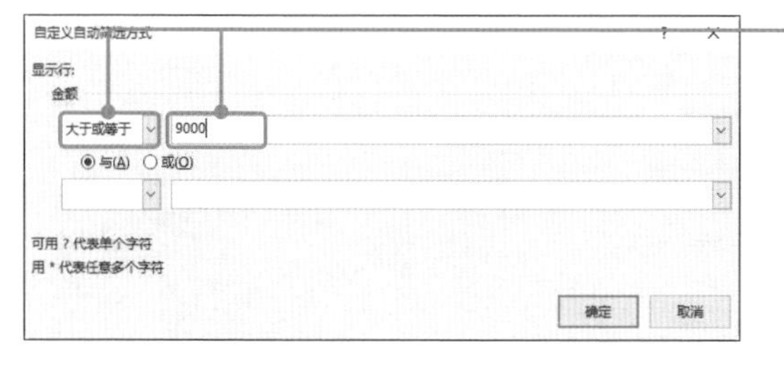

❷ 将显示行设置为9000和“大于或等于”，单击［确定］按钮。

提示

在这一步也可以将［大于或等于］修改为其他筛选条件。

	A	B	C	D	E	F
1	销售记录					
2						
3	日期	销售员	商品ID	单价	数量	金额
5	2019/5/1	伊藤孝彦	SG2401	¥3,000	3	¥9,000
9	2019/5/2	山田健太	MG1003	¥3,600	5	¥18,000
10	2019/5/2	佐藤直美	MG1001	¥2,800	4	¥11,200
12	2019/5/3	佐藤直美	SG2401	¥3,000	3	¥9,000

❸ 仅显示销售额大于9000的行。

Sample_Data/05-09/

09 利用单元格填充色进行筛选

扫码看视频

利用单元格背景色进行筛选

利用筛选功能不仅能够筛选单元格数值，**还可以设置填充色、字体颜色、条件格式等条件筛选表格的行**。

下面首先介绍如何执行筛选功能，仅显示“商品名称”列中背景色设置为浅橙色的单元格所在行。

❷ 从［按颜色筛选］列表中选择单元格所设置的浅橙色。

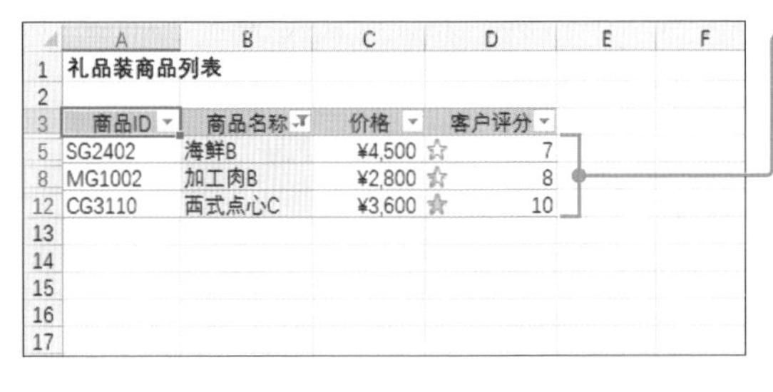

❸ 仅显示填充色为浅橙色的单元格所在行，其他行被隐藏。

提示

使用相同步骤，还可以设置字体颜色、图标集等其他条件实现对行筛选。

10 正确理解相对引用和绝对引用的区别

单元格的三种引用方式

在公式中使用其他单元格的数值时，可以直接输入A1等行列号，也可以单击目标单元格进行引用。此外，拖动单元格区域，可以引用该区域的单元格。上述操作所实现的都是仅由行号和列号构成的引用方式，这种引用方式叫作**“相对引用”**。但是，如果将已插入单元格的公式复制到其他单元格时**使用相对引用，那么其行号和列号随复制单元格的位置变化而改变**。例如，单元格E4的公式里相对引用了E1，那么将单元格E4复制到单元格E5，引用单元格则自动变为E2。

如果**要在复制时保持单元格引用不变**，就要在行号和列号前添加**“$”**，例如“$A$1”，这种引用方式叫作**“绝对引用”**。还可以将其单独添加在行或列的前面，例如“A$1”就是只固定行号，“$A1”就是只固定列号，这种引用方式叫作**“混合引用”**。

切换引用方式的快捷键

切换引用方式的方法包括直接输入“$”，但是按F4功能键进行切换更加方便。反复按这个键，单元格引用就按照“A1”“$A$1”“A$1”“$A1”的顺序进行变化。

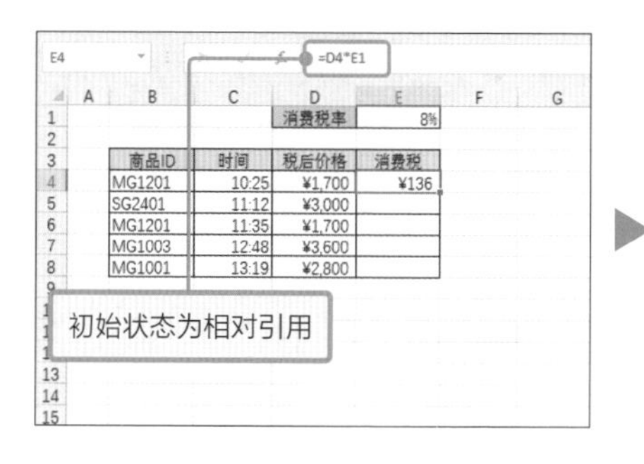

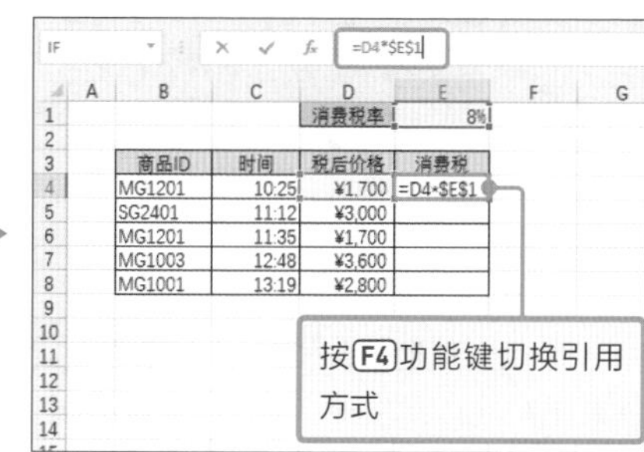

11 函数的基本用法

函数的格式

在Excel中，不仅可以利用基本的算术运算符进行四则运算，还可以使用**“函数”**进行复杂计算。利用函数可以较为简便地进行各种统计和分析处理，例如大量的数据统计，单纯使用算术运算符难以实现的**特殊运算，处理日期和时间或进行文本加工**等。

函数在公式中的使用格式如下。

格式 **函数格式**

```
=函数名称(参数1,参数2,参数3,…)
```

函数名称后面一定要加上**“()”**，括号中是用于计算的数值或单元格行列号，这些内容称作**“参数”**。**不同函数所使用参数的个数是不一样的**。如果要输入多个参数，则应当像上面那样用**“,”**隔开。

参数包括**“必要参数”**和**“可以省略的参数”**，使用函数之前需充分了解其中的差别。

此外，**有些函数不需要任何参数**，但使用时也一定要加上**“()”**。

函数的计算结果称作**“返回值”**或**“传回值”**。

笔记

在Excel中还可以“利用算术运算符计算多个函数的计算结果”，或者“将其他函数的返回值用作本函数的参数”。将函数指定为另一个函数参数的操作称作“函数嵌套”（参见**p.230**）。

插入函数的方法

Excel预置了很多可以辅助输入函数的功能。每个功能都很方便，需灵活使用，即便是不习惯使用函数的人，也可以轻松上手。

本书将主要讲解下列4个与函数相关的功能。

应用自动求和函数

对于**SUM()函数**（求和函数）、**AVARAGE()函数**（平均值函数）、**MAX()**（最大值函数）等使用频率较高的函数，Excel已经预置了可以一键插入的功能。

应用函数编辑对话框

用函数编辑对话框，**可以浏览所显示的信息，循序渐进地轻松使用高级函数**。

应用函数库

如果对函数名称的准确拼写和参数指定缺乏自信，应用**［公式］选项卡**预置的**“函数库”**，不但可以从菜单选择函数，还会自动显示用于输入参数的对话框。

直接插入函数

在对函数具有一定程度的了解之后，直接输入函数要比使用对话框选择函数更加快捷高效。Excel也预置了辅助直接输入函数的功能。例如，输入函数的第1个字符，随即就会显示以该字符开头的函数列表❶。本章将一边应用这些快捷功能，一边详细讲解有助于熟练掌握函数的技巧。

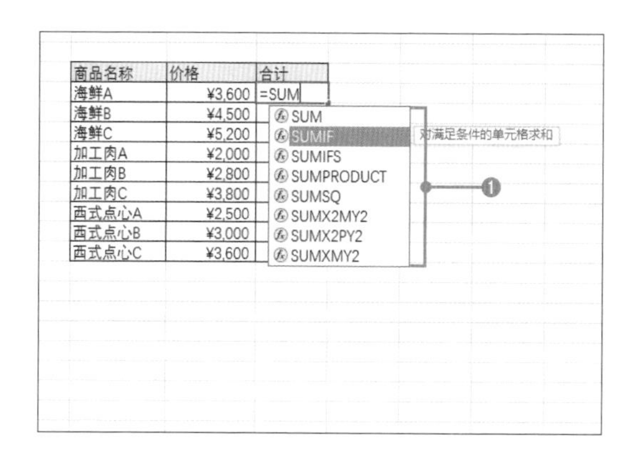

12 应该记住的重要函数

真正必须掌握的函数并不多

Excel函数的种类虽然丰富多样，但几乎没有人能够使用所有函数。对于大部分人而言，只需记住其中一部分特别重要的函数就绰绰有余了。下面将介绍一些严加挑选、必然能够对你有所裨益的最为**重要的函数**，建议首先记住下列函数的使用方法。

● **数值计算**

函数名称	说 明
SUM()	计算被指定为参数的数值的**和**（参见 p.194）
COUNT()	计算被指定为参数的数值的**个数**
COUNTA()	计算**所有数据的个数**，无须考虑数值、文本等数据类型
AVERAGE()	计算被指定为参数的数值的**平均值**（参见 p.195）
MAX()	计算被指定为参数的数值中的**最大值**
MIN()	计算被指定为参数的数值中的**最小值**
RANK.EQ()	返回某一数值在其**所在数据组中的大小排名**（参见 p.200）。如果考虑到与早前版本的兼容性，可以使用功能相同的 RANK() 函数
LARGE()	在被指定为参数的数据中返回**从大到小的排名**
SMALL()	在被指定为参数的数据中返回**从小到大的排名**
COUNTIF()	在指定区域内，计算满足**某个指定条件**的数据的**个数**（参见 p.208）
COUNTIFS()	在指定区域内，计算满足**多个指定条件**的数据的**个数**
SUMIF()	在指定区域内，对满足**某个条件**的数值**求和**（参见 p.211）
SUMIFS()	在指定区域内，对满足**多个条件**的数值**求和**
SUBTOTAL() 与 AGGREGATE()	均为统计对象单元格区域数据的函数。可以选择统计方法，可以在计算时将对象区域内的部分合计排除在外
ROUND()	按指定的位数对指定为参数的数值进行**四舍五入**（参见 p.198）
ROUNDUP()	对指定为参数的数值**向上舍入**
ROUNDDOWN()	对指定为参数的数值**向下舍入**
CEILING.MATH()	将数值向上舍入到基准值的倍数。如果考虑到与早前版本的兼容性，可以使用功能相近的 CEILING() 函数
FLOOR.MATH()	将数值向下舍入到基准值的倍数。如果考虑到与早前版本的兼容性，可以使用功能相近的 FLOOR() 函数

● 日期和时间计算

函数名称	说 明
DATE()	从表示年、月、日的数值中返回日期数据
TIME()	从表示时、分、秒的数值中返回时间数据
TODAY()	返回当前日期数据
NOW()	返回当前日期、时间数据
YEAR()	返回**年份**日期数据
MONTH()	返回**月份**日期数据
DAY()	返回**某天**日期数据
WEEKDAY()	返回**表示星期几**的日期数据
EDATE()	返回从起始日期开始，指定月数之前或之后的日期
EOMONTH()	返回从起始日期开始，指定月数之前或之后的月份的最后一天（参见 **p.93**）
WORKDAY() 与 WORKDAY.INTL()	均是返回从起始日期开始，指定的**工作日**之前或之后的日期
DATEDIF	返回两个日期之间间隔数（年、月、日等）

● 统计和分析

函数名称	说 明
IF()	指定条件,根据其真假（TRUE/FALSE）进行其他运算（参见 **p.202**）
IFERROR()	如果指定算式的结果不是错误，则返回自身的值。如果是错误，则返回其他值
IFS() (Excel 2019/365)	检查是否满足指定的多个条件和返回值，返回与第一个判断为真（TRUE）条件对应的值
AND()	如果多个条件均为 TRUE，则返回 TRUE
OR()	如果任一条件为 TRUE，则返回 TRUE
NOT()	TRUE/FALSE 逻辑值求反
LEFT()	从文本**左侧**开始返回指定个数的文本
RIGHT()	从文本**右侧**开始返回指定个数的文本
MID()	从**指定位置**开始返回指定个数的文本
LEN()	返回文本的**字符数**
FIND() 与 SEARCH()	均是返回表示指定文本在文本中出现位置的数值
SUBSTITUTE()	将文本中的特定文本替换为指定的其他文本，并返回替换后的文本
VLOOKUP()	搜索表格首列，在出现行返回指定列单元格的数据（参见 **p.204**）
MATCH()	搜索单元格区域，返回表示出现的单元格位置的数据

Sample_Data/05-13/

13 求和——SUM()函数

一键设置SUM()函数

单元格区域求和公式可以一键轻松插入。因为求和的对象区域是自动选中的，所以如果该区域有误，可以直接在工作表上拖动修改。

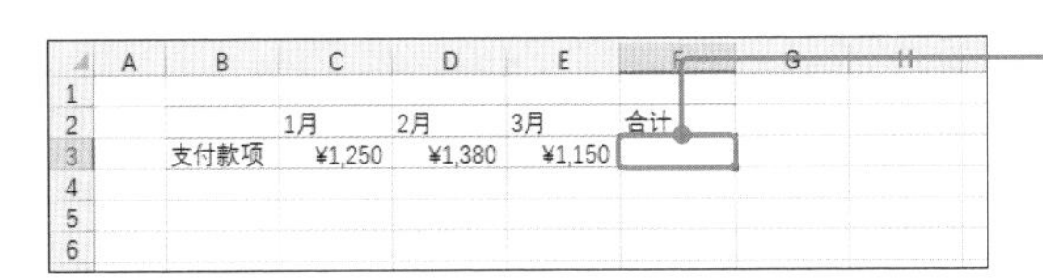

❶ 选中要显示总和的单元格。

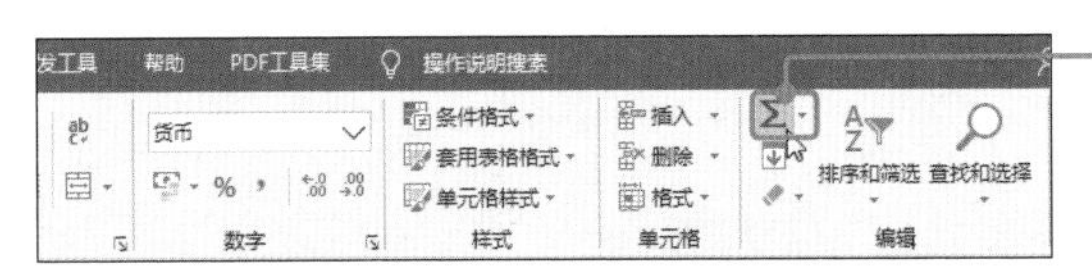

❷ 单击［开始］选项卡→［自动求和］按钮。

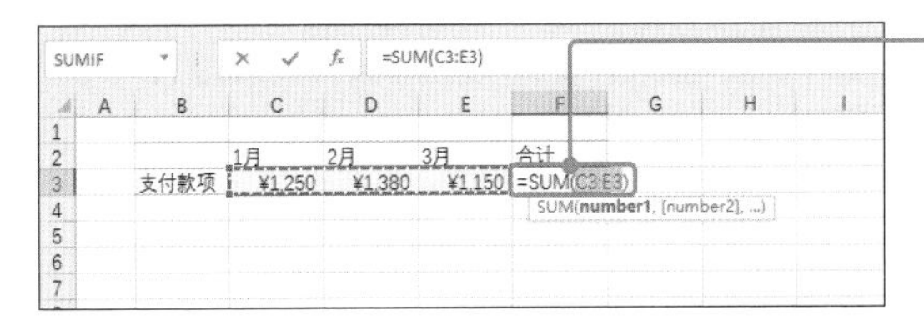

❸ 所选单元格插入SUM()函数公式，求和对象区域自动进入选中状态。

提示

如果计算区域有误，拖动进行修改。

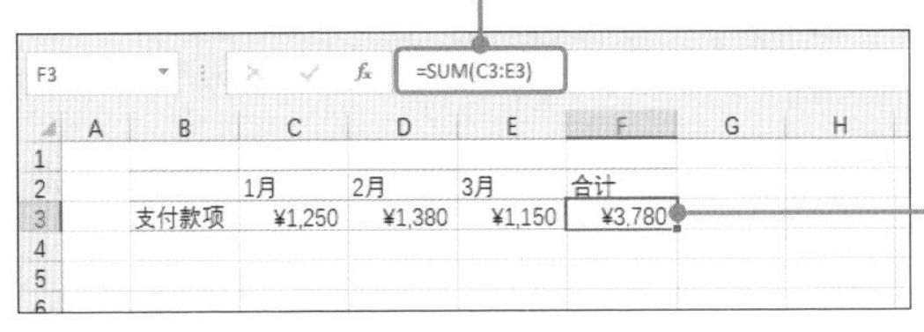

❹ 按Enter键确定插入，显示指定区域的数值总和。

14 求平均值——AVERAGE()函数

利用AVERAGE()函数计算平均值

除了求和，**平均值**和**最大值**等常用函数都可以通过 **[自动求和] 功能**轻松插入。

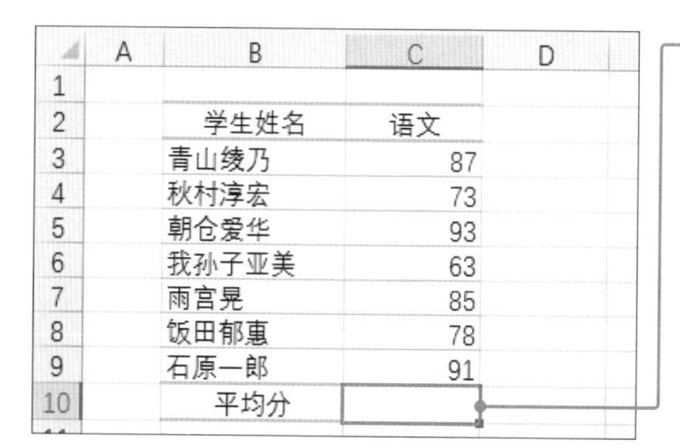

❶ 选中要显示平均值的单元格。

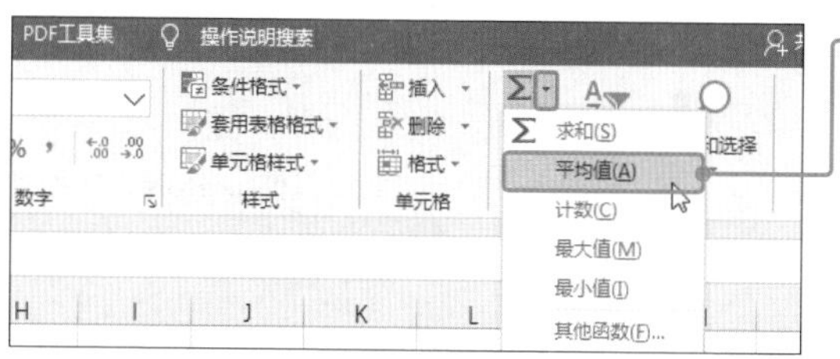

❷ 选择 [开始] 选项卡→ [自动求和] 的 [▼] → [平均值] 选项。

提示

同样可以计算数值的个数、最大值、最小值。

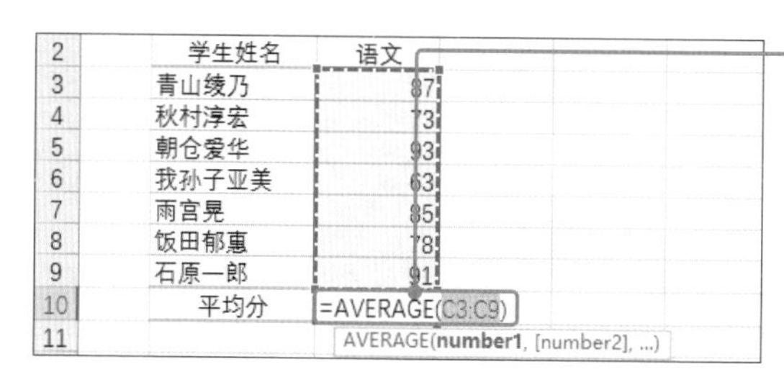

❸ 所选单元格插入AVERAGE()函数公式，计算对象区域自动进入选中状态。

提示

如果计算区域有误，拖动进行修改。

8	饭田郁惠	78	
9	石原一郎	91	
10	平均分	81.428571	

❹ 按Enter键确定插入，显示指定区域的平均值。

Sample_Data/05-15/

15 一次性插入求和公式

在单元格区域插入SUM()函数

利用 [**自动求和**] **功能**，可以在同一行或同一列多个单元格中统一插入求和公式。

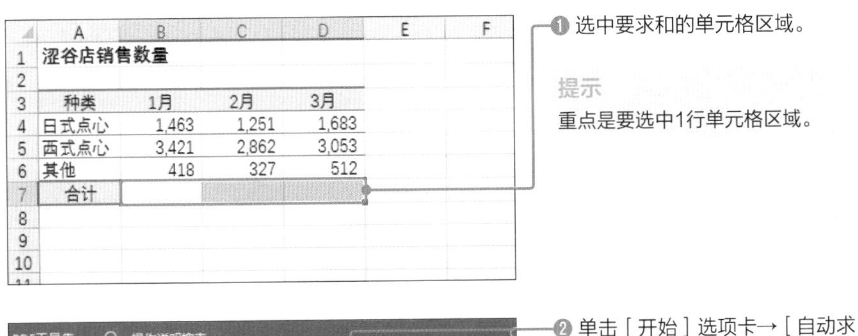

	A	B	C	D	E	F
1	涩谷店销售数量					
2						
3	种类	1月	2月	3月		
4	日式点心	1,463	1,251	1,683		
5	西式点心	3,421	2,862	3,053		
6	其他	418	327	512		
7	合计					
8						
9						
10						

❶ 选中要求和的单元格区域。

提示

重点是要选中1行单元格区域。

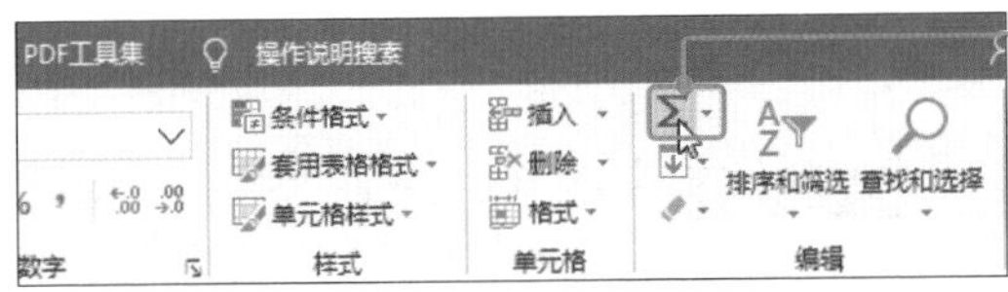

❷ 单击 [开始] 选项卡→ [自动求和] 按钮。

	A	B	C	D	E	F
1	涩谷店销售数量					
2						
3	种类	1月	2月	3月		
4	日式点心	1,463	1,251	1,683		
5	西式点心	3,421	2,862	3,053		
6	其他	418	327	512		
7	合计	5,302	4,440	5,248		
8						
9						
10						

❸ 选中的所有单元格均插入求和函数公式。

提示

本例中计算的是前3个月每月的总销售量。

但是使用该方法时，**各个单元格的公式无法指定计算对象单元格区域**。只能将自动识别的单元格区域作为计算对象。在上面的范例中，所指定的是**1行单元格区域**，因此同列上方的单元格区域成为计算对象，如果指定的是**1列单元格区域**，通常同行左侧的单元格成为计算对象。

一次性输入分类汇总和总计

在下表中计算各个分店的分类汇总和所有店铺的总计数量，这种情况同样可以使用［**自动求和**］**功能**统一输入。

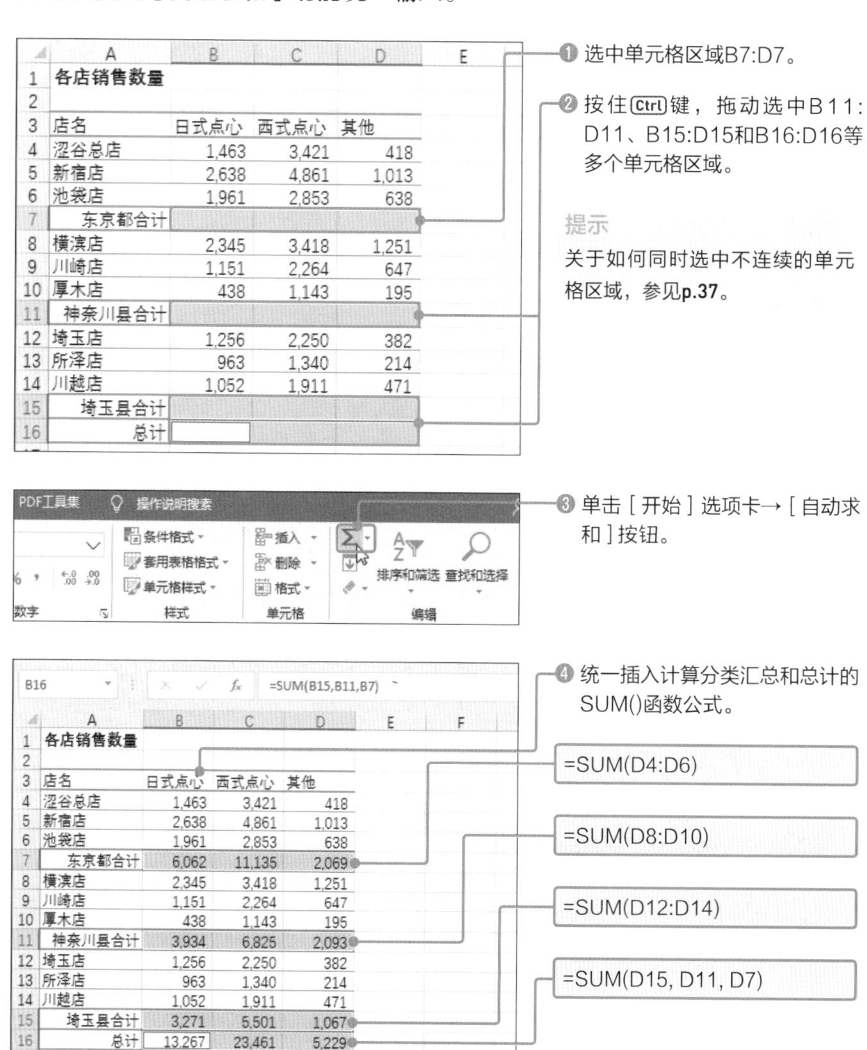

浏览一下所插入的公式，可以发现第7、11、15行的各个单元格都插入了计算本单元格向上3行单元格之和的公式，第16行的单元格区域插入了计算同列第7、11、15行各单元格之和的公式。

Sample_Data/05-16/

16 从对话框中插入函数

扫码看视频

在［插入函数］对话框中选择函数

不能用**［自动求和］功能**插入的函数，可以从**［数据］选项卡**或**［插入函数］对话框中**插入。

下面将计算单元格C3所输入金额的消费税额，并将小数点后四舍五入保留整数。

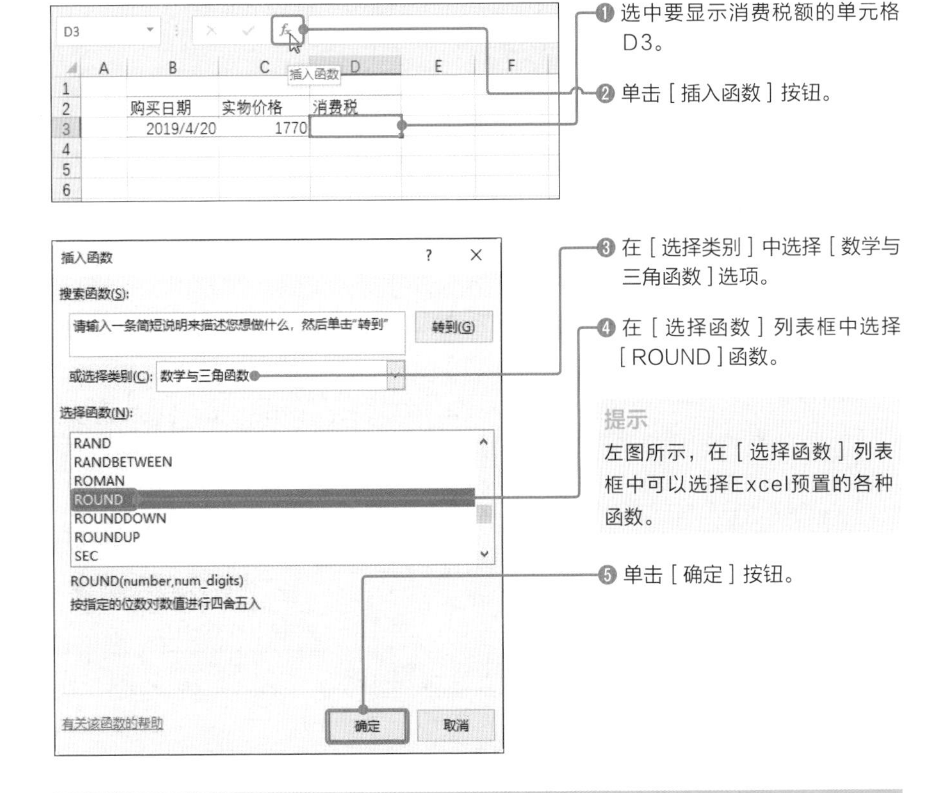

笔记

ROUND()函数的功能是按指定的位数对对象数值进行四舍五入。

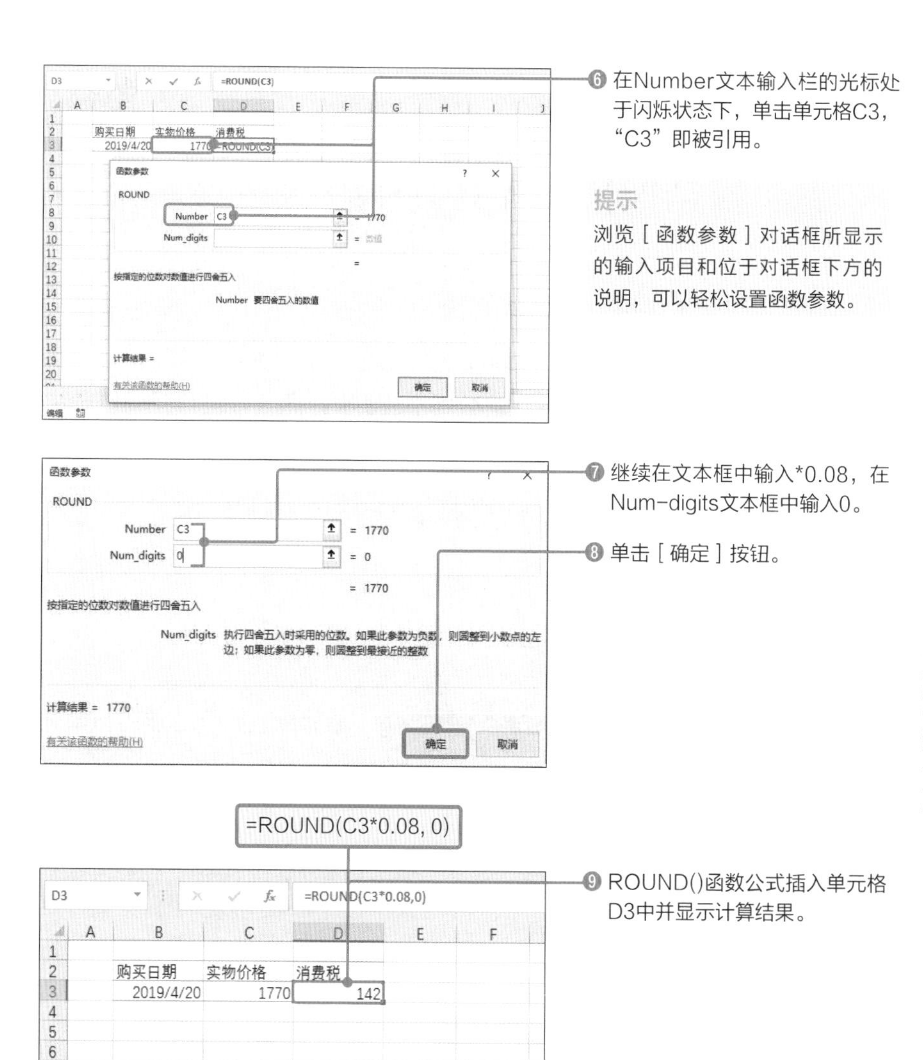

这样即使记不住所需函数名称，**只要利用［插入函数］对话框，也可以简便快捷地插入函数**。

此外，进一步利用**［插入函数］对话框**之后的**［函数参数］对话框**，**可以一边浏览所显示的说明一边输入参数**，从而防止错误设置。为了提升操作效率，一方面提高插入函数的速度很重要，另一方面**“准确插入公式”**也同样重要。灵活运用这些简便功能能减少重复工作。

Sample_Data/05-17/

17 计算排名——RANK.EQ()函数

扫码看视频

使用RANK.EQ()函数计算排名

如果要计算指定数值在数值组中相对于其他数值的大小排名，可以使用**RANK.EQ()函数**。下面介绍使用［**公式**］**选项卡**计算各位击球手的击球率排名。

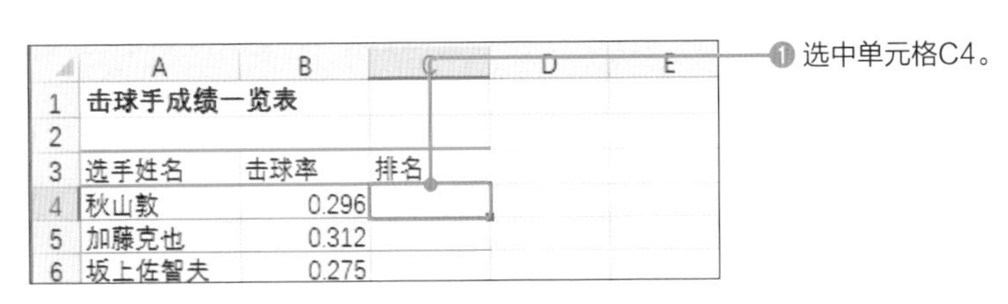

❶ 选中单元格C4。

❷ 选择［公式］选项卡→［其他函数］→［统计］→RANK.EQ选项。

提示

RANK.EQ()函数的功能是计算特定数值在数值组中的排名。

❸ 在Number中输入单元格B4。

提示

让Number中的光标处于闪烁状态，然后单击实际的单元格，也可以实现输入（参见**p199**）。

❹ 在Ref文本框中设置单元格区域B4:B10，按F4功能键切换为绝对引用（参见p.189）。Order省略不填。

❺ 单击［确定］按钮。

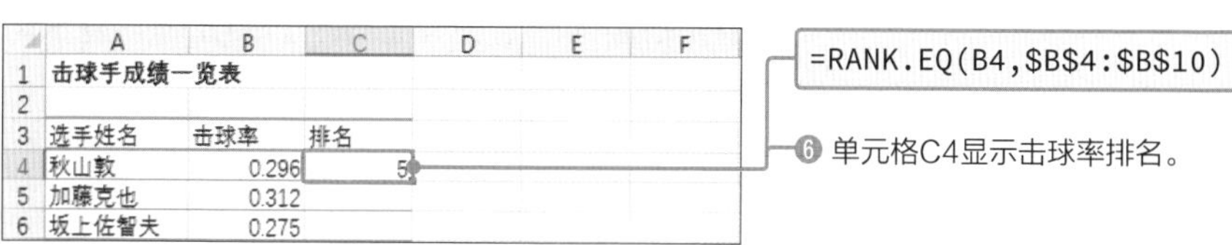

	A	B	C	D	E	F
1	击球手成绩一览表					
2						
3	选手姓名	击球率	排名			
4	秋山敦	0.296	5			
5	加藤克也	0.312				
6	坂上佐智夫	0.275				

=RANK.EQ(B4,$B$4:$B$10)

❻ 单元格C4显示击球率排名。

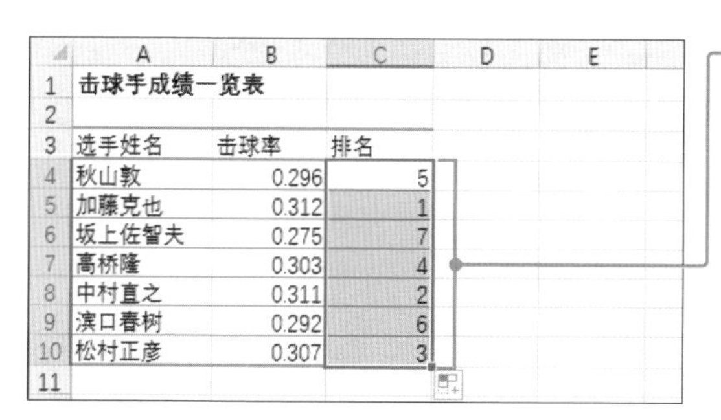

	A	B	C	D	E
1	击球手成绩一览表				
2					
3	选手姓名	击球率	排名		
4	秋山敦	0.296	5		
5	加藤克也	0.312	1		
6	坂上佐智夫	0.275	7		
7	高桥隆	0.303	4		
8	中村直之	0.311	2		
9	滨口春树	0.292	6		
10	松村正彦	0.307	3		
11					

❼ 将单元格C4的公式复制到单元格区域C5:C10，该区域所有单元格均显示击球率排名。

第5章 统计分析数据的基础与应用

实用的专业技巧！ 按升序排名

将RANK.EQ()函数参数Order设置为1（可以设置任意不为0的数值），即可按升序排名。

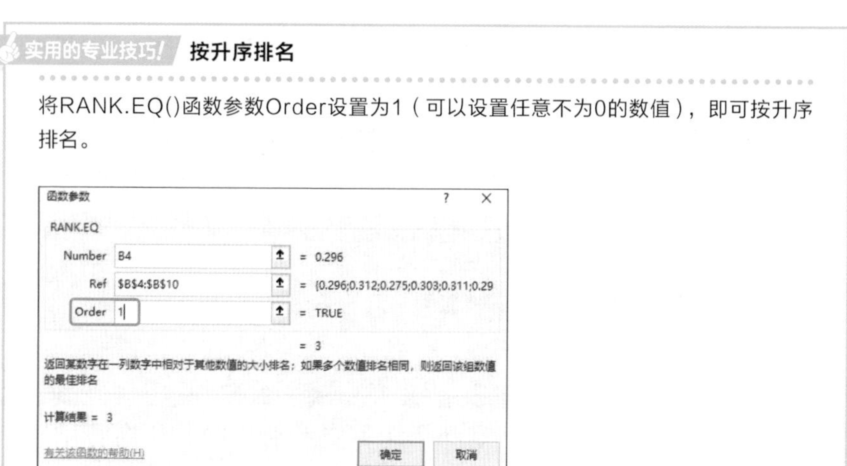

Sample_Data/05-18/

18 根据条件进行不同计算——IF()函数

IF()函数基本使用方法

如果要设定条件，使其在验证结果为**真(TRUE)**或**假(FALSE)**时分别进行不同的计算，可以使用**IF()函数**。

下面设置的内容是当左侧单元格输入的金额大于等于3000元时，显示两折的折扣，而小于3000元时显示1折的折扣。

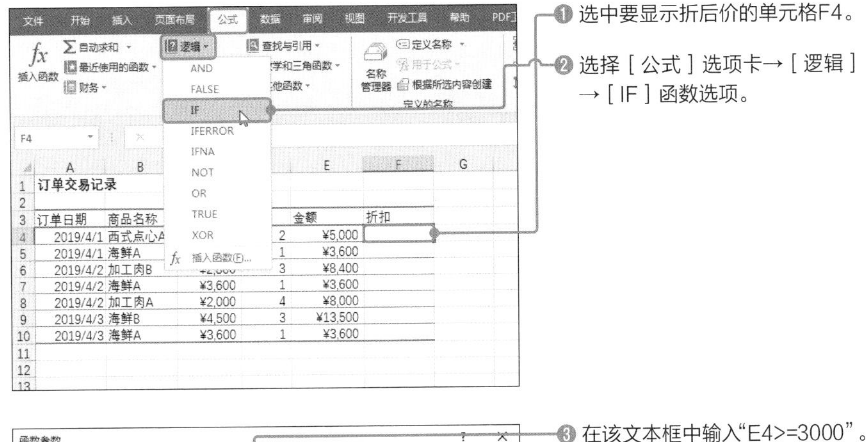

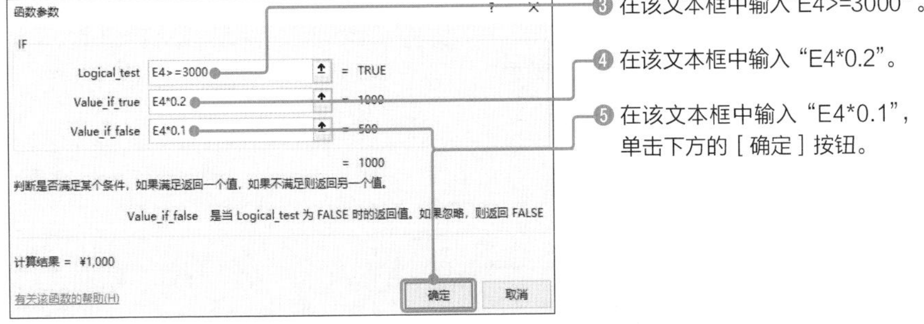

笔记

在Logical_test里指定计算的条件。本例中指定的是“E4>=3000”，即单元格E4的值是否“大于等于3000”就是这个IF()函数的条件。

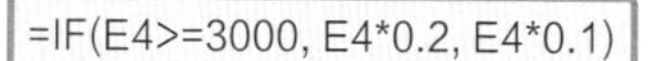

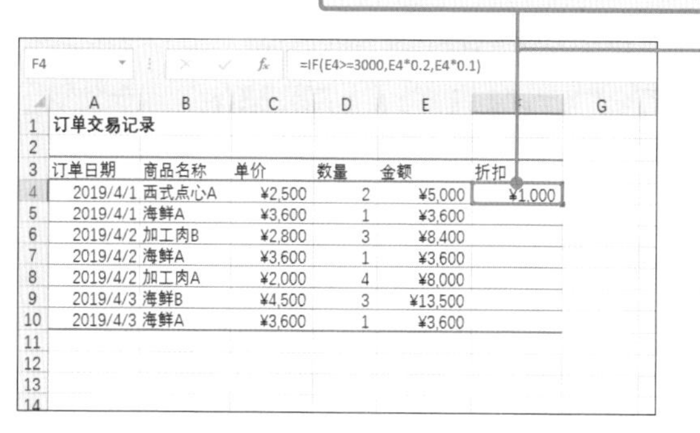

F4 =IF(E4>=3000,E4*0.2,E4*0.1)

	A	B	C	D	E	F	G
1	订单交易记录						
2							
3	订单日期	商品名称	单价	数量	金额	折扣	
4	2019/4/1	西式点心A	¥2,500	2	¥5,000	¥1,000	
5	2019/4/1	海鲜A	¥3,600	1	¥3,600		
6	2019/4/2	加工肉B	¥2,800	3	¥8,400		
7	2019/4/2	海鲜A	¥3,600	1	¥3,600		
8	2019/4/2	加工肉A	¥2,000	4	¥8,000		
9	2019/4/3	海鲜B	¥4,500	3	¥13,500		
10	2019/4/3	海鲜A	¥3,600	1	¥3,600		

❻ 单元格F4根据单元格E4的金额显示相应的折扣。

提示

在本例中，当对象金额大于3000元时显示两折折扣，小于3000元时显示1折折扣。

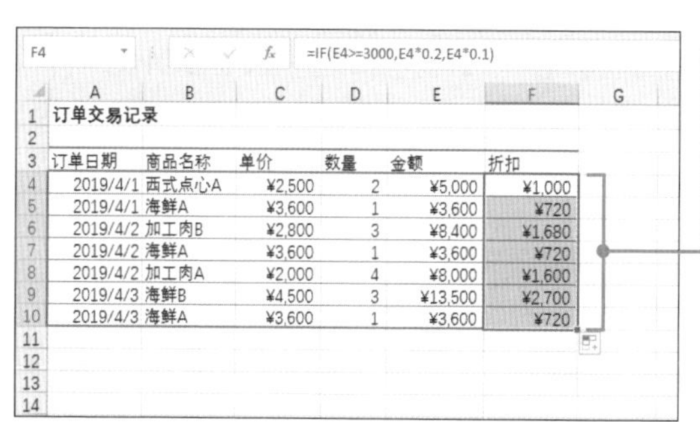

F4 =IF(E4>=3000,E4*0.2,E4*0.1)

	A	B	C	D	E	F	G
1	订单交易记录						
2							
3	订单日期	商品名称	单价	数量	金额	折扣	
4	2019/4/1	西式点心A	¥2,500	2	¥5,000	¥1,000	
5	2019/4/1	海鲜A	¥3,600	1	¥3,600	¥720	
6	2019/4/2	加工肉B	¥2,800	3	¥8,400	¥1,680	
7	2019/4/2	海鲜A	¥3,600	1	¥3,600	¥720	
8	2019/4/2	加工肉A	¥2,000	4	¥8,000	¥1,600	
9	2019/4/3	海鲜B	¥4,500	3	¥13,500	¥2,700	
10	2019/4/3	海鲜A	¥3,600	1	¥3,600	¥720	

❼ 将单元格F4的公式复制到单元格区域F5:F10，各个单元格分别根据左侧金额显示相应的折扣。

逻辑式用到的比较运算符

参数**“逻辑式”**指定的是返回值为**TRUE**或**FALSE**的表达式。本例中使用的“>=”是表示“大于等于”的比较运算符。也就是在这种情况下，返回值大于等于指定值即为**TRUE**，小于即为**FALSE**。

下列几种比较运算符同样可以用于这种验证。

● **比较运算符的类型**

比较运算符	说 明	TRUE的范例	FALSE的范例
=	左右相等	3=3	3=4
<>	左右不等	4<>5	4<>4
>	左大于右	5>3	5>5
>=	左不小于右	5>=5	5>=6
<	左小于右	3<5	3<3
<=	左不大于右	3<=3	3<=2

19 从其他表区域提取数据——VLOOKUP()函数

VLOOKUP()函数最基本的使用方法

Excel预置了许多非计算用函数，其中包括**“检索并提取必要数据的函数”**。

例如，**其他表区域已包含商品价格等数据，现在希望根据销售记录表格所输入的商品名称和ID自动显示商品价格**，那么就可以使用**VLOOKUP()函数**。接下来插入公式，使其能够根据左侧单元格所输入商品名称自动提取对应的商品价格。

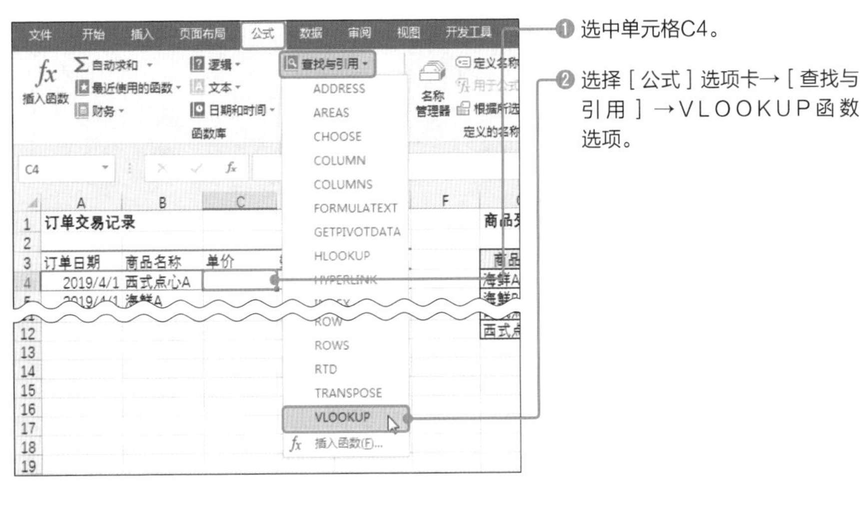

❶ 选中单元格C4。

❷ 选择［公式］选项卡→［查找与引用］→VLOOKUP函数选项。

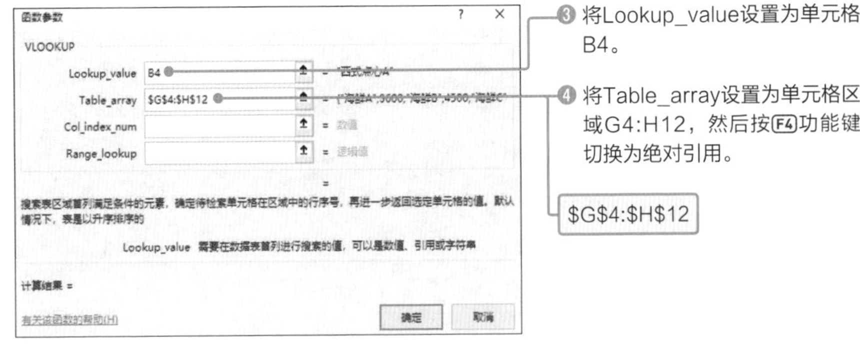

❸ 将Lookup_value设置为单元格B4。

❹ 将Table_array设置为单元格区域G4:H12，然后按F4功能键切换为绝对引用。

$G$4:$H$12

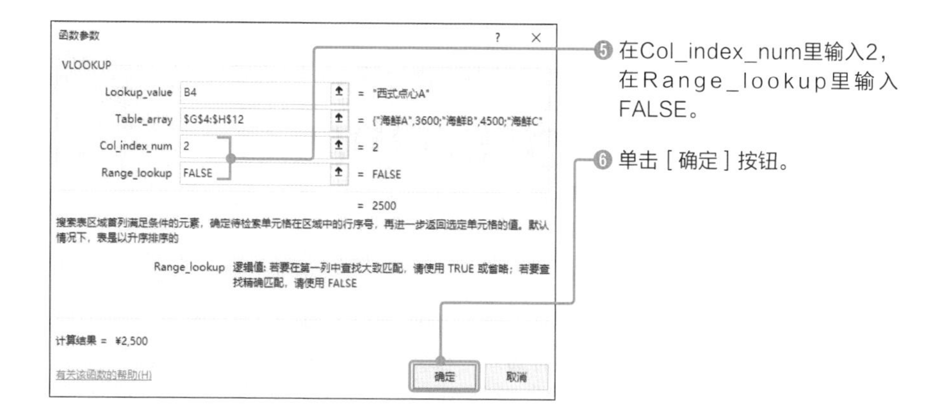

⑤ 在Col_index_num里输入2，在Range_lookup里输入FALSE。

⑥ 单击［确定］按钮。

笔记

在Col_index_num中应当指定已输入待提取值的列号。本例中如果指定1，则提取商品名称。此外，指定参数为“FALSE”，则检索与参数Lookup_value**完全一致的数据**。指定TRUE时的处理内容将在下一节讲解。

=VLOOKUP(B4, $G$4:$H$12, 2, FALSE)

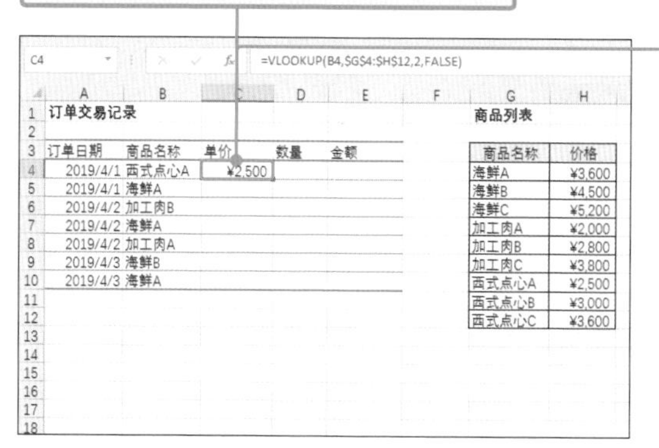

⑦ 在单元格C4中显示商品名对应的价格。

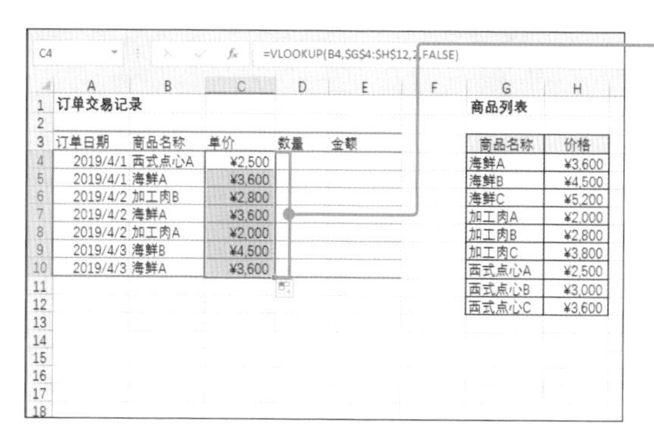

⑧ 将单元格C4的公式复制到单元格区域C5:C10，则显示各类商品的价格。

提示

在本例中，从其他表区域引用数据，也称作“引用表”。因此，VLOOKUP()函数也可以叫作“引用表函数”。

20 返回数值区间的对应值——VLOOKUP()函数

扫码看视频

得分和等级

有时需要进行以下处理：比赛得分为0～99分时显示**“D级”**，100～299分时显示**“C级”**，300～499分时显示**“B级”**，500分以上显示**“A级”**。

这种处理虽然也可以借助上文介绍的IF()函数（参见**p.202**）实现，但操作略微烦琐。这时可以利用VLOOKUP()函数，轻而易举地自动提取排名。

在使用VLOOKUP()函数之前，首先创建一张类似下表的**“得分等级对照表”**。创建类似对照表时，注意首列应当设置为升序排序（从小到大排序）。

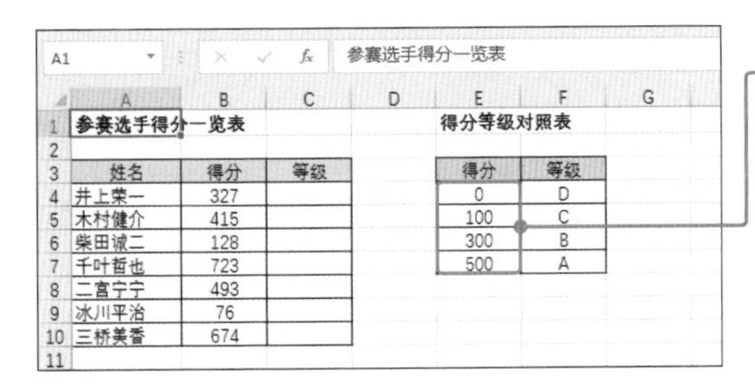

制表时要把数值设置为升序排序(从小到大排序)。

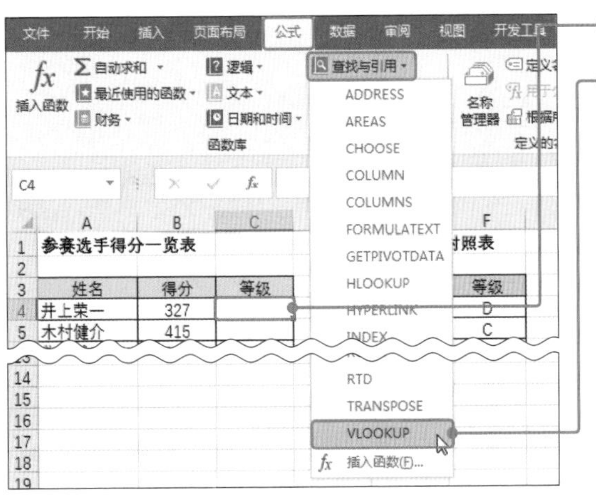

❶ 选中单元格C4。

❷ 选择［公式］选项卡→［查找与引用］→［VLOOKUP］选项。

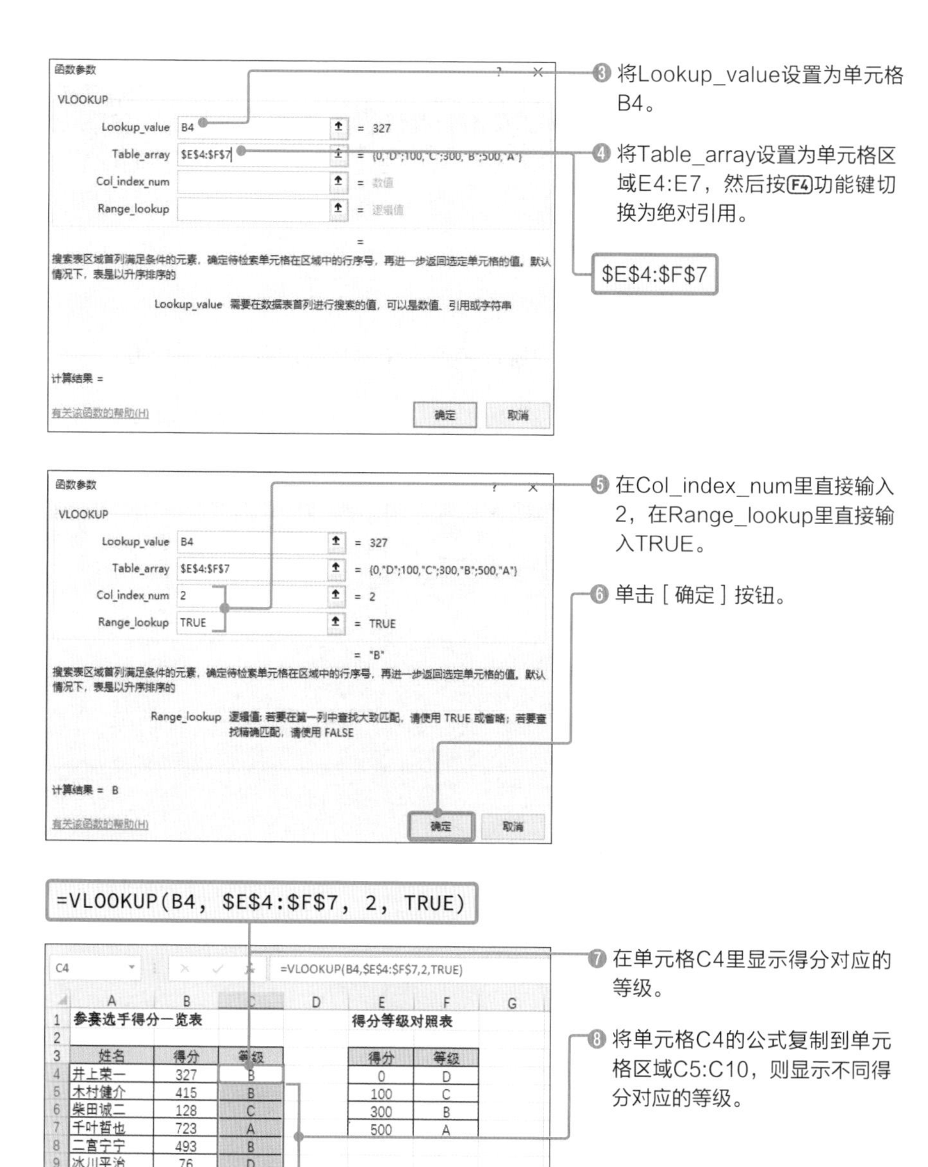

在本例中，将参数Range_lookup指定为TRUE，则在**小于Lookup_value的数值中检索其最大值**。换言之，检索对象列各个单元格的值处于**“大于等于该值且小于下一单元格数值的区间内”**。

Sample_Data/05-21/

21 计算满足条件的数据个数

统计A等级人数

如果要在对象单元格区域内**统计有多少个满足指定条件的单元格**，那么可以使用**COUNTIF()函数**。

下面统计在单元格区域C4:C10中有多少A等级选手。

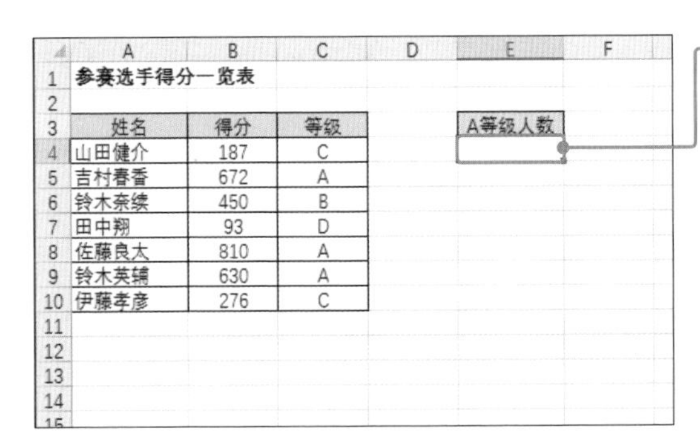

❶ 选中单元格E4（显示统计结果的单元格）。

❷ 选择［公式］选项卡→［其他函数］→［统计］→［COUNTIF］选项。

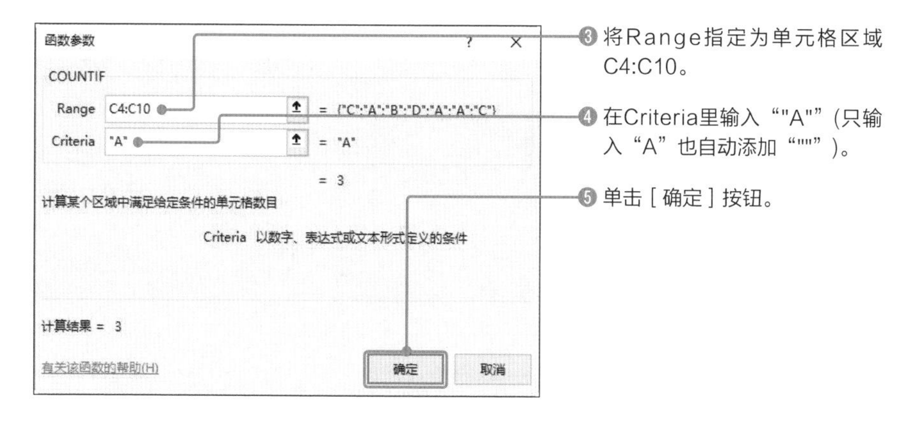

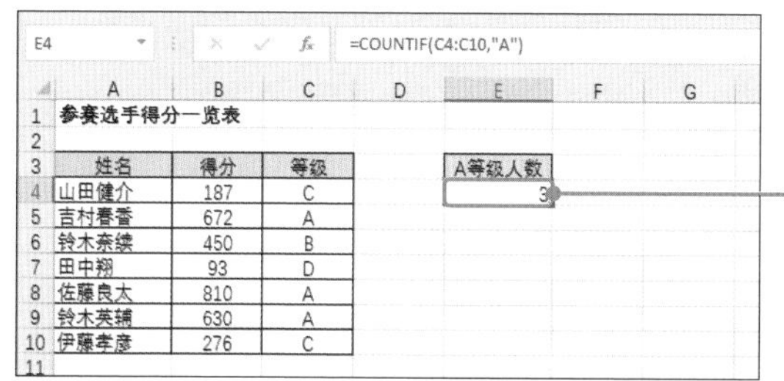

姓名	得分	等级
山田健介	187	C
吉村春香	672	A
铃木奈绪	450	B
田中翔	93	D
佐藤良太	810	A
铃木英辅	630	A
伊藤孝彦	276	C

❻ 显示单元格区域C4:C10中数值为A的单元格的数量。

统计得分不超过500分的人数

指定**COUNTIF()函数**检索条件时，同样可以使用**比较运算符**。下面就以上文中单元格区域B4:B10为对象，统计**“得分不超过500分的人数”**。

步骤与前一页相同，这里选中单元格E6（显示统计结果的单元格），选择**［公式］选项卡**→**［其他函数］**→**［统计］**→**［COUNTIF］选项**，打开**［函数参数］对话框**，执行下列步骤。

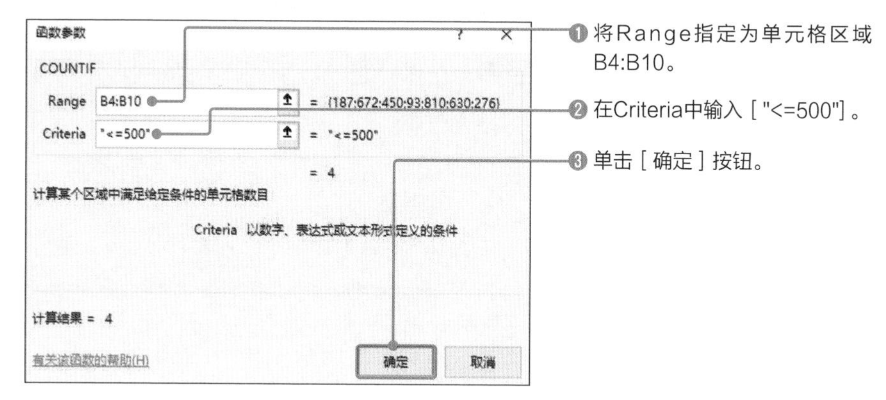

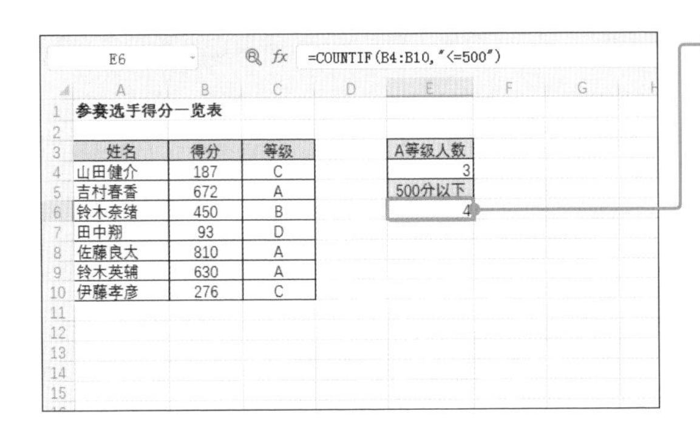

④ 显示单元格区域B4:B10中得分不超过500分单元格的数量。

实用的专业技巧! 使用通配符

指定检索条件时还可以使用通配符。**通配符是可以表示任意一个字符或0个及以上字符的特殊符号**。“?”表示任意一个字符，“*”表示0个及以上任意字符。下面统计有多少个姓名包含“铃木”的选手。

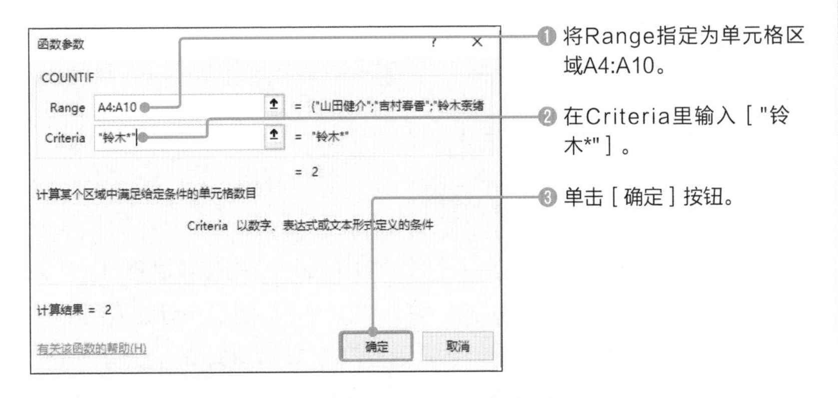

① 将Range指定为单元格区域A4:A10。

② 在Criteria里输入［"铃木*"］。

③ 单击［确定］按钮。

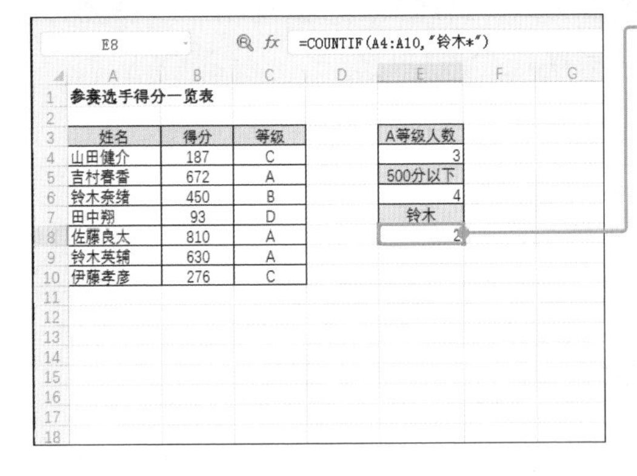

④ 显示单元格区域A4:A10中姓名包含“铃木”单元格的数量。

22 计算特定商品的总销售额——SUMIF()函数

满足条件的数据求和

如果要对满足指定条件的单元格求和，可以使用**SUMIF()函数**。例如，从全品类销售列表中选取特定商品并统计这些商品的总销售额。下面就来计算商品ID为“MG1201”的销售总额。

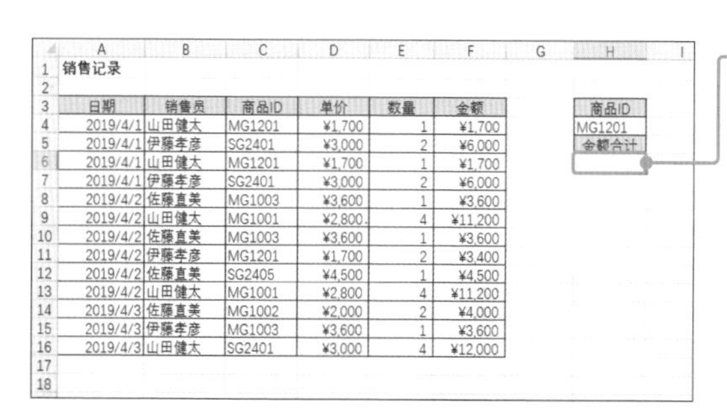

日期	销售员	商品ID	单价	数量	金额
2019/4/1	山田健太	MG1201	¥1,700	1	¥1,700
2019/4/1	伊藤孝彦	SG2401	¥3,000	2	¥6,000
2019/4/1	山田健太	MG1201	¥1,700	1	¥1,700
2019/4/1	伊藤孝彦	SG2401	¥3,000	2	¥6,000
2019/4/2	佐藤直美	MG1003	¥3,600	1	¥3,600
2019/4/2	山田健太	MG1001	¥2,800	4	¥11,200
2019/4/2	佐藤直美	MG1003	¥3,600	1	¥3,600
2019/4/2	伊藤孝彦	MG1201	¥1,700	2	¥3,400
2019/4/2	佐藤直美	SG2405	¥4,500	1	¥4,500
2019/4/2	山田健太	MG1001	¥2,800	4	¥11,200
2019/4/3	佐藤直美	MG1002	¥2,000	2	¥4,000
2019/4/3	伊藤孝彦	MG1003	¥3,600	1	¥3,600
2019/4/3	山田健太	SG2401	¥3,000	4	¥12,000

❶ 选中单元格H6（显示统计结果的单元格）。

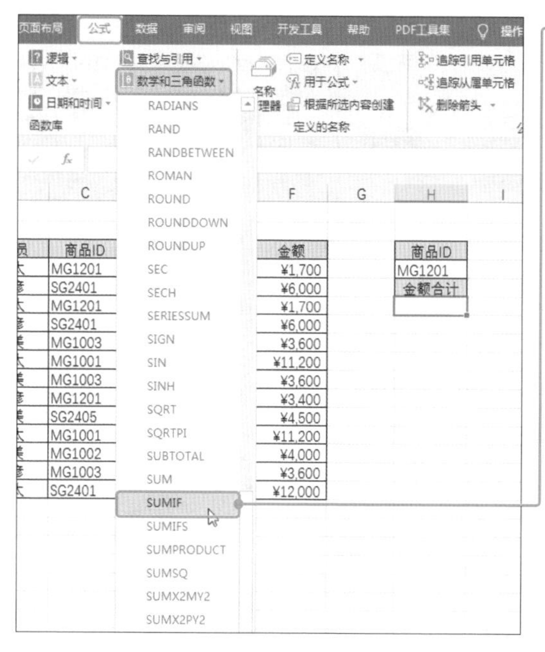

❷ 选择［公式］选项卡→［数学和三角函数］→［SUMIF］选项。

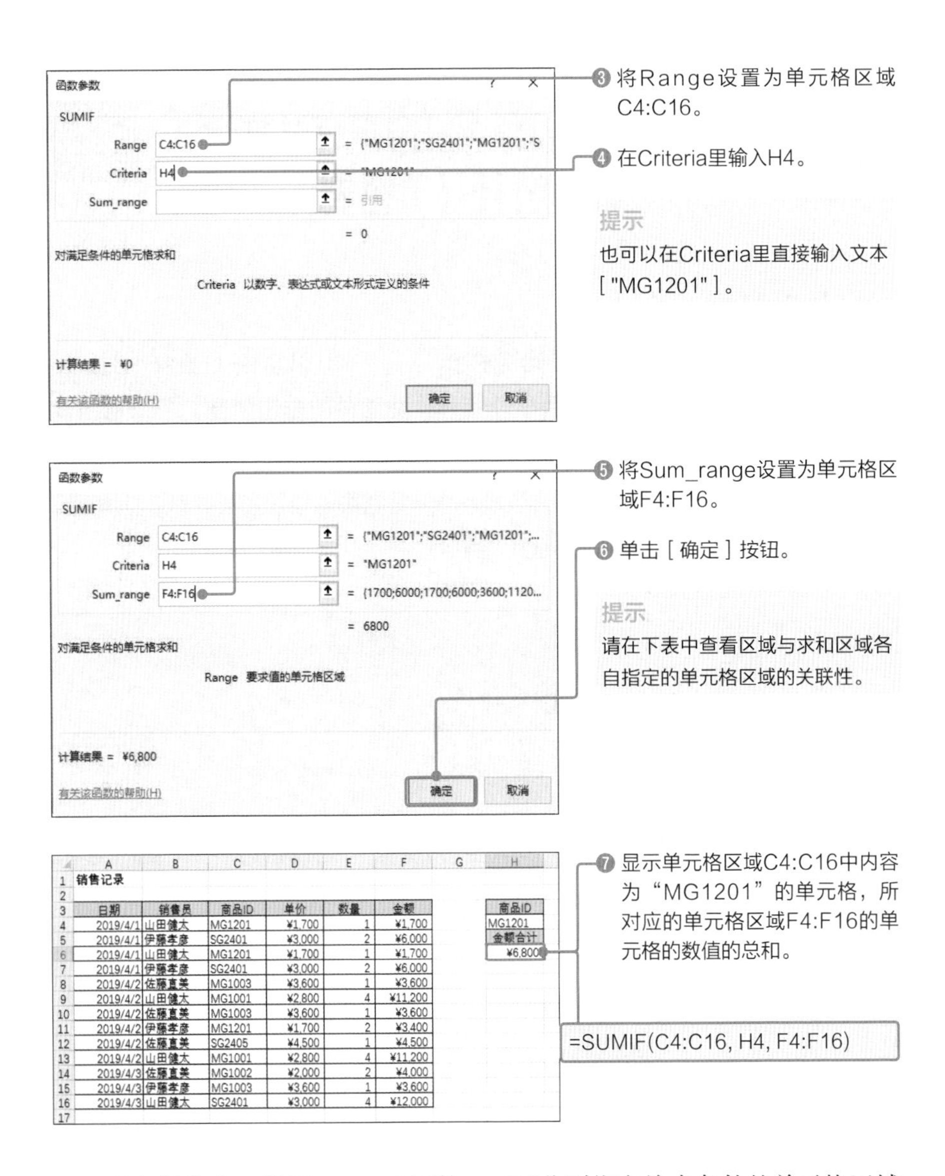

销售记录

日期	销售员	商品ID	单价	数量	金额
2019/4/1	山田健太	MG1201	¥1,700	1	¥1,700
2019/4/1	伊藤孝彦	SG2401	¥3,000	2	¥6,000
2019/4/1	山田健太	MG1201	¥1,700	1	¥1,700
2019/4/1	伊藤孝彦	SG2401	¥3,000	2	¥6,000
2019/4/2	佐藤直美	MG1003	¥3,600	1	¥3,600
2019/4/2	山田健太	MG1001	¥2,800	4	¥11,200
2019/4/2	佐藤直美	MG1003	¥3,600	1	¥3,600
2019/4/2	伊藤孝彦	MG1201	¥1,700	2	¥3,400
2019/4/2	佐藤直美	SG2405	¥4,500	1	¥4,500
2019/4/2	山田健太	MG1001	¥2,800	4	¥11,200
2019/4/3	佐藤直美	MG1002	¥2,000	2	¥4,000
2019/4/3	伊藤孝彦	MG1003	¥3,600	1	¥3,600
2019/4/3	山田健太	SG2401	¥3,000	4	¥12,000

以上操作中，使用SUMIF()函数，可以分别指定检索条件的单元格区域（本例中的C4:C16）和实际求和区域（本例中的F4:F16），但是，这两个单元格区域的大小（行数×列数）必须相同。使用该函数，可以对满足指定条件的区域内的单元格对应位置的求和区域的单元格的数据进行求和。

虽然该函数可以指定两个不相邻的单元格区域，但是一般用法还是像本例一样，在同一表区域内逐行判定条件并统计特定列的数值。

正数求和

指定**SUMIF()函数**检索条件时，也可以使用**比较运算符**（参见**p.203**）和**通配符**（见**p.210**）。下面以单元格区域C4:C10为对象，计算收支为正数（大于0）的单元格数值的总和。

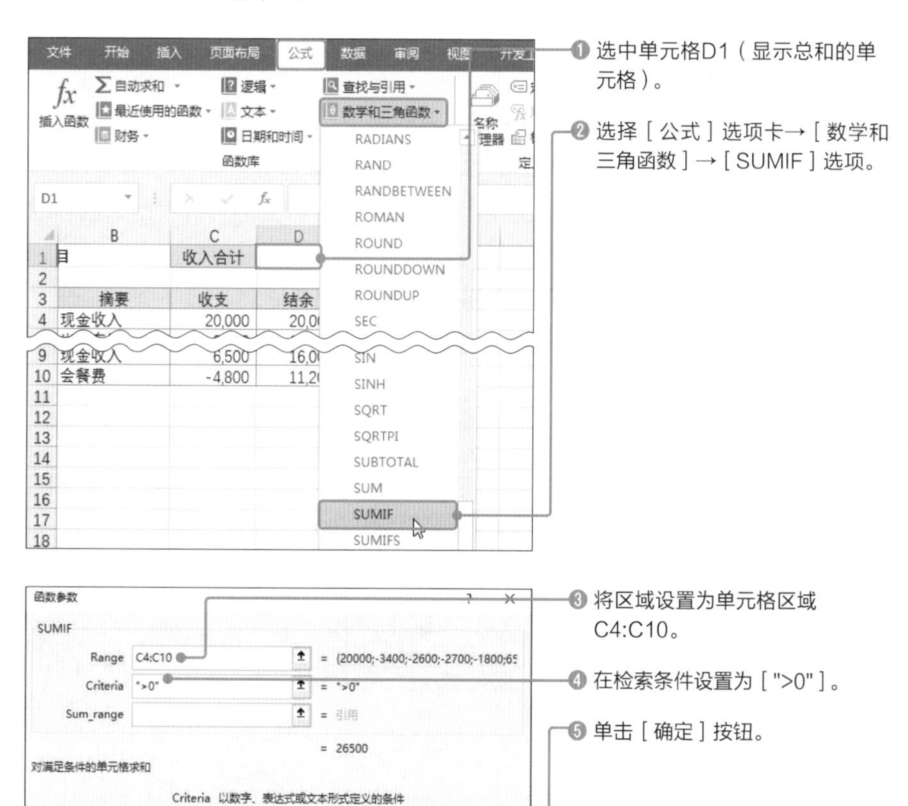

❶ 选中单元格D1（显示总和的单元格）。

❷ 选择［公式］选项卡→［数学和三角函数］→［SUMIF］选项。

❸ 将区域设置为单元格区域C4:C10。

❹ 在检索条件设置为［">0"］。

❺ 单击［确定］按钮。

	A	B	C	D
1	现金出纳账目		收入合计	26,500
2				
3	日期	摘要	收支	结余
4	2019/4/1	现金收入	20,000	20,000
5	2019/4/1	出租车费	-3,400	16,600
6	2019/4/1	会见开销	-2,600	14,000
7	2019/4/2	资料快递	-2,700	11,300
8	2019/4/2	电车费用	-1,800	9,500
9	2019/4/3	现金收入	6,500	16,000
10	2019/4/3	会餐费	-4,800	11,200

❻ 显示收支为正数的单元格数值的总和。

提示

如果参数求和区域省略不填，那么指定为参数区域的单元格区域将与检索对象同时成为求和对象。

Sample_Data/05-23/

23 组合使用多个函数

函数嵌套

在Excel中，函数参数可以指定为其他函数。将函数指定为另一个函数的参数，这种操作叫作 **“函数嵌套”**。

下面以**VLOOKUP()函数**指定为**IF()函数**的参数为例，讲解函数嵌套的方法，操作如下。

1）利用IF()函数验证左侧单元格是否输入商品名称。

2）如果已输入商品名称，则利用VLOOKUP()函数提取该商品的价格。

> **笔记**
>
> 本节提到的IF()函数的基本使用方法参见**p.202**，VLOOKUP()函数的基本使用方法参见**p.204**。

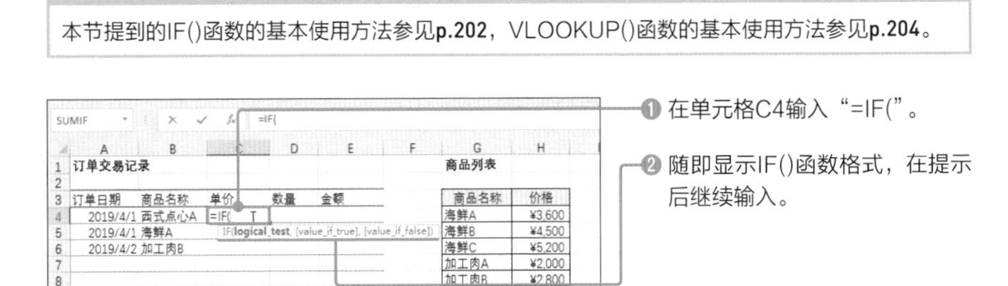

商品名称	价格
海鲜A	¥3,600
海鲜B	¥4,500
海鲜C	¥5,200
加工肉A	¥2,000
加工肉B	¥2,800
加工肉C	¥3,800
西式点心A	¥2,500
西式点心B	¥3,000
西式点心C	¥3,600

❸ 在参数［逻辑式］里输入“B4<>""”，然后输入“,”。

=IF(B4<>"",

提示

“""”表示空白（没有任何内容）。这里使用比较运算符<>，将“单元格B4在空格之外”指定为条件。

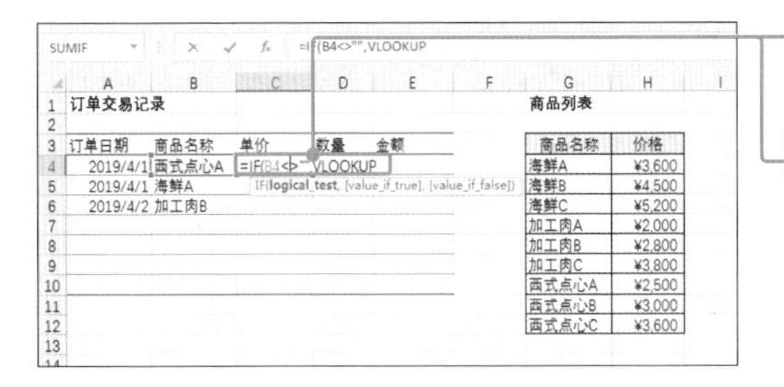

❹ 在参数值为真时使用VLOOKUP()函数式，首先输入“VLOOKUP”。

=IF(B4<>"",VLOOKUP

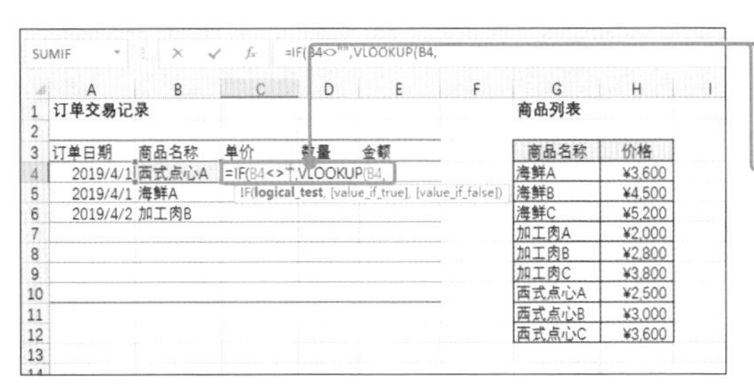

❺ 将VLOOKUP()函数参数检索值设置为B4，然后输入“,”。

=IF(B4<>"",VLOOKUP(B4,

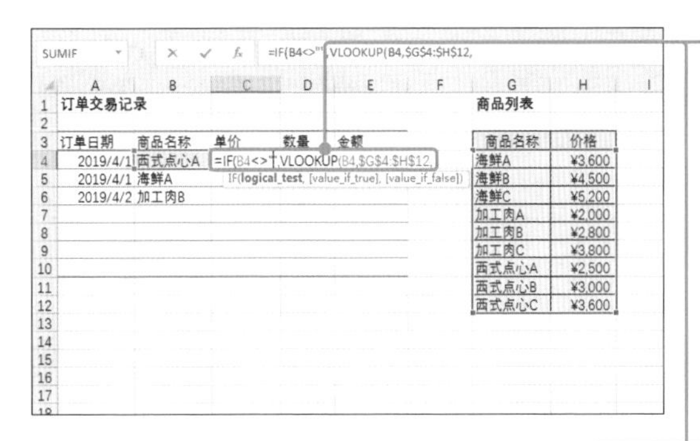

❻ 将VLOOKUP()函数参数区域设置为“$G$4:$H$12”，然后输入“,”。

=IF(B4<>"",VLOOKUP(B4,$G$4:$H$12,

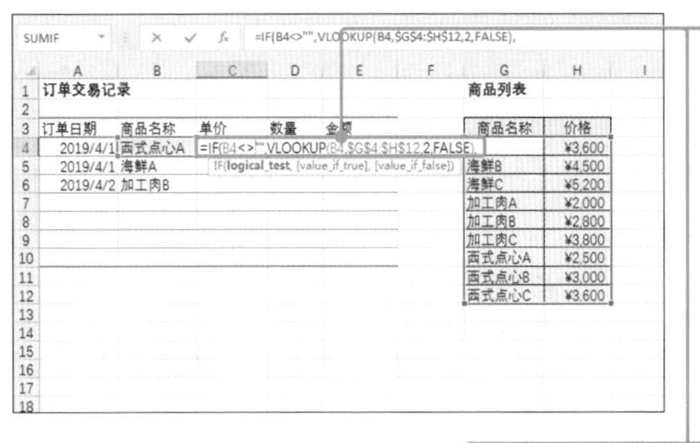

❼ 将VLOOKUP()函数参数列号设置为2，输入“,”，然后将参数检索方法指定为FALSE。输入“)”并关闭VLOOKUP函数式，输入“,”。

=IF(B4<>"",VLOOKUP(B4,$G$4:$H$12,2,FALSE),

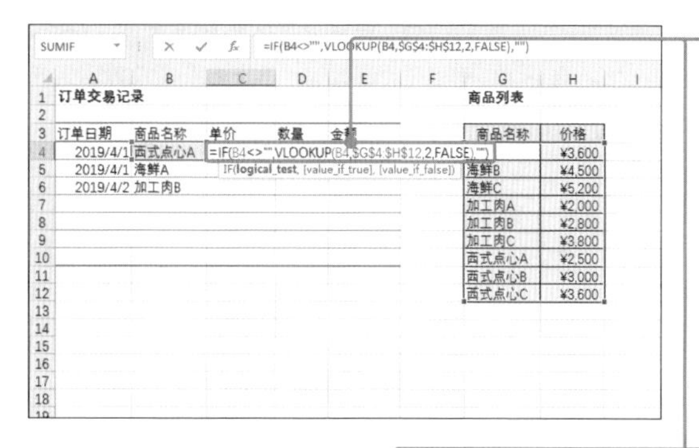

❽ 在IF()函数参数值为假里输入“""”，然后输入“)”关闭IF()函数式，按Enter键确定函数式输入。

=IF(B4<>"",VLOOKUP(B4,$G$4:$H$12,2,FALSE),"")

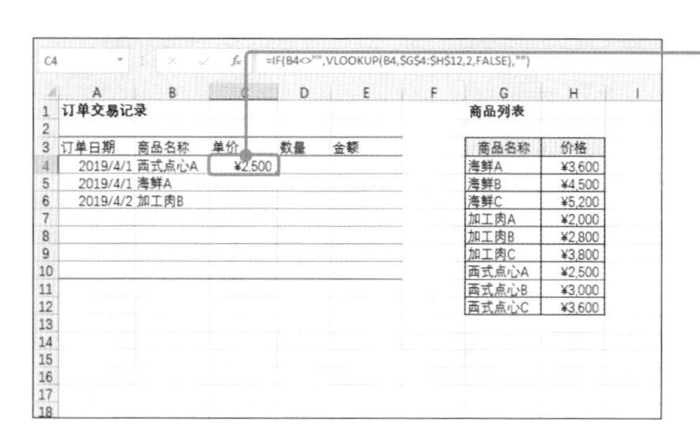

❾ 单元格C4显示商品对应的价格。

提示

也可以使用输入函数时所用的对话框输入组合函数公式，但直接输入的效率更高。在还不适应的时候或许觉得有些困难，但一定要勇于尝试直接输入。

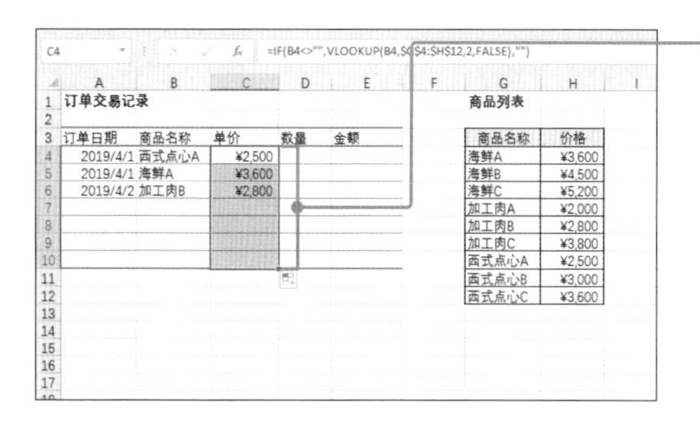

❿ 将单元格C4的公式复制到单元格区域C5:C10，则可以根据商品代码显示各种商品对应的价格，未录入商品名称的行则为空白。

实用的专业技巧! **明确提示错误**

在本函数范例中，IF()函数的值为假参数指定的是空白("")，因此在未输入商品名称的行，其单价也均为空白。如果要在这种情况下明确提示“未输入”错误，还可以在值为假参数里输入“未输入商品名称”或“未找到已输入的商品名称”等提示错误的文本。

24 自动添加分类汇总行和总计行

应用“分类汇总”功能

197页已经介绍了如何利用［**自动求和**］**功能**自动输入返回分类汇总和总计的公式，但如果分类汇总行较多，该方法就十分麻烦。当分类汇总行较多时，使用Excel预置的**分类汇总**功能更加方便。利用该功能，可以按照预设基准自动插入分类汇总行，非常轻松地实现分类汇总和总计。

下面的示例为让表格自动显示**各个地区（都道府县）所有分店销售额的分类汇总和总计**。不过，在使用该功能之前，需要**先整理地区名称等分类汇总的单位**，因此下表预先创建了“都道府县”列（B列），并以此为基准对行进行了排序（参见p.176）。

	A	B	C	D	E	F
1	各店销售数量					
2						
3	店名	都道府县	日式点心	西式点心	其他	
4	涩谷总店	东京都	1,463	3,421	418	
5	新宿店	东京都	2,638	4,861	1,013	
6	池袋店	东京都	1,961	2,853	638	
7	横滨店	神奈川县	2,345	3,418	1,251	
8	川崎店	神奈川县	1,151	2,264	647	
9	厚木店	神奈川县	438	1,143	195	
10	埼玉店	埼玉县	1,256	2,250	382	
11	所泽店	埼玉县	963	1,340	214	
12	川越店	埼玉县	1,052	1,911	471	
13						
14						
15						
16						

❶ 选中要计算分类汇总和总计的表格中任一单元格。

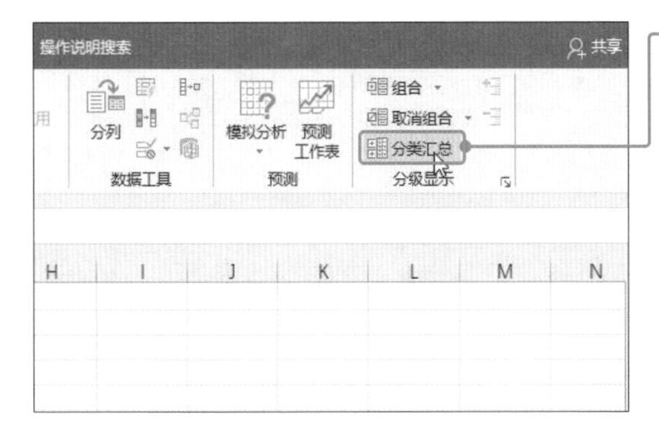

❷ 单击［数据］选项卡→［分类汇总］按钮。

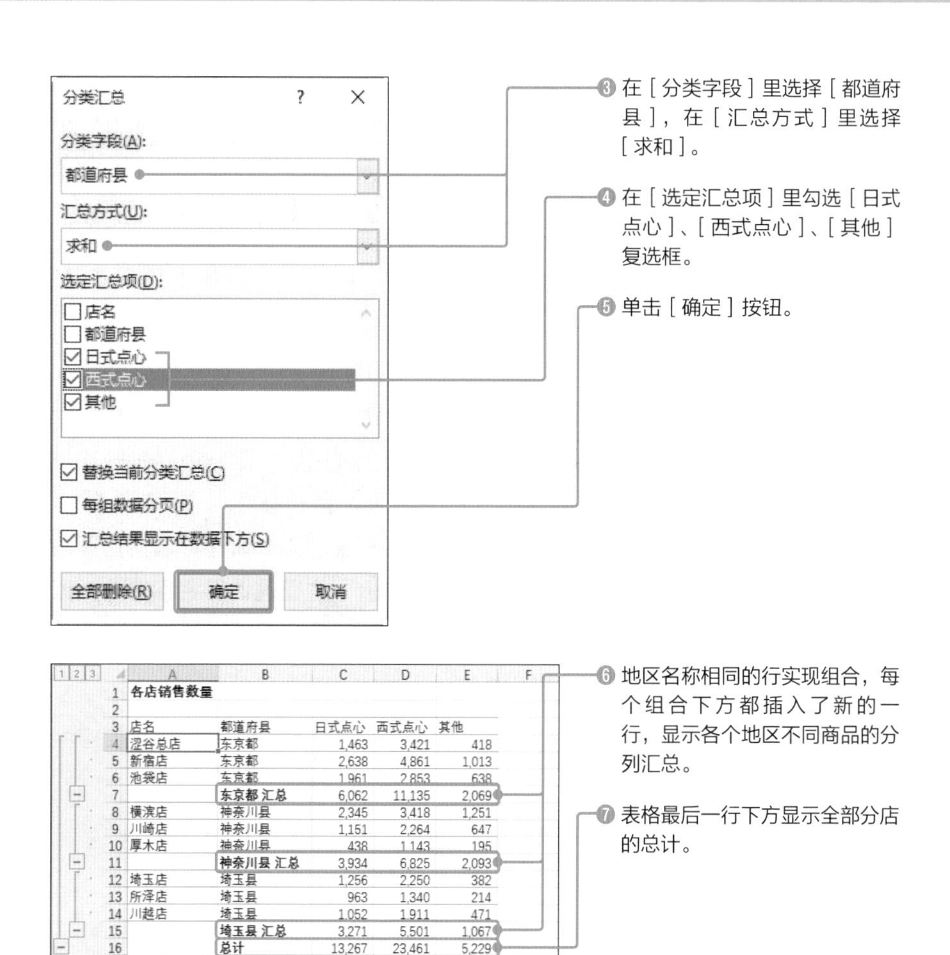

	A	B	C	D	E	F
1	各店销售数量					
2						
3	店名	都道府县	日式点心	西式点心	其他	
4	涩谷总店	东京都	1,463	3,421	418	
5	新宿店	东京都	2,638	4,861	1,013	
6	池袋店	东京都	1,961	2,853	638	
7		东京都 汇总	6,062	11,135	2,069	
8	横滨店	神奈川县	2,345	3,418	1,251	
9	川崎店	神奈川县	1,151	2,264	647	
10	厚木店	神奈川县	438	1,143	195	
11		神奈川县 汇总	3,934	6,825	2,093	
12	埼玉店	埼玉县	1,256	2,250	382	
13	所泽店	埼玉县	963	1,340	214	
14	川越店	埼玉县	1,052	1,911	471	
15		埼玉县 汇总	3,271	5,501	1,067	
16		总计	13,267	23,461	5,229	
17						

此外，显示分类汇总和总计的单元格输入的是**SUBTOTAL()函数**公式。这一函数对对象区域求和，但该对象区域不包括**SUBTOTAL()函数**公式单元格。使用这一函数，无须指定具体的单元格区域，而且在计算总计时会将分类汇总单元格排除在外。

应用分级显示功能

上述执行分类汇总功能的表格自动设置分级，并根据指定基准（在上一例中是都道府县）组合。

如果单击行号左侧的分级显示按钮［1］，将只显示总计行。

	A	B	C	D	E	F
1	各店销售数量					
2						
3	店名	都道府县	日式点心	西式点心	其他	
16		总计	13,267	23,461	5,229	
17						
18						
19						
20						
21						
22						
23						
24						
25						

单击［1］**按钮**，仅显示总计内容。

单击［2］按钮，则显示分类汇总和总计行。

	A	B	C	D	E	F
1	各店销售数量					
2						
3	店名	都道府县	日式点心	西式点心	其他	
7		东京都 汇总	6,062	11,135	2,069	
11		神奈川县 汇总	3,934	6,825	2,093	
15		埼玉县 汇总	3,271	5,501	1,067	
16		总计	13,267	23,461	5,229	
17						
18						
19						
20						
21						
22						
23						

如果要显示所有行，则单击［3］**按钮**。

	A	B	C	D	E	F
1	各店销售数量					
2						
3	店名	都道府县	日式点心	西式点心	其他	
4	涩谷总店	东京都	1,463	3,421	418	
5	新宿店	东京都	2,638	4,861	1,013	
6	池袋店	东京都	1,961	2,853	638	
7		东京都 汇总	6,062	11,135	2,069	
8	横滨店	神奈川县	2,345	3,418	1,251	
9	川崎店	神奈川县	1,151	2,264	647	
10	厚木店	神奈川县	438	1,143	195	
11		神奈川县 汇总	3,934	6,825	2,093	
12	埼玉店	埼玉县	1,256	2,250	382	
13	所泽店	埼玉县	963	1,340	214	
14	川越店	埼玉县	1,052	1,911	471	
15		埼玉县 汇总	3,271	5,501	1,067	
16		总计	13,267	23,461	5,229	
17						
18						
19						

笔记

如果单击分级显示的-按钮，该分组被隐藏，按钮变为+。单击+按钮，已隐藏的分组重新显示。分组显示功能参见**p.116**。

Sample_Data/05-25/

25 查找公式的引用关系

扫码看视频

查找引用单元格

有时在公式里设置了单元格行列号，但一段时间以后，可能会忘记引用的是哪一个单元格；或者是处理其他人创建的表格时，不清楚原作者引用的是哪个单元格。

使用Excel的**追踪功能**可以很轻松地解决上述问题。利用这个功能，可以一目了然地确认单元格之间的引用关系。

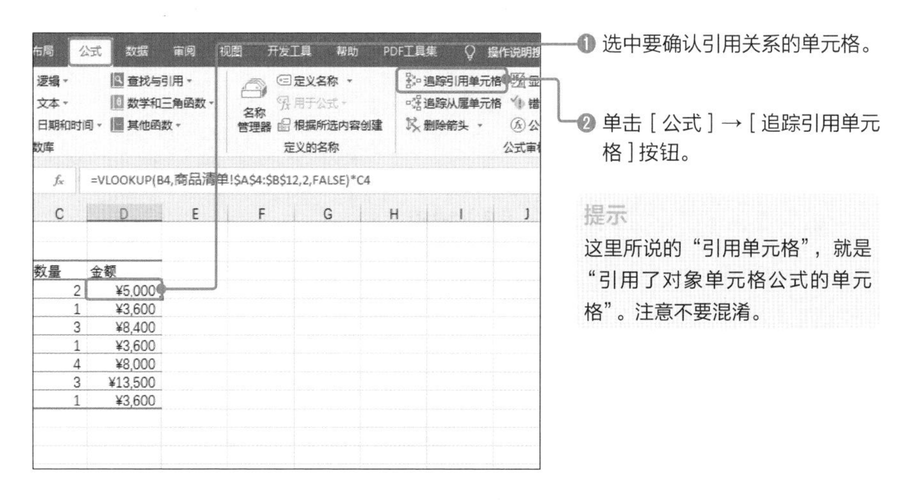

❶ 选中要确认引用关系的单元格。

❷ 单击［公式］→［追踪引用单元格］按钮。

提示

这里所说的“引用单元格”，就是“引用了对象单元格公式的单元格”。注意不要混淆。

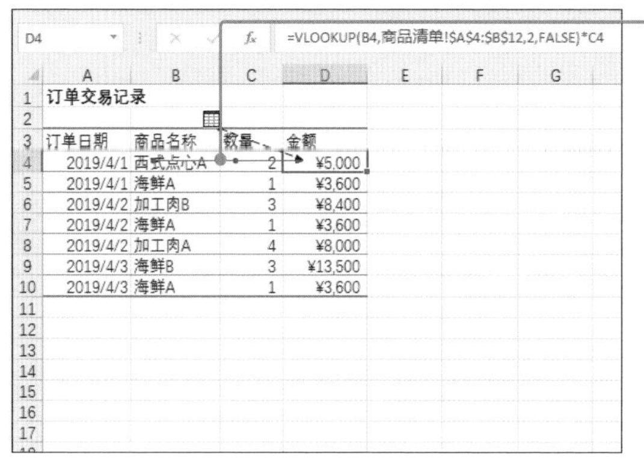

❸ 显示从引用单元格指向对象单元格的“追踪箭头”。

提示

如果所选单元格未引用其他单元格，则不显示箭头。

定位至引用单元格所在工作表

利用追踪箭头，可以**选中引用单元格**。而且如果引用单元格位于其他工作表，还可以定位到该工作表。

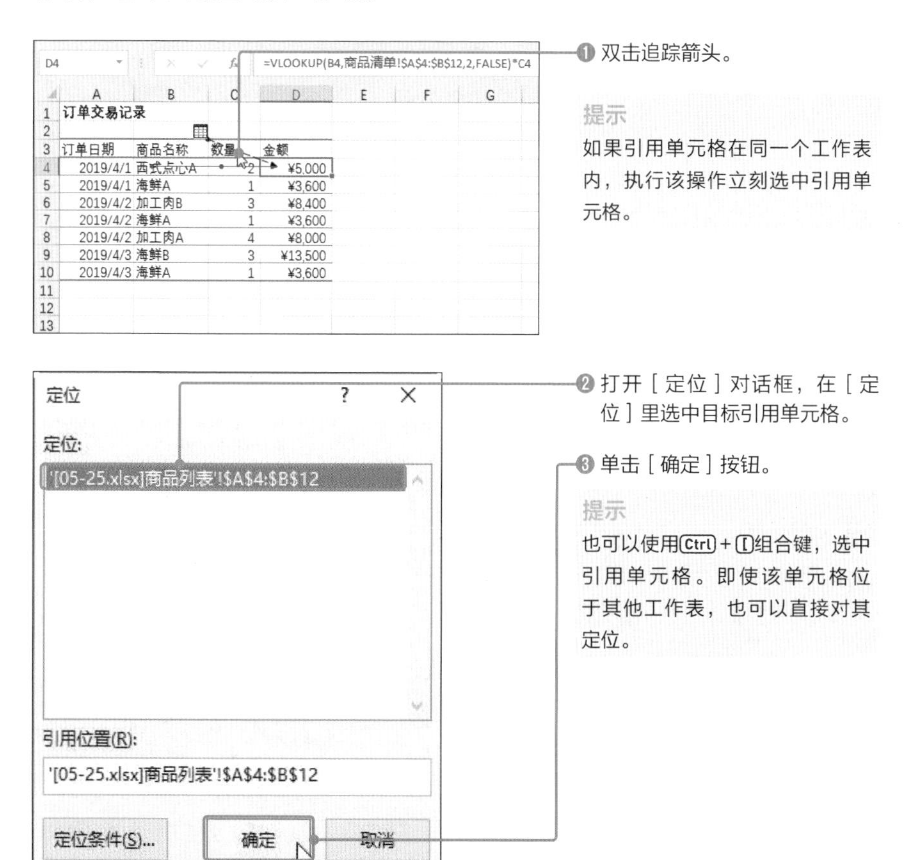

❶ 双击追踪箭头。

提示

如果引用单元格在同一个工作表内，执行该操作立刻选中引用单元格。

❷ 打开［定位］对话框，在［定位］里选中目标引用单元格。

❸ 单击［确定］按钮。

提示

也可以使用Ctrl+[组合键，选中引用单元格。即使该单元格位于其他工作表，也可以直接对其定位。

笔记

从［定位］对话框的［引用位置］可以确认引用单元格的位置。如果只需确认，无须实际定位，那么在确认［引用位置］之后即可单击［取消］按钮。
此外，单击［定位］对话框的［定位条件］按钮，可以修改或指定定位起点单元格。

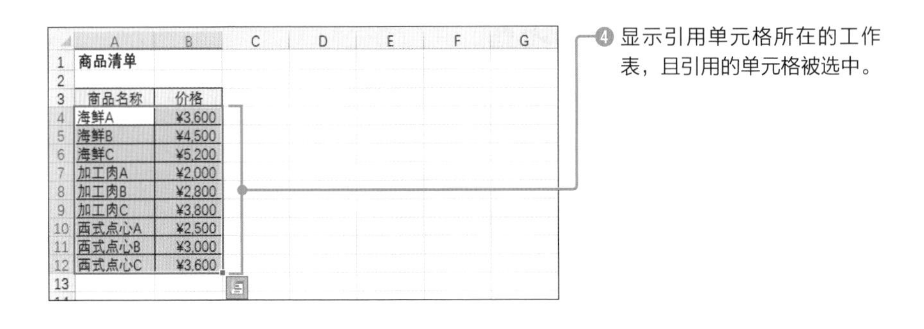

查找从属单元格

还可以定位引用了对象单元格内容的单元格。

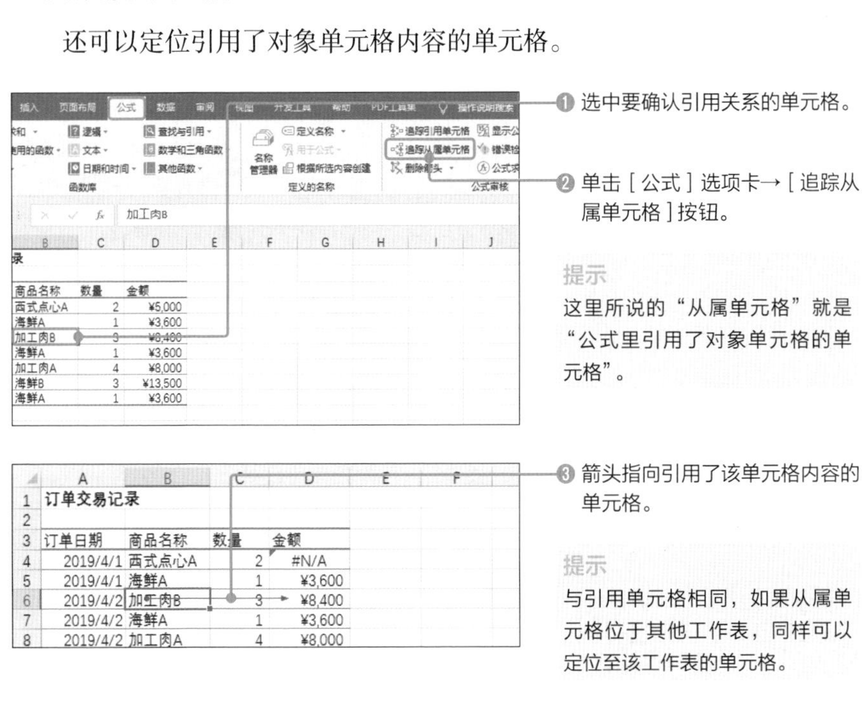

提示

这里所说的“从属单元格”就是“公式里引用了对象单元格的单元格”。

提示

与引用单元格相同，如果从属单元格位于其他工作表，同样可以定位至该工作表的单元格。

如果要关闭显示的追踪箭头，可以单击**［公式］选项卡→［删除箭头］按钮**将其删除。

Sample_Data/05-26/

26 引用其他工作表的单元格

引用同一工作簿内其他工作表的单元格

在Excel中，当公式引用其他单元格时，不仅可以引用同一工作表内的单元格，还可以引用其他工作表或工作簿的单元格。

按照下列步骤操作，可以引用其他工作表的单元格。

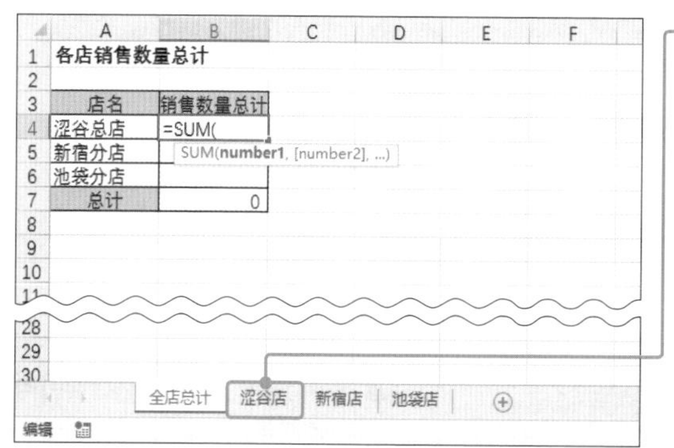

❶ 在编辑公式过程中，切换至要引用的单元格所在工作表的标签。

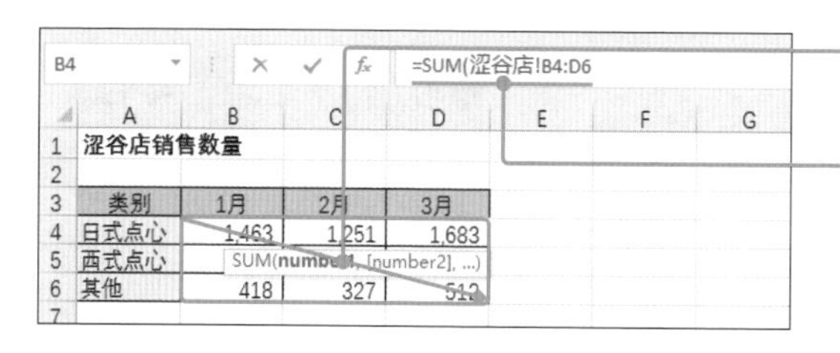

❷ 切换工作表，选择引用的单元格区域。

❸ 公式中先后输入工作表名称和该单元格区域“涩谷店!B4:D6”。

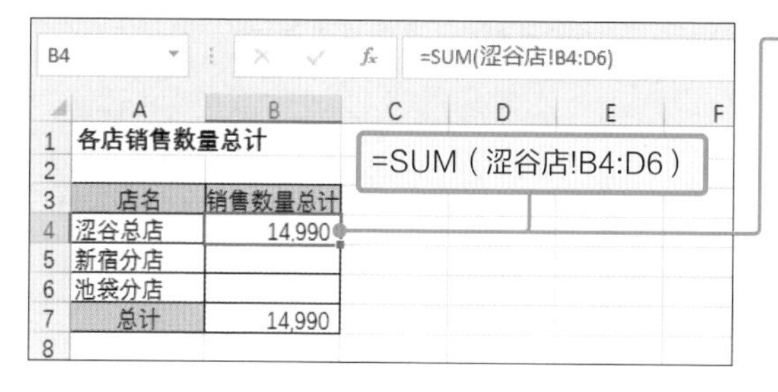

❹ 将公式输入完整并确定，则显示公式引用其他工作表单元格后的结果。

提示

使用直接输入的方式引用其他工作表时，要像上面一样用“!”连接工作表名称和单元格行列号。

Sample_Data/05-27/

27 引用其他工作簿的单元格

在公式中引用其他工作簿内的单元格

在Excel中，不仅可以引用同一工作簿内的单元格，还可以引用其他工作簿的单元格。**同时打开编辑公式的工作簿和想要引用的工作簿**，执行下列操作，即可在公式中引用其他工作簿的单元格。

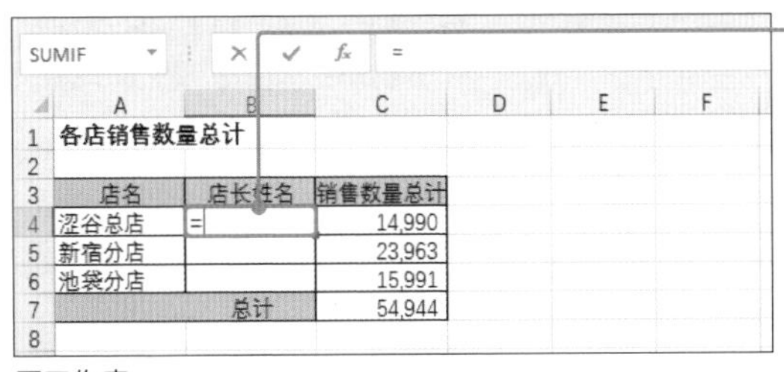

	A	B	C
1	各店销售数量总计		
2			
3	店名	店长姓名	销售数量总计
4	涩谷总店	=	14,990
5	新宿分店		23,963
6	池袋分店		15,991
7		总计	54,944
8			

原工作表

❶ 让单元格进入编辑模式并输入“=”。

提示

这里预先打开“店铺信息.xlsx”工作簿。

SUMIF　=[店铺信息.xlsx]店长名单!$C$4

	A	B	C
1		店长名单	
2			
3		店名	店长姓名
4		涩谷总店	佐藤真一
5		新宿店	铃木健太
6		池袋店	中村奈奈
7		品川店	野村雄太
8		横浜店	田中博

店铺信息.xlsx

❷ 选中另一个工作簿，选择要引用的单元格。

提示

也可以用光标划过任务栏的Excel缩略图，选中目标工作簿的窗口。

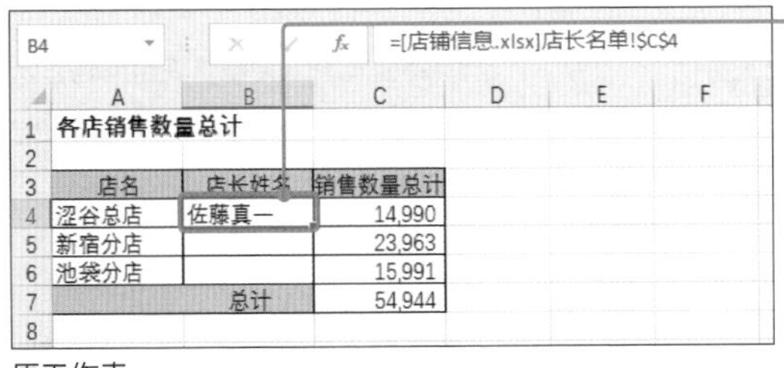

	A	B	C
1	各店销售数量总计		
2			
3	店名	店长姓名	销售数量总计
4	涩谷总店	佐藤真一	14,990
5	新宿分店		23,963
6	池袋分店		15,991
7		总计	54,944
8			

原工作表

❸ 按Enter键确定公式，则输入其他工作簿单元格的内容。

提示

引用其他工作簿时，要像“[店铺信息.xlsx]店长名单!$C$4”那样用[]括住工作簿名称。

28 汇总多个工作表的数据

利用3-D功能引用统计数据

如果手动统计位于多个工作表的数据，就要逐一打开工作表，查找需要引用的单元格。引用的工作表越多，这种方法就越烦琐。

这时更加简便的方法是**3-D引用功能**。利用该功能，只需简单操作，就可以**统计相邻工作表内相同位置单元格的数值**。使用该功能时，操作对象需要满足以下两个条件。

1）统计对象工作表需相邻。

2）统计对象单元格需要位于工作表内相同位置。

下面介绍如何把工作表“涩谷店”到“池袋店”所有单元格D1的总值输入工作表“全店合计”的单元格B3显示的公式。

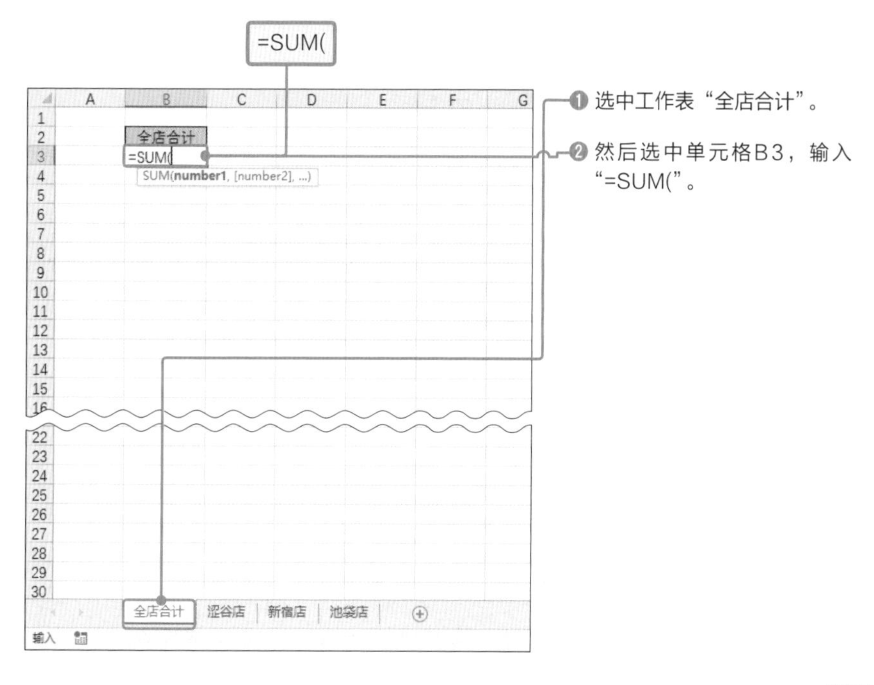

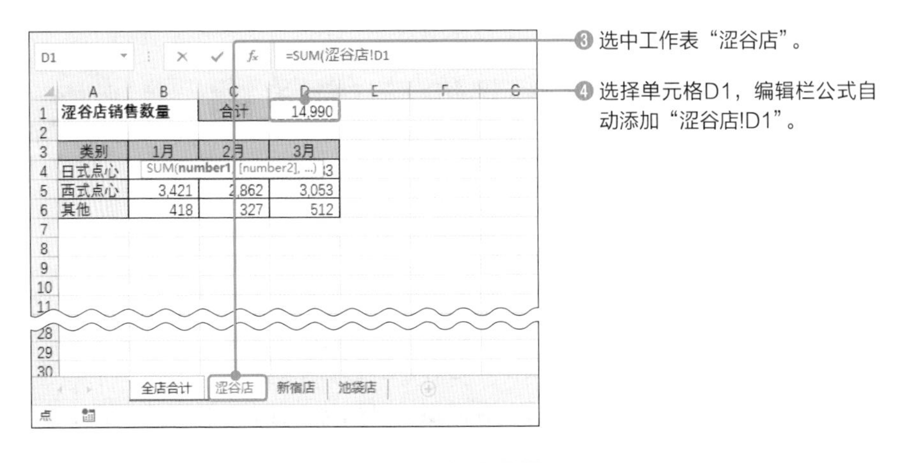

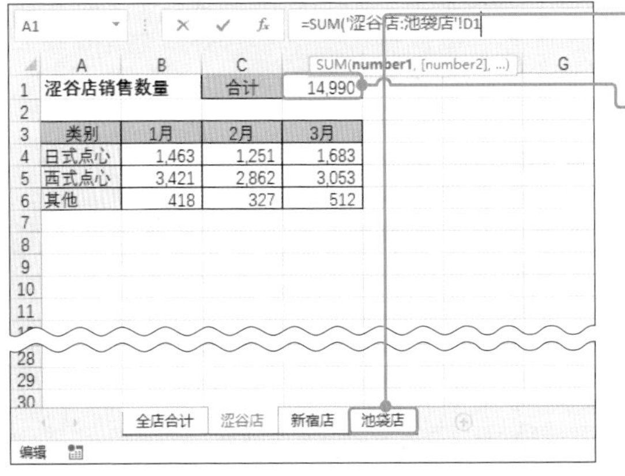

❺按住Shift键单击工作表“池袋店”的工作表标签。

❻编辑栏的公式的单元格引用部分变为“涩谷店:池袋店!D1”。

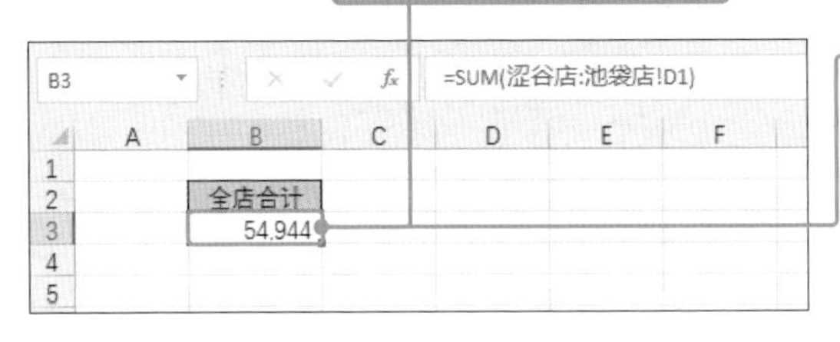

❼输入“)”，按Enter键确定公式，工作表“全店合计”的单元格B3显示全店的合计金额。

实用的专业技巧! **可使用3-D引用功能的函数**

并不是所有函数都可以使用3-D功能进行统计，可以使用该功能的函数主要有SUM()函数、AVERAGE()函数、COUNT()函数、MAX()函数、MIN()函数、STDEV()函数等。详细介绍参见Excel的帮助功能。

Sample_Data/05-29/

29 汇总多个表格数据

扫码看视频

根据标题汇总多个表格的数据

如果多个工作表的各个表格结构都是相同的，那么就可以使用3-D引用进行统计（参见**p.225**）。但是在实际工作中很难遇到这样理想的情况，由于客户和交易商不同而出现表格五花八门的情况可谓是家常便饭。

当表格的结构各不相同时，使用**合并计算功能汇总**更加简便。利用该功能，**即使表格各行各列的内容不同，也可以根据行与列相近的标题自动进行汇总**。

下面把以下三个工作表的数据统计在空白工作表上。

4月各店销售数量

商品分类	涩谷店	新宿店	池袋店	品川店
日式点心	1,837	2,712	2,054	1,641
西式点心	3,952	4,876	4,052	3,485
中式点心	453	762	183	0
合计	6,242	8,350	6,289	5,126

5月各店销售数量

商品分类	涩谷店	新宿店	池袋店
日式点心	2,013	3,184	2,956
西式点心	4,052	4,741	3,963
轻食	247	163	742
合计	6,312	8,088	7,661

6月各店销售数量

商品分类	青山店	涩谷店	新宿店	池袋店
日式点心	1,256	1,986	2,746	2,418
西式点心	3,625	3,695	4,123	4,058
轻食	93	187	243	851
合计	4,974	5,868	7,112	7,327

在上图中，数据内容和目的是相同的，但**"4月各店销售数量"**与**"5月各店销售数量"**在表格结构方面略有不同（5月没有"品川店"的数据）。此外，仔细观察**"6月各店销售数量"工作表**的结构，可以发现分店的记录顺序与其他月份有所不同。当存在这些"区别"的时候，无法使用**3-D引用功能**，因此要利用合并计算功能进行汇总。

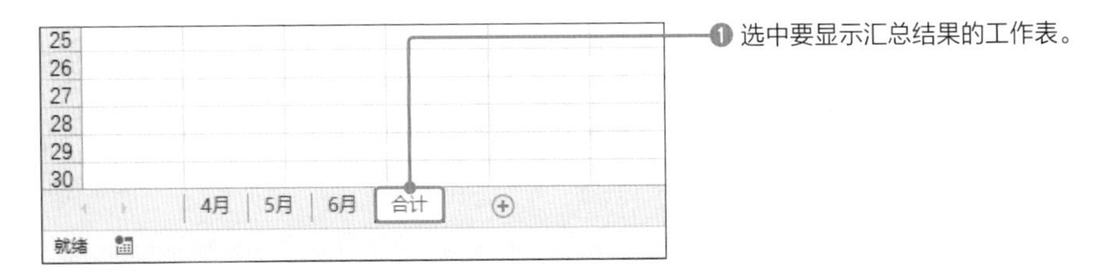

❶ 选中要显示汇总结果的工作表。

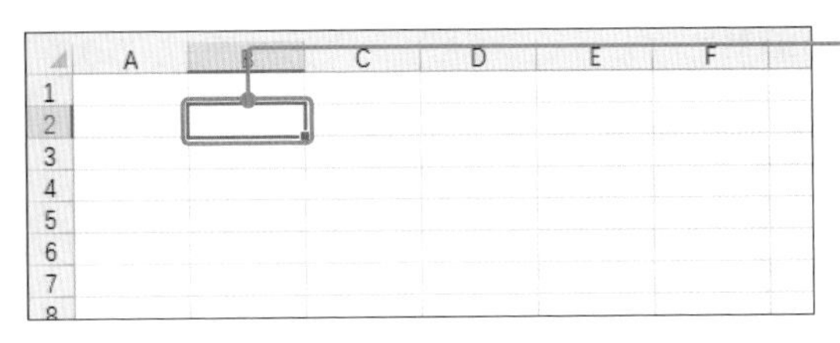

❷ 选中要显示数据的单元格。

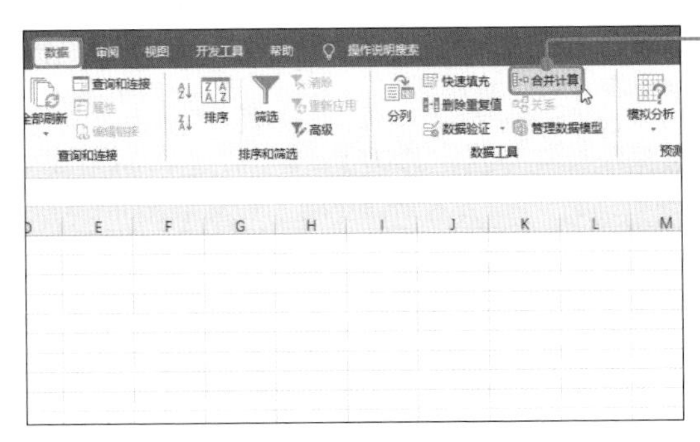

❸ 单击［数据］选项卡→［合并计算］按钮。

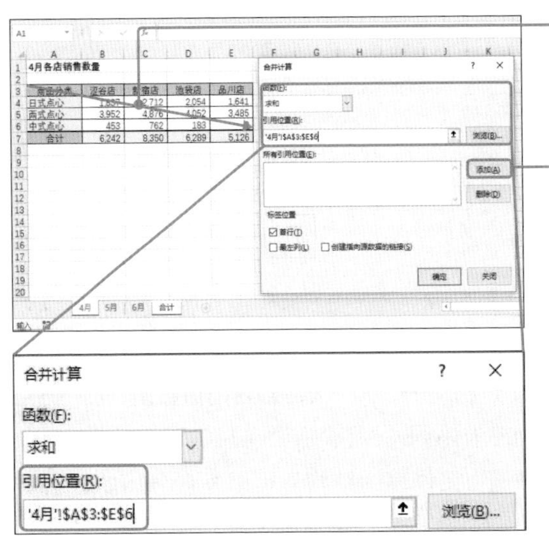

❹ 显示［合并计算］对话框。［引用位置］处于未输入状态，切换至工作表“4月”，选中单元格区域A3:E6。

❺ 单击［添加］按钮，该单元格区域添加至［所有引用位置］中。

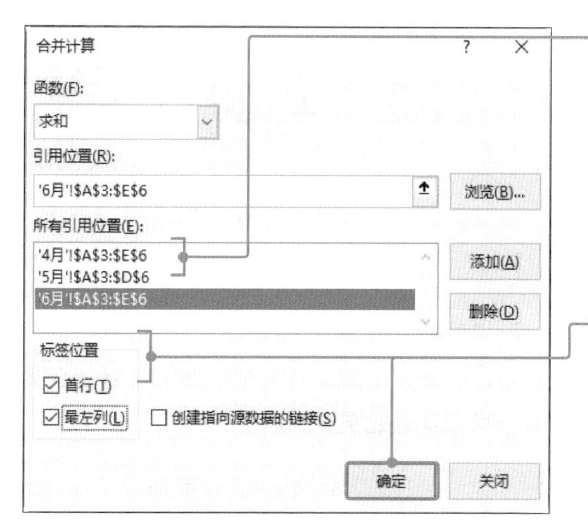

❻ 使用同样方法将工作表“5月”的单元格区域A3:D6、工作表“6月”的单元格区域A3:E6添加至［所有引用位置］。

提示

关于工作表“6月”和“7月”的表格内容参见**p.227**。

❼ 勾选［标签位置］里的［首行］和［最左列］复选框，单击［确定］按钮。

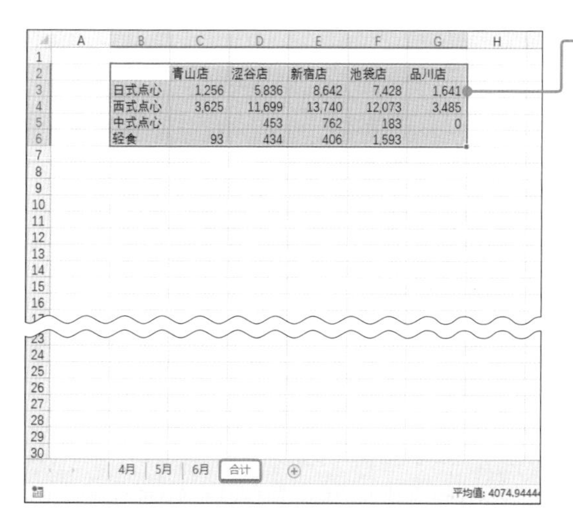

	青山店	涩谷店	新宿店	池袋店	品川店
日式点心	1,256	5,836	8,642	7,428	1,641
西式点心	3,625	11,699	13,740	12,073	3,485
中式点心		453	762	183	0
轻食	93	434	406	1,593	

❽ 所指定的三个表格的数据按照行与列的标题自动进行统计，并汇总为一个表格。

笔记

这里汇总的是创建在不同工作表的表格数据，该方法同样适用于同一工作表内的多个表格。

实用的专业技巧! **设置数据自动更新**

本节介绍的合并计算功能还可以进行设置，让统计数据跟随源数据自动更新。具体方法是打开［合并计算］对话框，勾选［创建指向源数据的链接］复选框。

已创建的表格里会输入引用了全部源数据单元格的公式，但可以使用分组功能（参见**p.116**）将其隐藏，仅显示统计结果。

30 灵活应用“名称”功能

在公式里应用名称功能

应用Excel的**“名称”功能**，可以轻松选中单元格或单元格区域（参见p.121）。但是“名称”的使用方法并不仅限于此。**在公式中使用名称，不仅可以让公式的计算内容清楚明了，还可以让公式更加简洁**。

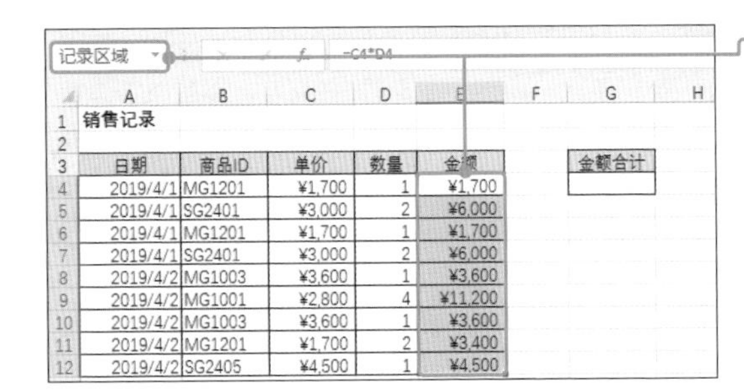

❶ 选中单元格区域E4:E12，在[名称框]输入[记录区域]。

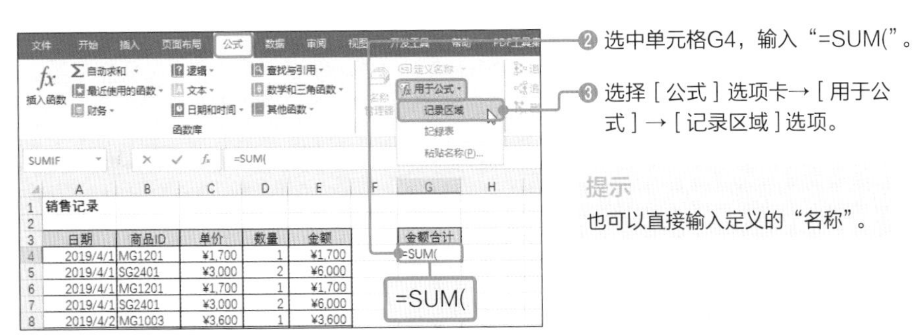

❷ 选中单元格G4，输入“=SUM(”。

❸ 选择[公式]选项卡→[用于公式]→[记录区域]选项。

提示

也可以直接输入定义的“名称”。

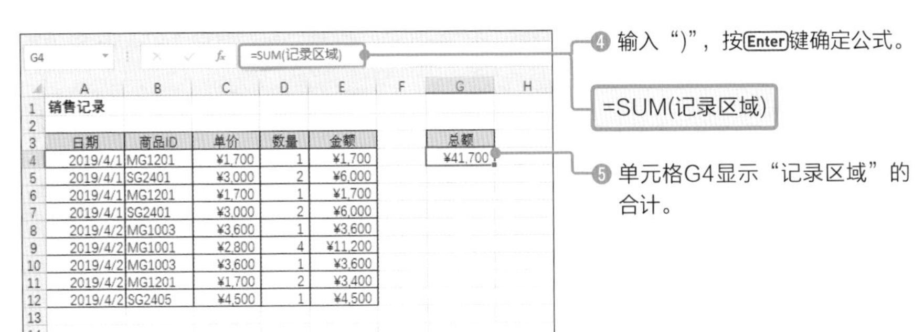

	A	B	C	D	E
3	日期	商品ID	单价	数量	金额
4	2019/4/1	MG1201	¥1,700	1	¥1,700
5	2019/4/1	SG2401	¥3,000	2	¥6,000
6	2019/4/1	MG1201	¥1,700	1	¥1,700
7	2019/4/1	SG2401	¥3,000	2	¥6,000
8	2019/4/2	MG1003	¥3,600	1	¥3,600
9	2019/4/2	MG1001	¥2,800	4	¥11,200
10	2019/4/2	MG1003	¥3,600	1	¥3,600
11	2019/4/2	MG1201	¥1,700	2	¥3,400
12	2019/4/2	SG2405	¥4,500	1	¥4,500

❹ 输入“)”，按Enter键确定公式。

❺ 单元格G4显示“记录区域”的合计。

命名公式

“名称”不仅可以像上面那样设置**“单元格引用”，还可以设置为数值或公式**。下面把“左侧单元格数值乘以0.8”的公式命名为“折扣价”。

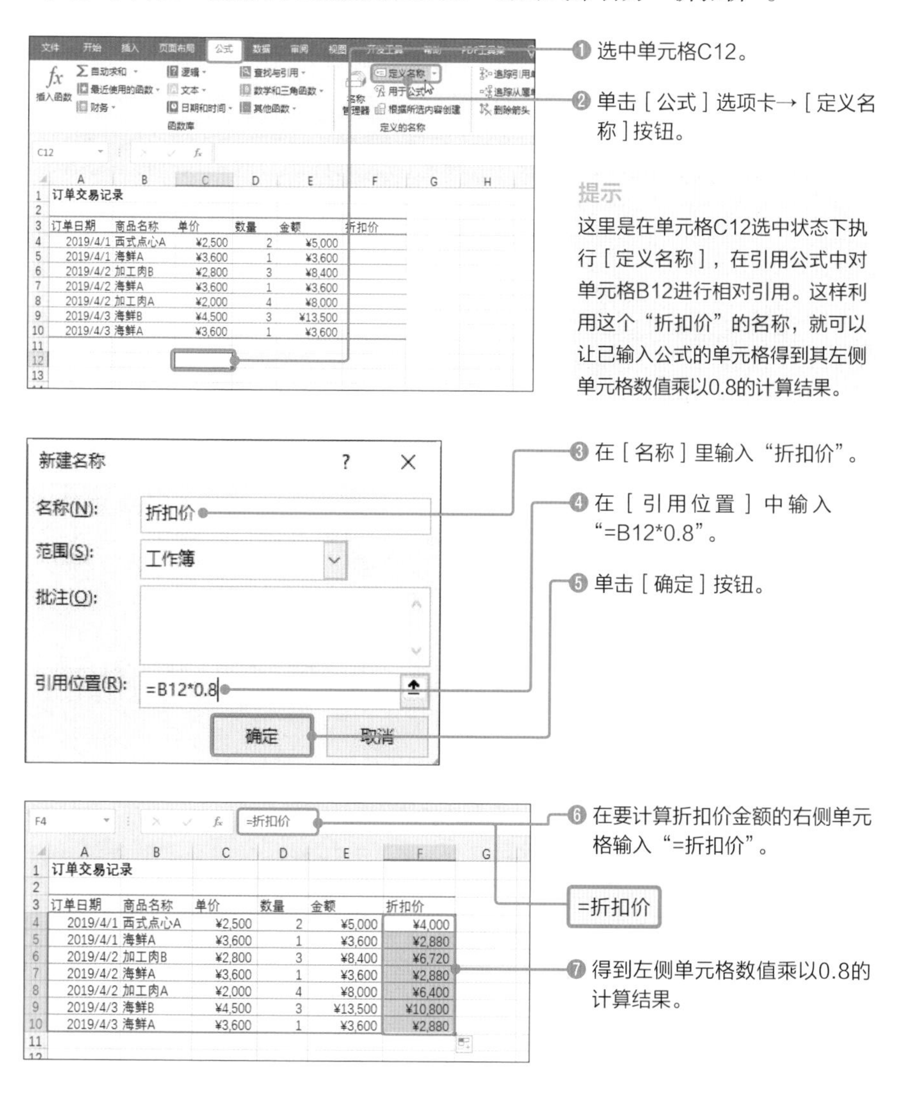

提示

这里是在单元格C12选中状态下执行［定义名称］，在引用公式中对单元格B12进行相对引用。这样利用这个“折扣价”的名称，就可以让已输入公式的单元格得到其左侧单元格数值乘以0.8的计算结果。

Sample_Data/05-31/

31 将公式转换为计算结果

扫码看视频

将整个公式转换为数值

可以将输入单元格的公式或正在编辑的公式转换为该公式的计算结果，下面介绍如何把单元格E4输入的整个公式转换为它的计算结果。

	A	B	C	D	E	F	G
1				消费税率	8%		
2							
3		商品ID	时间	税后价格	税前价格		
4		MG1201	10:25	¥1,700	=D4*(1+$E$1)		
5		SG2401	11:12	¥3,000	¥3,240		
6		MG1201	11:35	¥1,700	¥1,836		
7		MG1003	12:48	¥3,600	¥3,888		
8		MG1001	13:19	¥2,800	¥3,024		
9							

❶ 双击选中单元格E4，使其进入编辑状态。

提示

也可以按F2功能键让单元格进入编辑状态（参见p.36）。

	A	B	C	D	E	F	G
1				消费税率	8%		
2							
3		商品ID	时间	税后价格	税前价格		
4		MG1201	10:25	¥1,700	1836		
5		SG2401	11:12	¥3,000	¥3,240		
6		MG1201	11:35	¥1,700	¥1,836		
7		MG1003	12:48	¥3,600	¥3,888		
8		MG1001	13:19	¥2,800	¥3,024		
9							

❷ 按F9功能键，将单元格公式转换为数值计算结果。

实用的专业技巧! **将公式转换为计算结果的高级技巧**

此外，还可以用复制并作为“值”粘贴的方法将公式转换为数值（参见p.44）。使用这个方法不仅可以转换单个单元格，还可以将对象单元格区域内所有的公式同时转换为数值。

此外，不仅可以将整个公式转换为计算结果，还可以只转换公式的一部分。例如，在对象单元格为编辑状态下，只选中“(1+$E$1)”这一部分，按F9功能键，就可以单独将上面公式里的“(1+$E$1)”转换为计算结果。

第6章

灵活运用各种数据统计和分析功能

Usage of Excel Data Analysis Functions

01 Excel预置的数据汇总和分析功能

使用Excel分析“大数据”

“大数据”这个词已经出现了很多年。随着计算机性能的日新月异，Excel的功能也日渐提升，如今已经可以使用Excel处理分析一定程度的大数据（事实上，使用Excel处理大型企业掌控的巨量客户数据，仍然是力不从心的）。

数据分析的关键在于，**“对于某一分析对象，至少要有两种以上相同标准且可供参照的数据”**。如果只有一种数据，即便是将其做成图表，其数据的含义也会令人费解。**比较两种以上的数据，或是寻找差异，或是探求相互之间的关系**，可以让这些数据的含义更加清晰，更有利于指导日后的决策。

真正意义上的数据分析需要具备统计方面的专业知识。不过，**如果能够灵活运用Excel预置的各种功能，就可以实现基础性的数据分析**。希望你在使用Excel进行数据分析的过程中灵活运用。

本书将介绍下列Excel预置功能。

- **预测工作表（参见p.235）**
- **方案管理器(模拟分析)（参见p.236）**
- **单变量求解(模拟分析)（参见p.239）**
- **规划求解（参见p.241）**
- **模拟运算表(模拟分析)（参见p.246）**
- **数据透视表（参见p.248）**
- **数据透视图（参见p.256）**

如果能够利用这些功能，无须学习专业知识，也可以对大量数据进行分析建模，预测未来。希望你能够跟随本书的讲解，实际操作这些功能，相信你一定能够深切地体会到Excel是一个多么强大的分析工具。

Sample_Data/06-02/

02 利用过去的数据预测未来——预测工作表

利用预测工作表

当要根据积累的实际数据预测未来的数值时，可以使用**“预测工作表”**。利用该功能，可以轻松实现高精度预测。其所显示的**表示未来预测值的折线图**虽然有三条线，但上下两条线之间的区域表示的是**预测可信度95%的区域**（参考下图）。

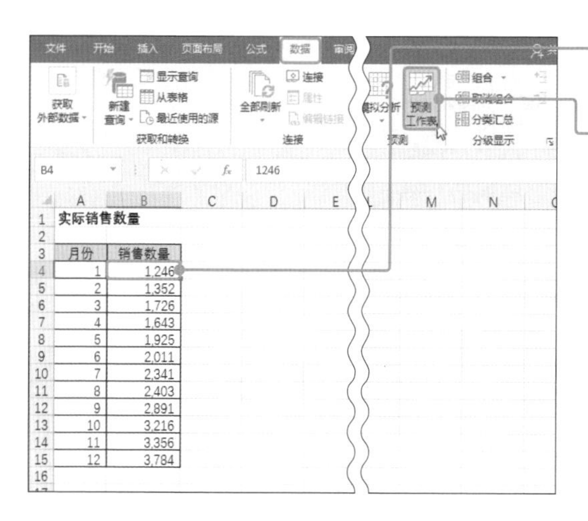

❶ 选中已经录入实际数据的表格中的任一单元格。

❷ 单击［数据］选项卡→［预测工作表］按钮。

提示

该功能的处理对象是同时输入了相对应的两种类型数据的表格，例如日期等时间数据和对应时间的销售金额。

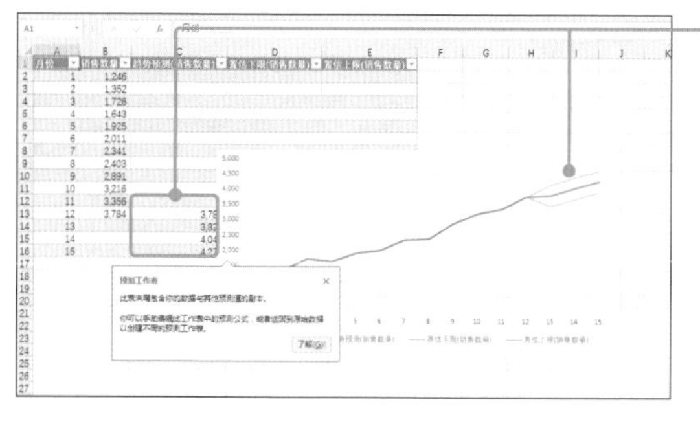

❸ 在［创建预测工作表］中单击［创建］按钮，在新工作表中生成未来预测值和基于此预测值的图表。

第6章 灵活运用各种数据统计和分析功能

Sample_Data/06-03/

03 瞬间切换数据组——方案管理器

将数据添加至方案管理器

当要为输入单元格区域的数据创建多个方案组，并根据需要进行切换时，灵活运用**“方案管理器”**功能，将会方便很多。

下面介绍如何使用方案管理器功能，瞬间切换两种原价设定，从而模拟外带便当的估价。

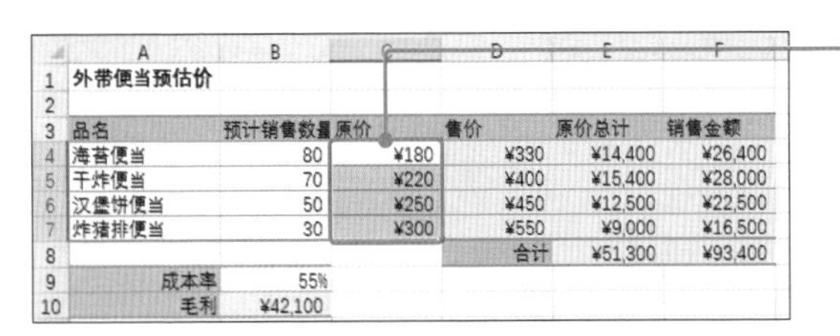

	A	B	C	D	E	F
1	外带便当预估价					
2						
3	品名	预计销售数量	原价	售价	原价总计	销售金额
4	海苔便当	80	¥180	¥330	¥14,400	¥26,400
5	干炸便当	70	¥220	¥400	¥15,400	¥28,000
6	汉堡饼便当	50	¥250	¥450	¥12,500	¥22,500
7	炸猪排便当	30	¥300	¥550	¥9,000	¥16,500
8				合计	¥51,300	¥93,400
9	成本率	55%				
10	毛利	¥42,100				

❶ 选中已输入需要切换的数据的单元格区域（这里选择的是单元格区域C4:C7）。

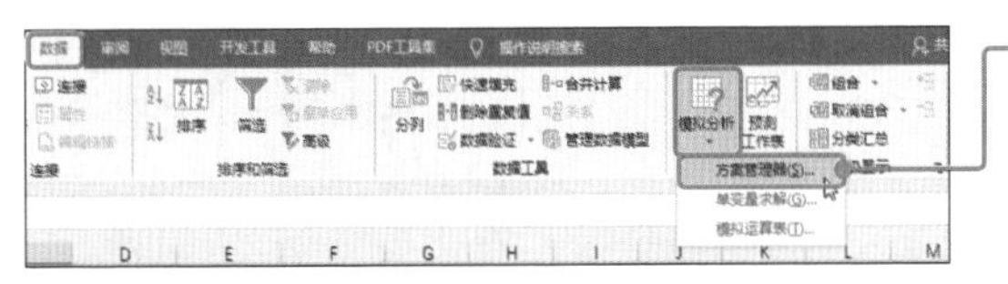

❷ 选择［数据］选项卡→［模拟分析］→［方案管理器］选项。

方案管理器 ? ×

方案(C):

添加(A)...

删除(D)

编辑(E)...

未定义方案。若要增加方案，请选定"添加"按钮。

合并(M)...

摘要(U)...

可变单元格:

批注:

显示(S) 关闭

❸ 单击［添加］按钮。

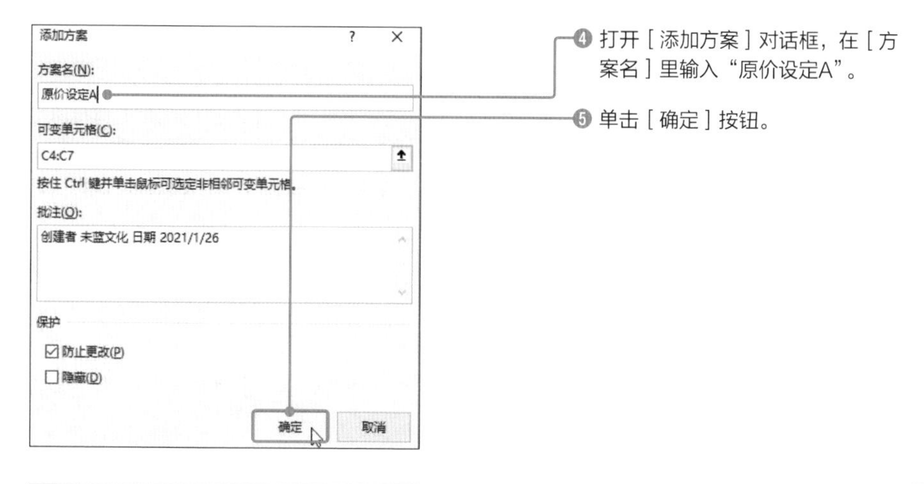

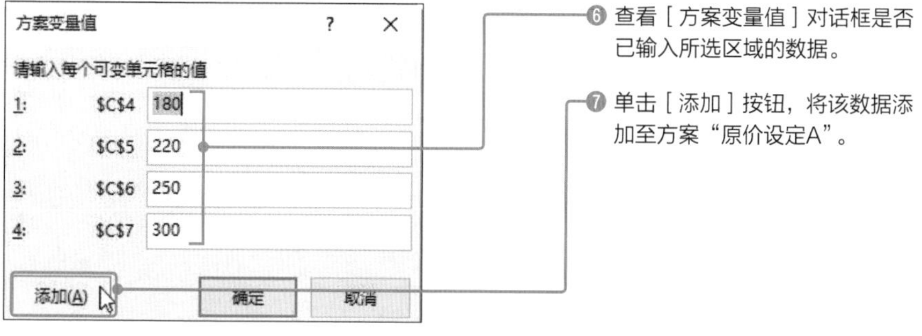

笔记

在上述步骤❼，单击［添加］按钮之后，第一个方案即添加完成，然后返回［添加方案］对话框。虽然难以判断是否成功添加，但只要按照步骤依次进行就无须担心。

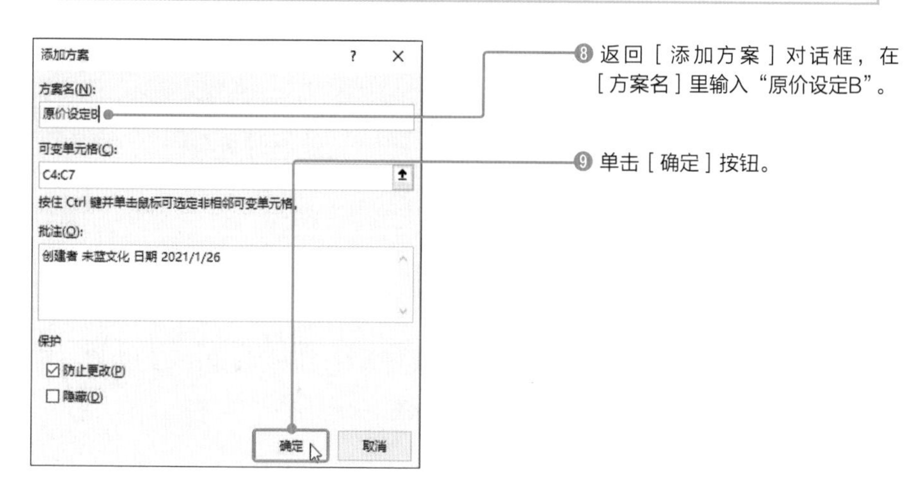

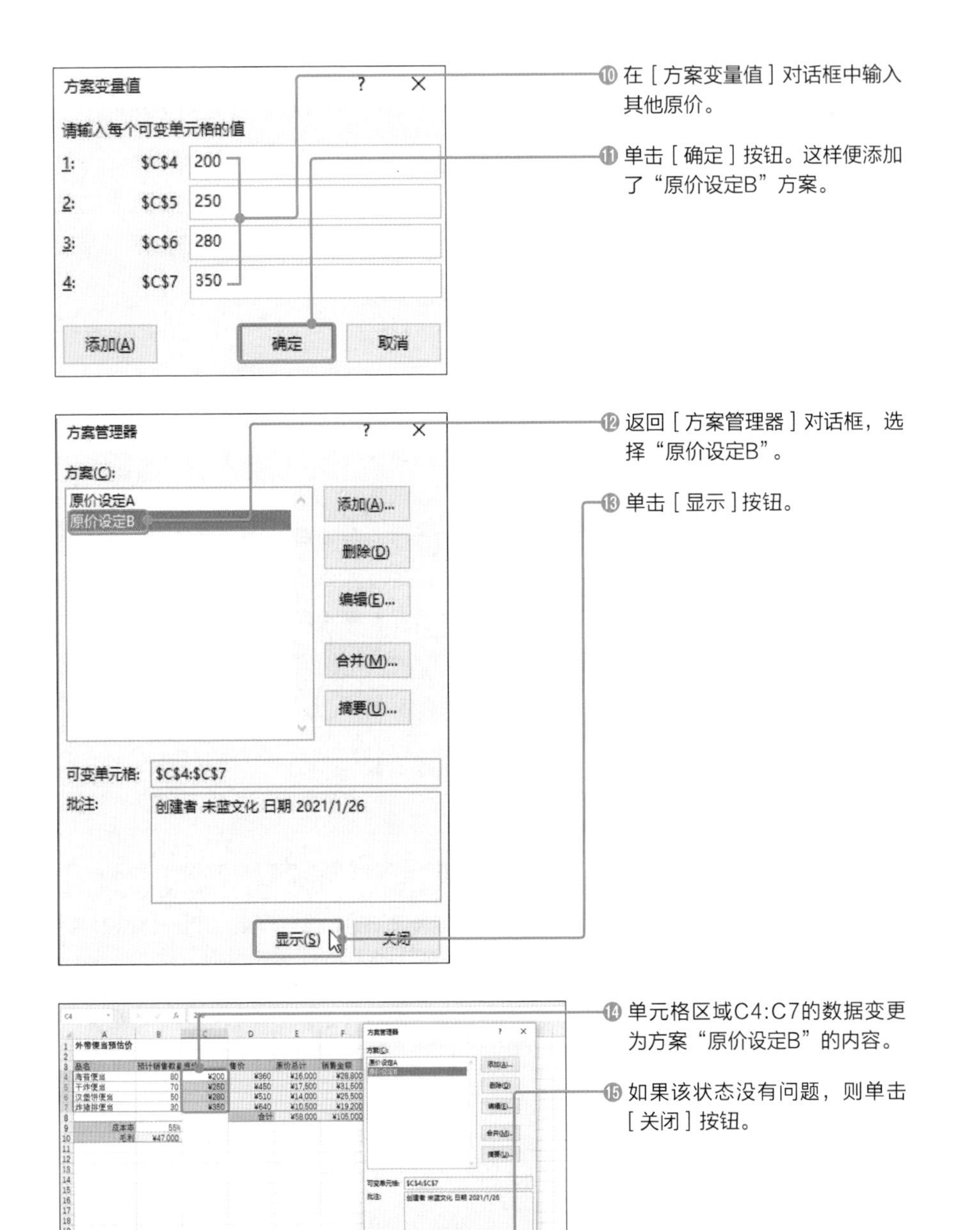

如果想让单元格区域B4:B10的数据恢复方案“原价设定A”的内容，可以重新打开［方案管理器］对话框进行切换。

04 反推目标值——单变量求解

单变量求解的基本使用方法

在对使用了公式的销售额和利润等进行建模时，会遇到**“设定目标值之后，要反推实现该目标值所必需的各个数值”**的情况。此时有一个简便的解决方法，即**“单变量求解”**。利用该功能，通过简单的操作，可以反推目标数值，求出计算中所使用的每个单元格的值。

接下来将根据某商品的原价、售价和销售数量，计算最终得到的毛利。利用单变量求解计算**“成本率为多少，才能获得50000元毛利”**。

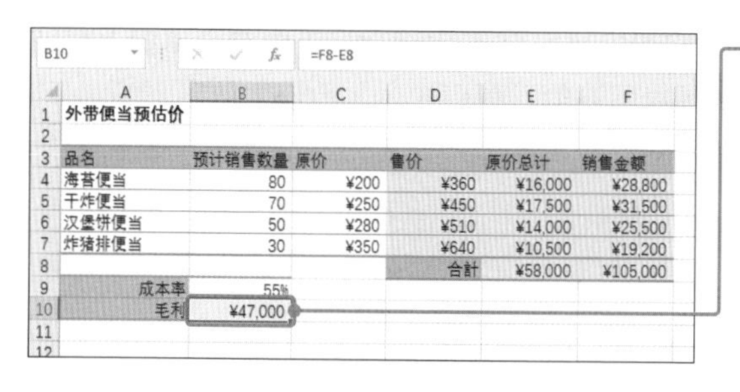

❶ 选中显示毛利的单元格B10。

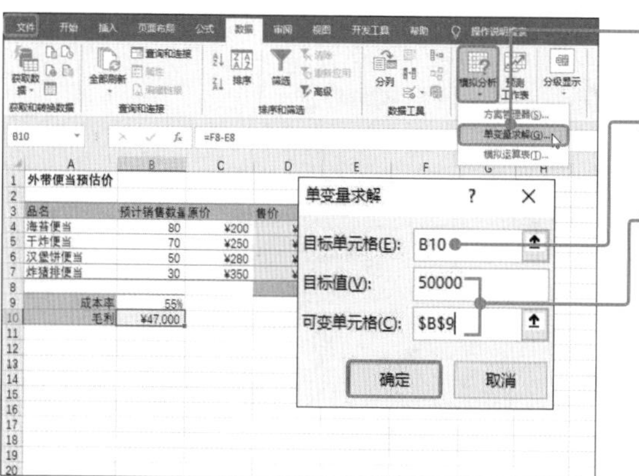

❷ 选择［数据］选项卡→［模拟分析］→［单变量求解］选项。

❸ 查看［目标单元格］是否输入了所选单元格B10。

❹ 在［目标值］里直接输入50000，在［可变单元格］里指定已输入成本率的单元格B9，单击［确定］按钮。

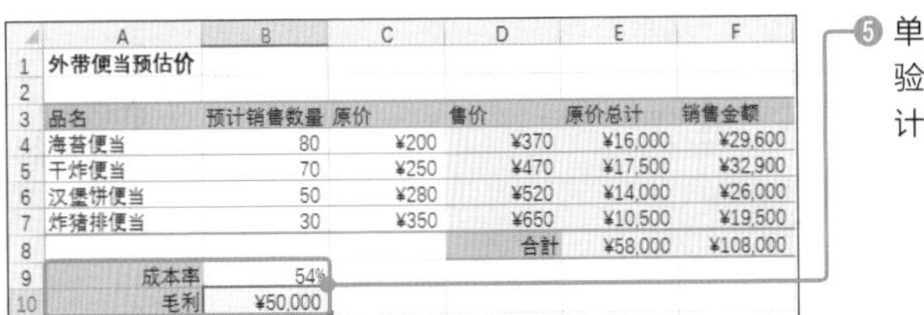

	A	B	C	D	E	F
1	外带便当预估价					
2						
3	品名	预计销售数量	原价	售价	原价总计	销售金额
4	海苔便当	80	¥200	¥370	¥16,000	¥29,600
5	干炸便当	70	¥250	¥470	¥17,500	¥32,900
6	汉堡饼便当	50	¥280	¥520	¥14,000	¥26,000
7	炸猪排便当	30	¥350	¥650	¥10,500	¥19,500
8				合計	¥58,000	¥108,000
9	成本率	54%				
10	毛利	¥50,000				
11						

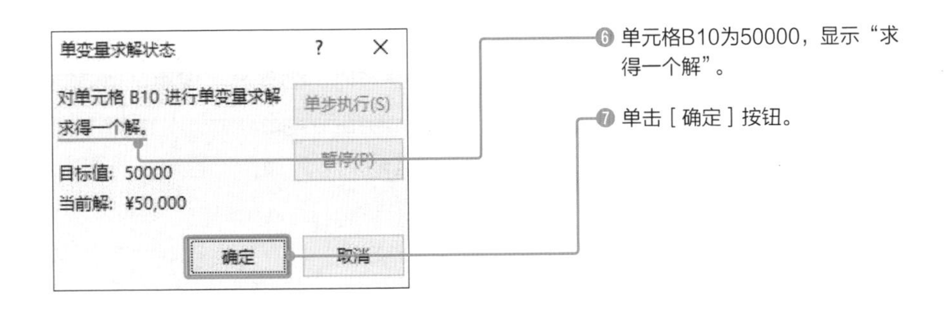

单击［**确定**］**按钮**后，单元格B9的值发生变化并且［**单变量求解**］**对话框**关闭。如果求得解但并不想更改原有值，可以单击［**取消**］**按钮**。

单元格B9的成本率虽然取整显示为54%，但实际上是一个更为精细的数值。

此外，**有时计算内容导致无法获得目标值对应的解**。此时显示“仍不能获得满足条件的解”⑧，同样单击［**取消**］**按钮**关闭该窗口。

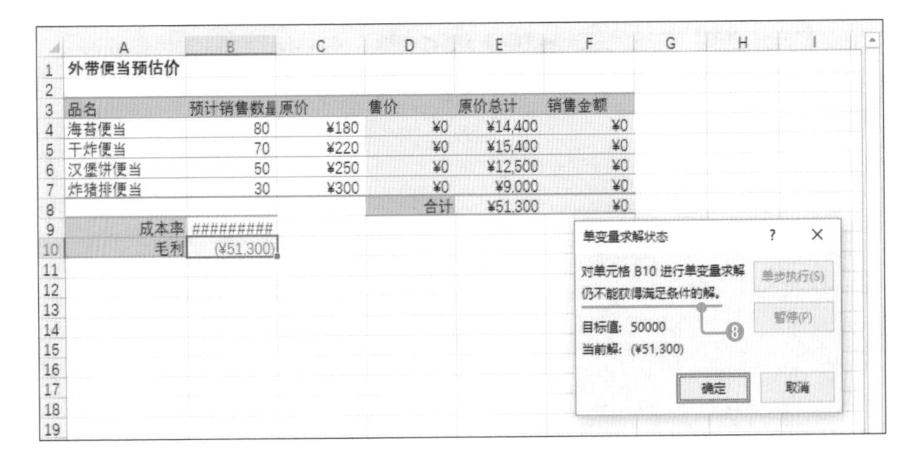

	A	B	C	D	E	F
1	外带便当预估价					
2						
3	品名	预计销售数量	原价	售价	原价总计	销售金额
4	海苔便当	80	¥180	¥0	¥14,400	¥0
5	干炸便当	70	¥220	¥0	¥15,400	¥0
6	汉堡饼便当	50	¥250	¥0	¥12,500	¥0
7	炸猪排便当	30	¥300	¥0	¥9,000	¥0
8				合计	¥51,300	¥0
9	成本率	#########				
10	毛利	(¥51,300)				

05 指定详细条件反推目标值——规划求解

扫码看视频

什么是规划求解

“单变量求解”（参见p.239）是可以反推目标值的简便功能，但是它只能指定一个计算因子，是一种比较简单的功能，而且除目标值以外，不能设定其他条件。

如果要在为销售额或利润建模时设置多个更加详细的条件，就要应用**“规划求解”**功能。利用规划求解，可以根据多个条件从目标值反推必要数值。

如何添加规划求解

规划求解不是Excel的标准功能。如果要使用规划求解功能，必须首先执行下列步骤添加该功能。

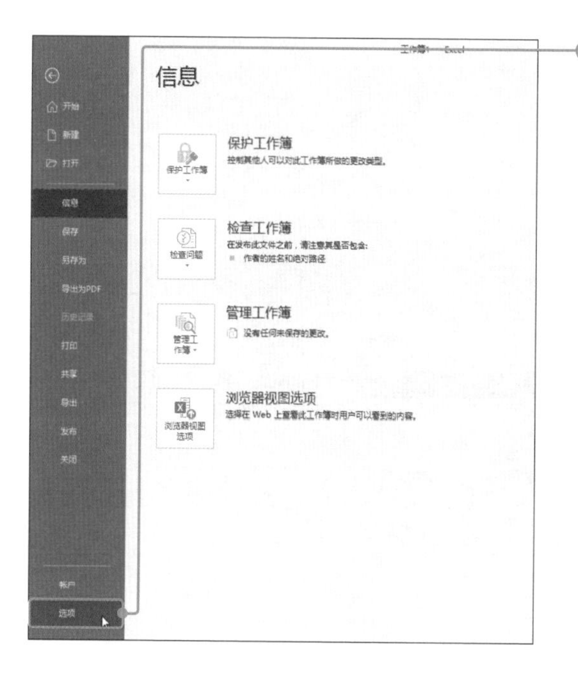

❶ 选择［文件］选项卡→［选项］选项。

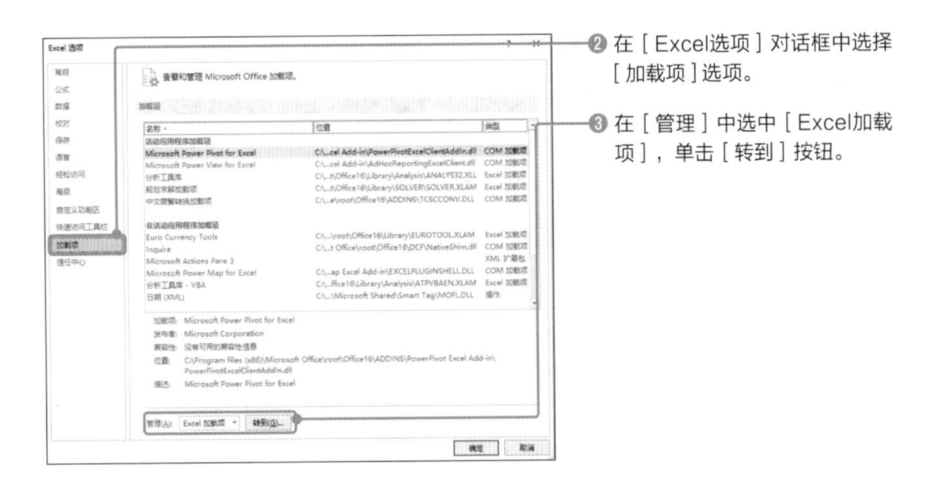

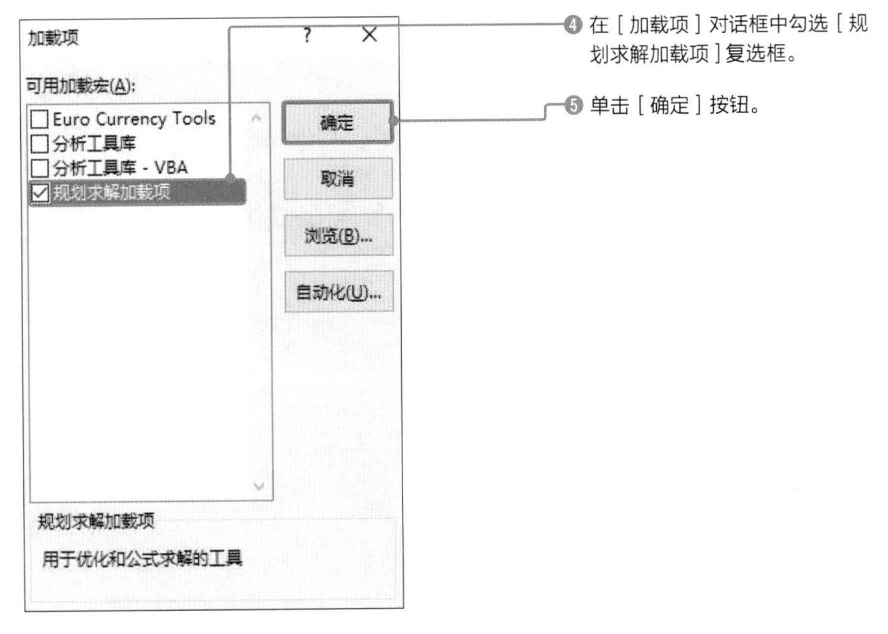

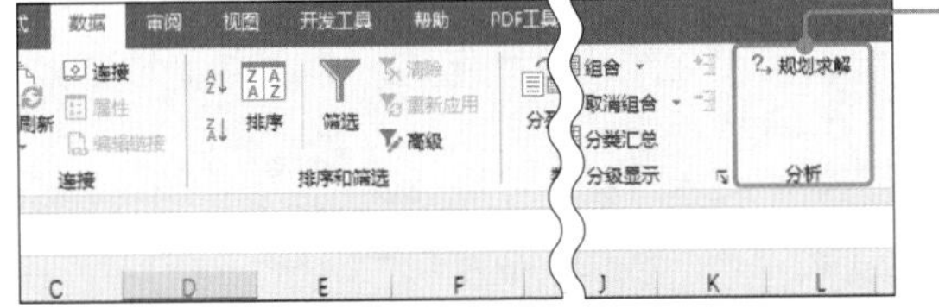

❻ [规划求解] 添加至 [数据] 选项卡。这样便可以使用规划求解功能。

应用规划求解功能

利用规划求解功能，可以求出让公式结果达到目标值的多个单元格的值。下面以四种商品的原价和售价、预计销售数量为基础，计算最终获得的毛利。利用规划求解计算**“四种产品的售价分别为多少，才能获得60000元毛利”**。

此外，各种商品的销售数量还可以使用比较运算符指定**“大于××，小于××”**等**区域**，不过在这里把所有单元格的条件都设置为“整数”。

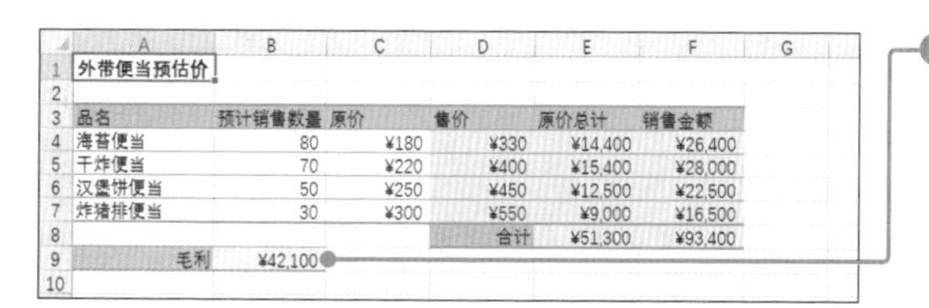

外带便当预估价

品名	预计销售数量	原价	售价	原价总计	销售金额
海苔便当	80	¥180	¥330	¥14,400	¥26,400
干炸便当	70	¥220	¥400	¥15,400	¥28,000
汉堡饼便当	50	¥250	¥450	¥12,500	¥22,500
炸猪排便当	30	¥300	¥550	¥9,000	¥16,500
			合计	¥51,300	¥93,400
毛利	¥42,100				

❶ 使用规划求解，计算毛利为60000元时各种商品的售价。

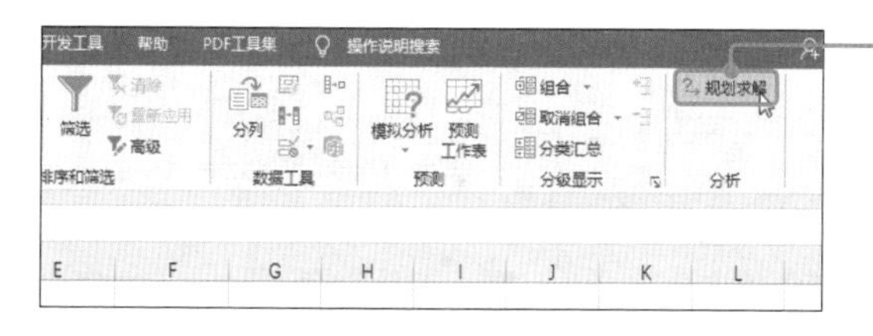

❷ 单击［数据］选项卡→［规划求解］按钮。

❸ 将［设置目标］指定为单元格B9。

❹ 在［到］中选择［目标值］单选按钮，输入60000。

❺ 将［通过更改可变单元格］指定为单元格区域D4:D7。

❻ 单击［遵守约束］区域中［添加］按钮。

提示

这里目标单元格和变量单元格都指定为“绝对引用”，关于绝对引用，参见p.189。

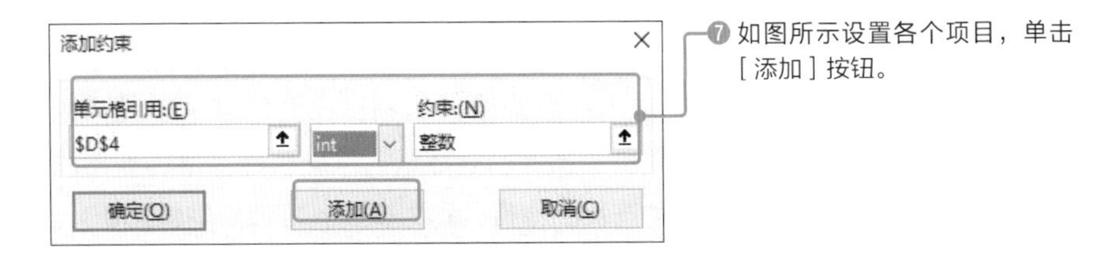

⑦ 如图所示设置各个项目，单击［添加］按钮。

笔记

［单元格引用］指定为已输入产品售价的单元格行列号。如上所述，单元格D4已经指定为绝对引用（参见**p.189**）。［int］符号的含义是单元格引用存在整数值。

⑧ 按照相同方法将单元格D5～单元格D7的条件都设置为“整数”，当单元格D7设置完毕，不要单击［添加］按钮，而要单击［确定］按钮。

⑨ 返回［规划求解参数］对话框，查看设置的约束是否添加完毕。

提示

这里所有的单元格都指定为绝对引用。

⑩ 单击［求解］按钮，执行规划求解。

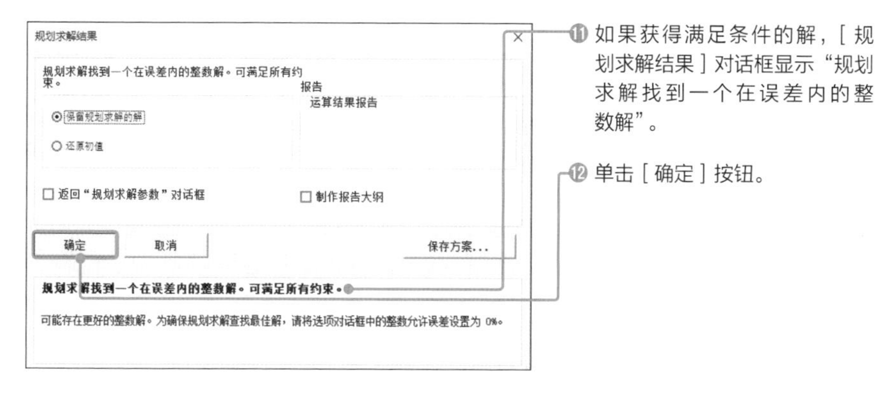

⑪ 如果获得满足条件的解，[规划求解结果] 对话框显示“规划求解找到一个在误差内的整数解”。

⑫ 单击 [确定] 按钮。

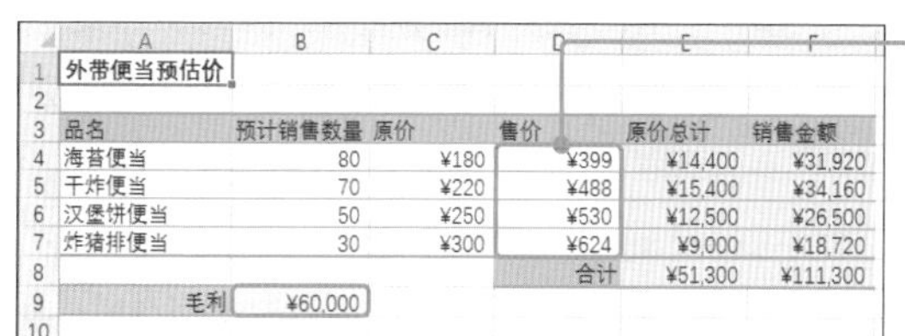

	A	B	C	D	E	F
1	外带便当预估价					
2						
3	品名	预计销售数量	原价	售价	原价总计	销售金额
4	海苔便当	80	¥180	¥399	¥14,400	¥31,920
5	干炸便当	70	¥220	¥488	¥15,400	¥34,160
6	汉堡饼便当	50	¥250	¥530	¥12,500	¥26,500
7	炸猪排便当	30	¥300	¥624	¥9,000	¥18,720
8				合计	¥51,300	¥111,300
9	毛利	¥60,000				
10						

⑬ 可以看到，单元格区域D4:D7的数值发生变化，单元格B9的结果变为60000。

如果找到解但又不想更改实际的数值，可以在 **[规划求解结果] 对话框中**单击 **[取消] 按钮**。

此外，**有些设定内容或计算内容也可能无法找到能够让计算结果达到目标值的数值**。这时就会显示**“未找到”**，单击 **[取消] 按钮**关闭该对话框。

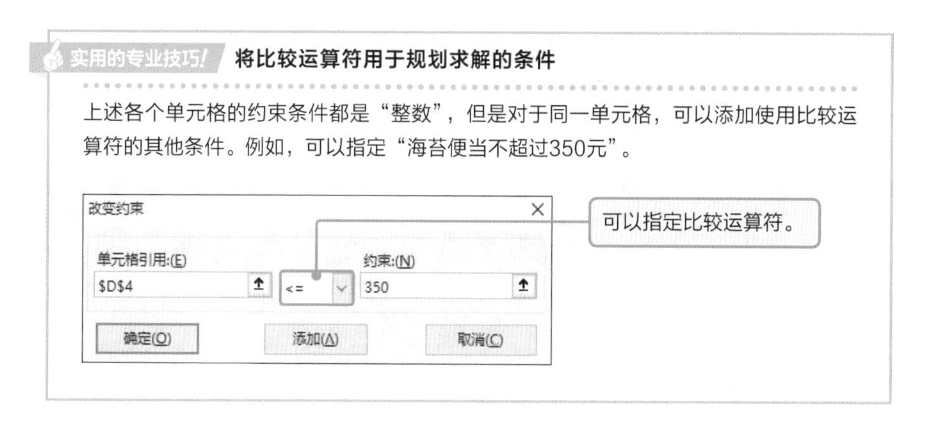

实用的专业技巧！ 将比较运算符用于规划求解的条件

上述各个单元格的约束条件都是“整数”，但是对于同一单元格，可以添加使用比较运算符的其他条件。例如，可以指定“海苔便当不超过350元”。

06 更改算式验算结果——模拟运算表

应用模拟运算表

当遇到某些建模内容时，可能并不想改变**“作为计算要素的数值”**，而是要通过不断更改**“公式的计算方法”**查看计算结果。

例如，基于各种商品的原价，利用一定的计算方法计算售价时，可能并不想调整原价，而是希望通过更改计算方法，模拟销售额或原价结构可能产生的变化，这时使用**“模拟运算表”**功能将会十分方便。利用模拟运算表，**只需修改一个单元格，就可以同时获得该单元格公式的多个计算结果**。

接下来使用“外带便当预估价”工作表讲解模拟运算表的使用方法。单元格C6已经预先输入了根据单元格B6的原价计算售价的公式“=ROUND(B6/C3,0)”，下面将求出把该公式B6部分置换到单元格区域B7:B9各个单元格后的计算结果。

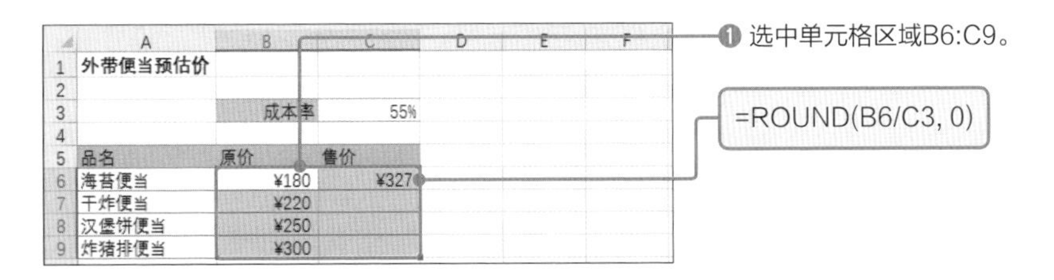

笔记

ROUND()函数的功能是按指定的位数对对象数值进行四舍五入。

格式　ROUND()函数

ROUND（数值，位数）

在“=ROUND(B6/C3,0)”公式中，单元格B6（原价）除以单元格C3（成本率）即可得到售价，并且将计算结果进行四舍五入为整数（小数点位数为0）。

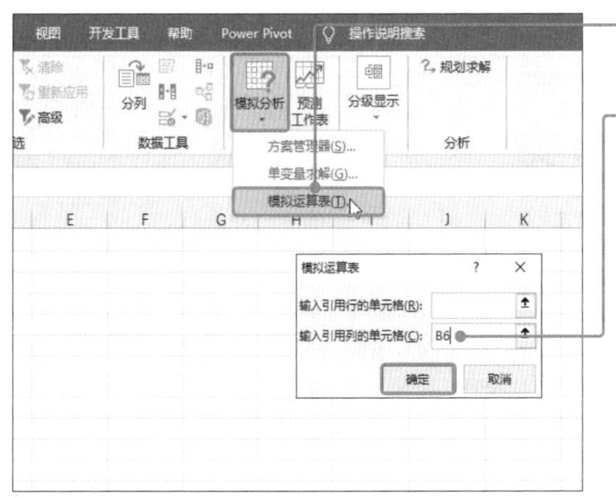

❷ 选择［数据］选项卡→［模拟分析］→［模拟运算表］选项。

❸ 将［输入引用列的单元格］设置为单元格B6，单击［确定］按钮。

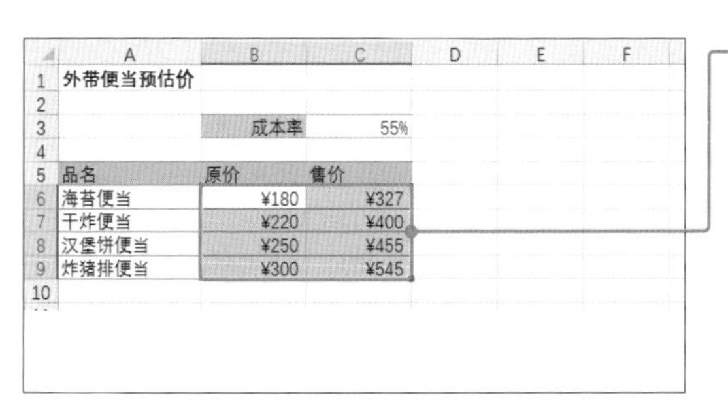

	A	B	C
1	外带便当预估价		
2			
3		成本率	55%
4			
5	品名	原价	售价
6	海苔便当	¥180	¥327
7	干炸便当	¥220	¥400
8	汉堡饼便当	¥250	¥455
9	炸猪排便当	¥300	¥545
10			

❹ 单元格区域C7:C9设置为模拟运算表，显示将单元格C6公式中的B6逐行置换到B7～B9后的计算结果。

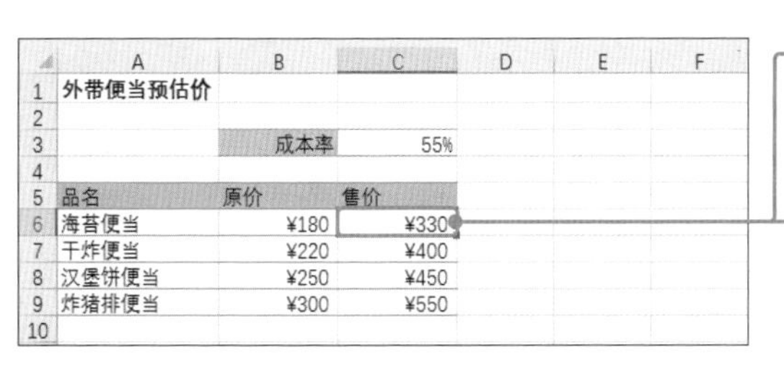

	A	B	C
1	外带便当预估价		
2			
3		成本率	55%
4			
5	品名	原价	售价
6	海苔便当	¥180	¥330
7	干炸便当	¥220	¥400
8	汉堡饼便当	¥250	¥450
9	炸猪排便当	¥300	¥550
10			

❺ 更改单元格C6的公式，则单元格区域C7:C9的各个单元格也随之发生变化。

=ROUND(B6/C3, −1)

实用的专业技巧! **设置模拟运算表之后的单元格的值**

查看已设置模拟运算表的单元格区域C7:C9的内容，可以发现它们输入了“{=TABLE(,B6)}”这样一种公式(请实际确认一下)。这与所谓的“数组公式”相同，也就是整个单元格区域输入了某一个公式。因此，虽然可以全部清除，但不能修改单个单元格的内容。

07 创建交叉表——数据透视表

应用数据透视表

下图第一行为标题，从第二行开始输入数据，这种格式的表格数据称作**“序列”**（参见p.179）。此外，为了区别所创建的交叉表的行与列，将序列的列称作**“字段”**，将一行内的数据称作**“记录”**。

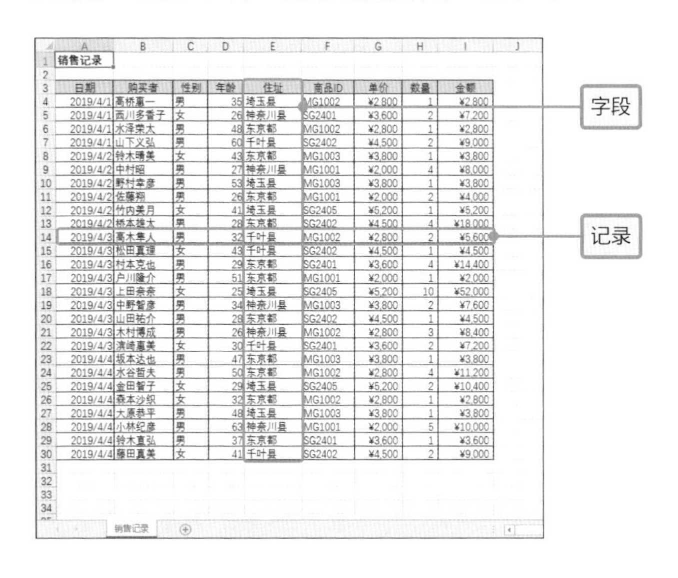

日期	购买者	性别	年龄	住址	商品ID	单价	数量	金额
2019/4/1	高桥蕙一	男	35	埼玉县	MG1002	¥2,800	1	¥2,800
2019/4/1	西川多香子	女	26	神奈川县	SG2401	¥3,600	2	¥7,200
2019/4/1	水泽荣太	男	48	东京都	MG1002	¥2,800	1	¥2,800
2019/4/1	山下义弘	男	60	千叶县	SG2402	¥4,500	2	¥9,000
2019/4/2	铃木晴美	女	43	东京都	MG1003	¥3,800	1	¥3,800
2019/4/2	中村昭	男	27	神奈川县	MG1001	¥2,000	4	¥8,000
2019/4/2	野村幸彦	男	53	埼玉县	MG1003	¥3,800	1	¥3,800
2019/4/2	佐藤翔	男	26	东京都	MG1001	¥2,000	2	¥4,000
2019/4/2	竹内美月	女	41	埼玉县	SG2405	¥5,200	1	¥5,200
2019/4/2	桥本雄太	男	28	东京都	SG2402	¥4,500	4	¥18,000
2019/4/3	高木隼人	男	32	千叶县	MG1002	¥2,800	2	¥5,600
2019/4/3	松田真理	女	43	千叶县	SG2402	¥4,500	1	¥4,500
2019/4/3	村本克也	男	29	东京都	SG2401	¥3,600	4	¥14,400
2019/4/3	户川隆介	男	51	东京都	MG1001	¥2,000	1	¥2,000
2019/4/3	上田奈奈	女	25	埼玉县	SG2405	¥5,200	10	¥52,000
2019/4/3	中野智彦	男	34	神奈川县	MG1003	¥3,800	2	¥7,600
2019/4/3	山田祐介	男	28	东京都	SG2402	¥4,500	1	¥4,500
2019/4/3	木村博成	男	26	神奈川县	MG1002	¥2,800	3	¥8,400
2019/4/3	滨崎惠美	女	30	千叶县	SG2401	¥3,600	2	¥7,200
2019/4/4	坂本达也	男	47	东京都	MG1003	¥3,800	1	¥3,800
2019/4/4	水谷哲夫	男	50	东京都	MG1002	¥2,800	4	¥11,200
2019/4/4	金田智子	女	29	埼玉县	SG2405	¥5,200	2	¥10,400
2019/4/4	森本沙织	女	32	东京都	MG1002	¥2,800	1	¥2,800
2019/4/4	大原恭平	男	48	埼玉县	MG1003	¥3,800	1	¥3,800
2019/4/4	小林纪彦	男	63	神奈川县	MG1001	¥2,000	5	¥10,000
2019/4/4	铃木直弘	男	37	东京都	SG2401	¥3,600	1	¥3,600
2019/4/4	藤田真美	女	41	千叶县	SG2402	¥4,500	2	¥9,000

Excel预置了能够以序列格式输入的数据为基础，轻松创建交叉表的**“数据透视表”**功能。

所谓**交叉表**，就是在行与列的标题列出各自的**“统计条件”**，在其交点单元格显示**“同时符合行与列标题的数据统计结果”**的一种表格。在数据透视表中，在这个行标题和列标题里分别指定**“源数据字段”**，然后指定**“数值字段”**为统计对象。

下面根据礼品网上销售情况记录表，创建商品ID和购买者住址的交叉表。

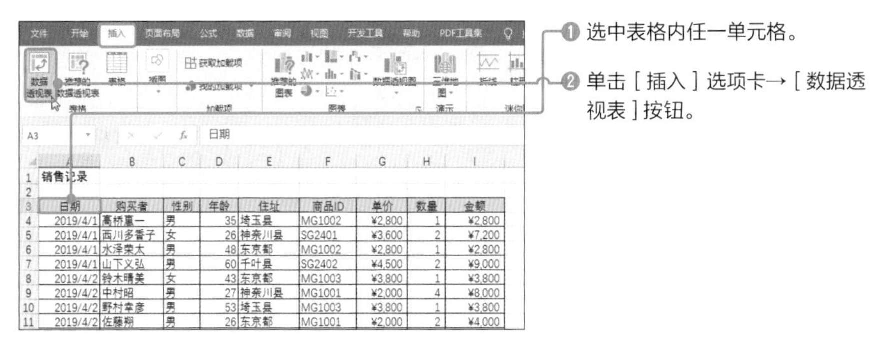

	A	B	C	D	E	F	G	H	I
1	销售记录								
2									
3	日期	购买者	性别	年龄	住址	商品ID	单价	数量	金额
4	2019/4/1	高桥重一	男	35	埼玉县	MG1002	¥2,800	1	¥2,800
5	2019/4/1	西川多香子	女	26	神奈川县	SG2401	¥3,600	2	¥7,200
6	2019/4/1	水泽荣太	男	48	东京都	MG1002	¥2,800	1	¥2,800
7	2019/4/1	山下义弘	男	60	千叶县	SG2402	¥4,500	2	¥9,000
8	2019/4/2	铃木晴美	女	43	东京都	MG1003	¥3,800	1	¥3,800
9	2019/4/2	中村昭	男	27	神奈川县	MG1001	¥2,000	4	¥8,000
10	2019/4/2	野村幸彦	男	53	埼玉县	MG1003	¥3,800	1	¥3,800
11	2019/4/2	佐藤翔	男	26	东京都	MG1001	¥2,000	2	¥4,000

❶ 选中表格内任一单元格。

❷ 单击［插入］选项卡→［数据透视表］按钮。

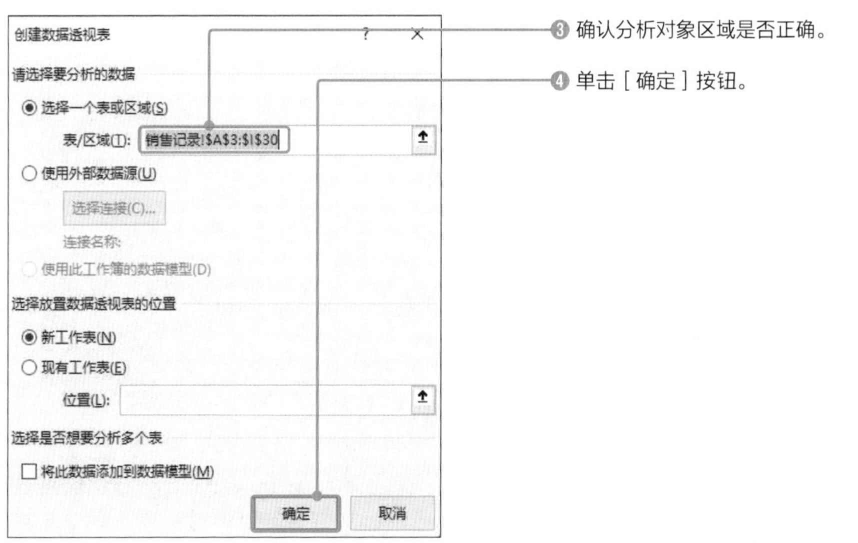

❸ 确认分析对象区域是否正确。

❹ 单击［确定］按钮。

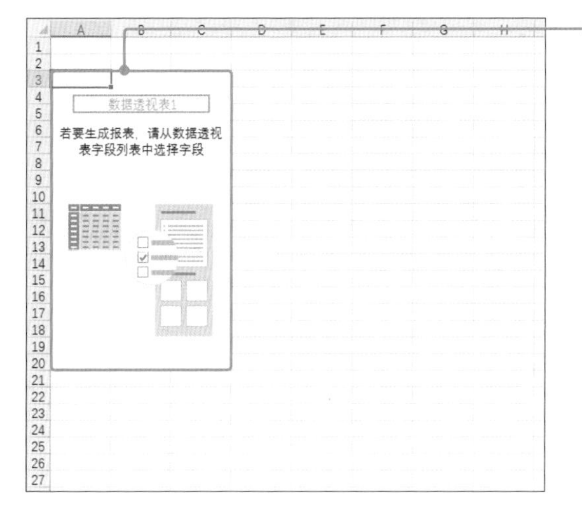

❺ 添加一张新工作表，创建空白数据透视表。

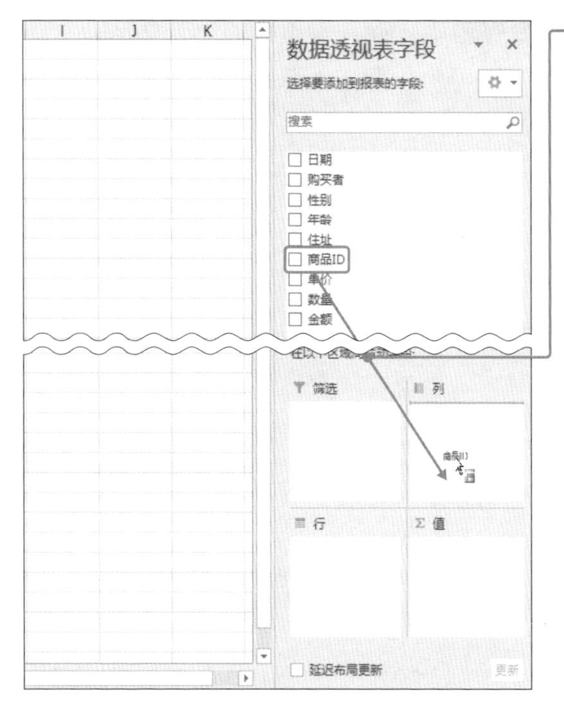

❻ 在右侧的［数据透视表字段］导航窗格中，将上方的［商品ID］字段拖入下方的［列］区域。

提示

该操作让［商品ID］字段包含的各个数据变为数据透视表的列标题（标签）。如果存在多个相同数据，将汇总为一个数据。

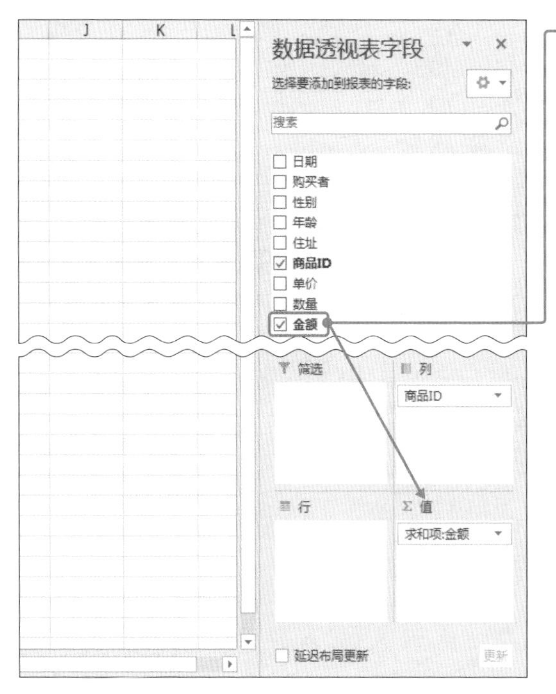

❼ 将［金额］字段拖入［值］区域。

提示

该操作让［金额］字段包含的数值变为数据透视表的统计对象。

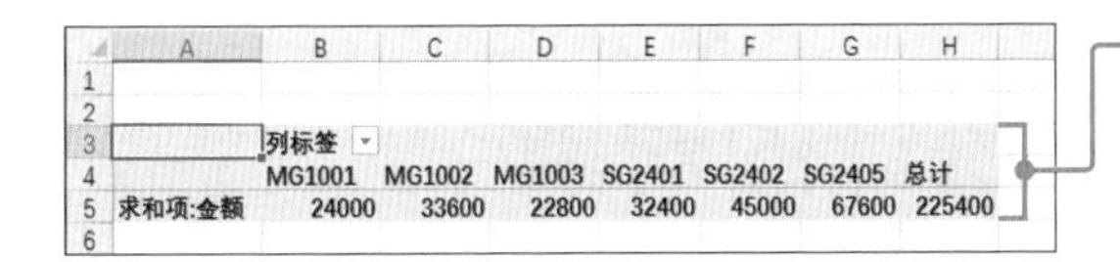

	A	B	C	D	E	F	G	H
1								
2								
3		列标签						
4		MG1001	MG1002	MG1003	SG2401	SG2402	SG2405	总计
5	求和项:金额	24000	33600	22800	32400	45000	67600	225400
6								

❽ 按照商品名称分别显示销售金额的统计结果。

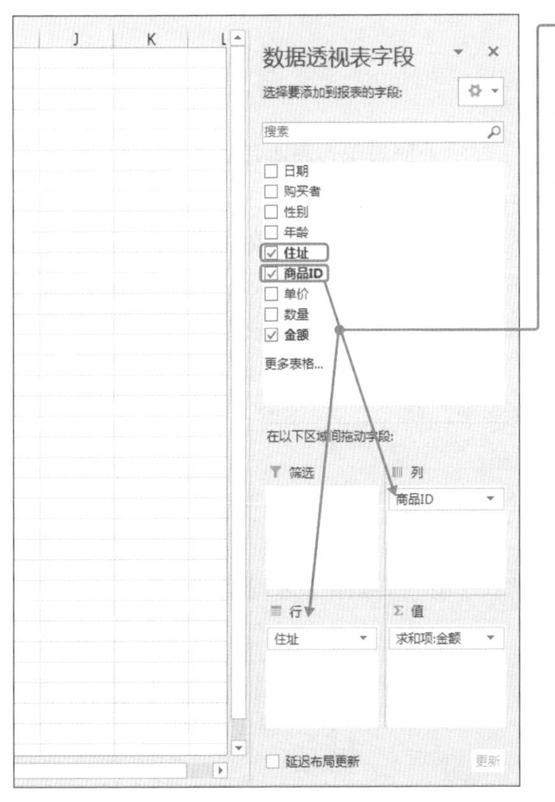

❾ 将［住址］字段拖入［行］区域。

提示

该操作让［住址］字段包含的各个数据变为数据透视表的行标题(标签)。如果存在多个相同数据，将汇总为一个数据。

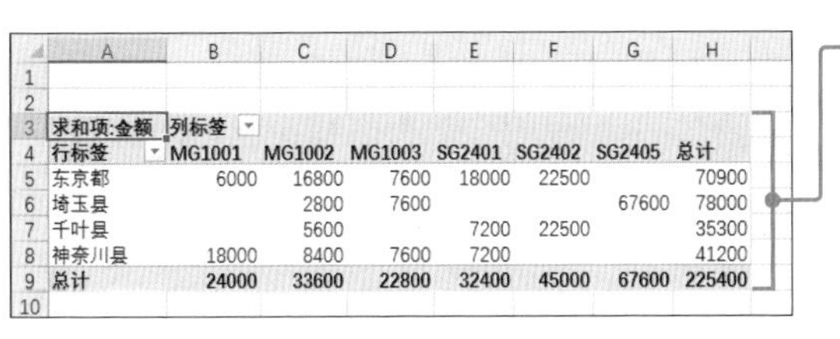

	A	B	C	D	E	F	G	H
1								
2								
3	求和项:金额	列标签						
4	行标签	MG1001	MG1002	MG1003	SG2401	SG2402	SG2405	总计
5	东京都	6000	16800	7600	18000	22500		70900
6	埼玉县		2800	7600			67600	78000
7	千叶县		5600		7200	22500		35300
8	神奈川县	18000	8400	7600	7200			41200
9	总计	24000	33600	22800	32400	45000	67600	225400
10								

❿ 完成商品名称和住址的交叉表。

笔记

如果仅仅是听了数据透视表的用法讲解，那么的确有些地方难以理解，可能有的人会觉得这个功能的门槛很高，但其实这是一个非常简单的功能，可以按照上述步骤实际尝试着制作一张交叉表（数据透视表）。建议向［列］、［值］、［行］等区域插入不同的字段，以观察交叉表会发生怎样的变化。只要真正动手操作了，就一定能够掌握诀窍。

Sample_Data/06-08/

扫码看视频

08 限定交叉统计的对象——数据透视表

利用 [筛选] 区域进行限定

创建完成的数据透视表通常显示**处理对象列表所有记录的统计结果**。利用 [筛选] 区域，可以只统计满足指定条件的记录。

下面将使用在上一节（参见p.264）创建完成的数据透视表，继续向下操作。因此如果没有阅读前一节请先浏览。

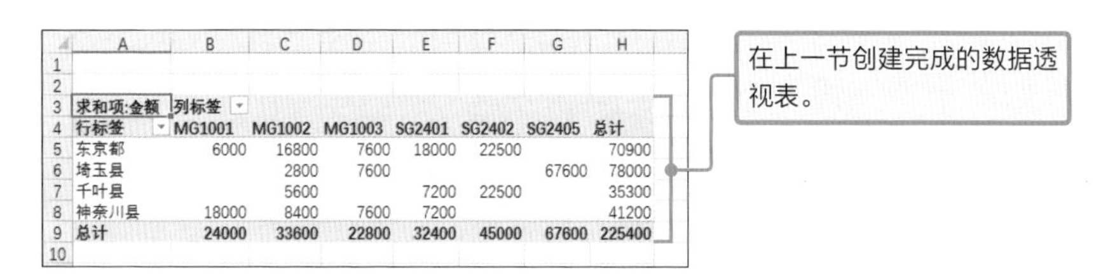

求和项:金额	列标签						
行标签	MG1001	MG1002	MG1003	SG2401	SG2402	SG2405	总计
东京都	6000	16800	7600	18000	22500		70900
埼玉县		2800	7600			67600	78000
千叶县		5600		7200	22500		35300
神奈川县	18000	8400	7600	7200			41200
总计	24000	33600	22800	32400	45000	67600	225400

在上一节创建完成的数据透视表。

接下来修改数据透视表的布局，让统计对象仅为购买者性别为“男”的记录。

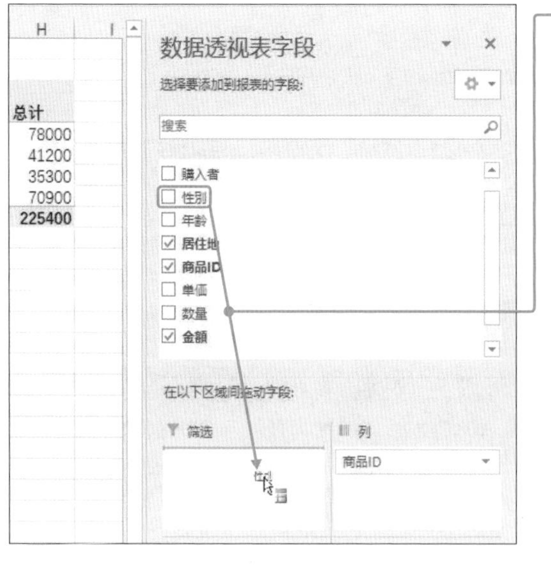

❶ 将 [性别] 字段拖入下方的 [筛选] 区域。

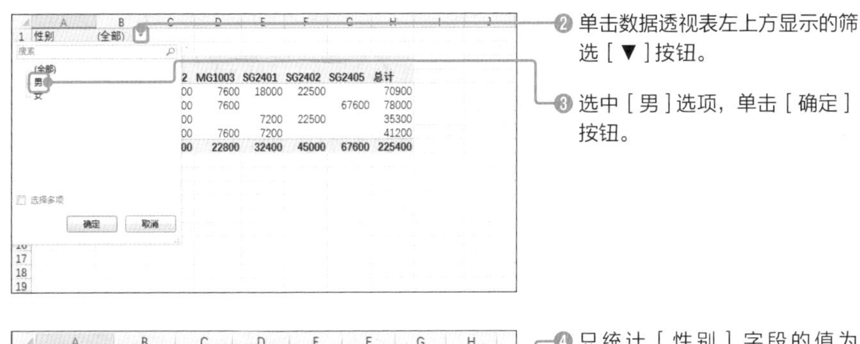

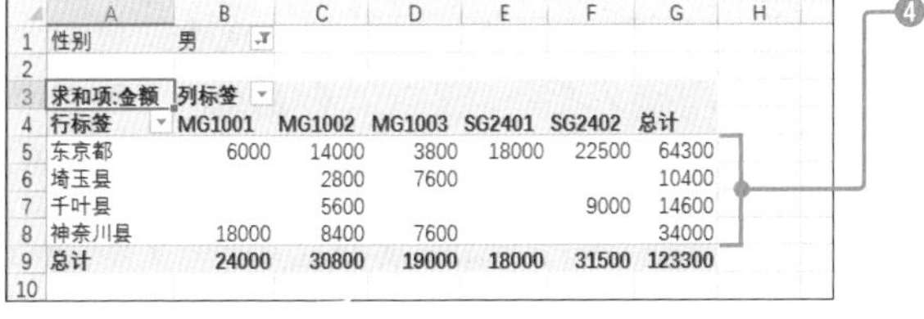

性别	男					
求和项:金额	列标签					
行标签	MG1001	MG1002	MG1003	SG2401	SG2402	总计
东京都	6000	14000	3800	18000	22500	64300
埼玉县		2800	7600			10400
千叶县		5600			9000	14600
神奈川县	18000	8400	7600			34000
总计	24000	30800	19000	18000	31500	123300

❹ 只统计［性别］字段的值为［男］的记录。

设置筛选行

接下来对**已经在数据透视表完成布局的字段进行筛选**。当前数据透视表的“行”设置的是**［住址］字段**，下面从中剔除“东京都”。

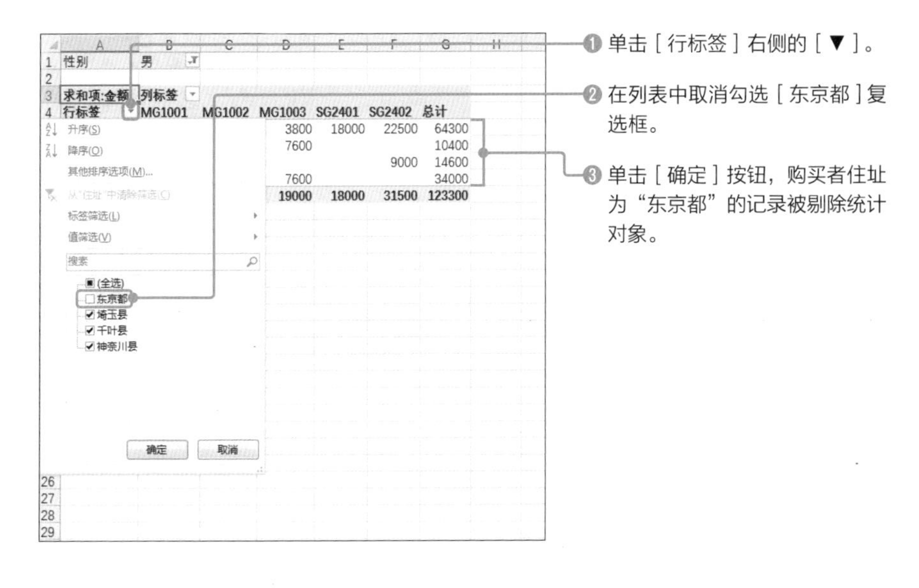

Sample_Data/06-09/

09 按照年龄段划分购买者类型——数据透视表

组合交叉表的字段

在获取、搜集购买者个人信息的时候通常都包括**“年龄”**，因为每个购买者的年龄差是以“岁”为单位，最小可到一岁，所以交叉表标签的项目数非常多。遇到这种情况时，使用**“年龄段”**而不是年龄来统计效率更高。年龄段就是十到二十岁，二十岁到三十岁……以十岁为单位的区间。

利用数据透视表（参见p.248），可以执行**“组合字段”**，按照年龄段划分交叉表的数据。

下面将利用上一节（参见p.248）所介绍的列表，以及使用该列表创建而成的数据透视表，讲解如何按照年龄段划分交叉表。因此如果没有阅读前一节请先浏览。

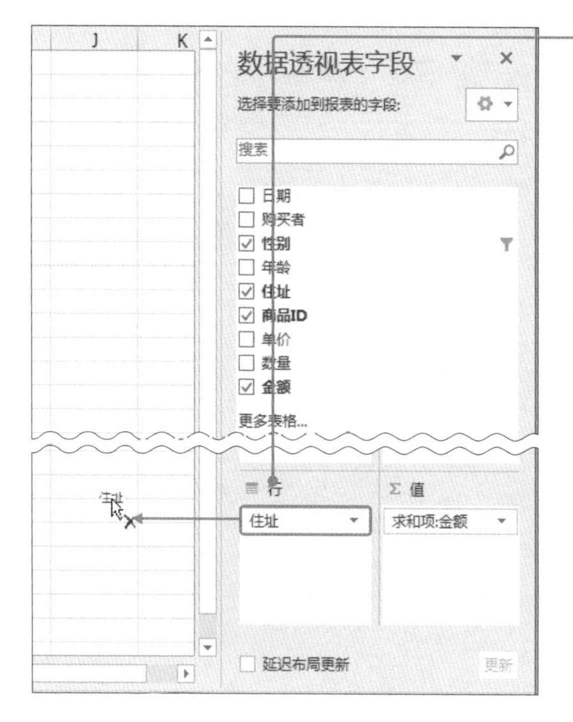

❶ 在p.252创建而成的数据透视表中，［行］区域已经设置了［住址］字段，但在本例中不需要该设置，因此将［住址］字段拖出该区域，解除布局。

提示

将已经设置在［筛选］、［列］、［行］、［值］等区域的字段拖出区域解除设置。

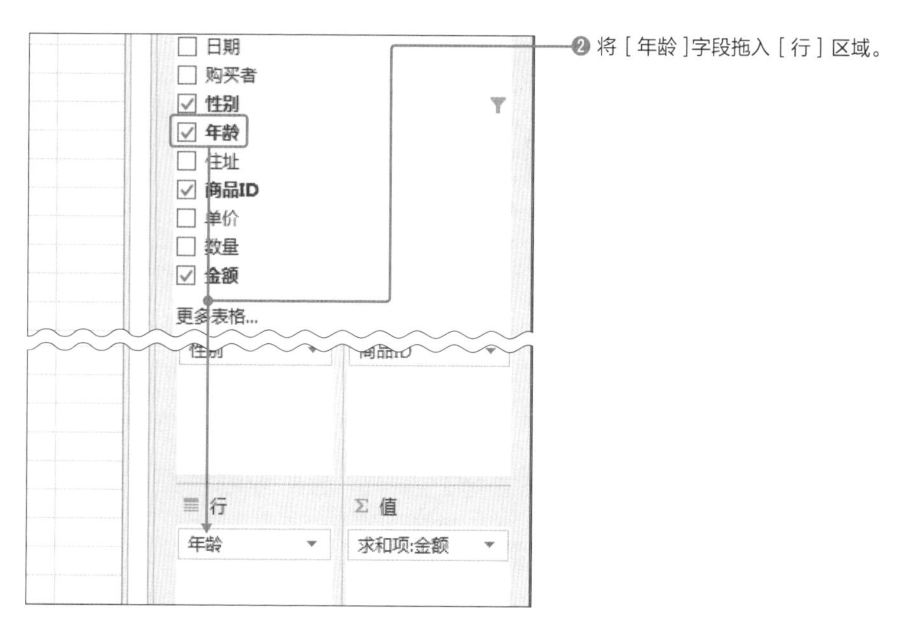

❷ 将［年龄］字段拖入［行］区域。

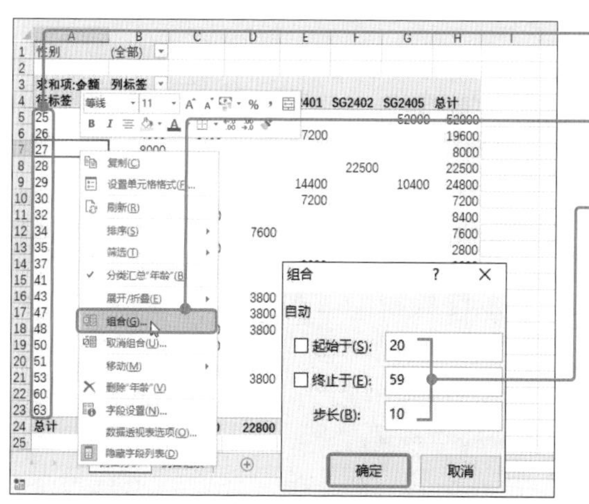

❸ 交叉表的行标签显示源数据所包含的所有年龄。

❹ 右击数据透视表任一行的显示年龄的单元格，选择［组合］命令。

❺ 在［起始于］中输入20，在［终止于］中输入59，在［步长］中输入10，单击［确定］按钮。

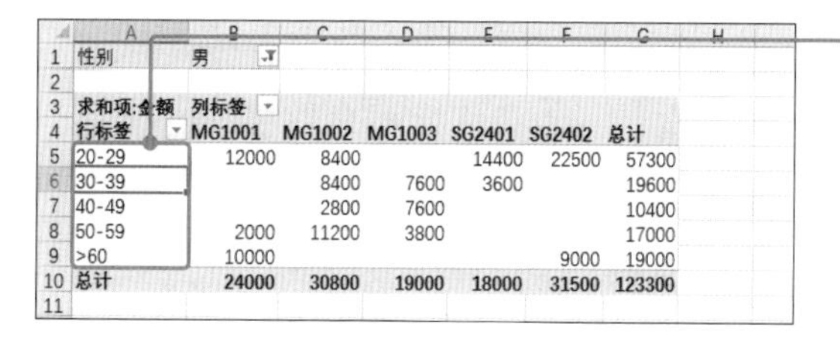

性别	男					
求和项:金额	列标签					
行标签	MG1001	MG1002	MG1003	SG2401	SG2402	总计
20-29	12000	8400		14400	22500	57300
30-39		8400	7600	3600		19600
40-49		2800	7600			10400
50-59	2000	11200	3800			17000
>60	10000				9000	19000
总计	24000	30800	19000	18000	31500	123300

❻ 显示在行标签的购买者年龄每十岁分为一组。

提示

年龄大于［终止于］所设置的59的统计结果，也显示在“>60”的分组。

10 将交叉统计的结果图表化——数据透视图

扫码看视频

数据透视表与数据透视图

使用**“数据透视图”**功能可以在保持数据透视表统计结果不变的前提下，将其制作为透视图。下面使用上一节创建完成的商品网上销售记录数据透视表（参见p.254），制作一张数据透视图。

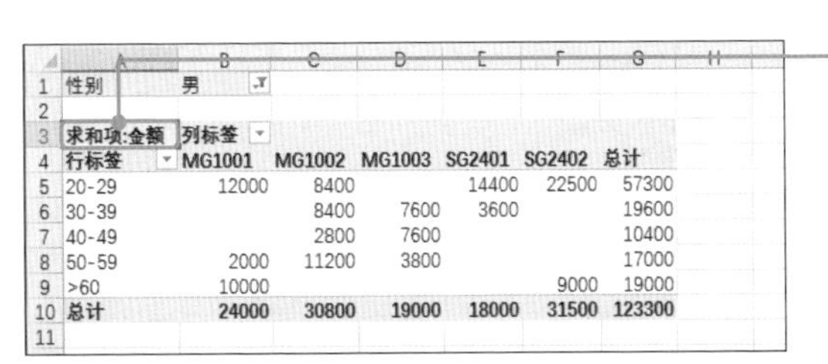

性别	男					
求和项:金额	列标签					
行标签	MG1001	MG1002	MG1003	SG2401	SG2402	总计
20-29	12000	8400		14400	22500	57300
30-39		8400	7600	3600		19600
40-49		2800	7600			10400
50-59	2000	11200	3800			17000
>60	10000				9000	19000
总计	24000	30800	19000	18000	31500	123300

❶ 选中数据透视表的任一单元格。

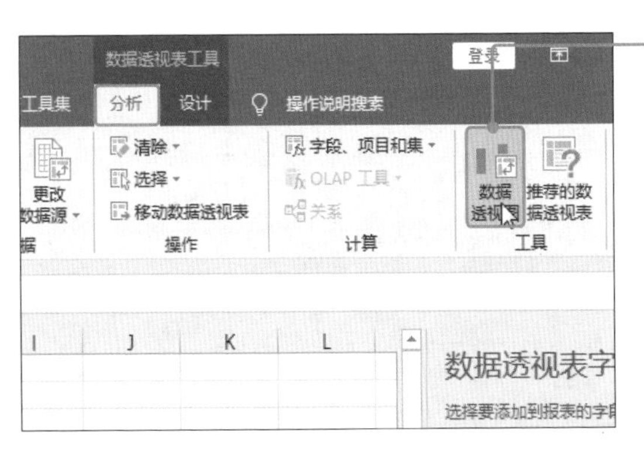

❷ 单击［数据透视表工具］的［分析］选项卡→［数据透视图］按钮。

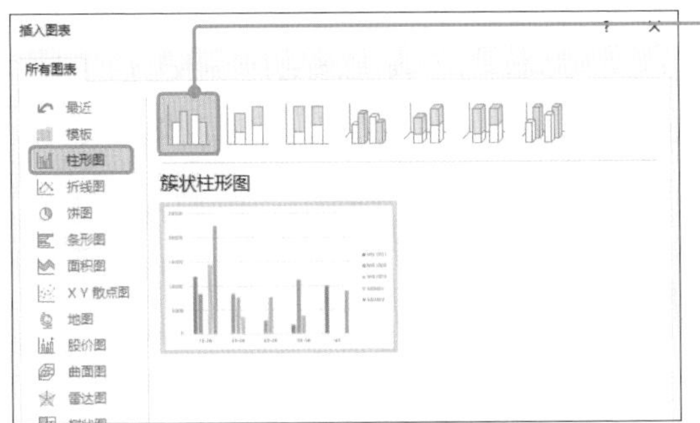

❸ 选择［柱形图］→［簇状柱形图］选项，单击［确定］按钮。

提示

Excel预置了种类繁多的数据透视图，可根据数据内容选择最适合的图表。

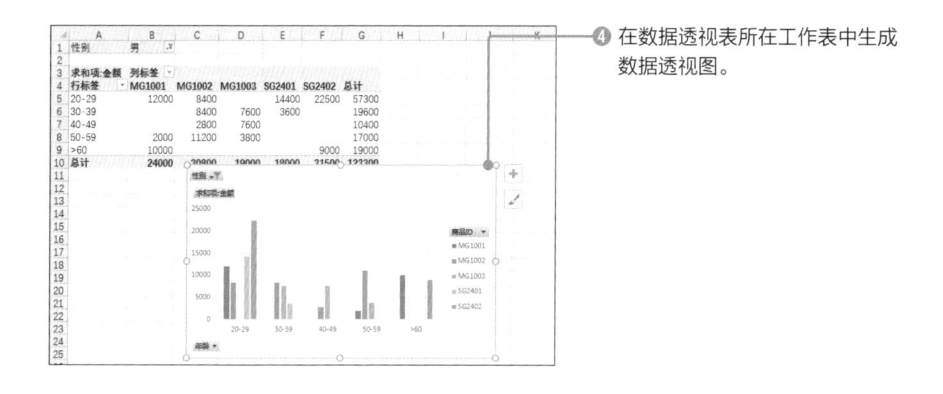

	A	B	C	D	E	F	G
1	性别	男					
2							
3	求和项:金额	列标签					
4	行标签	MG1001	MG1002	MG1003	SG2401	SG2402	总计
5	20-29	12000	8400		14400	22500	57300
6	30-39		8400	7600	3600		19600
7	40-49		2800	7600			10400
8	50-59	2000	11200	3800			17000
9	>60	10000				9000	19000
10	总计	24000	30800	19000	18000	21500	123300

生成的数据透视图与普通图表一样，拖动四条边和上下左右的控制点即可调整大小，拖动边框或图表内部任意位置即可移动图表。

利用源数据直接创建数据透视图

不仅可以从已经制作完成的数据透视表创建数据透视图，**还可以利用源数据“列表”直接创建数据透视图**。

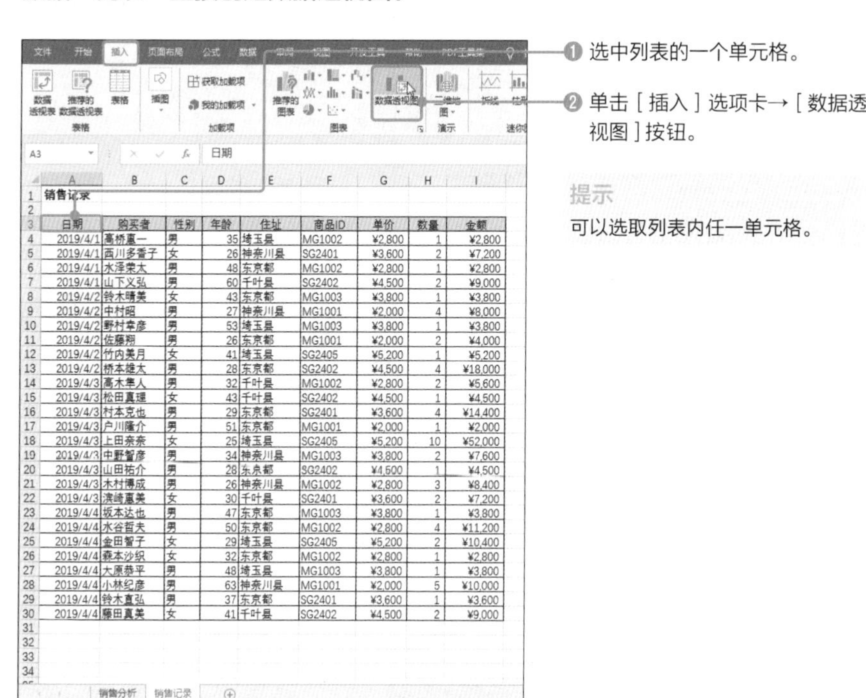

	A	B	C	D	E	F	G	H	I
1	销售记录								
2									
3	日期	购买者	性别	年龄	住址	商品ID	单价	数量	金额
4	2019/4/1	高桥惠一	男	35	埼玉县	MG1002	¥2,800	1	¥2,800
5	2019/4/1	西川多香子	女	26	神奈川县	SG2401	¥3,600	2	¥7,200
6	2019/4/1	水泽荣太	男	48	东京都	MG1002	¥2,800	1	¥2,800
7	2019/4/1	山下义弘	男	60	千叶县	SG2402	¥4,500	2	¥9,000
8	2019/4/2	铃木晴美	女	43	东京都	MG1003	¥3,800	1	¥3,800
9	2019/4/2	中村昭	男	27	神奈川县	MG1001	¥2,000	4	¥8,000
10	2019/4/2	野村幸彦	男	53	埼玉县	MG1003	¥3,800	1	¥3,800
11	2019/4/2	佐藤翔	男	26	东京都	MG1001	¥2,000	2	¥4,000
12	2019/4/2	竹内美月	女	41	埼玉县	SG2405	¥5,200	1	¥5,200
13	2019/4/2	桥本雄太	男	28	东京都	SG2402	¥4,500	4	¥18,000
14	2019/4/3	高木隼人	男	32	千叶县	MG1002	¥2,800	2	¥5,600
15	2019/4/3	松田真理	女	43	千叶县	SG2402	¥4,500	1	¥4,500
16	2019/4/3	村本克也	男	29	东京都	SG2401	¥3,600	4	¥14,400
17	2019/4/3	户川隆介	男	51	东京都	MG1001	¥2,000	1	¥2,000
18	2019/4/3	上田奈奈	女	25	埼玉县	SG2405	¥5,200	10	¥52,000
19	2019/4/3	中野智彦	男	34	神奈川县	MG1003	¥3,800	2	¥7,600
20	2019/4/3	山田祐介	男	28	东京都	SG2402	¥4,500	1	¥4,500
21	2019/4/3	木村博成	男	26	神奈川县	MG1002	¥2,800	3	¥8,400
22	2019/4/3	滨崎惠美	女	30	千叶县	SG2401	¥3,600	2	¥7,200
23	2019/4/4	坂本达也	男	47	东京都	MG1003	¥3,800	1	¥3,800
24	2019/4/4	水谷哲夫	男	50	东京都	MG1002	¥2,800	4	¥11,200
25	2019/4/4	金田智子	女	29	埼玉县	SG2405	¥5,200	2	¥10,400
26	2019/4/4	森本沙织	女	32	东京都	MG1002	¥2,800	1	¥2,800
27	2019/4/4	大原恭平	男	48	埼玉县	MG1003	¥3,800	1	¥3,800
28	2019/4/4	小林纪彦	男	63	神奈川县	MG1001	¥2,000	5	¥10,000
29	2019/4/4	铃木直弘	男	37	东京都	SG2401	¥3,600	1	¥3,600
30	2019/4/4	藤田真美	女	41	千叶县	SG2402	¥4,500	2	¥9,000

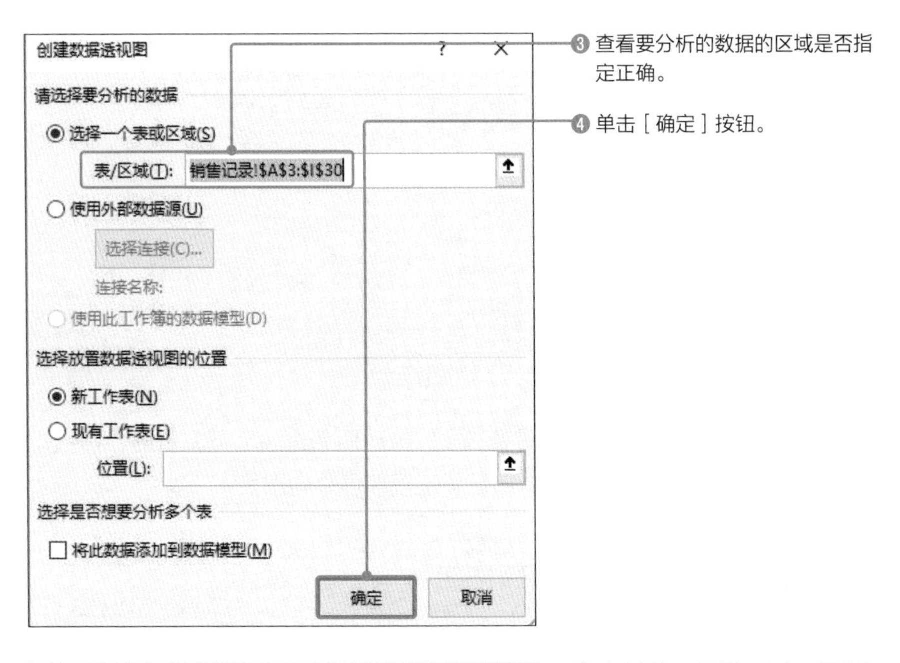

❸ 查看要分析的数据的区域是否指定正确。

❹ 单击［确定］按钮。

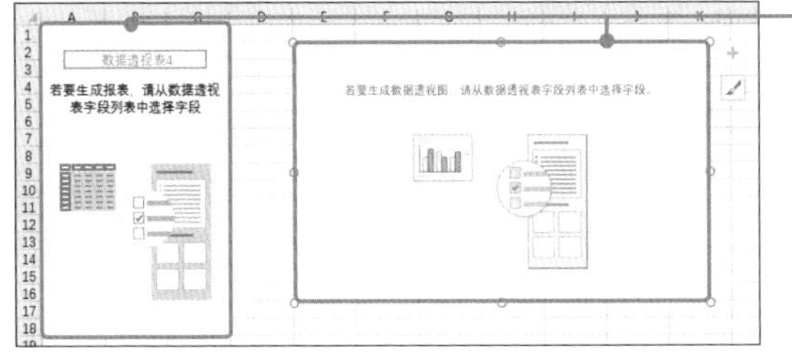

❺ 自动添加一张新工作表，其中生成空白数据透视表和数据透视图。

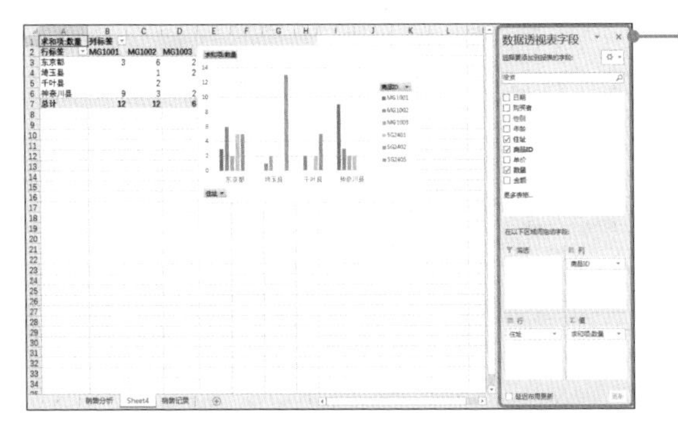

❻ 在右侧的［数据透视图字段］导航窗格，将各个字段设置到下方的区域，即可同时布局数据透视表和数据透视图。

笔记

［数据透视图字段］导航窗格的布局方法与数据透视表的［数据透视表字段］导航窗格完全相同（参见p.250）。

11 关联并汇总多个数据——数据透视表+数据模型

在数据透视表里应用数据模型

只要能够灵活运用，就可以让数据透视表像“**关系**”一样，**用来关联并汇总位于多个表格的数据**。

例如，使用“**商品ID**”关联“**销售记录表**”和“**商品列表**”这两个表格，执行**从商品列表里提取商品名称、按照商品名称汇总销售金额等操作**。

不过需要做好下列事先准备。

- **将“销售记录表”转换为表格，并将表格名称设置为“销售”。**
- **将“商品列表”转换为表格，并将表格名称设置为“商品”。**

建议在实际使用该功能的时候，将表区域数据从此前介绍的“**序列**”转换为“**表格**”。关于如何将Excel的表区域从序列转换为表格，参见**p.264**。

执行下列操作，实际关联并汇总多个表格。

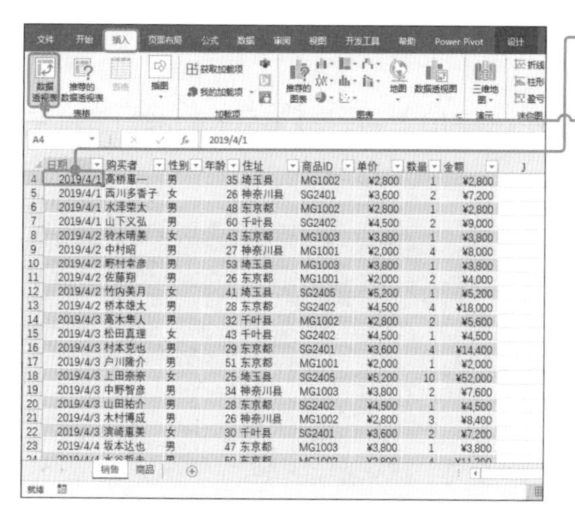

❶ 选中“销售”表格中的任一单元格。

❷ 单击［插入］选项卡→［数据透视表］按钮。

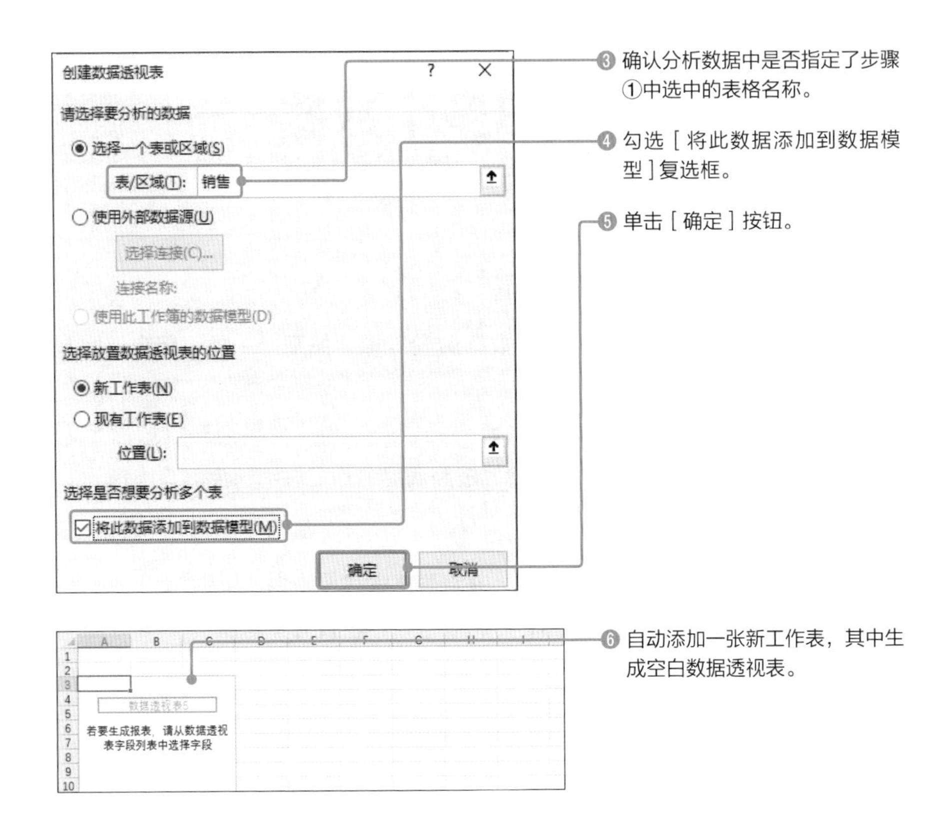

设置关系

接下来关联［**销售**］**表格的**［**商品ID**］**字段**和［**商品**］**表格的**［**ID**］**字段**。这就需要设置**“关系”**。

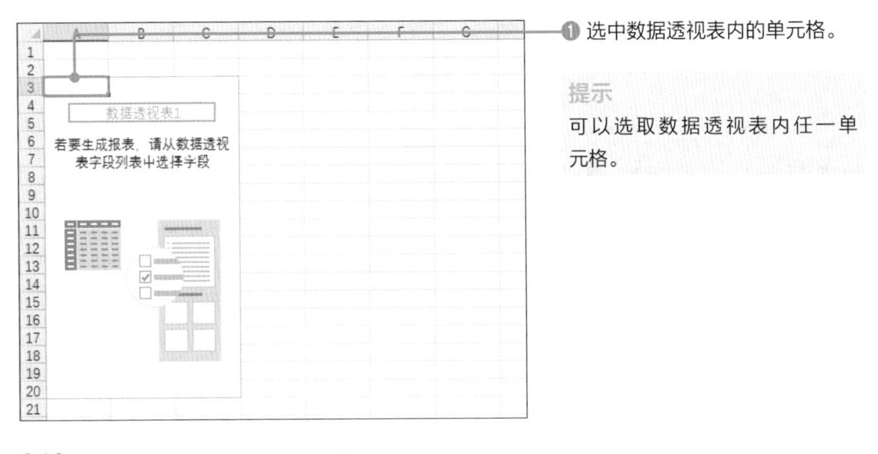

提示

可以选取数据透视表内任一单元格。

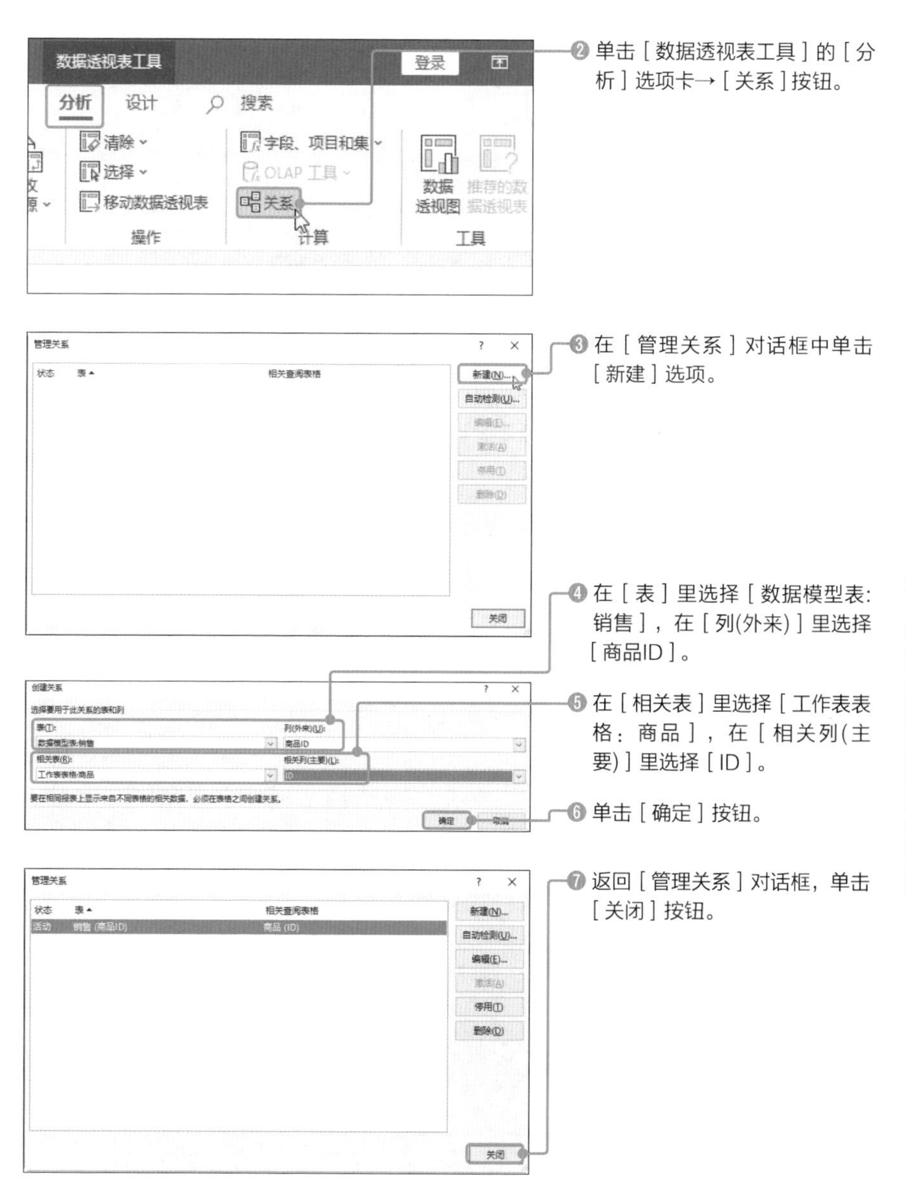

根据多个表格创建交叉表

设置了数据模型和关系之后，就可以根据多个表格创建交叉表。下面将使用上面已经相互关联（设置了关系）的**［销售］表格**和**［商品］表格**创建交叉表。

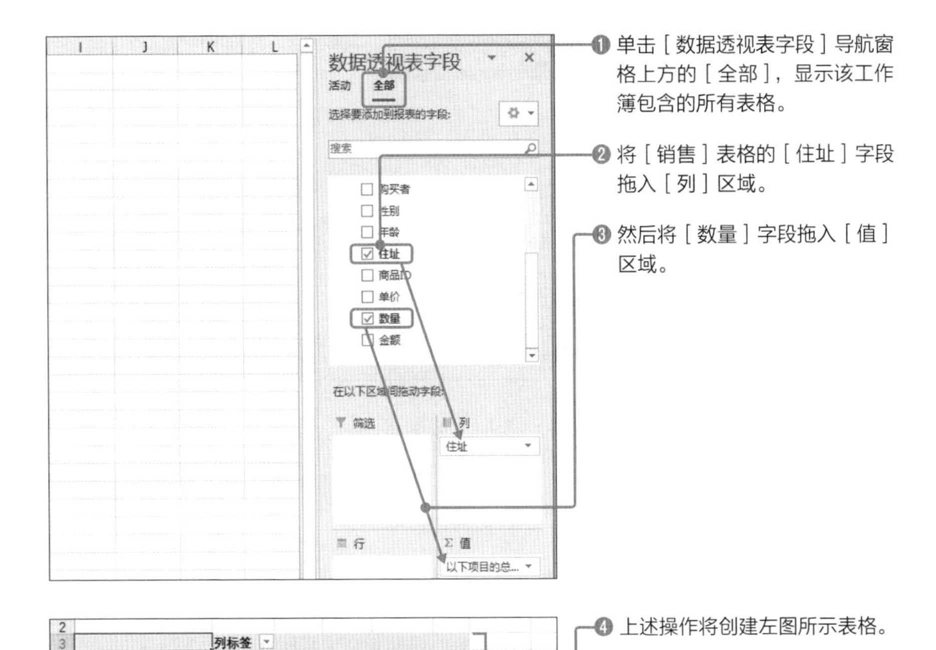

❶ 单击［数据透视表字段］导航窗格上方的［全部］，显示该工作簿包含的所有表格。

❷ 将［销售］表格的［住址］字段拖入［列］区域。

❸ 然后将［数量］字段拖入［值］区域。

		列标签				
4		东京都	埼玉县	千叶县	神奈川县	总计
5	以下项目的总和:数量	21	16	9	16	62

❹ 上述操作将创建左图所示表格。

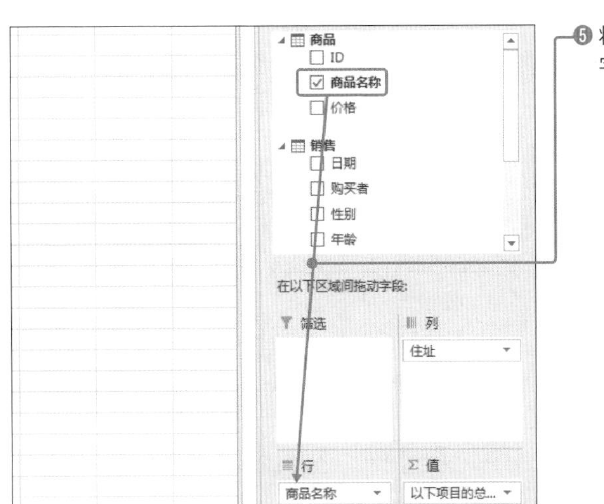

❺ 将［商品］表格的［商品名称］字段拖入［行］区域。

以下项目的总和:数量	列标签				
行标签	东京都	埼玉县	千叶县	神奈川县	总计
海鲜A	5		2	2	9
海鲜B	5		5		10
海鲜C		13			13
加工肉A	3			9	12
加工肉B	6	1	2	3	12
加工肉C	2	2		2	6
总计	21	16	9	16	62

❻［销售］表格和［商品］表格相互关联，从而生成商品名称和住址的交叉统计表。

第7章

灵活运用表格功能与数据采集

Table Function and Acquisition of Data

Sample_Data/07-01/

01 创建用于存放数据的表格

扫码看视频

将序列转换为表格

序列格式的数据（参见p.179）的确可以用来进行一些数据库方面的处理，但如果将其转换为**“表格”**，将让添加或筛选数据等处理变得更加易于操作。在此过程中，还可以使用**“表格样式”“汇总行”**等便捷功能。

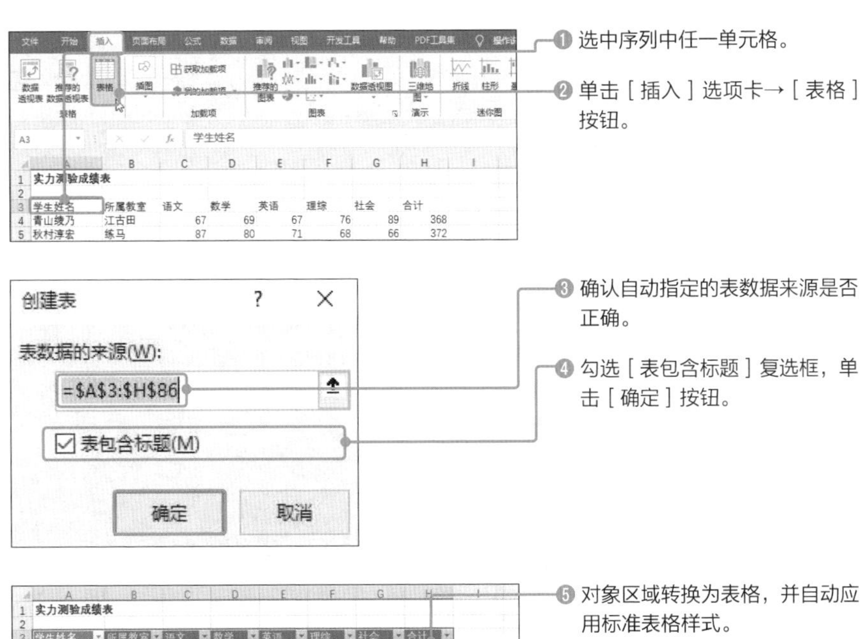

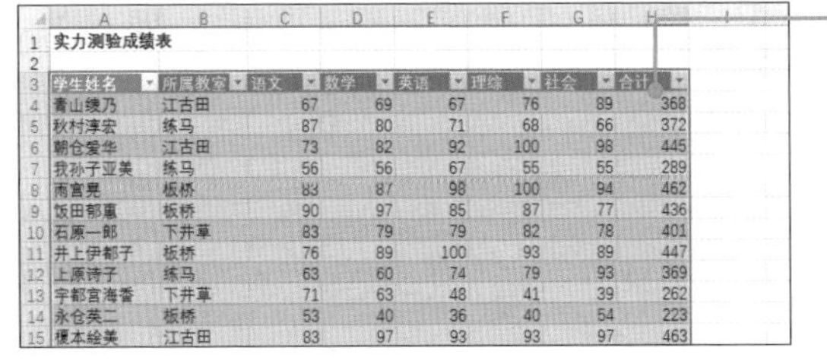

	A	B	C	D	E	F	G	H
1	实力测验成绩表							
2								
3	学生姓名	所属教室	语文	数学	英语	理综	社会	合计
4	青山绫乃	江古田	67	69	67	76	89	368
5	秋村淳宏	练马	87	80	71	68	66	372
6	朝仓爱华	江古田	73	82	92	100	98	445
7	我孙子亚美	练马	56	56	67	55	55	289
8	雨宫昇	板桥	83	87	98	100	94	462
9	饭田郁惠	板桥	90	97	85	87	77	436
10	石原一郎	下井草	83	79	79	82	78	401
11	井上伊都子	板桥	76	89	100	93	89	447
12	上原诗子	练马	63	60	74	79	93	369
13	宇都宫海香	下井草	71	63	48	41	39	262
14	永仓英二	板桥	53	40	36	40	54	223
15	榎本绘美	江古田	83	97	93	93	97	463

❺ 对象区域转换为表格，并自动应用标准表格样式。

提示

创建完成的表格默认添加表格名称“表1”。表格名称可以在［表格工具］的［设计］选项卡→［表名称］里查看与修改。

02 修改表格格式组合

一键修改表格样式

Excel预置了丰富多样的**“表格样式”**，可以轻松选用喜欢的格式组合。

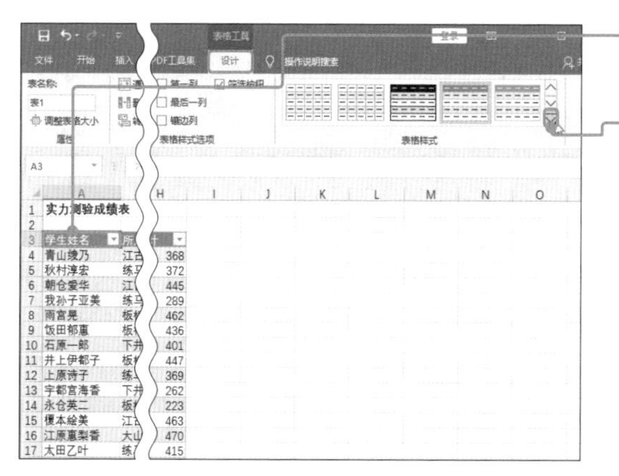

❶ 选中要修改样式的表格内任一单元格。

❷ 单击［表格工具］的［设计］选项卡→［表格样式］→［其他］按钮，在列表中选择喜欢的表格样式。

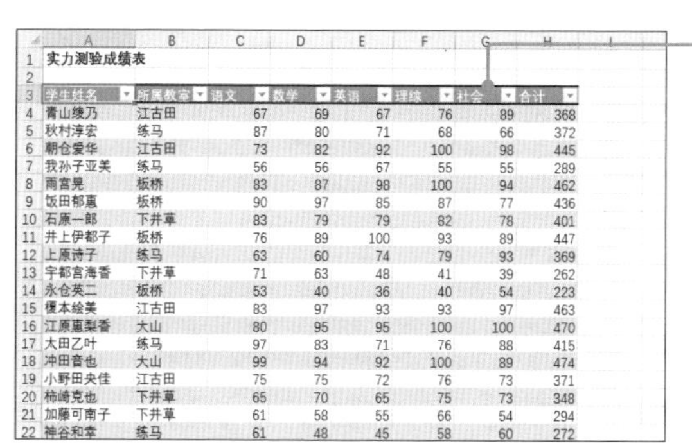

实力测验成绩表

学生姓名	所属教室	语文	数学	英语	理综	社会	合计
青山绫乃	江古田	67	69	67	76	89	368
秋村淳宏	练马	87	80	71	68	66	372
朝仓爱华	江古田	73	82	92	100	98	445
我孙子亚美	练马	56	56	67	55	55	289
雨宫晃	板桥	83	87	98	100	94	462
饭田郁惠	板桥	90	97	85	87	77	436
石原一郎	下井草	83	79	79	82	78	401
井上伊都子	板桥	76	89	100	93	89	447
上原诗子	练马	63	60	74	79	93	369
宇都宫海香	下井草	71	63	48	41	39	262
永仓英二	板桥	53	40	36	40	54	223
榎本絵美	江古田	83	97	93	93	97	463
江原惠梨香	大山	80	95	95	100	100	470
太田乙叶	练马	97	83	71	76	88	415
冲田音也	大山	99	94	92	100	89	474
小野田央佳	江古田	75	75	72	76	73	371
柿崎克也	下井草	65	70	65	75	73	348
加藤可南子	下井草	61	58	55	66	54	294
神谷和幸	练马	61	48	45	58	60	272

❸ 将所选表格样式应用于表格。

提示

如果通过［开始］选项卡→［套用表格格式］创建表格，可以一步到位地选择自己喜欢的表格样式。

03 自定义表格样式

复制预置表格样式

Excel预置的表格样式（参见p.265）整体上略显鲜艳，如果想将表格设计得更加素雅一些时，可能无法满足需求。

我们虽然无法修改预置表格样式的格式，但是**可以复制预置样式，局部修改其设置，或者重新设置一个全新的表格样式**。

下面介绍如何复制预置的表格样式**“白色，表样式浅色4”**，修改标题行的填充色，从而创建一个新的表格样式。

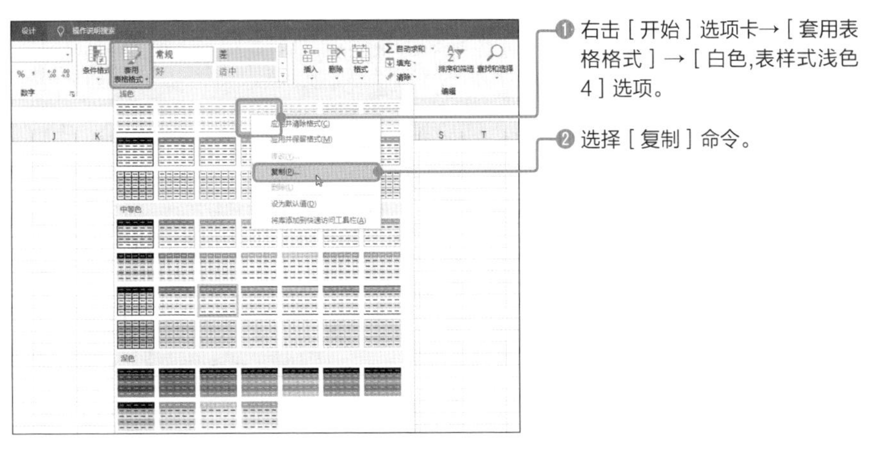

❶ 右击［开始］选项卡→［套用表格格式］→［白色,表样式浅色4］选项。

❷ 选择［复制］命令。

❸ 输入［名称］内容。

❹ 在［表元素］选择［标题行］，单击［格式］按钮。

提示

通过在［表元素］里选择目标项目，可以随意设定预置表格样式的内容。

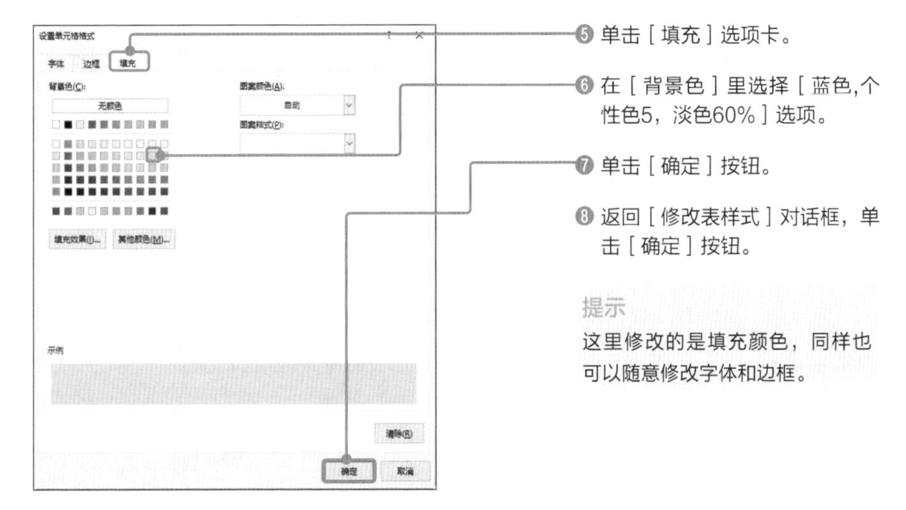

❺ 单击［填充］选项卡。

❻ 在［背景色］里选择［蓝色,个性色5，淡色60%］选项。

❼ 单击［确定］按钮。

❽ 返回［修改表样式］对话框，单击［确定］按钮。

提示

这里修改的是填充颜色，同样也可以随意修改字体和边框。

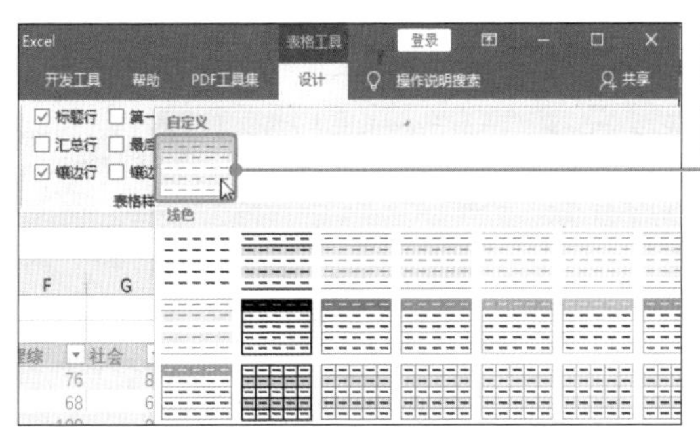

❾ 创建的样式已经添加至表格样式列表中。

实用的专业技巧！ 新建表格样式

我们不仅可以借用预置的表格样式，还可以新建表格样式。选择［开始］选项卡→［套用表格格式］→［新建表格样式］选项，即可在打开的［新建表样式］对话框中设置各个项目。

04 突出显示表格最后一列

扫码看视频

设置表格最后一列的样式

表格格式给每一个要素都设置了不同的表格样式，但是**未必所有设置都适合表格**。可以利用**［表格样式选项］选项组中的功能**，关闭一部分格式设置。

接下来介绍如何打开表格最后一列设置的表格样式的格式（默认为关闭），从而修改最后一列的样式。

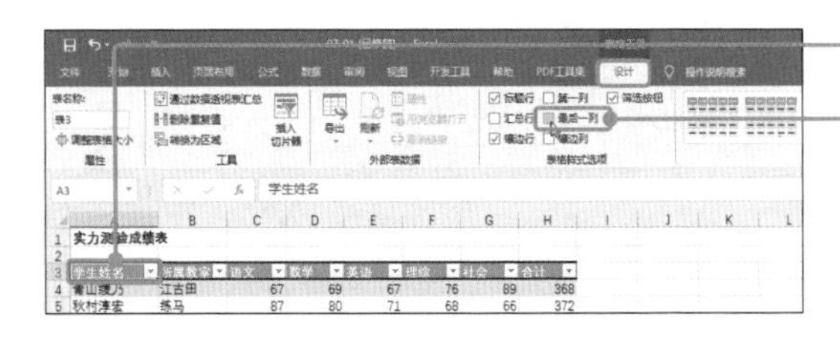

❶ 选中要修改格式的表格。

❷ 勾选［表格工具］的［设计］选项卡→［最后一列］复选框。

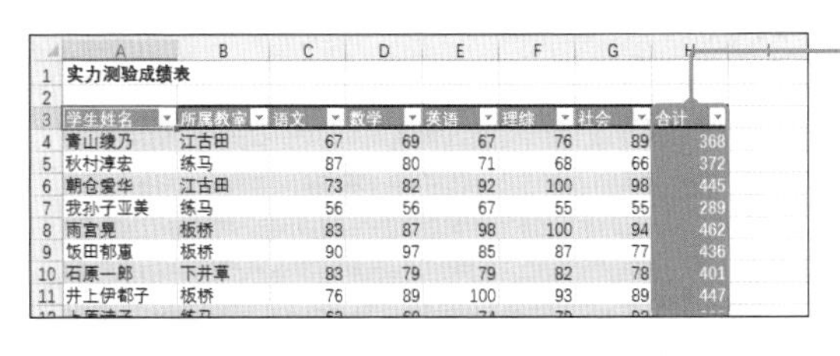

实力测验成绩表

学生姓名	所属教室	语文	数学	英语	理综	社会	合计
青山绫乃	江古田	67	69	67	76	89	368
秋村淳宏	练马	87	80	71	68	66	372
朝仓爱华	江古田	73	82	92	100	98	445
我孙子亚美	练马	56	56	67	55	55	289
雨宫晃	板桥	83	87	98	100	94	462
饭田郁惠	板桥	90	97	85	87	77	436
石原一郎	下井草	83	79	79	82	78	401
井上伊都子	板桥	76	89	100	93	89	447

❸ 表格最后一列的格式发生变化，突出显示每行的总和。

实用的专业技巧！ 关闭镶边行

表格格式通常设置为交替带有不同颜色的条纹行，但通过取消勾选［表格工具］的［设计］选项卡→［镶边行］复选框，就可以关闭隔行设置的填充色。如果取消勾选［标题行］和［汇总行］复选框，则不仅会关闭格式，还会隐藏该行。

05 在表格里添加汇总行

扫码看视频

设置汇总行

可以在表格最后一行的下方设置显示各列汇总结果的**“汇总行”**。汇总内容通常为**合计**，但也可以选择**平均值**、**计数**等其他统计项目。

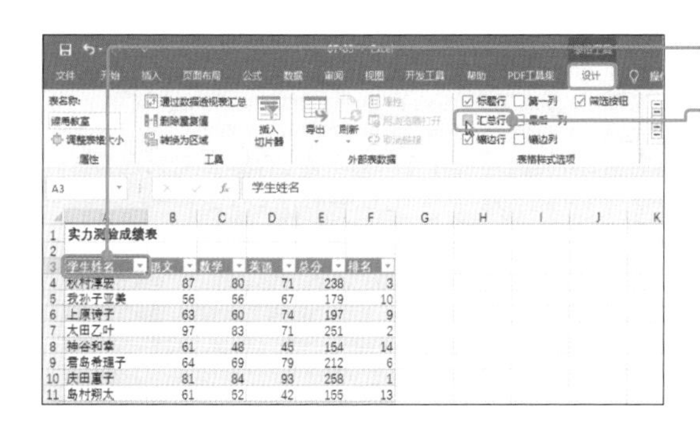

❶ 选中表格内的任一单元格。

❷ 勾选［表格工具］的［设计］选项卡→［汇总行］复选框。

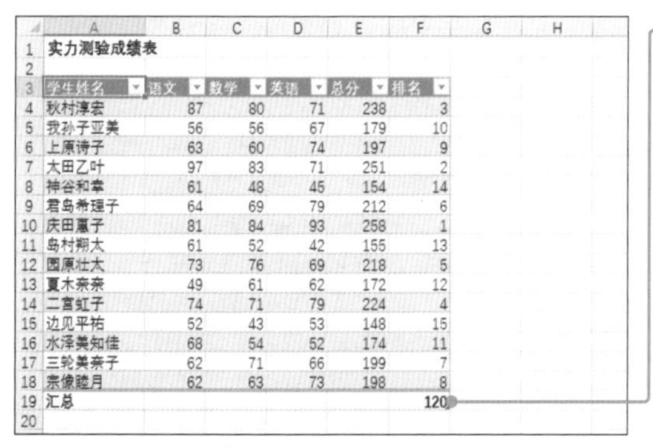

	A	B	C	D	E	F
1	实力测验成绩表					
2						
3	学生姓名	语文	数学	英语	总分	排名
4	秋村淳宏	87	80	71	238	3
5	我孙子亚美	56	56	67	179	10
6	上原诗子	63	60	74	197	9
7	太田乙叶	97	83	71	251	2
8	神谷和章	61	48	45	154	14
9	君岛希理子	64	69	79	212	6
10	庆田蕙子	81	84	93	258	1
11	岛村翔太	61	52	42	155	13
12	園原壮太	73	76	69	218	5
13	夏木奈奈	49	61	62	172	12
14	二宫虹子	74	71	79	224	4
15	边见平祐	52	43	53	148	15
16	水泽美知佳	68	54	52	174	11
17	三轮美奈子	62	71	66	199	7
18	宗像睦月	62	63	73	198	8
19	汇总					120
20						

❸ 即可在表格最后一行的下方显示汇总行。

第一次显示汇总行时，一般只显示最右侧一列的合计（当列的数据为数值时），或是数据的个数（当列的数据为文本时）。

修改汇总设置

可以单独修改汇总行内每一个单元格的汇总设置。执行下列步骤，隐藏

"排名"列的汇总结果，并在"总分"列显示平均分。

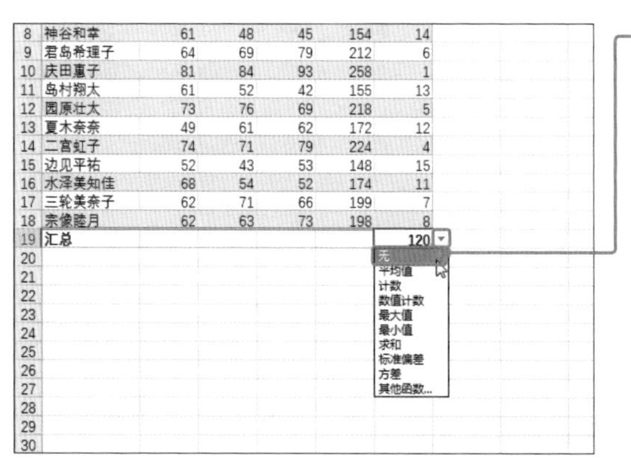

8	神谷和幸	61	48	45	154	14
9	君岛希理子	64	69	79	212	6
10	庆田薰子	81	84	93	258	1
11	岛村翔太	61	52	42	155	13
12	圆原壮太	73	76	69	218	5
13	夏木奈奈	49	61	62	172	12
14	二宫虹子	74	71	79	224	4
15	边见平祐	52	43	53	148	15
16	水泽美知佳	68	54	52	174	11
17	三轮美奈子	62	71	66	199	7
18	宗像睦月	62	63	73	198	8
19	汇总					120

❶ 选中单元格F19，单击右侧的［▼］，选择［无］选项。

❷ 隐藏"排名"列的汇总结果。

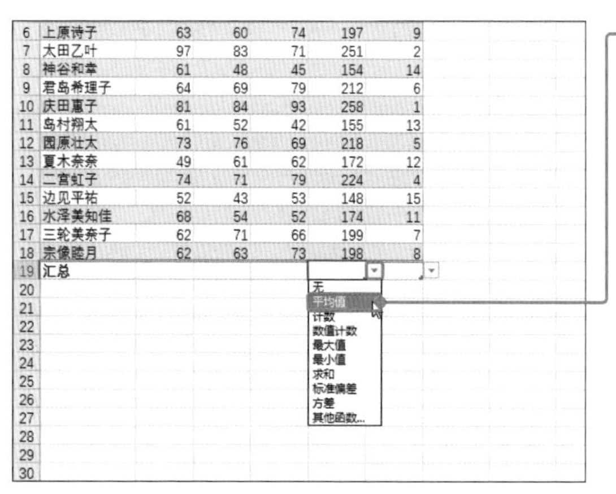

6	上原诗子	63	60	74	197	9
7	太田乙叶	97	83	71	251	2
8	神谷和幸	61	48	45	154	14
9	君岛希理子	64	69	79	212	6
10	庆田薰子	81	84	93	258	1
11	岛村翔太	61	52	42	155	13
12	圆原壮太	73	76	69	218	5
13	夏木奈奈	49	61	62	172	12
14	二宫虹子	74	71	79	224	4
15	边见平祐	52	43	53	148	15
16	水泽美知佳	68	54	52	174	11
17	三轮美奈子	62	71	66	199	7
18	宗像睦月	62	63	73	198	8
19	汇总					

❸ 选中单元格E19，单击右侧的［▼］，选择［平均值］选项。

	A	B	C	D	E	F
1	实力测验成绩表					
2						
3	学生姓名	语文	数学	英语	总分	排名
4	秋村淳宏	87	80	71	238	3
5	我孙子亚美	56	56	67	179	10
6	上原诗子	63	60	74	197	9
7	太田乙叶	97	83	71	251	2
8	神谷和幸	61	48	45	154	14
9	君岛希理子	64	69	79	212	6
10	庆田薰子	81	84	93	258	1
11	岛村翔太	61	52	42	155	13
12	圆原壮太	73	76	69	218	5
13	夏木奈奈	49	61	62	172	12
14	二宫虹子	74	71	79	224	4
15	边见平祐	52	43	53	148	15
16	水泽美知佳	68	54	52	174	11
17	三轮美奈子	62	71	66	199	7
18	宗像睦月	62	63	73	198	8
19	汇总				198.467	

❹ "总分"列在汇总行显示全体学生的总平均分。

提示

汇总行所显示的汇总结果是使用SUBTOTAL()函数计算出来的。

专栏　数据的排序与筛选功能

表格自动为列标题添加可以执行“列数据排序”和“筛选”功能的 [▼] 按钮。使用该按钮，可以对表格内的数据排序，或者仅显示部分数据（筛选）。

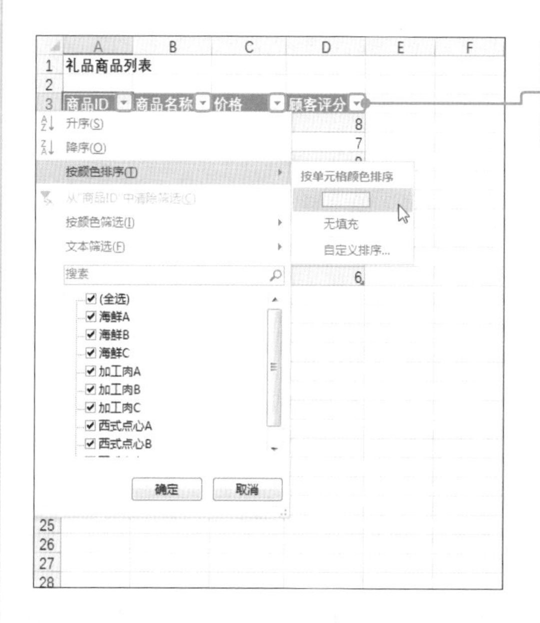

将表区域转换为表格，列标题显示可以执行排序和筛选的 [▼] 按钮。

排序和筛选功能的操作方法与序列相同，具体方法参见以下小节。

- **将表格按照成绩顺序排序　（参见p.176）**
- **详细设置排序条件　（参见p.178）**
- **按照负责人顺序排序　（参见p.183）**
- **仅显示特定数据——筛选功能　（参见p.185）**
- **利用单元格填充色进行筛选　（参见p.188）**

此外，注意有些可以在序列中操作的功能，却不能用于表格。例如，“仅对部分数据排序”（参见**p.177**）、“排序时包含首行”（参见**p.180**）、“按行排序”（参见**p.191**）等功能。

Sample_Data/07-06/

06 在公式里引用表格数据——结构化引用

扫码看视频

什么是结构化引用

在Excel中，采用以下两种方法可以在公式中引用表格内的单元格。

方法1 指定单元格行列号，例如A1（单一单元格）或B2:B6（单元格区域）。

方法2 结构化引用。

下面讲解 方法2 **结构化引用**。结构化引用是独立引用表格内单元格的方法。它不是指定单元格的行列号，而是**使用表格名称和列名称指定对象单元格**。因此利用结构化引用，**从公式里就可以看出所引用的是哪个表的哪一列**，这样非常方便。

单元格指定方法与 方法1，也就是指定单元格行列号的方法基本相同。在编辑公式过程中，单击表格内的单元格或是拖动选中单元格区域，即可将所选部分自动设置为结构化引用。因此，**大家无须预先非常熟练地掌握结构化引用的表述规则**。请跟随本节的讲解，用心体会结构化引用的便利。

> 笔记
>
> 如上所述，结构化引用非常方便，但反之，由于它是独立规则，需要用直接输入的方式编辑公式，所以在习惯使用之前会有些烦琐。

结构化引用的实例

结构化引用虽然浅显易懂，但也有一些独立的规则，因此至少要具备**最基础的知识**，才能准确理解使用了结构化引用的公式。下面简单介绍结构化引用的基本规则。

如果是**表格外的单元格**引用表格的数据区域（仅限数据行区域，标题行和汇总行除外），则**直接指定表格名称**。

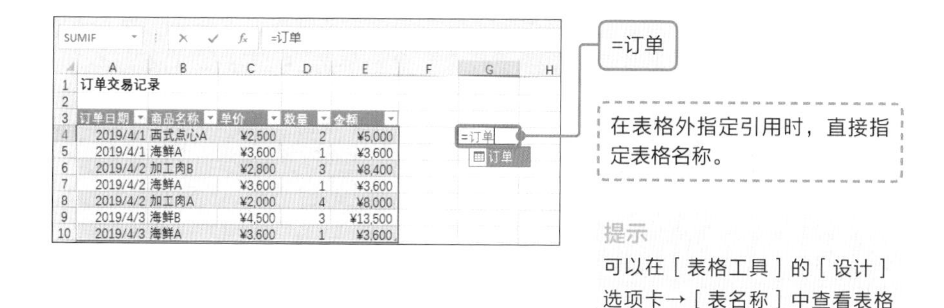

	A	B	C	D	E
1	订单交易记录				
2					
3	订单日期	商品名称	单价	数量	金额
4	2019/4/1	西式点心A	¥2,500	2	¥5,000
5	2019/4/1	海鲜A	¥3,600	1	¥3,600
6	2019/4/2	加工肉B	¥2,800	3	¥8,400
7	2019/4/2	海鲜A	¥3,600	1	¥3,600
8	2019/4/2	加工肉A	¥2,000	4	¥8,000
9	2019/4/3	海鲜B	¥4,500	3	¥13,500
10	2019/4/3	海鲜A	¥3,600	1	¥3,600

如果是**表格内的单元格**引用表格特定整列，则**指定列标题并用[]将列标题括住**。

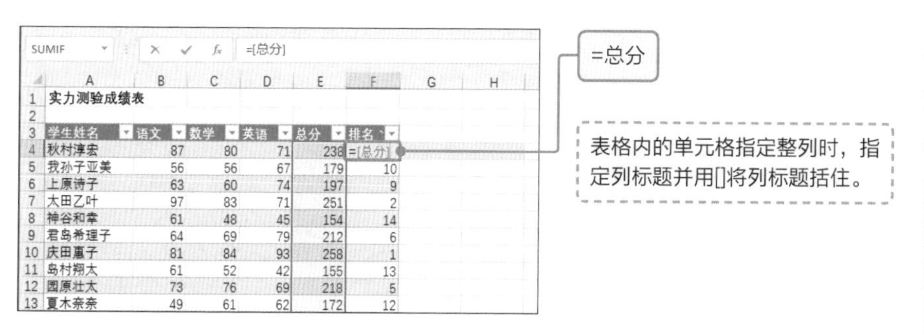

	A	B	C	D	E	F
1	实力测验成绩表					
2						
3	学生姓名	语文	数学	英语	总分	排名
4	秋村淳宏	87	80	71	238	=[总分]
5	我孙子亚美	56	56	67	179	10
6	上原诗子	63	60	74	197	9
7	太田乙叶	97	83	71	251	2
8	神谷和幸	61	48	45	154	14
9	君岛希理子	64	69	79	212	6
10	庆田惠子	81	84	93	258	1
11	岛村翔太	61	52	42	155	13
12	園原壮太	73	76	69	218	5
13	夏木奈奈	49	61	62	172	12

如果是**表格外的单元格**引用表格特定整列，则**先指定表格名称，再指定列标题并用[]将列标题括住**。

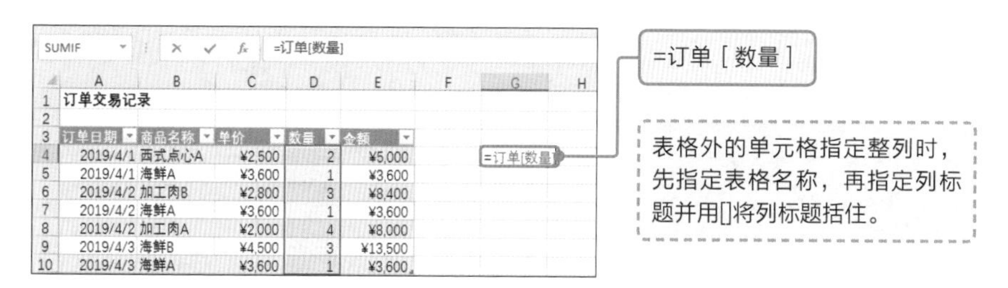

	A	B	C	D	E
1	订单交易记录				
2					
3	订单日期	商品名称	单价	数量	金额
4	2019/4/1	西式点心A	¥2,500	2	¥5,000
5	2019/4/1	海鲜A	¥3,600	1	¥3,600
6	2019/4/2	加工肉B	¥2,800	3	¥8,400
7	2019/4/2	海鲜A	¥3,600	1	¥3,600
8	2019/4/2	加工肉A	¥2,000	4	¥8,000
9	2019/4/3	海鲜B	¥4,500	3	¥13,500
10	2019/4/3	海鲜A	¥3,600	1	¥3,600

如果是**表格内的单元格**引用同一行的特定列，则**先在列标题前添加@，再用[]将@和列标题括住**。

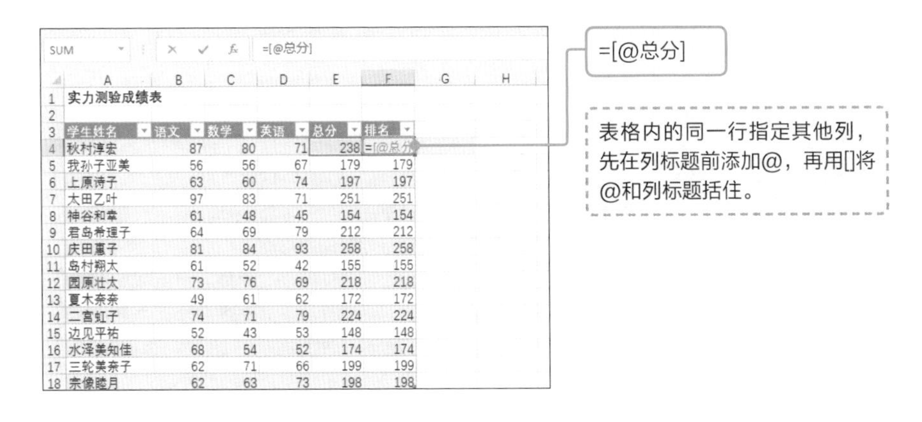

学生姓名	语文	数学	英语	总分	排名
秋村淳宏	87	80	71	238	=[@总分
我孙子亚美	56	56	67	179	179
上原诗子	63	60	74	197	197
太田乙叶	97	83	71	251	251
神谷和章	61	48	45	154	154
君岛希理子	64	69	79	212	212
庆田熏子	81	84	93	258	258
岛村翔太	61	52	42	155	155
园原壮太	73	76	69	218	218
夏木奈奈	49	61	62	172	172
二宫虹子	74	71	79	224	224
边见平祐	52	43	53	148	148
水泽美知佳	68	54	52	174	174
三轮美奈子	62	71	66	199	199
宗像睦月	62	63	73	198	198

如果是**表格外的单元格**引用同一行的特定列，则**先在列标题前添加@，用[]将@和列标题括住，然后在最前面添加表格名称**。

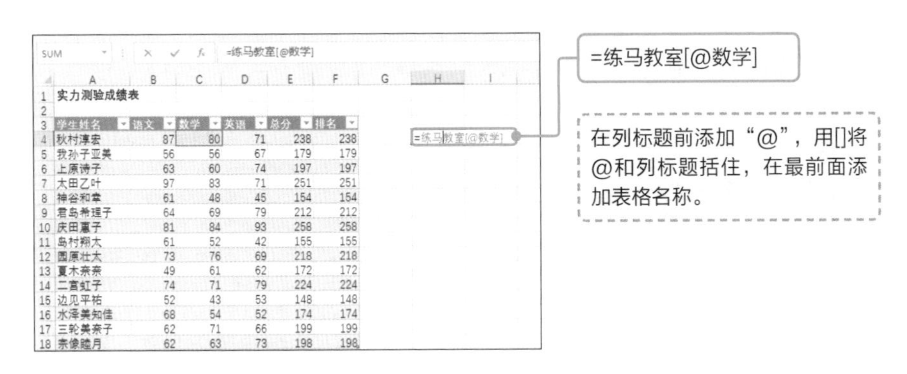

学生姓名	语文	数学	英语	总分	排名
秋村淳宏	87	80	71	238	238
我孙子亚美	56	56	67	179	179
上原诗子	63	60	74	197	197
太田乙叶	97	83	71	251	251
神谷和章	61	48	45	154	154
君岛希理子	64	69	79	212	212
庆田熏子	81	84	93	258	258
岛村翔太	61	52	42	155	155
园原壮太	73	76	69	218	218
夏木奈奈	49	61	62	172	172
二宫虹子	74	71	79	224	224
边见平祐	52	43	53	148	148
水泽美知佳	68	54	52	174	174
三轮美奈子	62	71	66	199	199
宗像睦月	62	63	73	198	198

如果是引用**表格内的多列区域**，不考虑公式单元格是在表格内还是表格外，则**用[]括住起始列和终止列的标题，两者用:(冒号)连接，再用[]将这些内容括住，在最前面添加表格名称**。

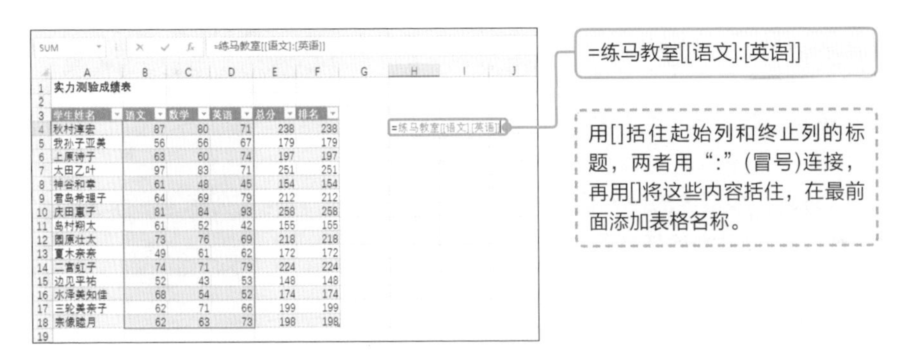

学生姓名	语文	数学	英语	总分	排名
秋村淳宏	87	80	71	238	238
我孙子亚美	56	56	67	179	179
上原诗子	63	60	74	197	197
太田乙叶	97	83	71	251	251
神谷和章	61	48	45	154	154
君岛希理子	64	69	79	212	212
庆田熏子	81	84	93	258	258
岛村翔太	61	52	42	155	155
园原壮太	73	76	69	218	218
夏木奈奈	49	61	62	172	172
二宫虹子	74	71	79	224	224
边见平祐	52	43	53	148	148
水泽美知佳	68	54	52	174	174
三轮美奈子	62	71	66	199	199
宗像睦月	62	63	73	198	198

如果要引用与公式单元格在同一行的**表格内多列单元格区域**，不考虑公式单元格是在表格内还是表格外，则**在起始列和终止列的标题前添加@，用[]括住并用:（冒号）连接，再用[]将这些内容括住，在最前面添加表格名称**。

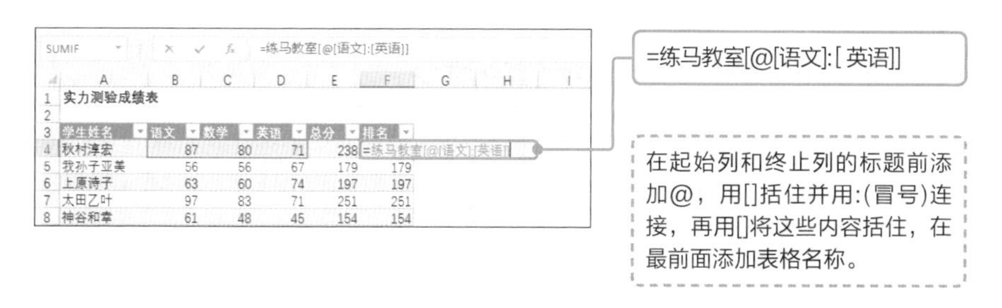

如果是引用表格的**标题行整行**，则在表格名称之后加上**[#标题]**。同样，引用**汇总行整行**时，也要在表格名称后加上**[#汇总]**。

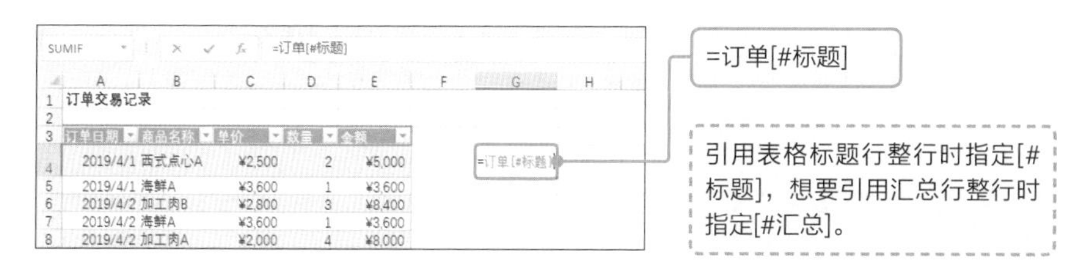

引用**标题行的特定列**时，**用[]括住列标题，用,（逗号）连接在[#标题]之后，再用[]将这些内容括住，在最前面添加表格名称**。

引用**汇总行的特定列**时，将**[#标题]**的部分替换为**[#汇总]**。

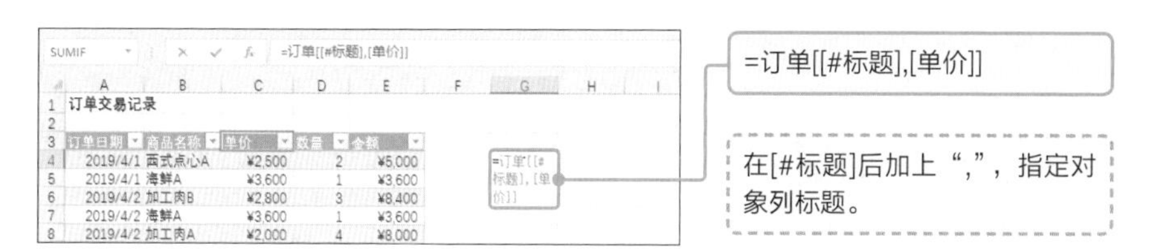

Sample_Data/07-07/

07 获取Access数据

扫码看视频

利用检索功能获取外部数据库的数据

Excel可以将外部数据库存储的数据导入工作表，Excel中将从外部获取数据的功能统称为**“检索”**。**Access**数据库管理软件是同属Office办公软件，下面讲解如何把它创建的**“商品管理.accdb”**数据文件中的**“经销商品”**表格数据导入Excel工作表中。

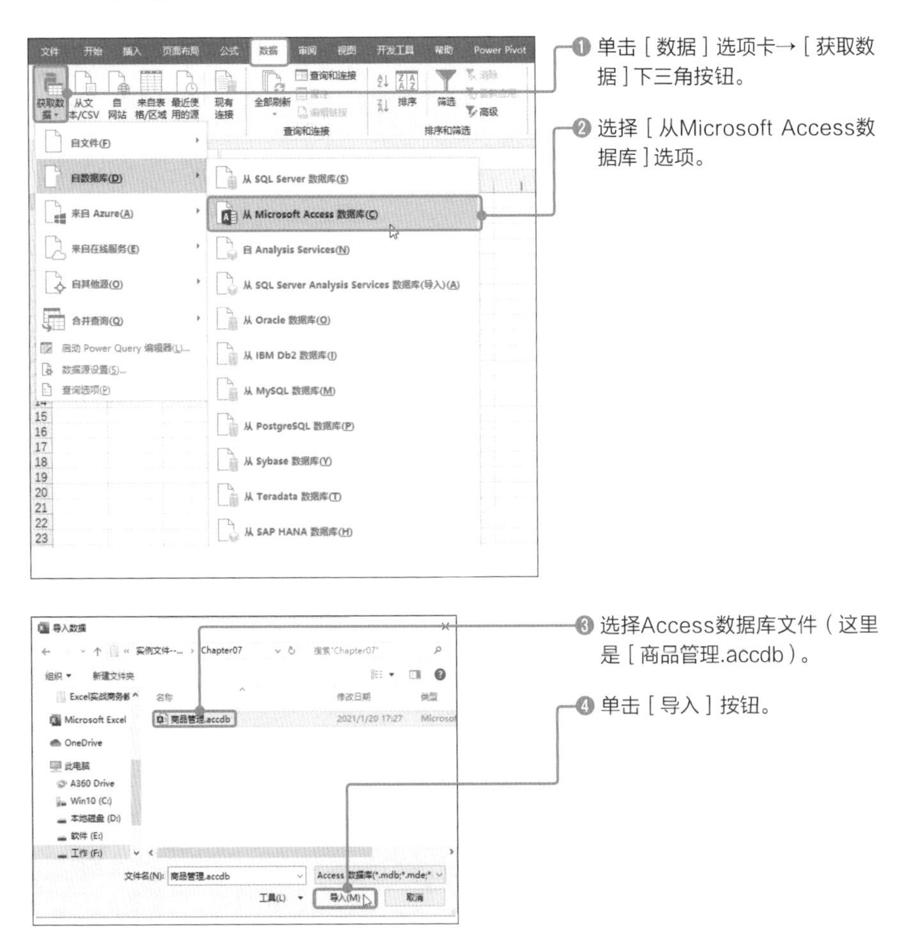

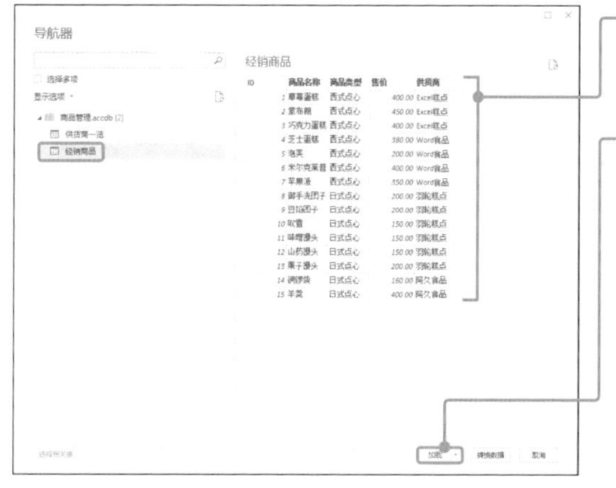

❺ 在［导航器］窗格显示的表格和检索列表中选择对象表格（这里是［经销商品］）。

❻ 单击［加载］按钮。

提示

“访问表（table）”“查询（query）”同样是表示Access数据库里的数据集合的用语。不要与Excel的“表格（table）”“检索（query）”混淆。

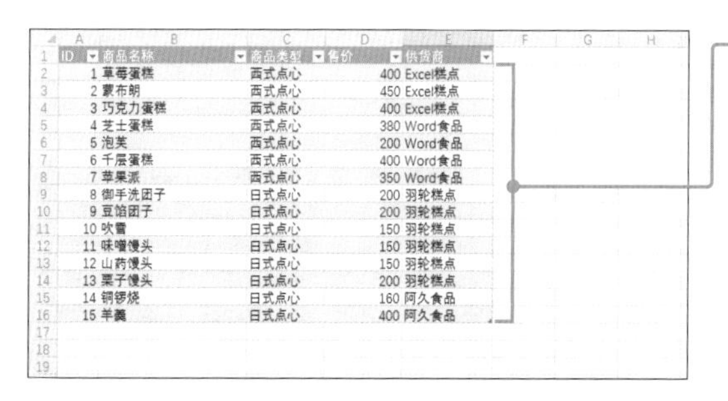

❼ 在新的工作表创建表格，导入指定的［经销商品］表格数据。

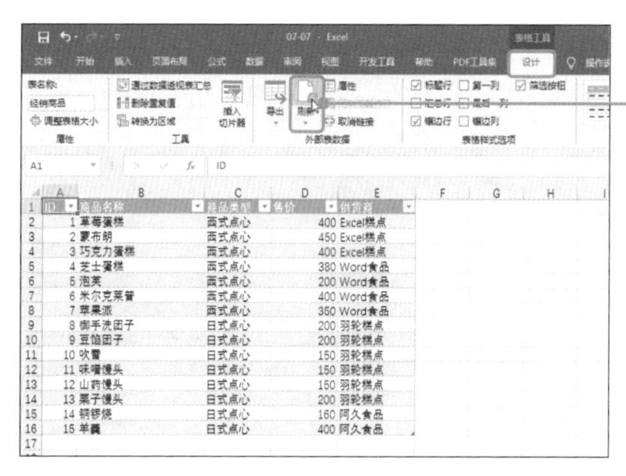

❽ 当原数据库添加或更新数据时，选中该表格内的任一单元格，单击［表格工具］的［设计］选项卡→［刷新］按钮。这样可以使导入表格的数据随之更新。

Sample_Data/07-08/

08 导入网页数据

利用网页检索功能

Excel的检索功能**还可以导入网页的表格数据**。这里说的**“表格”**，指的是利用HTML的table标签制作而成的一种表格形式的数据。大部分时候网页信息更新的速度都很快，但数据库的检索功能同样会执行“更新”，轻松替换最新信息。

使用Microsoft Edge或Google Chrome等网页浏览器，打开包含了想要导入的表格数据的网页，执行下列步骤。

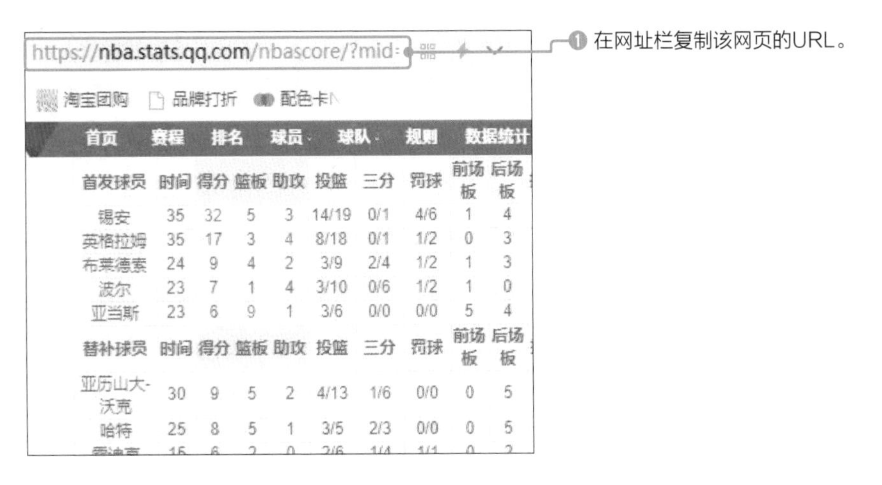

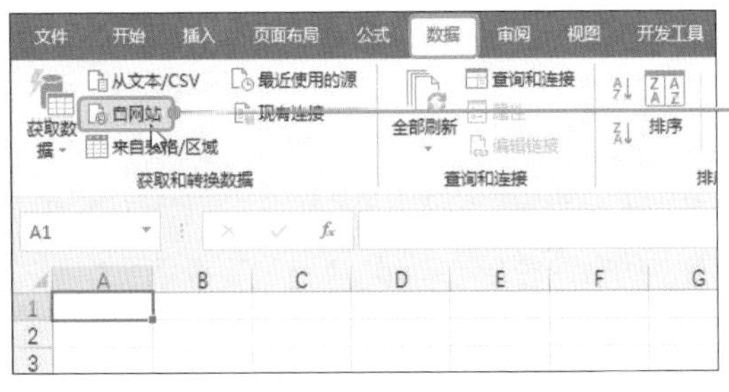

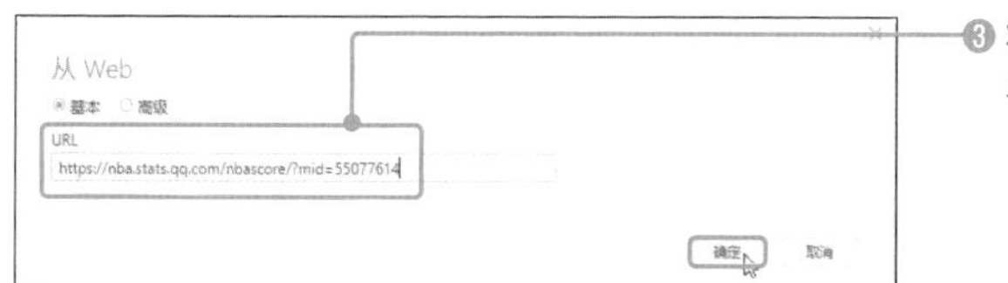

❸ 将复制的URL粘贴至［URL］，单击［确定］按钮。

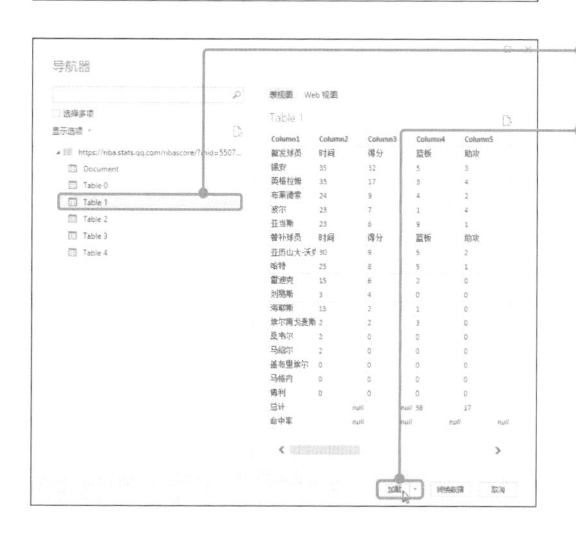

❹ 在［导航器］窗格显示的列表里选择要导入的表格。

❺ 单击［加载］按钮。

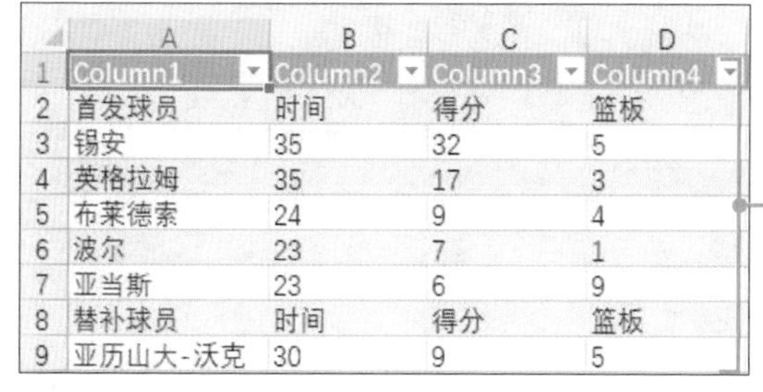

	A	B	C	D
1	Column1	Column2	Column3	Column4
2	首发球员	时间	得分	篮板
3	锡安	35	32	5
4	英格拉姆	35	17	3
5	布莱德索	24	9	4
6	波尔	23	7	1
7	亚当斯	23	6	9
8	替补球员	时间	得分	篮板
9	亚历山大-沃克	30	9	5

❻ 在新的工作表生成表格，并导入指定的网页表格数据。

实用的专业技巧！ 应对网页更新

原网页更新或是添加、更改了表格数据时，选中Excel的表格内任一单元格❶，单击［表格工具］的［设计］选项卡→［刷新］按钮❷，这样可以使导入表格的数据随之更新。

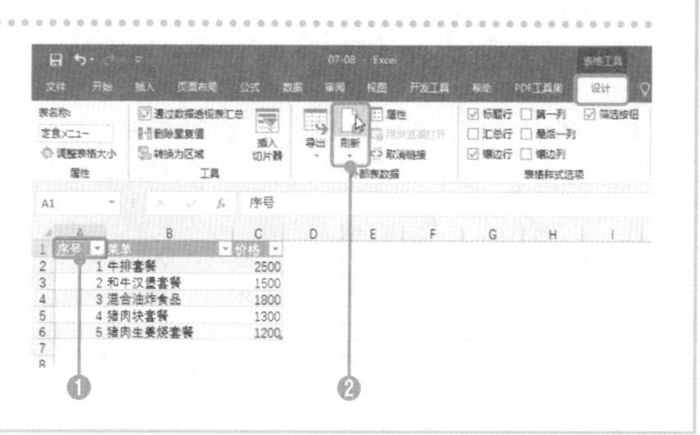

第8章

制作一张清楚直观的图表

How to Design a Impressive Graph

Sample_Data/08-01/

扫码看视频

01 根据需要创建图表

创建簇状柱形图

Excel预置了多种图表类型，而且只需简单的几步就可以修改图表的样式，操作方法非常简便。图表制作的关键并非“如何制作”，而在于能够根据需要准确判断“应该用哪一种图表来表达”。

下面介绍最基本的**“柱形图”**的制作步骤，这种图表主要用于**比较同一列的多个数据**。

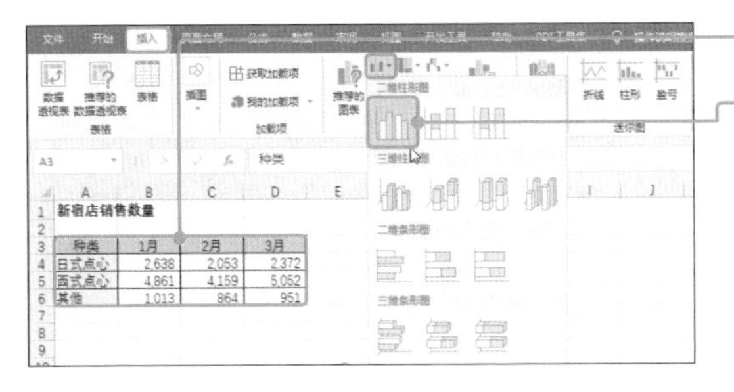

❶ 选中要生成图表的单元格区域。

❷ 选择［插入］选项卡→［插入柱形图或条形图］→［簇状柱形图］图表。

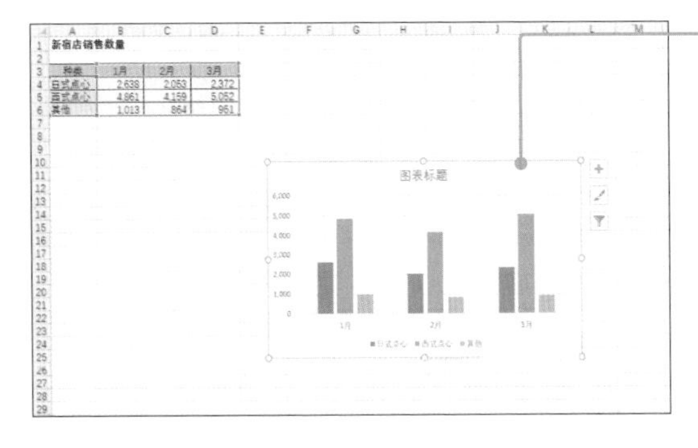

❸ 在工作表中创建簇状柱形图。

提示

如果只选中某个单元格，而不是整个区域，在创建图表时同样将自动包含该单元格的表格区域指定为源数据。不过，有时自动识别会指定一些错误区域，因此全选需要制图的区域更加稳妥。

拖动图表内部空白部分或边框，可以移动图表的位置。此外，拖动边框的控制点，还可以调整图表的大小。

其他柱形图

除了上面的**簇状柱形图**，柱形图还包括许多样式。例如要**比较每个分组的总计**而不是比较某一项时，就可以使用**“堆积柱形图”**。

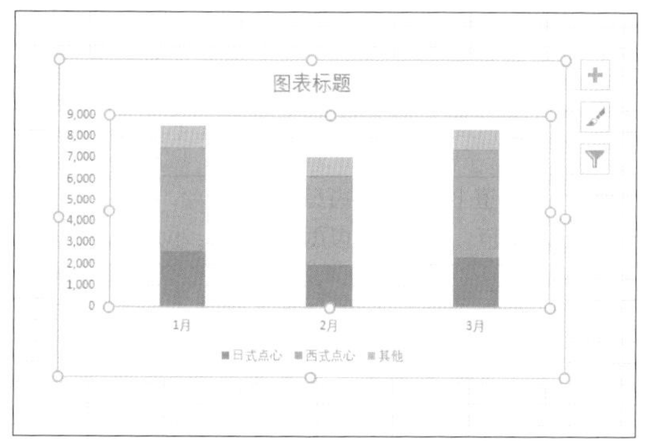

堆积柱形图用于比较各个分组的总计。

此外，如果要**比较每个分组的结构比例**，且无须考虑各个分组的实际数值，可以使用**“百分比堆积柱形图”**。

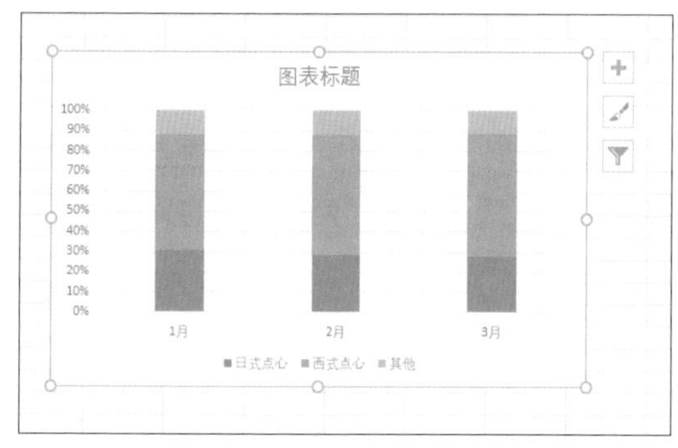

百分比堆积柱形图用于比较每个分组的结构比例。

其他图表

下面简单介绍Excel能够制作的其他主要图表的作用。自己制作的表格究竟要向读者表达什么，请带着这样的思考选择最合适的表格类型。

如果要从视觉上表现随时间推移数值的变化趋势，可以使用**“折线图”**。

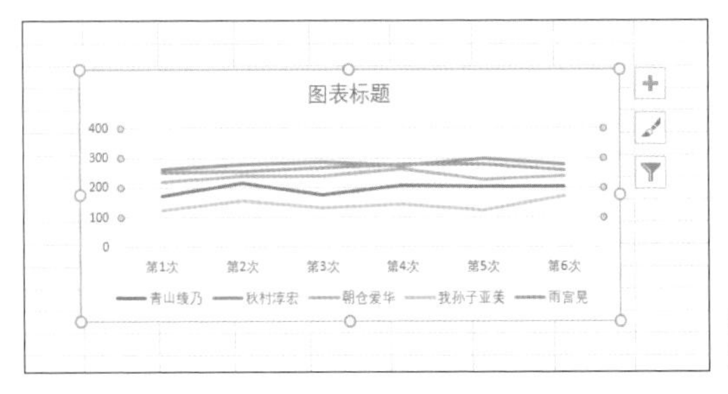

折线图适用于查看数值随时间推移而发生的变化。

较之于各个项目的实际数值，更注重它们所占比例的时候，可以使用**“饼图”**。

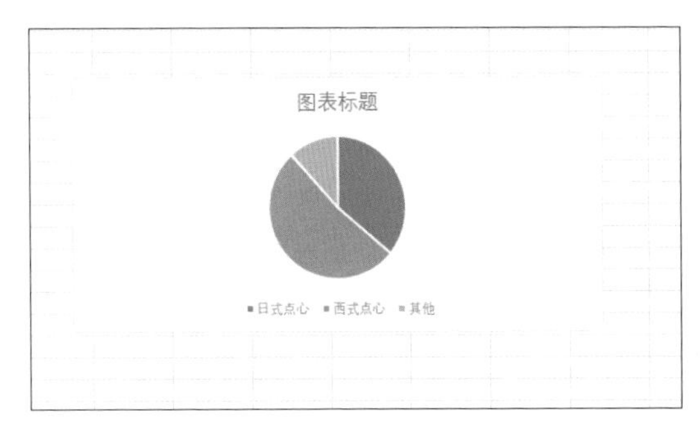

饼图适用于查看整体的结构比例以及某一项占整体的比例。

当需要了解两类数据分组的关联性时，可以使用**“XY散点图”**。而且，分布在散点图上的各点越接近一条直线，说明**“两类数据的关联性越紧密”**。反之，整体上越分散，说明二者相互关系越松散。

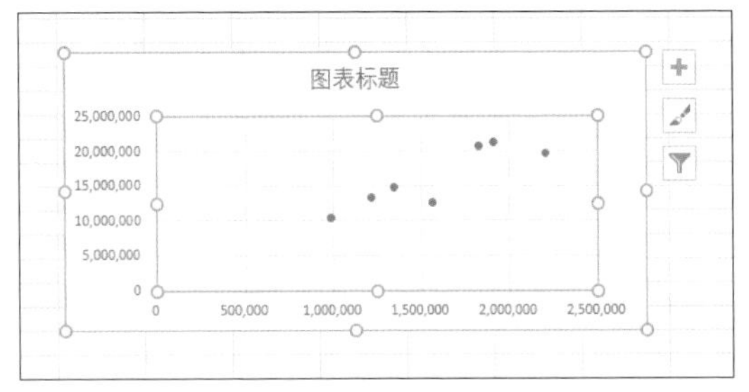

使用XY散点图可以确认两类数据的相互关系。

如果要在视觉上突出评价的平衡性，例如学生各学科分数或选手能力，可以使用**“雷达图”**。

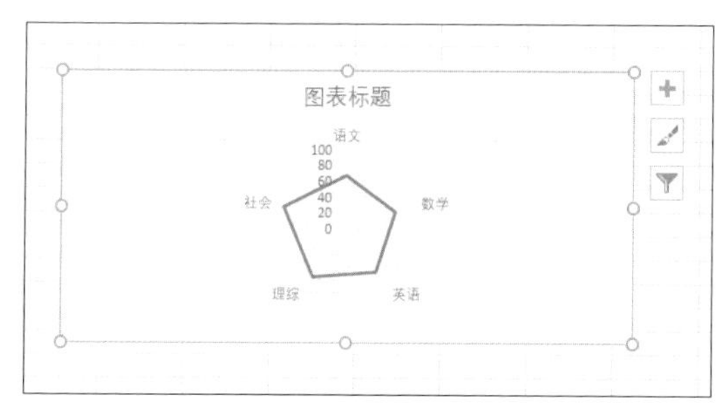

使用雷达图，可以一目了然地查看多个项目的分数和状态，侧重查看评价的平衡性。

如果要表现数据的层级结构，可以使用**“树状图”**。

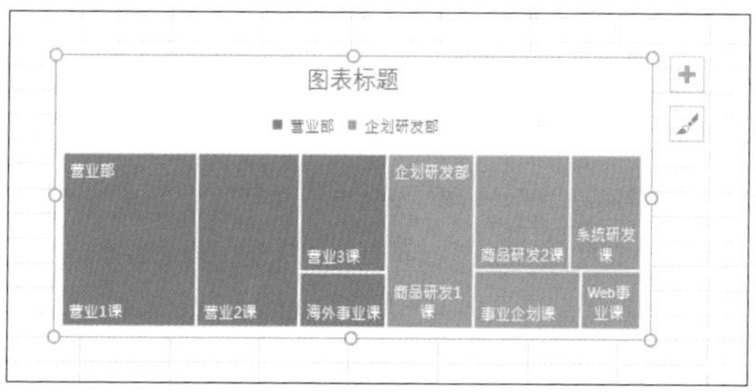

树状图是一种可以表现数据层级结构的图表。左侧图表的源数据参考本书的下载数据。

Excel还可以组合多种类型的图表，例如在一张图表中组合柱形图和折线图。

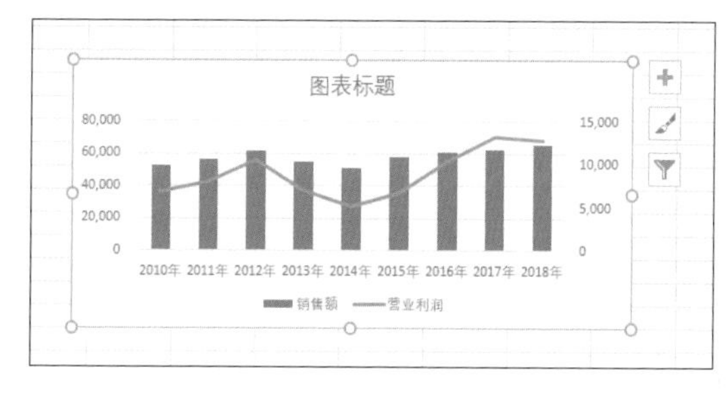

Excel的图表制作功能是一个非常高级的功能。只要掌握了操作方法，就可以通过简单的操作迅速准确地制作出自己想要的图表。

02 应用“推荐的图表”功能

扫码看视频

分析数据并给出最佳图表选择

Excel预置了根据源数据内容识别并推荐合适的图表类型的**“推荐的图表”**功能。如果不清楚该制作哪种图表，可以尝试一下这个功能，参考Excel的意见。

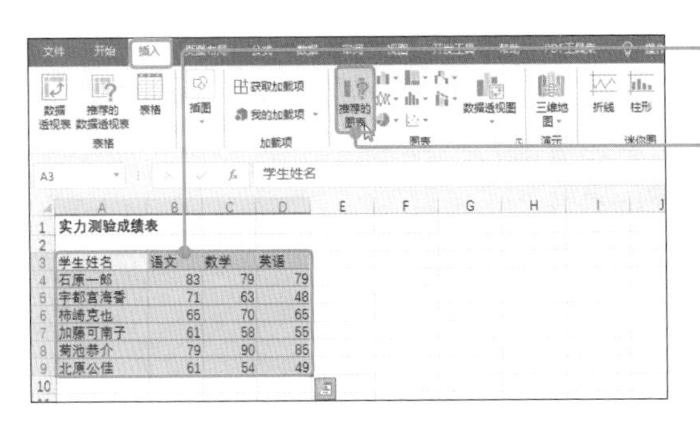

❶ 首先中想要生成图表的单元格区域。

❷ 单击［插入］选项卡→［推荐的图表］按钮。

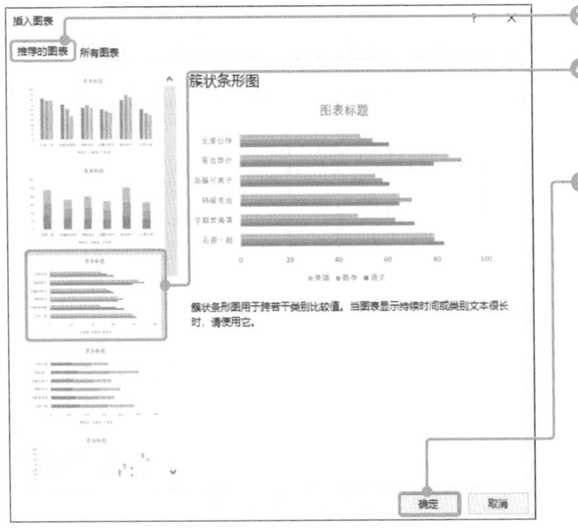

❸ 选择［推荐的图表］选项卡。

❹ 显示多个建议的图表方案，可以从中选择符合数据内容和需要的图表。

❺ 单击［确定］按钮，即可创建所选图表。

03 修改图表标题

编辑合适的标题

在Excel中创建的图表自动显示**“图表标题”**的文本。虽然有时可能会根据源数据自动设置为其他文本，但是大部分时候都只显示“图表标题”文本。该部分类似于一种文本框，直接选中，就可以编辑文本了。

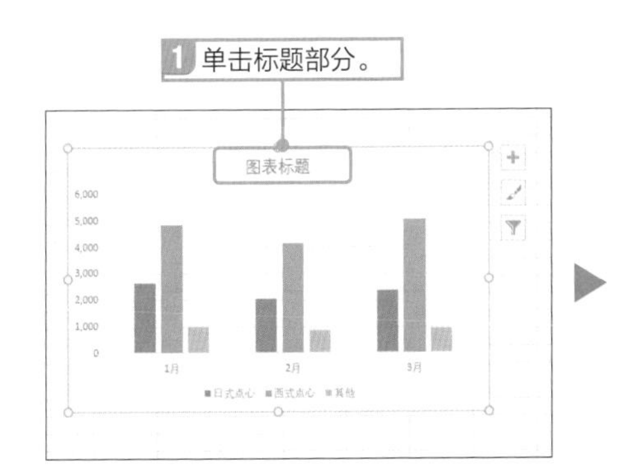

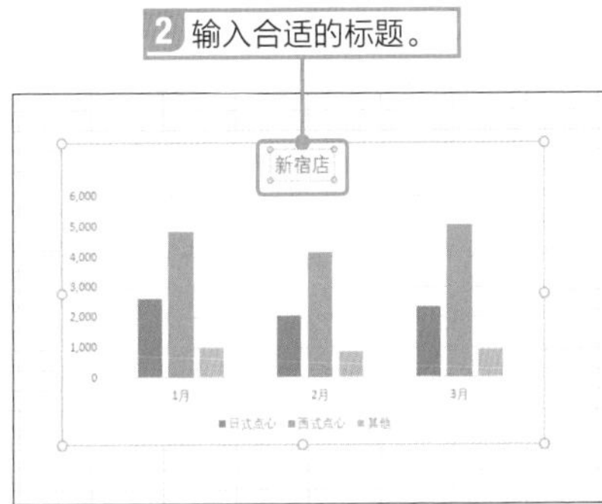

实用的专业技巧! 链接图表标题和表格标题

如果要让特定单元格（例如，输入了表格标题的单元格）的内容自动生成图表标题，则要选中图表标题的边框部分❶，在编辑栏输入“=”，指定对象单元格的行列号❷。这样，完成链接的单元格数值一旦发生变化，图表标题也会自动更新。

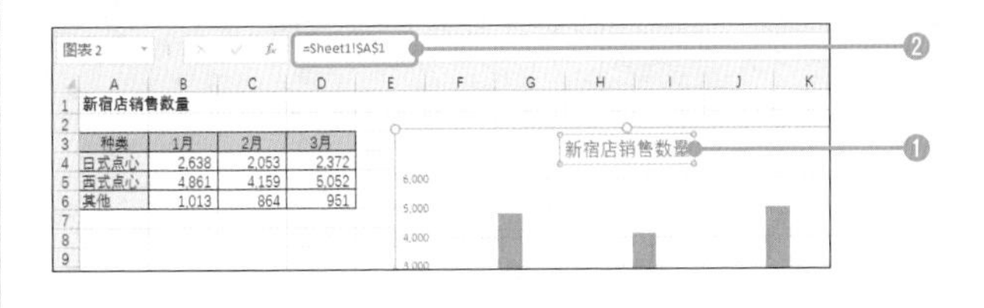

Sample_Data/08-04/

04 修改图表布局

扫码看视频

利用预置布局

Excel图表由 **“图表区域”**（图表的背景）、**“制表区域”**（实际绘制表格的部分）等必要的图表显示元素，以及 **“纵轴”“横轴”“图例”“表格标题”** 等各种元素组合而成。通过设置这些要素，可以修改图表的布局。

下面利用预置的布局修改图表。

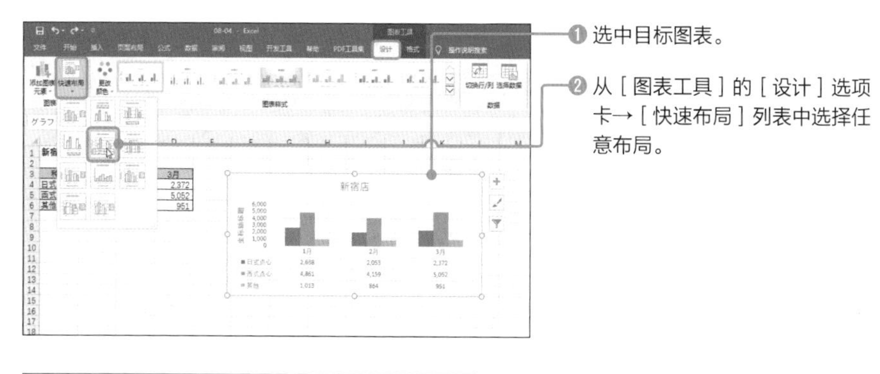

❶ 选中目标图表。

❷ 从［图表工具］的［设计］选项卡→［快速布局］列表中选择任意布局。

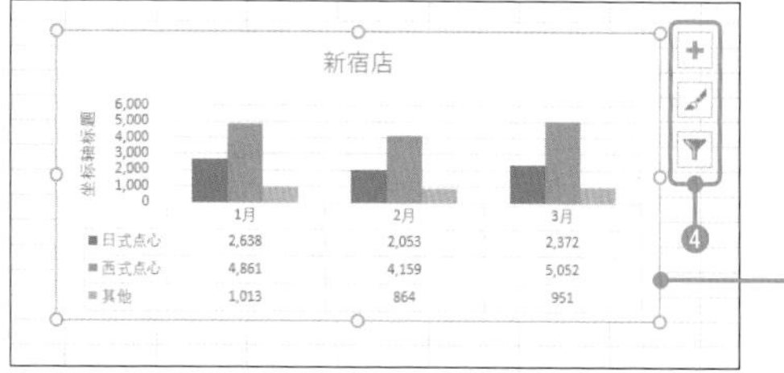

❸ 更改图表布局。

提示

选中图表后，单击图表右侧显示的［图表元素］按钮，可以设置是否显示图表元素。

可以自定义修改图表布局。当工作表中的图表被选中后，通过图表右上方显示的三个按钮可以修改图表的设计、布局以及数据等各种相关的设置❹。

05 一键修改图表外观

修改图表样式

构成图表的各个元素均预设了各种格式（填充、边框等）。Excel预置了许多由这些元素的格式组合而成的**“图表样式”**，新创建的图表会自动应用默认样式，但是可以随时修改。

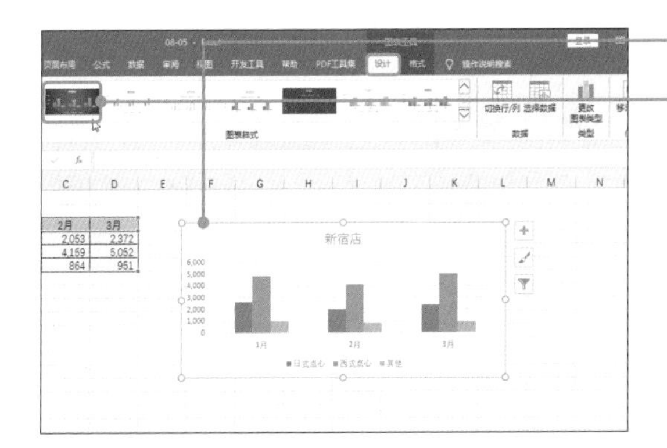

❶ 选中目标图表。

❷ 在［图表工具］的［设计］选项卡→［图表样式］选项组中选择要设置的图表样式。

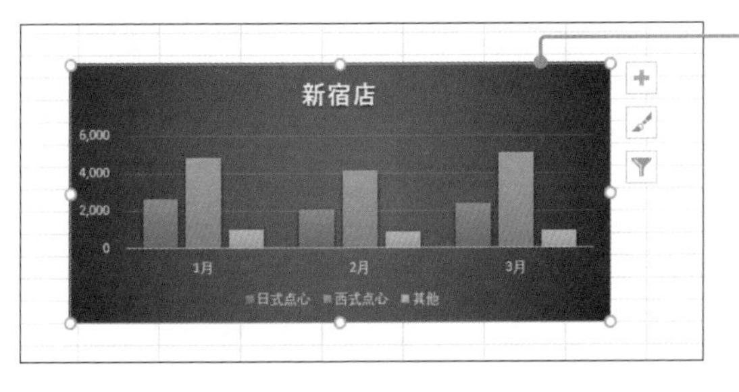

❸ 选中的图表应用所指定的图表样式。

提示

也可以单个修改图表各个元素的格式(例如填充)。先选中各个元素，然后操作即可。

笔记

选中图表后，单击图表右侧显示的［图表样式］按钮（从上数第二个选项），在［样式］选项卡下也可以修改图表样式。

Sample_Data/08-06/

06 修改系列的颜色组合

扫码看视频

图表颜色不同，给人的印象也大相径庭

在图表中，同一组的连续数据叫作**“系列”**。例如，折线图的一条线，柱形图里颜色相同的色柱，都属于相同系列的数据。各个系列虽然设置了默认的颜色组合，但后期也可以轻松地进行修改。**系列的颜色不同，图表给人的印象也大相径庭。因此在创建图表之后，一定要设置最合适的颜色**。

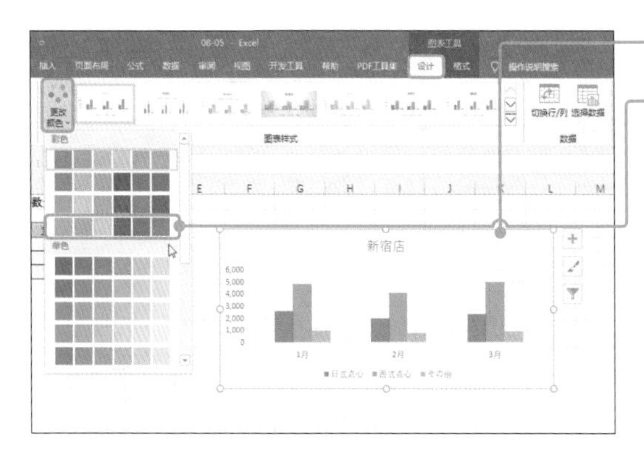

❶ 选中目标图表。

❷ 在［图表工具］的［设计］选项卡→［更改颜色］列表中选择所需颜色组合。

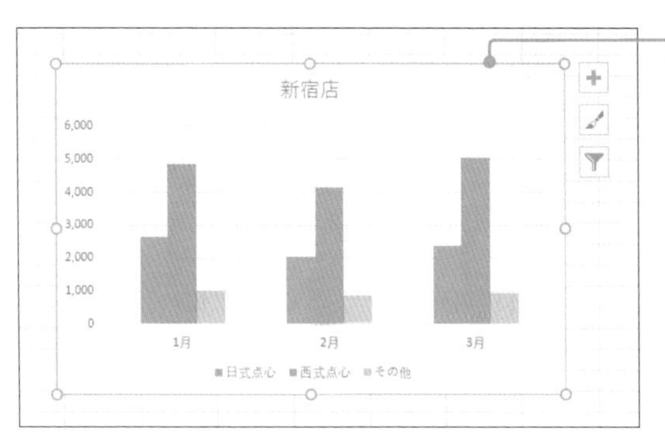

❸ 图表的系列颜色更改。

提示

也可以在图表上选择各个系列，单独修改该系列的颜色。

Sample_Data/08-07/

07 修改图例格式

自动调整图例位置

可以拖动移动图表图例的位置，但是在这样操作的过程中，无法调整其他图表元素和图表大小，因此可能导致图表布局失衡。**Excel预置了自动调整图例位置的功能**，当要移动图例元素时，可以使用这个功能。

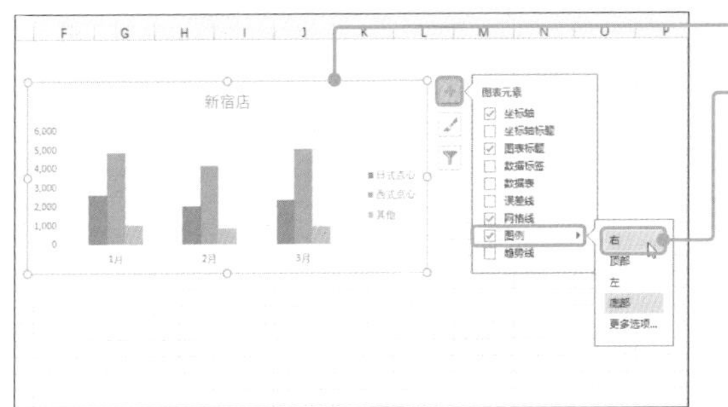

❶ 选中目标图表。

❷ 单击［图表元素］按钮，单击［图例］的三角按钮，选择要布置的位置选项。

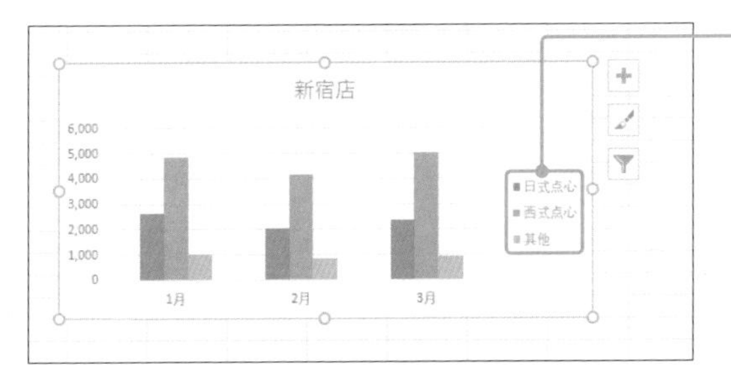

❸ 图例位置移动，其他图表元素随之自动调整。

笔记

图例在向第三方表达图表内容方面发挥着极为重要的作用，因此不仅限于商业场合。在制作图表时，注意把图例摆放在醒目且易于阅读的位置。图例的优劣将对图表的视觉效果产生很大的影响。

切换图例的显示和隐藏

可以显示或隐藏图表的图例。新创建图表时自动显示，不需要的时候可以将其隐藏。

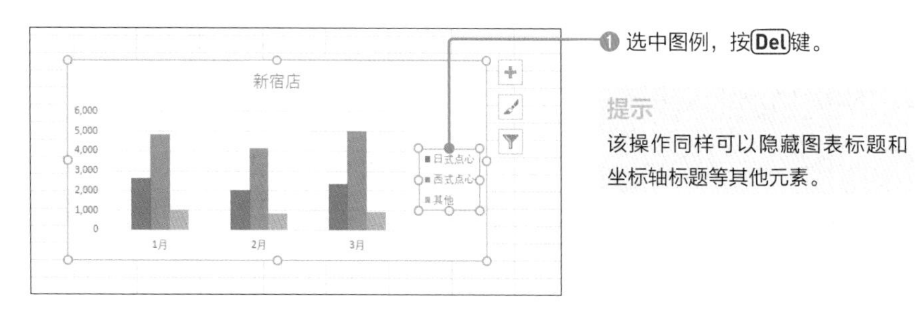

❶ 选中图例，按Del键。

提示

该操作同样可以隐藏图表标题和坐标轴标题等其他元素。

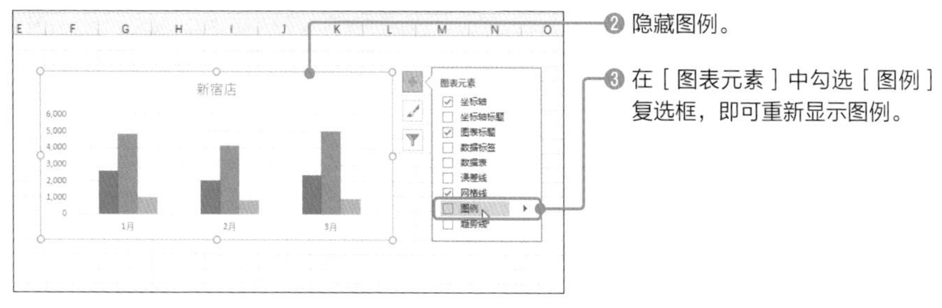

❷ 隐藏图例。

❸ 在［图表元素］中勾选［图例］复选框，即可重新显示图例。

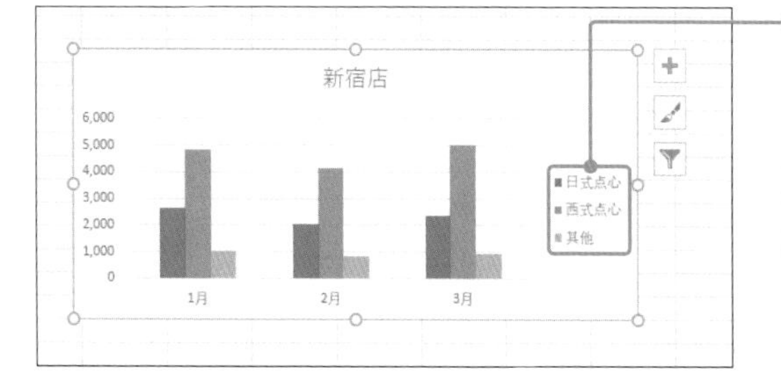

❹ 重新显示图例。

提示

按Del键可能会给人一种删除该元素的感觉，但其实只是将其隐藏，可以随时恢复显示。

Sample_Data/08-08/

08 修改数据标签的格式

显示数据标签

"数据标签"是显示系列名称和值的图表元素，通常设置于图表的各个系列。下面介绍如何设置饼图数据标签的格式，其他类型图表的基本操作方法与其相同。

如果数据标签未显示，需要预先让其在图表上显示出来。

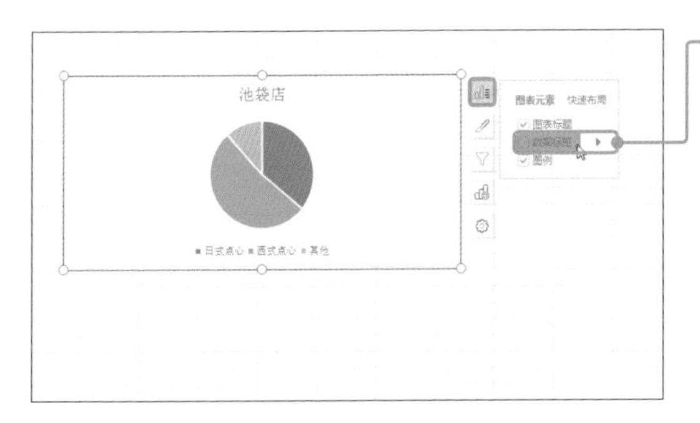

❶ 选中目标图表，单击［图表元素］按钮，勾选［数据标签］复选框。

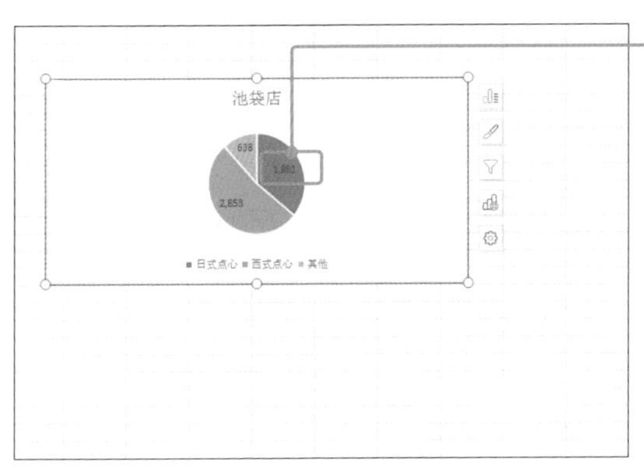

❷ 图表内显示各个系列的数据标签。

设置数据标签的显示内容

除了**"值"**，数据标签还可以设置许多可显示的内容。下面将禁止显示"值"，使其仅显示**"类别名称"**。

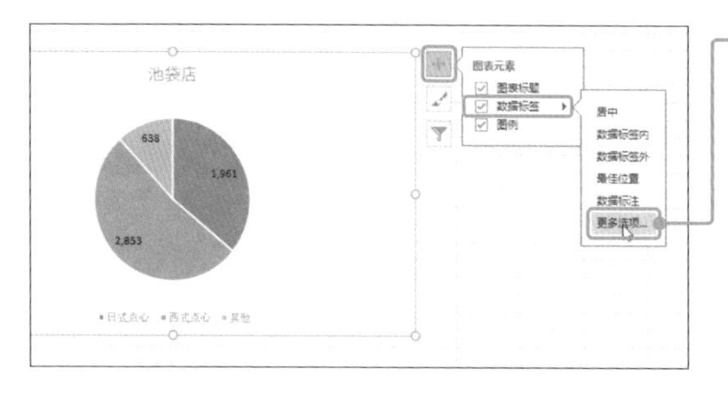

❶ 单击［图表元素］按钮，单击［数据标签］的三角按钮，选择［更多选项］选项。

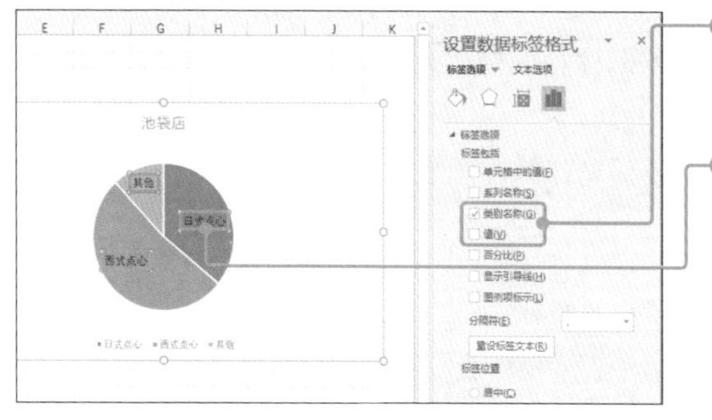

❷ 在［标签选项］里勾选［类别名称］复选框，取消勾选［值］复选框。

❸ 数据标签从“值”更改为“类别名称”。

设置数据标签的显示位置

还可以随意调整数据标签的显示位置，可以设置的位置有**［居中］**、**［数据标签内］**、**［数据标签外］**、**［最佳位置］**等。下面介绍如何将数据标签移动至饼图外侧。

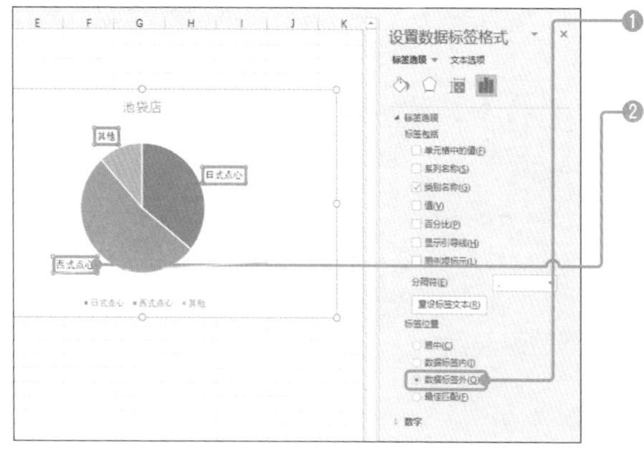

❶ 在［标签选项］的［标签位置］选中［数据标签外］单选按钮。

❷ 数据标签的位置移动至饼图外侧。

Sample_Data/08-09/

09 用图片表现图表

应用图表的插图功能

柱形图和条形图的图形部分可以设置**"填充格式"**，填充的设置内容可以指定为图片（图像），使其成为使用人物或图标等插图的**"图片图表"**。

下面介绍如何使用已插入工作表的啤酒杯图标，制作图片图表。

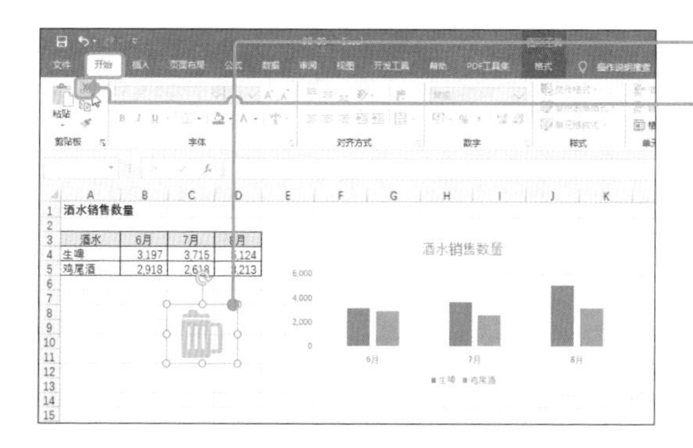

❶ 选中目标图标。

❷ 单击［开始］选项卡→［剪切］按钮。

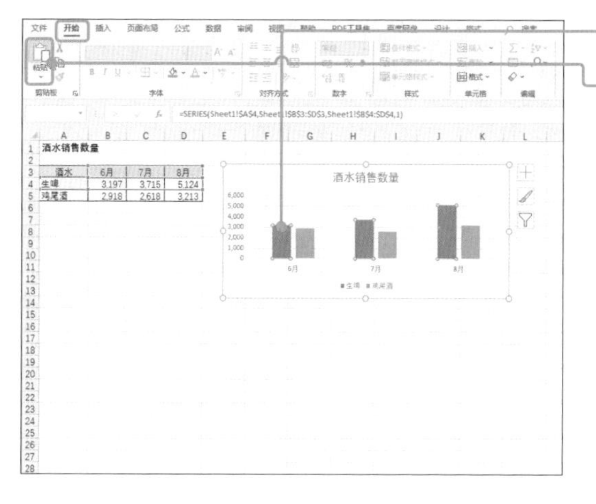

❸ 选中图表里的柱形图。

❹ 单击［开始］选项卡→［粘贴］按钮。

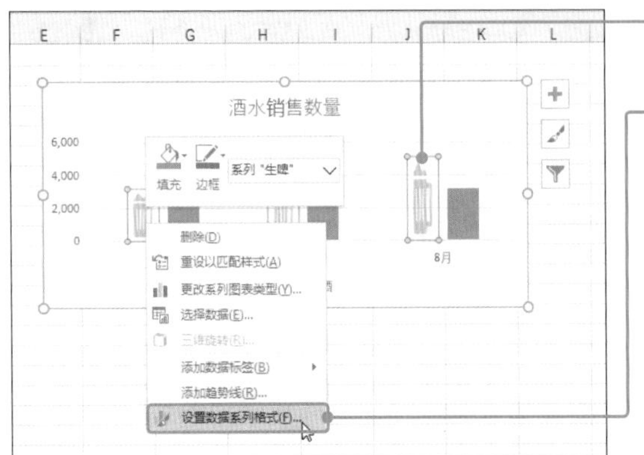

❺ 所选系列的柱形图变为啤酒杯插图。

❻ 右击所选系列，选择［设置数据系列格式］命令。

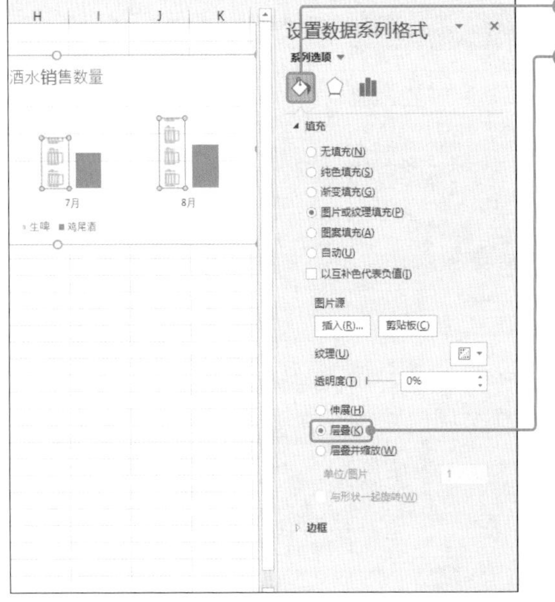

❼ 切换至［填充］选项卡。

❽ 将选中的［伸展］修改为［层叠］，直接选中该单选按钮即可。

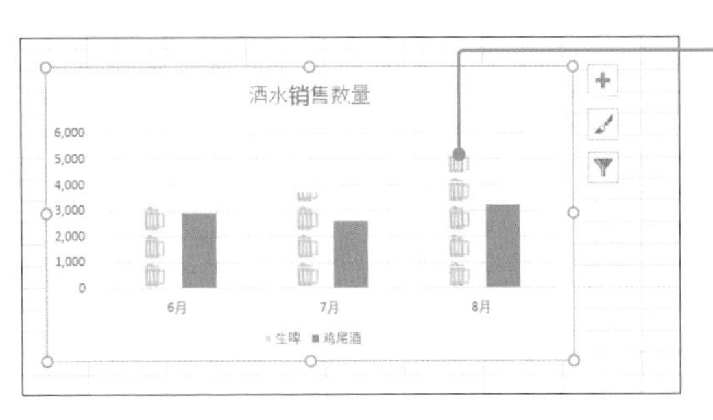

❾ 柱形图修改为啤酒杯层叠的形式。

第9章

完美掌握打印技巧

Mastering a Excel Print Function

01 打印时指定分页位置

扫码看视频

打印较大表格时的注意事项

当工作表中的表格比印刷用纸大的时候，可以在打印时将其分为两页或更多页。这时，按照一般设置，第一页打印的是用纸能够容纳的表格区域，从第二页开始打印的是前一页未能容纳的部分（超出部分）。**执行有关打印的操作后，工作表上会用虚线显示自动设置的分页位置**。

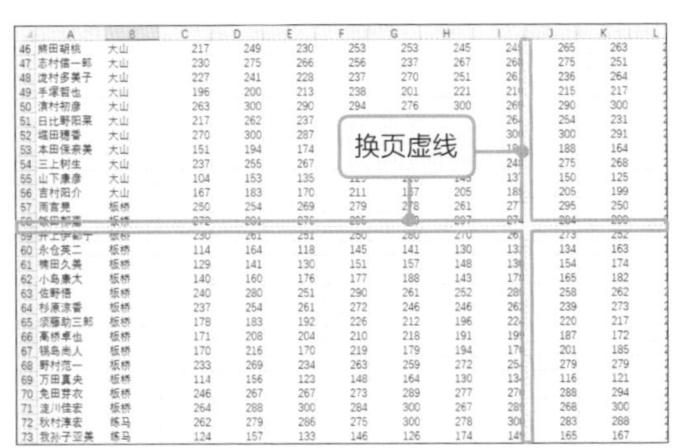

左图的虚线显示分页位置，不仔细看很难分辨。

> **笔记**
>
> 自动设置的分页位置可能会由于工作表页面设置、Excel打印设置以及打印机型号而发生变化。而且Excel的列宽和行高也可以自由更改，因此在打印制作完成的工作表时，一定要仔细确认设置正确。

指定分页位置

如果要在特定位置分页（分隔打印页），可以选择任意单元格，在选中位置 **“分页”**。

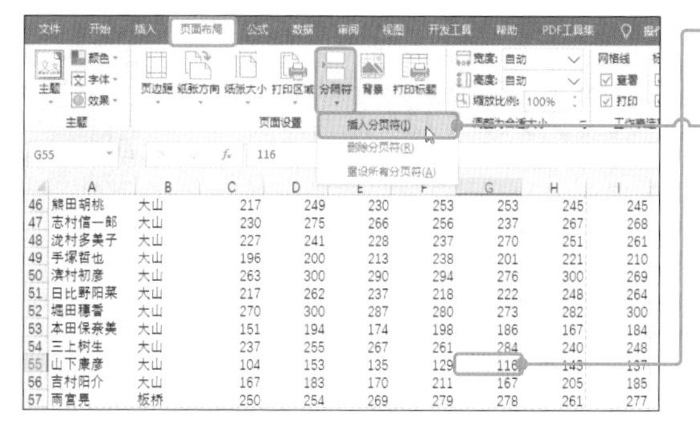

❶ 选中要作为下一页首格位置的单元格。

❷ 选择［页面布局］选项卡的［分隔符］→［插入分页符］选项。

	A	B	C	D	E	F	G	H
46	熊田胡桃	大山	217	249	230	253	253	245
47	志村信一郎	大山	230	275	266	256	237	267
48	泷村多美子	大山	227	241	228	237	270	251
49	手塚哲也	大山	196	200	213	238	201	221
50	滨村初彦	大山	263	300	290	294	276	300
51	日比野阳菜	大山	217	262	237	218	222	248
52	堀田穗香	大山	270	300	287	280	273	282
53	本田保奈美	大山	151	194	174	198	186	167
54	三上树生	大山	237	255	267	261	284	240
55	山下康彦	大山	104	153	135	129	116	143
56	吉村阳介	大山	167	183	170	211	167	205
57	雨宫晃	板桥	250	254	269	279	278	261
58	饭田郁惠	板桥	272	281	276	295	300	297
59	井上伊都子	板桥	230	261	251	250	280	270

❸ 设置从所选单元格上方和左侧分页，并用略粗的实线显示分页的界线。

可以在多个位置插入分页设置，插入的位置在打印时必然会分页，因此在插入时确认打印效果。

实用的专业技巧！ 删除分页

如果想删除分页，可以选中设置分页的单元格，选择［页面布局］选项卡→［分隔符］→［删除分页符］选项❶。

	A	B	C	D	E	F	G	H
46	熊田胡桃	大山	217	249	230	253	253	245
47	志村信一郎	大山	230	275	266	256	237	267
48	泷村多美子	大山	227	241	228	237	270	251
49	手塚哲也	大山	196	200	213	238	201	221
50	滨村初彦	大山	263	300	290	294	276	300
51	日比野阳菜	大山	217	262	237	218	222	248
52	堀田穗香	大山	270	300	287	280	273	282
53	本田保奈美	大山	151	194	174	198	186	167
54	三上树生	大山	237	255	267	261	284	240
55	山下康彦	大山	104	153	135	129	116	143
56	吉村阳介	大山	167	183	170	211	167	205
57	雨宫晃	板桥	250	254	269	279	278	261

Sample_Data/09-02/

02 查看与修改分页位置

利用分页预览显示分页

设置分页后，分页位置虽然会显示颜色比边框线深一些的实线（参见p.299），但也绝对算不上是一目了然。尤其是在单元格本身设置了边框的时候，分页的虚线和实线极难分辨。

如果要查看或修改分页位置，可以将视图模式从“普通”切换为**“分页预览”**。切换至分页预览后，界面将缩小并用蓝色粗线分隔打印区域。

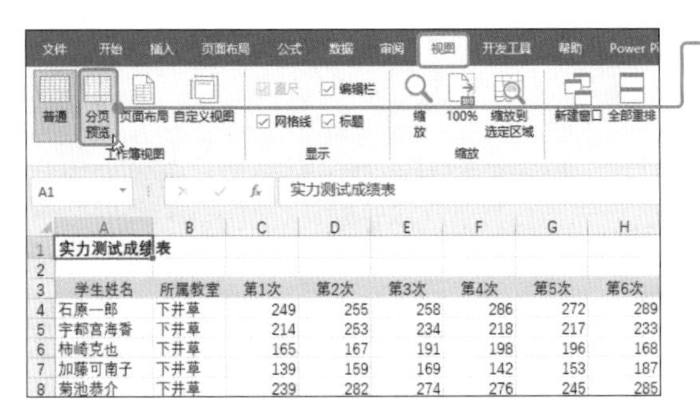

	A	B	C	D	E	F	G	H
1	实力测试成绩表							
2								
3	学生姓名	所属教室	第1次	第2次	第3次	第4次	第5次	第6次
4	石原一郎	下井草	249	255	258	286	272	289
5	宇都宫海香	下井草	214	253	234	218	217	233
6	柿崎克也	下井草	165	167	191	198	196	168
7	加藤可南子	下井草	139	159	169	142	153	187
8	菊池恭介	下井草	239	282	274	276	245	285

❶ 单击［视图］选项卡→［分页预览］按钮。

❷ 工作表视图模式切换为“分页预览”模式。

提示

进入分页预览模式后，界面缩小并用蓝色粗线分隔打印区域，而且工作表上出现灰色的“第1页”“第2页”等文字，显示打印页码。

分页预览显示的蓝线有下表所示的两种。

● **蓝线类型**

类型	说明
蓝色虚线	表示 Excel 自动设置的分页位置
蓝色粗实线	表示用户自定义设置的分页位置

而且分页预览模式与普通模式一样，既可以编辑单元格，也可以随意调整显示倍率。

单击［**视图**］**选项卡**→［**普通**］**按钮**，即可结束分页预览状态，返回普通模式。

利用拖动操作修改分页位置

在分页预览状态下，可以使用鼠标轻松设置分页位置。

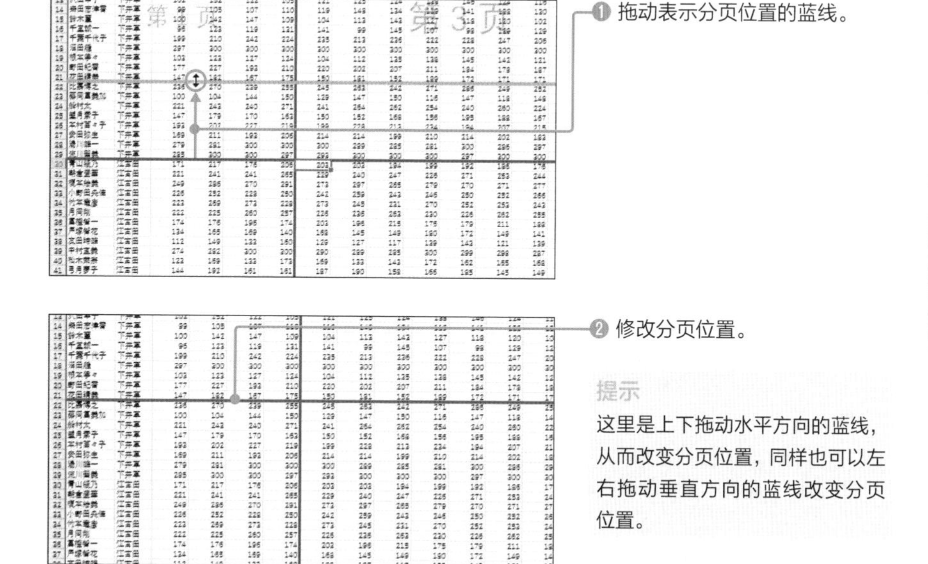

如果要取消已经设置的分页位置，可以将蓝线**向上或向左拖动至工作表以外**。

此外，虽然可以随意决定分页位置，但**如果拖动范围超出了原来一页纸的范围，那么该范围就自动缩小，压缩到一页纸内**。因此打印出来的表就小于预计，这一点请注意。分页位置很重要，打印后的阅读效果同样也很重要。

笔记

也可以通过单击界面下方状态栏右侧的［分页预览］按钮，切换至分页预览模式❶。同样，单击状态栏右侧的［普通］按钮，可以返回普通模式❷。

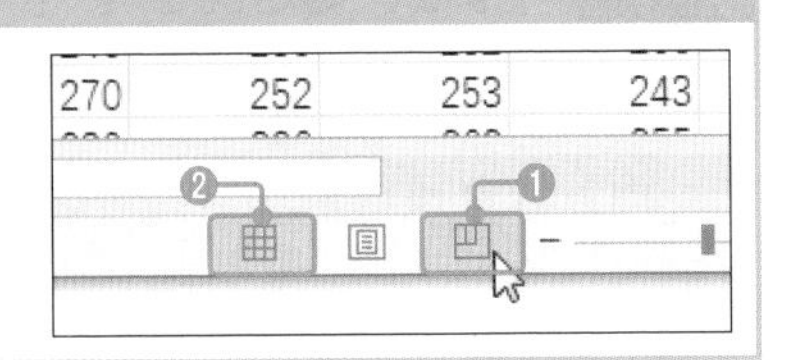

实用的专业技巧！ **设置与修改打印区域**

将视图模式切换至“分页预览”之后，拖动所显示的“蓝色粗边框线”，可以设置或修改打印区域（参见p.304）。这是设置打印区域最简单的方法。

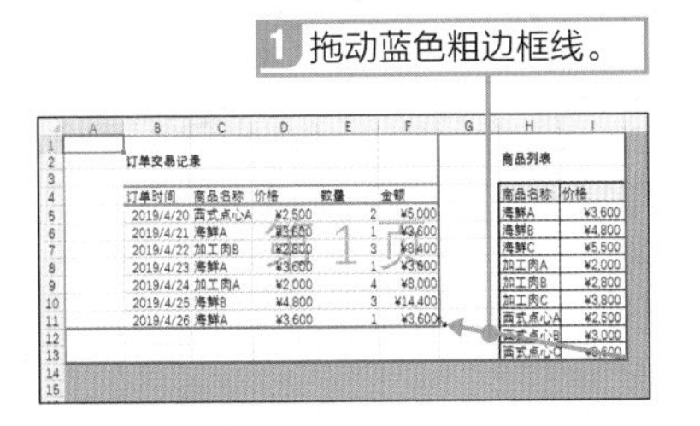

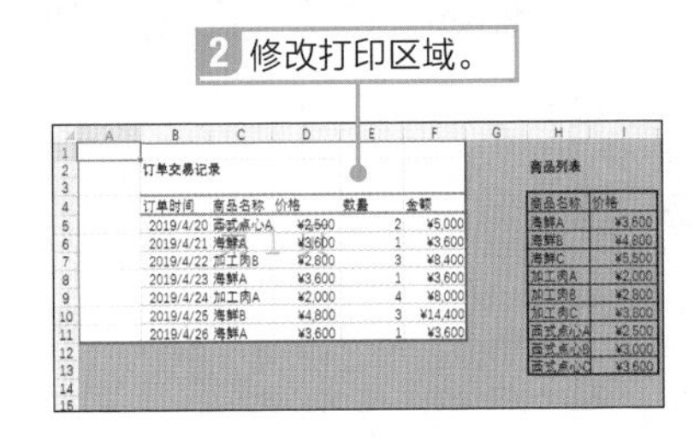

如果不是打印整张表格，而是打印局部，那么使用上述步骤设置打印区域将更加方便。

Sample_Data/09-03/

03 在接近打印状态的界面进行操作

将视图模式更改为页面布局

如果在接近实际打印时的状态调整表格的设计，可以将视图模式更改为**“页面布局”**。

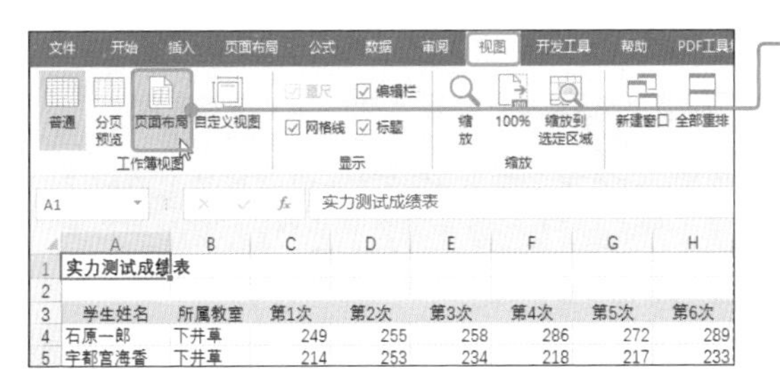

❶ 单击［视图］选项卡→［页面布局］按钮。

提示

切换至页面布局视图模式的按钮同样位于界面下方状态栏右侧（参见**p.302**）。

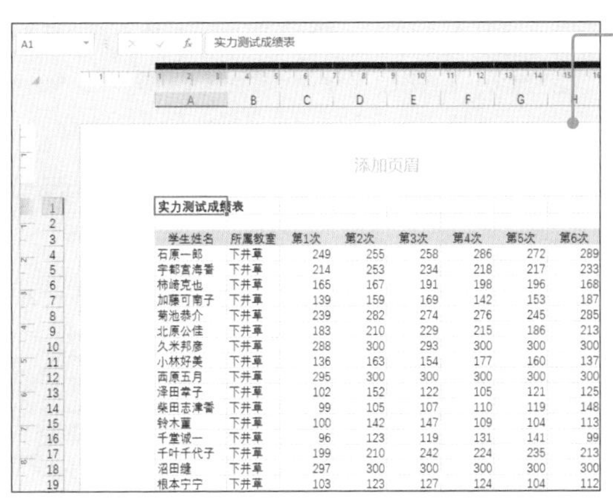

❷ 当前工作表显示为页面布局模式。

提示

在页面布局模式下，表格按照各页分隔开，还会显示空白部分和页眉页脚（参见**p.308**）。

如果要返回普通模式，可以单击**［视图］选项卡**→**［普通］按钮**，也可以单击状态栏右侧的**［普通］按钮**（参见**p.302**）。

Sample_Data/09-04/

04 设置打印区域

扫码看视频

只打印需要的数据

在Excel中，除了正式表格，有时还会在工作表的空余部分输入一些用于引用的数据。下面进行**“打印区域”设置**，把诸如**“无须打印的表格”“不想让客户看见的表格”**等内容从打印对象中剔除。

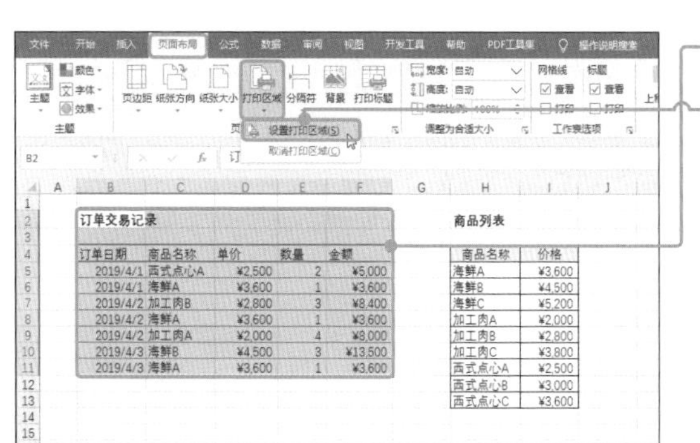

❶ 选中要打印的表格区域。

❷ 选择［页面布局］选项卡→［打印区域］→［设置打印区域］选项。

提示

设置打印区域时，将界面的视图模式切换为“页面布局”（参见p.316）会更加清晰明了。

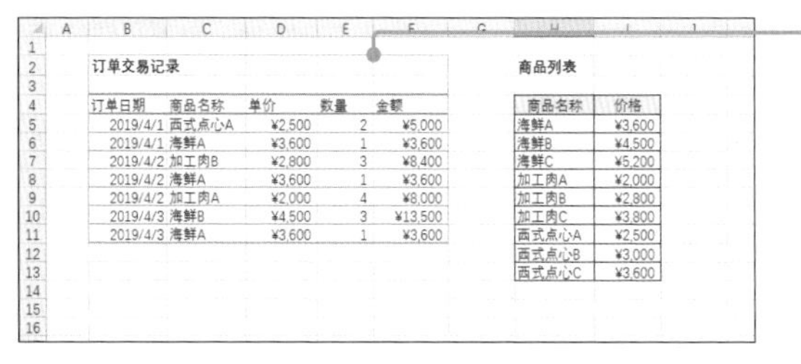

❸ 所选单元格区域设置为打印区域。

提示

左图中，为了让读者看得更加清楚，这里取消了选中。

此外，如果要取消已设置的打印区域，可以选择**［页面布局］选项卡→［打印区域］→［取消打印区域］选项**。

Sample_Data/09-05/

05 将标题部分打印至所有页

默认设置下不打印标题部分

表格的首行和首列大多**输入的是表格标题和小标题信息**。但是，按照Excel的默认设置，跨页打印较大的表格时，只有第一页会打印标题行或标题列。从第二页开始就不再打印，导致第二页之后打印的内容没有标题。

实力测试成绩表

学生姓名	所属教室	第1次	第2次	第3次	第4次	第5次	第6次	第7次
石原一郎	下井草	249	255	258	286	272	289	254
宇都宫海香	下井草	214	253	234	218	217	233	260
柿崎克也	下井草	165	167	191	198	196	168	215
加藤可南子	下井草	139	159	169	142	153	187	168
菊池恭介	下井草	239	282	274	276	245	285	257
北原公佳	下井草	183	210	229	215	186	213	197
久米邦彦	下井草	288	300	293	300	300	300	292
小林好美	下井草	136	163	154	177	160	137	162
西原五月	下井草	295	300	300	300	300	300	300
泽田幸子	下井草	102	152	122	105	121	125	124
柴田志津香	下井草	99	105	107	110	119	148	134
铃木董	下井草	100	142	147	109	104	113	143
千堂诚一	下井草	96	123	119	131	141	99	145
千叶千代子	下井草	199	210	242	224	235	213	236
沼田缝	下井草	297	300	300	300	300	300	300
根本宁宁	下井草	103	123	127	124	104	112	135
野田纪香	下井草	177	227	193	210	220	202	207
花田晴美	下井草	147	182	167	175	150	181	152
比嘉博之	下井草	236	270	239	255	245	263	242
藤冈富美加	下井草	100	104	144	150	129	147	150
船村太	下井草	221	243	240	271	241	264	262
望月素子	下井草	147	179	170	163	150	152	168
本村百百子	下井草	193	202	227	219	199	228	213
安田弥生	下井草	169	211	193	206	214	214	199
汤川雄一	下井草	279	281	300	300	300	289	285
流川留美	下井草	285	300	300	297	293	300	300
青山绫乃	江古田	171	217	176	206	203	203	194

❶ 第一页打印表格的标题和索引。

提示

左图中，为了确认表格的打印状态，用PDF格式打开Excel表格（参见p.318）。

吉村阳介	大山	167	183	170	211	167	205	185
雨宫晃	板桥	250	254	269	279	278	261	277
饭田郁惠	板桥	272	281	276	295	300	297	274

井上伊都子	板桥	230	261	251	250	280	270	261
永仓英二	板桥	114	164	118	145	141	130	132
楠田久美	板桥	129	141	130	151	157	148	130
小岛康太	板桥	140	160	176	177	188	143	178
佐野悟	板桥	240	280	251	290	261	252	285
杉原凉香	板桥	237	254	261	272	246	246	262
须藤助三郎	板桥	178	183	192	226	212	196	224
高桥卓也	板桥	171	208	204	210	218	191	199
锅岛尚人	板桥	170	216	170	219	179	194	170
野村范一	板桥	233	269	234	263	259	272	254
万田真央	板桥	114	156	123	148	164	130	134
免田芽衣	板桥	246	267	267	273	289	277	270
淀川佳宏	板桥	264	288	300	284	300	267	289
秋村淳宏	练马	262	279	286	275	300	278	300
我孙子亚美	练马	124	157	133	146	126	174	149
上原诗子	练马	190	208	233	194	222	231	239
太田乙叶	练马	291	300	300	295	300	300	300

❷ 第二页虽然和第一页一样打印出来，但没有显示表格的标题和小标题。

笔记

可能表格的标题并不是每一页都需要，但在列数较多的情况下，在每一页打印列标题能够提高资料的易读性。

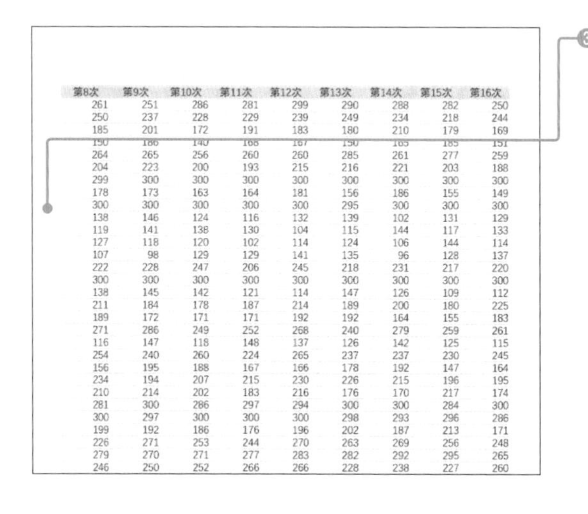

第8次	第9次	第10次	第11次	第12次	第13次	第14次	第15次	第16次
261	251	286	281	299	290	288	282	250
250	237	228	229	239	249	234	218	244
185	201	172	191	183	180	210	179	169
150	186	140	168	167	150	165	185	151
264	265	256	260	260	285	261	277	259
204	223	200	193	215	216	221	203	188
299	300	300	300	300	300	300	300	300
178	173	163	164	181	156	186	155	149
300	300	300	300	300	295	300	300	300
138	146	124	116	132	139	102	131	129
119	141	138	130	104	115	144	117	133
127	118	120	102	114	124	106	144	114
107	98	129	129	141	135	96	128	137
222	228	247	206	245	218	231	217	220
300	300	300	300	300	300	300	300	300
138	145	142	121	114	147	126	109	112
211	184	178	187	214	189	200	180	225
189	172	171	171	192	192	164	155	183
271	286	249	252	268	240	279	259	261
116	147	118	148	137	126	142	125	115
254	240	260	224	265	237	237	230	245
156	195	188	167	166	178	192	147	164
234	194	207	215	230	226	215	196	195
210	214	202	183	216	176	170	217	174
281	300	286	297	294	300	300	284	300
300	297	300	300	300	298	293	296	286
199	192	186	176	196	202	187	213	171
226	271	253	244	270	263	269	256	248
279	270	271	277	283	282	292	295	265
246	250	252	266	266	228	238	227	260

③ 第三页虽然显示了列标题，但是却没有显示［学生姓名］和［所属教室］等列，因此如果只看这一张表，根本无法确认这些都是谁的信息。

设置表格标题

下面将设置**“打印标题”**，把表格的标题部分打印在所有页。

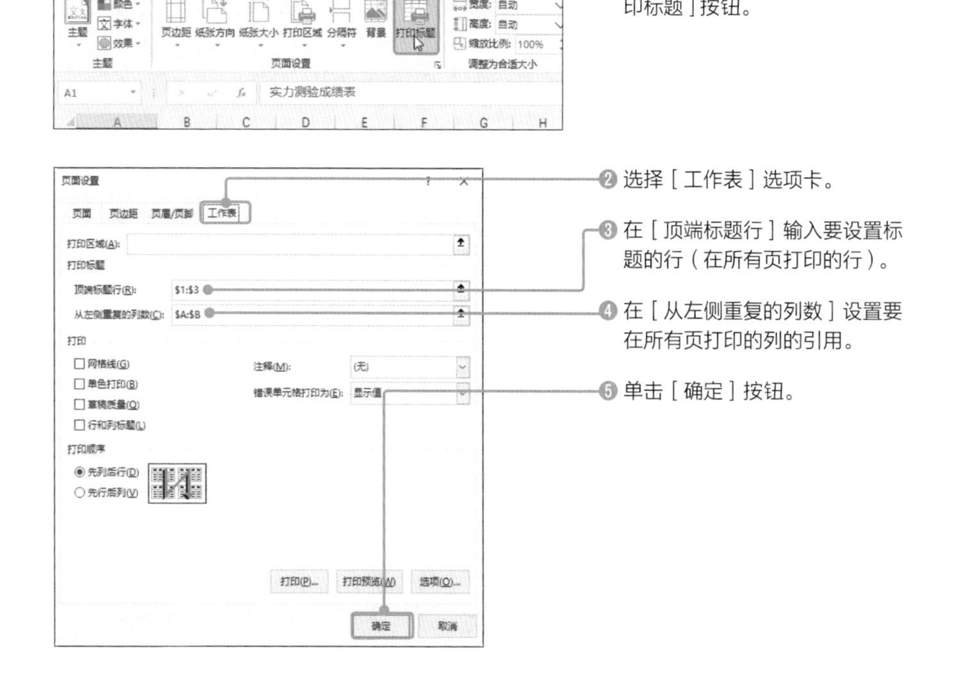

① 单击［页面布局］选项卡→［打印标题］按钮。

② 选择［工作表］选项卡。

③ 在［顶端标题行］输入要设置标题的行（在所有页打印的行）。

④ 在［从左侧重复的列数］设置要在所有页打印的列的引用。

⑤ 单击［确定］按钮。

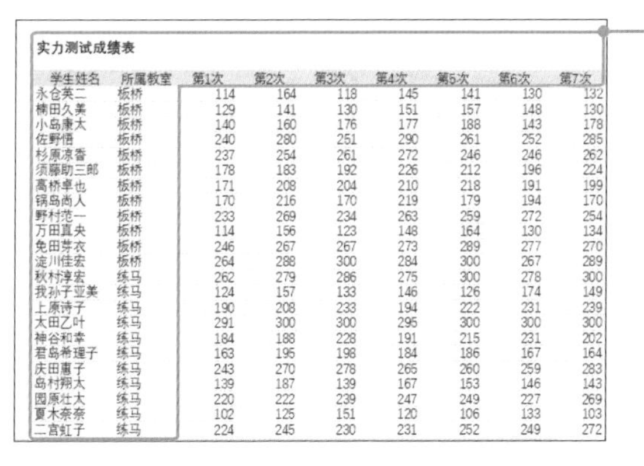

实力测试成绩表

学生姓名	所属教室	第1次	第2次	第3次	第4次	第5次	第6次	第7次
永仓英二	板桥	114	164	118	145	141	130	132
楠田久美	板桥	129	141	130	151	157	148	130
小岛康太	板桥	140	160	176	177	188	143	178
佐野悟	板桥	240	280	251	290	261	252	285
杉原凉香	板桥	237	254	261	272	246	246	262
须藤助三郎	板桥	178	183	192	226	212	196	224
高桥卓也	板桥	171	208	204	210	218	191	199
锅岛尚人	板桥	170	216	170	219	179	194	170
野村范一	板桥	233	269	234	263	259	272	254
万田直央	板桥	114	156	123	148	164	130	134
免田芽衣	板桥	246	267	267	273	289	277	270
淀川佳宏	板桥	264	288	300	284	300	267	289
秋村淳宏	练马	262	279	286	275	300	278	300
我孙子亚美	练马	124	157	133	146	126	174	149
上原诗子	练马	190	208	233	194	222	231	239
太田乙叶	练马	291	300	300	295	300	300	300
神谷和幸	练马	184	188	228	191	215	231	202
君岛希理子	练马	163	195	198	184	186	167	164
庆田惠子	练马	243	270	278	265	260	259	283
岛村翔太	练马	139	187	139	167	153	146	143
园原壮大	练马	220	222	239	247	249	227	269
夏木奈奈	练马	102	125	151	120	106	133	103
二宫虹子	练马	224	245	230	231	252	249	272

❻ 所有页均打印了指定的［顶端标题行］和［从左侧重复的列数］区域。

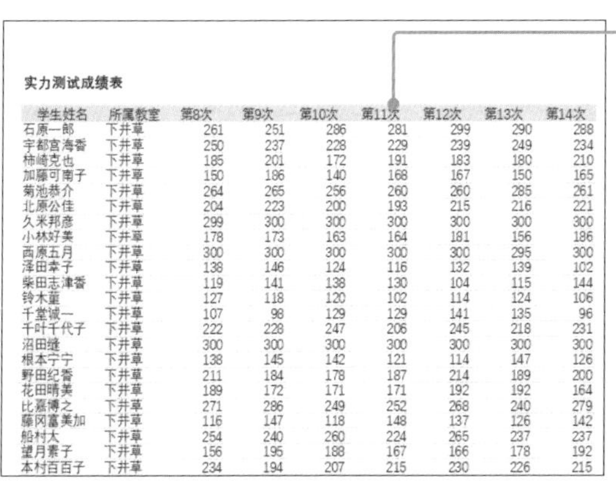

实力测试成绩表

学生姓名	所属教室	第8次	第9次	第10次	第11次	第12次	第13次	第14次
石原一郎	下井草	261	251	286	281	299	290	288
宇都宫海香	下井草	250	237	228	229	239	249	234
柿崎克也	下井草	185	201	172	191	183	180	210
加藤可南子	下井草	150	186	140	168	167	150	165
菊池恭介	下井草	264	265	256	260	260	285	261
北原公佳	下井草	204	223	200	193	215	216	221
久米邦彦	下井草	299	300	300	300	300	300	300
小林好美	下井草	178	173	163	164	181	156	186
西原五月	下井草	300	300	300	300	300	295	300
泽田幸子	下井草	138	146	124	116	132	139	102
柴田志津香	下井草	119	141	138	130	104	115	144
铃木董	下井草	127	118	120	102	114	124	106
千堂诚一	下井草	107	98	129	129	141	135	96
千叶千代子	下井草	222	228	247	206	245	218	231
沼田缝	下井草	300	300	300	300	300	300	300
根本宁宁	下井草	138	145	142	121	114	147	126
野田纪香	下井草	211	184	178	187	214	189	200
花田晴美	下井草	189	172	171	171	192	192	164
比嘉博之	下井草	271	286	249	252	268	240	279
藤冈富美加	下井草	116	147	118	148	137	126	142
船村大	下井草	254	240	260	224	265	237	237
望月素子	下井草	156	195	188	167	166	178	192
本村百百子	下井草	234	194	207	215	230	226	215

❼ 只要设置了标题行和标题列，即使是列数较多的表格，也可以打印得易于阅读。

实用的专业技巧！ 熟练掌握［页面设置］对话框

单击［页面布局］选项卡→［打印标题］按钮打开［页面设置］对话框，除了上文讲解的“打印区域”以外，还可以设置各种与打印有关的项目。例如在［打印］区域❶，可以设置印刷对象是否包括网格线、注释等项目。

此外，单击位于对话框下方的［打印预览］按钮❷，可以显示后台视图［打印］界面（参见p.315），查看打印状态。单击［选项］按钮❸，可以更加详细地设置各个项目。

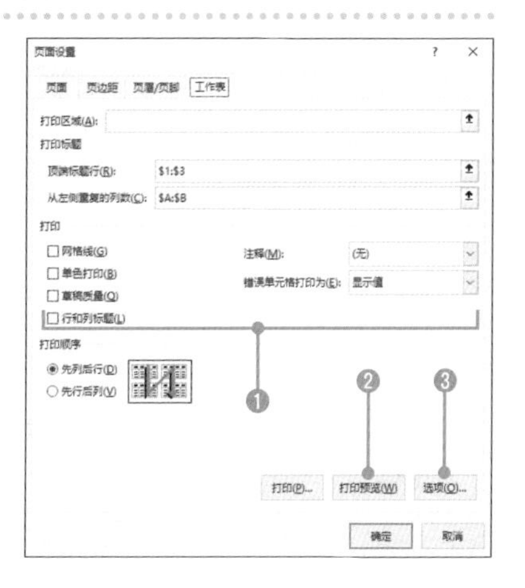

06 在所有页打印页码和日期

扫码看视频

设置页眉和页脚

统一打印在所有页上方的信息叫作**“页眉”**，统一打印在所有页下方的信息叫作**“页脚”**。

下面把页眉设置为**“打印日期”**，把页脚设置为**“页码”**。

页眉和页脚可以在**［页面设置］对话框的［页眉/页脚］选项卡下**进行设置，不过下面的例子在页面布局（参见p.319）里进行设置。

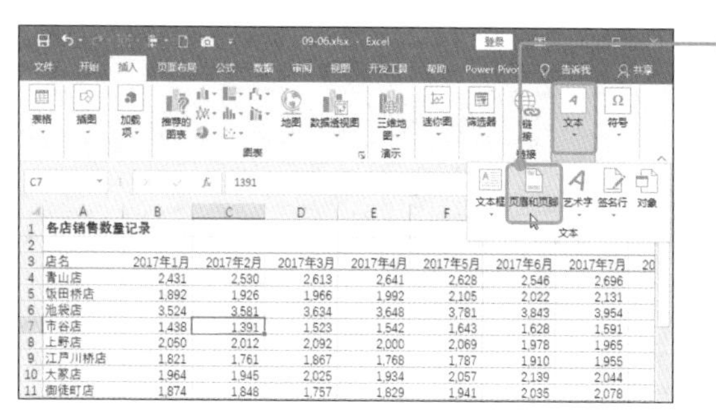

❶ 单击［插入］选项卡→［文本］→［页眉和页脚］按钮。

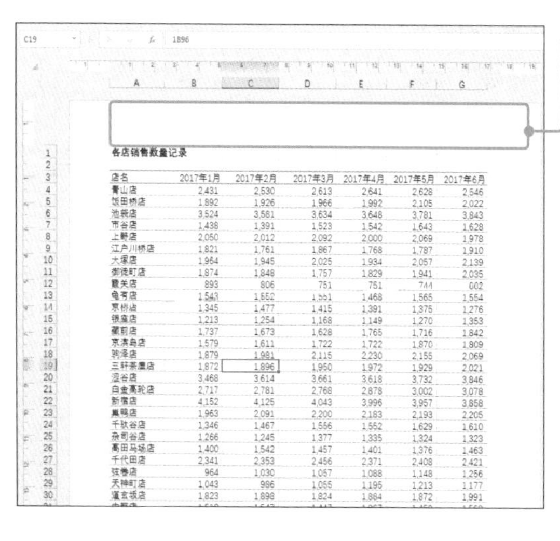

❷ 界面视图模式自动切换为“页面布局”，页面上方的页眉进入编辑状态。

提示

页眉和页脚均预置了左、中、右三个输入区域。

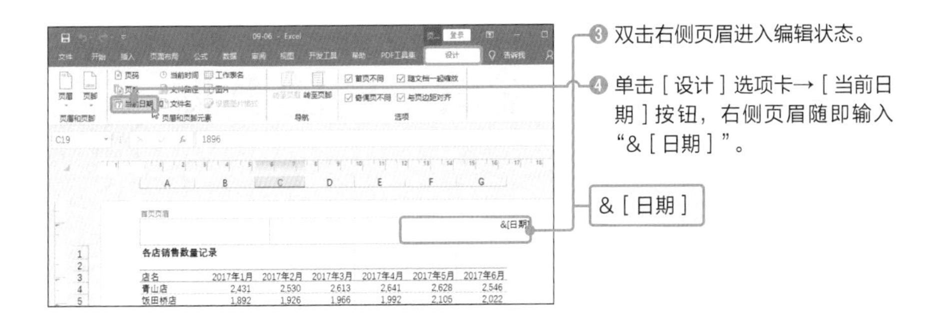

❸ 双击右侧页眉进入编辑状态。

❹ 单击［设计］选项卡→［当前日期］按钮，右侧页眉随即输入“&［日期］”。

笔记

页眉或页脚处于编辑状态下，功能区显示［页眉和页脚工具］的［设计］选项卡，且该选项卡处于选中状态。

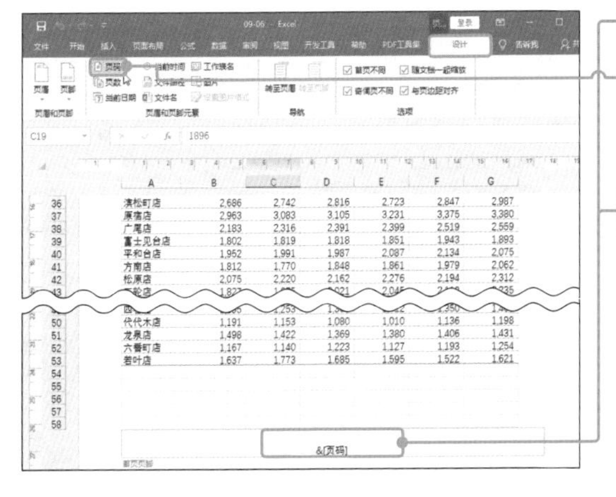

❺ 双击中间页脚进入编辑状态。

❻ 单击［设计］选项卡→［页码］按钮，中间页脚随即输入“&［页码］”。

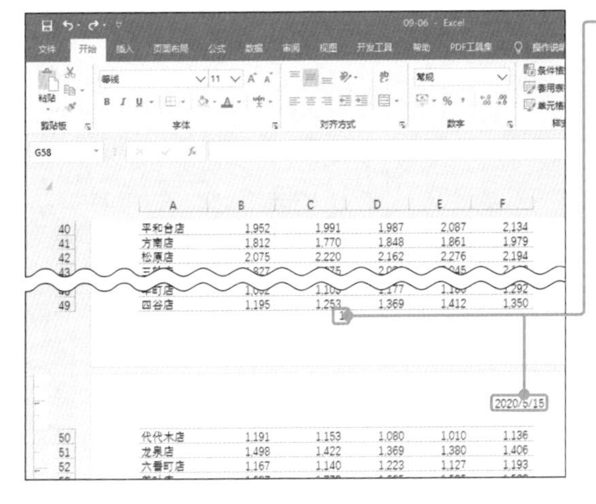

❼ 单击任意单元格，关闭页眉和页脚的编辑模式，界面上方显示日期，下方显示页码。

07 为奇偶页设置不同的页脚

将页码设置在页面下方左右两侧

根据前一节讲解的方法，页码将设置在页面下部中央。下面介绍如何设置首页无页码、奇数页页码位于右下、偶数页页码位于左下。

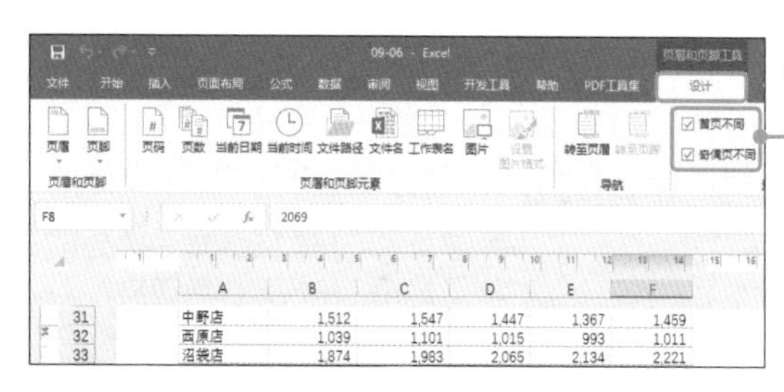

❶ 选择［设计］选项卡，勾选［首页不同］和［奇偶页不同］复选框。

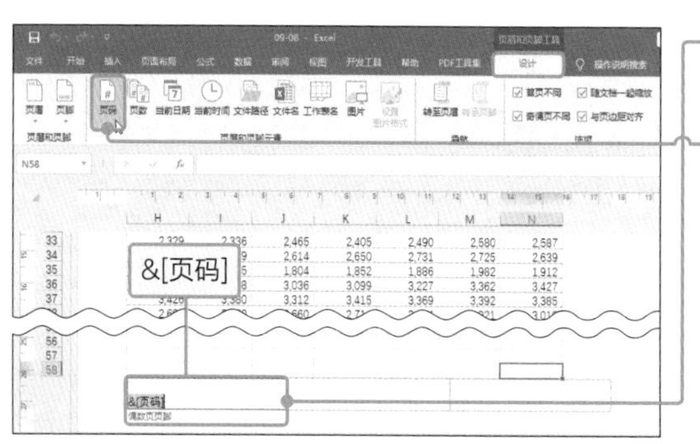

❷ 单击第二页左侧页脚进入编辑状态，显示“偶数页页脚”。

❸ 单击［设计］选项卡→［页码］按钮，左侧页脚显示“&[页码]”。

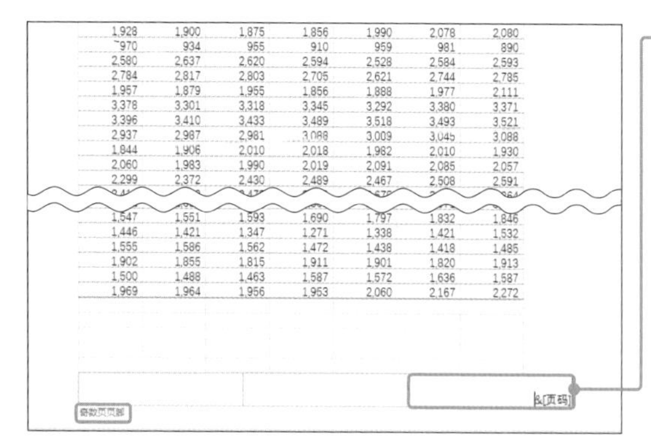

❹ 单击第三页右侧页脚进入编辑状态，显示“奇数页页脚”。

❺ 与步骤❸相同，在右侧页脚输入“&[页码]”，从而实现奇偶页页码不同。

Sample_Data/09-08/

08 打印公司名称和Logo

在所有页反复标注

公司名称或公司商标等需要在资料的每一页反复标注的内容，可以将其设置为页眉或页脚。

下面讲解如何把公司名称标注在偶数页右侧页脚，把公司Logo（图片）标注在中间页脚。本书的配套下载数据已经准备了一个图片文件“logo.jpg”，作为即将使用的公司商标。

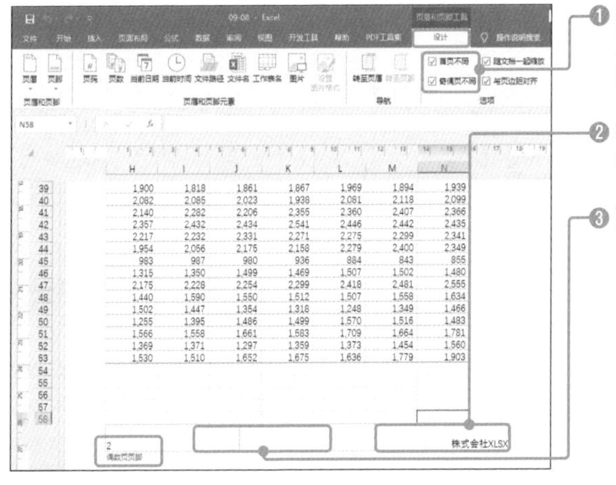

❶ 选择［设计］选项卡，勾选［首页不同］和［奇偶页不同］复选框。

❷ 在第二页右侧页脚输入“株式会社XLSX”。

❸ 选中中间页脚。

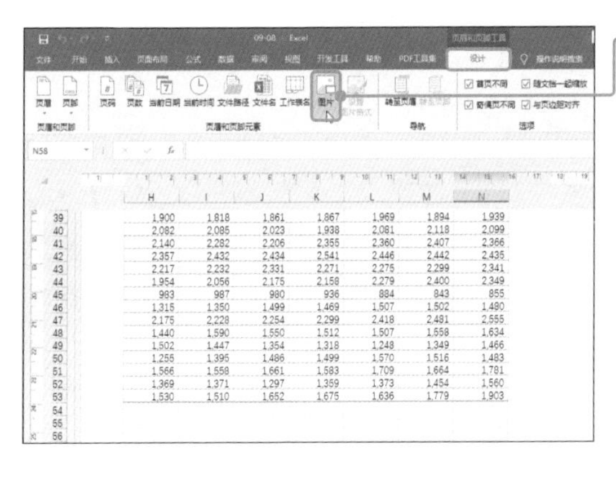

❹ 单击［设计］选项卡→［图片］按钮。

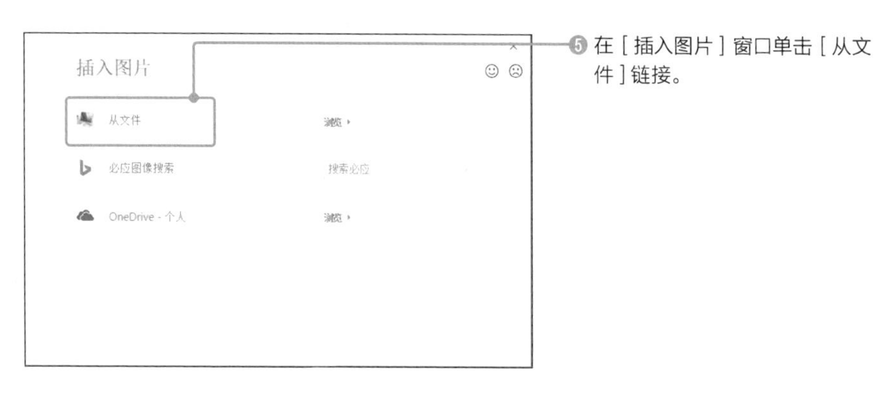

❺ 在［插入图片］窗口单击［从文件］链接。

❻ 选择［插入图片］对话框显示的图片（这里是logo.jpg）。

❼ 单击［插入］按钮。

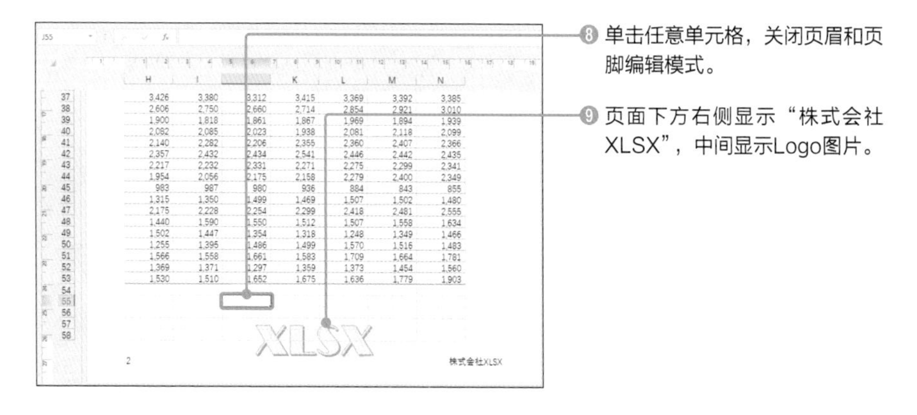

❽ 单击任意单元格，关闭页眉和页脚编辑模式。

❾ 页面下方右侧显示“株式会社XLSX”，中间显示Logo图片。

笔记

可以插入页眉/页脚的图片格式有JPEG、PNG、BMP、GIF等。如果图片尺寸太大，页眉/页脚的区域内无法全部容纳，插入后会超出工作表范围。

Sample_Data/09-09/

09 添加与修改打印设置

应用用户自定义视图

如果要在某个工作表数据的基础上，**改变打印区域和设置，获得多个打印效果**，利用**“自定义视图”**将十分方便。这个功能的基本作用是保存并根据需要恢复某个工作簿内的显示状态，其中也包含了打印设置。

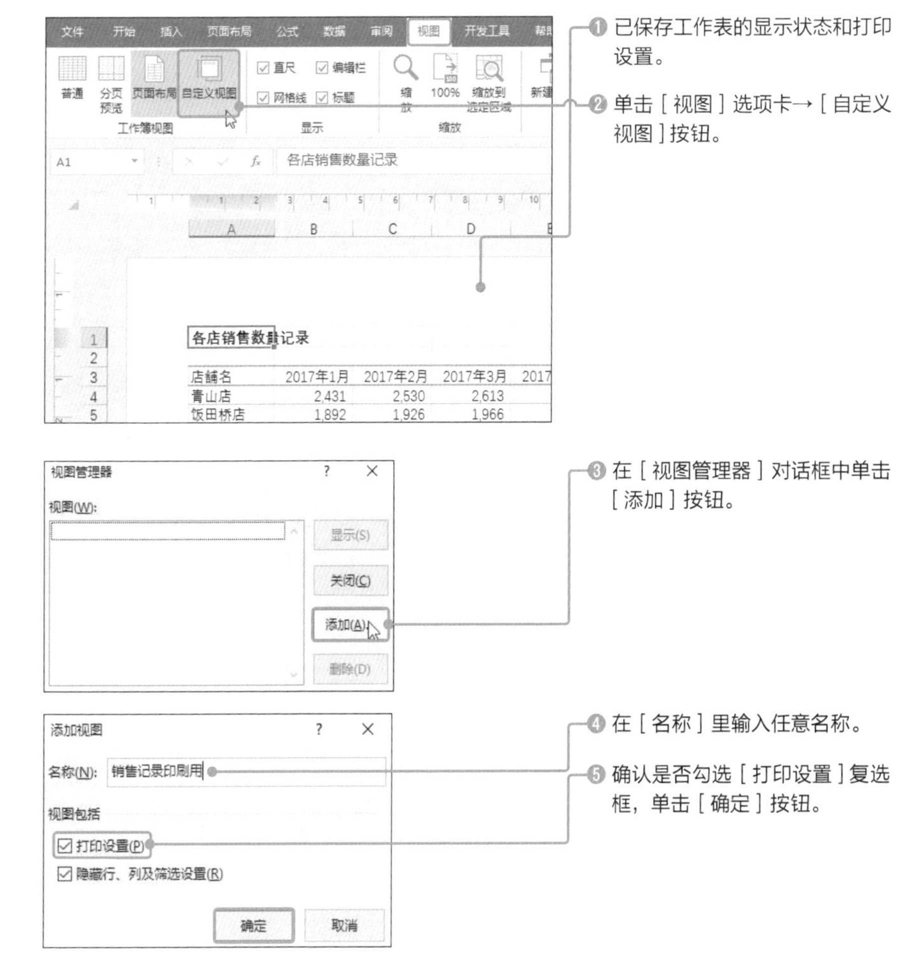

这样就把当前显示和打印设置添加为指定名称的“视图”。利用相同的步骤，可以修改显示设置和打印设置，添加多个视图。

重新显示已添加的视图状态

使用已添加至工作簿的自定义视图，恢复显示状态和打印设置。

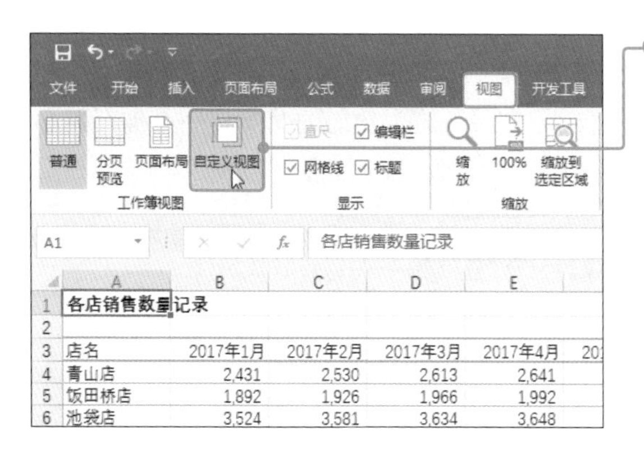

❶ 单击 [视图] 选项卡→[自定义视图] 按钮。

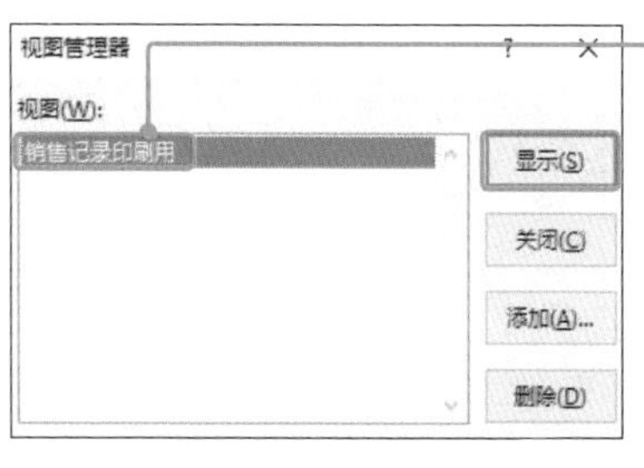

❷ 选择要重新显示的视图，单击 [显示] 按钮。

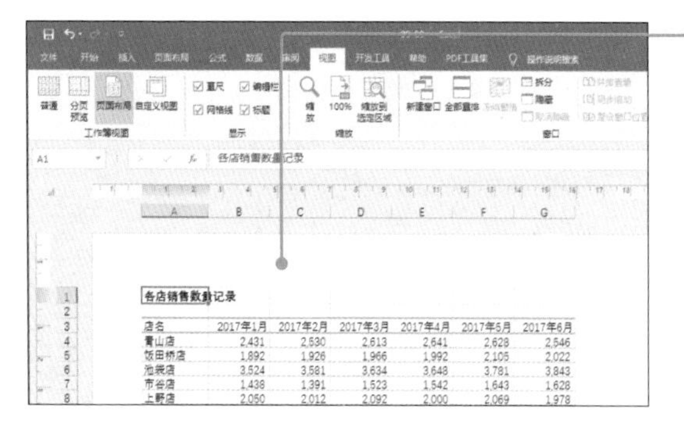

❸ 此前添加至视图的显示设置和打印设置恢复应用。

提示

左图中，显示设置已选中“页面布局”。

Sample_Data/09-10/

扫码看视频

10 掌握打印设置

在［打印］界面设置打印

在Excel中制作完成的表格，有些保持电子版即可，有些会输出为PDF，不过，很多时候最终还是要交由打印设备打印。打印相关设置除了可以在［页面布局］选项卡下进行修改，在打印执行界面同样可以进行绝大部分设置。

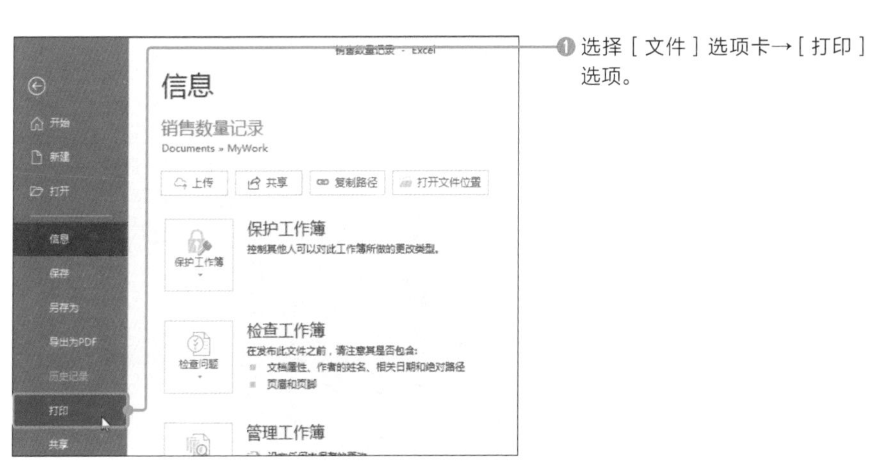

❶ 选择［文件］选项卡→［打印］选项。

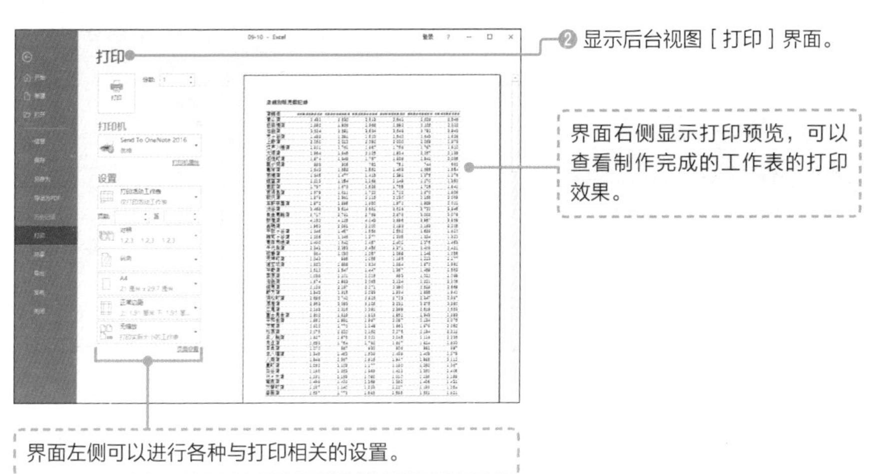

❷ 显示后台视图［打印］界面。

界面右侧显示打印预览，可以查看制作完成的工作表的打印效果。

界面左侧可以进行各种与打印相关的设置。

[打印] 界面的设置项目

下面简要介绍在 [打印] 界面可以设置的各个项目，以便在实际打印时参考。

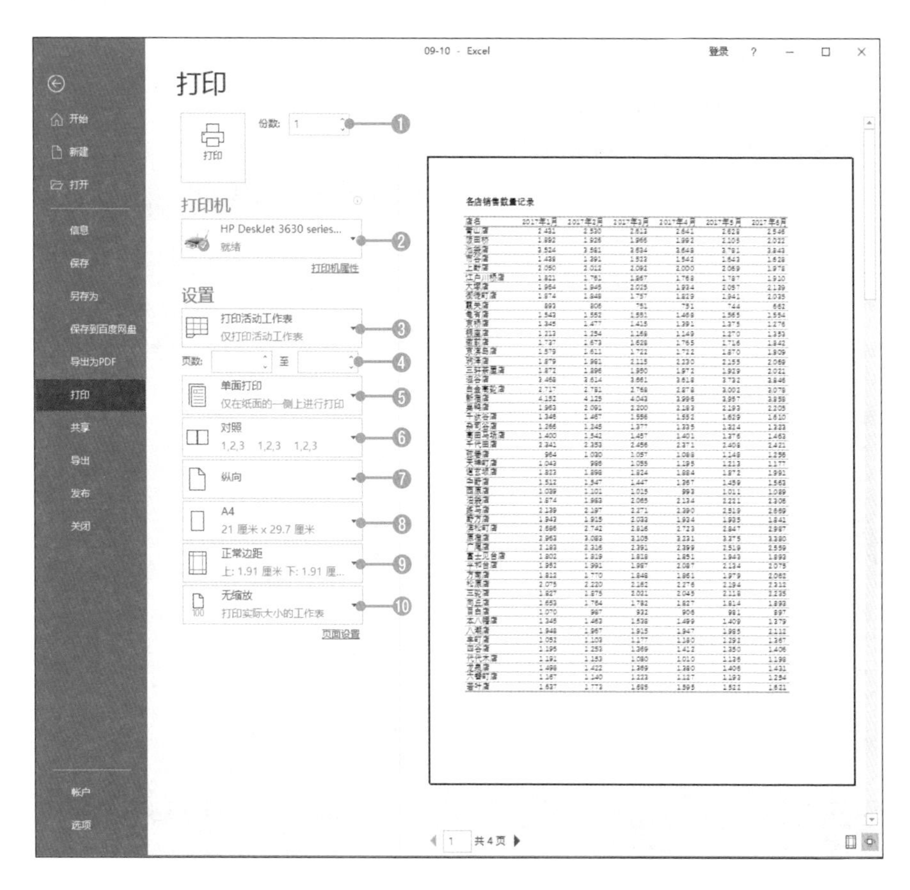

● [打印] 界面的设置项目

序号	设置项目	说明
❶	份数	打印份数在两份以上且为多页打印时，指定打印份数
❷	打印机	选择打印所使用的打印机。如果用于输出 PDF 的驱动程序可用，也可以设置为打印设备
❸	指定打印对象区域	指定打印区域。除了 [打印活动工作表]，还可以选择 [打印整个工作簿] 和 [打印选定区域]。此外，如果选择 [忽略打印区域] 选项，打印时则无视工作表的打印区域
❹	页数	多页打印时指定工作表的起始页和终止页

❺	单面打印／双面打印	可以选择让打印机进行单面打印或双面打印。单击［单面打印］的［▼］，下拉列表中有两种双面打印方式可供选择
❻	打印顺序	打印份数在两份以上且为多页打印时，指定打印顺序 ［对照］就是首先从第一份的第一页开始，打印到最后一页，然后再从第二份的第一页开始打印到最后一页，以此类推 ［非对照］就是先打印每一份的第一页，再打印每一份的第二页，以此类推
❼	打印方向	打印用纸的打印方向，可以选择［纵向］或［横向］选项
❽	纸张大小	指定打印用纸的尺寸。默认设置为A4，可以根据打印机选择不同尺寸的打印用纸
❾	边距大小	设置页边距。单击［正常边距］的［▼］，可以选择［宽］［窄］。选择［自定义页边距］选项，可以打开［页面设置］对话框，在［页边距］选项卡设置边距的数值
❿	缩放	如果表格相对于用纸过大或过小，可以进行缩放打印。也可以根据用纸尺寸自动调整，可以选择［将工作表调整为一页］、［将所有列调整为一页］、［将所有行调整为一页］选项

完成所有设置后，单击界面左上方的［打印］按钮，执行打印操作。

实用的专业技巧！ **打印的详细设置**

边距设置还可以单击界面右侧打印预览的［显示边距］，在预览界面检查、修改。这个方法可以更加直观地调整边距。

此外，如果在缩放设置中选择［自定义缩放选项］选项，则打开［页面设置］对话框，可以在［页面］选项卡里指定缩放比例。

实用的专业技巧！ **如何将工作表保存为PDF**

在［打印］界面，从［打印机］列表中选择［Microsoft Print to PDF］选项❶，单击［打印］按钮❷，此时不会真正打印，而是将表格输出为PDF文件。

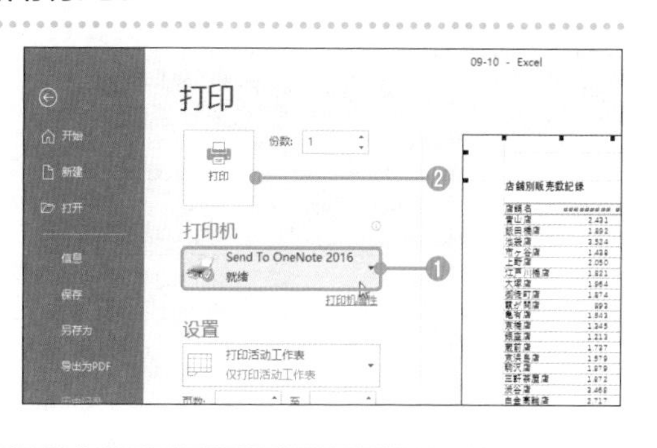

11 将工作表保存为PDF格式

为工作表执行导出为PDF的操作

完成的表格不仅可以用打印设备打印，还可以保存为PDF格式。使用PDF格式保存，不但可以添加至邮件，还可以在各种环境下自由阅览。

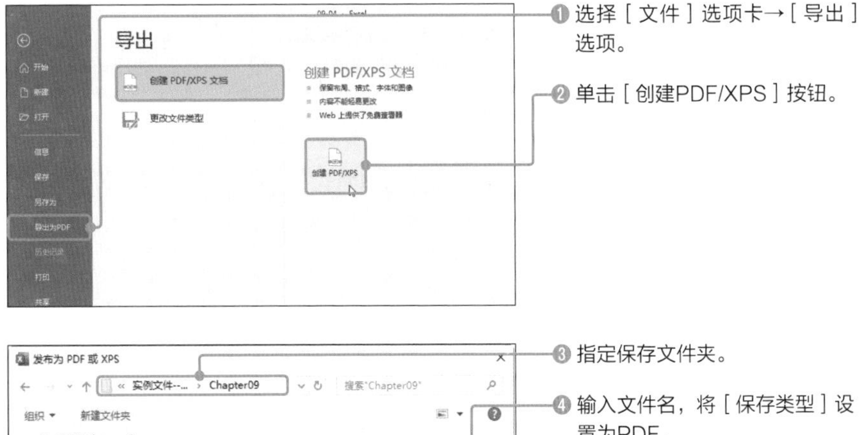

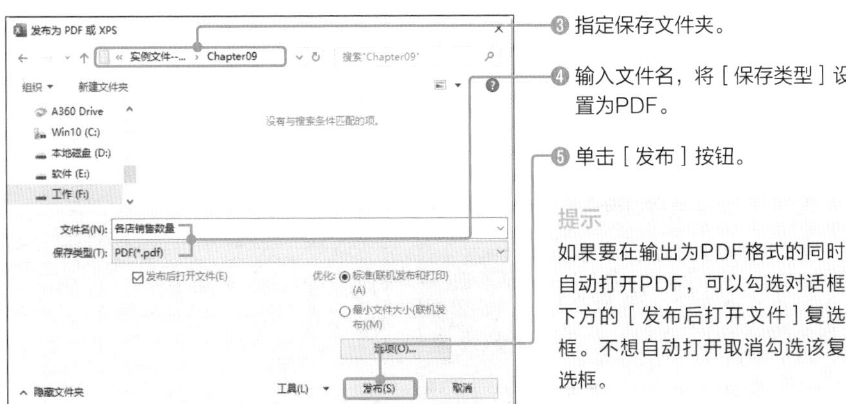

提示

如果要在输出为PDF格式的同时自动打开PDF，可以勾选对话框下方的［发布后打开文件］复选框。不想自动打开取消勾选该复选框。

第10章

系统预设和安全设置

System Preferences and Security Settings

01 调整操作环境

在［Excel选项］对话框中设置操作环境

在熟悉的环境里操作对于提高Excel的操作效率十分重要。在Excel中可以进行各种详细设置，需营造适合自己的操作环境。不过，没必要一次性掌握所有的设置项目，也没必要重新设置所有项目，只需在必要的时候，进行必要的设置即可。

Excel的操作环境基本上都可以在[Excel选项]对话框中进行设置。

❶ 选择[文件]选项卡→[选项]选项。然后打开[Excel选项]对话框。

提示

按Alt键，然后依次按F→T键，即可用键盘打开［Excel选项］对话框。

实用的专业技巧！ 环境设置的有效范围

在［Excel选项］对话框修改之后的设置基本上应用于当前Excel打开的所有工作簿。不过，［高级］等一部分设置仅对特定工作簿或工作表有效。此外，在同一台计算机中使用其他Windows用户名登录时，设置将有所变化。

[常规]面板

在［常规］面板中可以设置用户界面选项、启动设置等有关操作环境的基本选项。

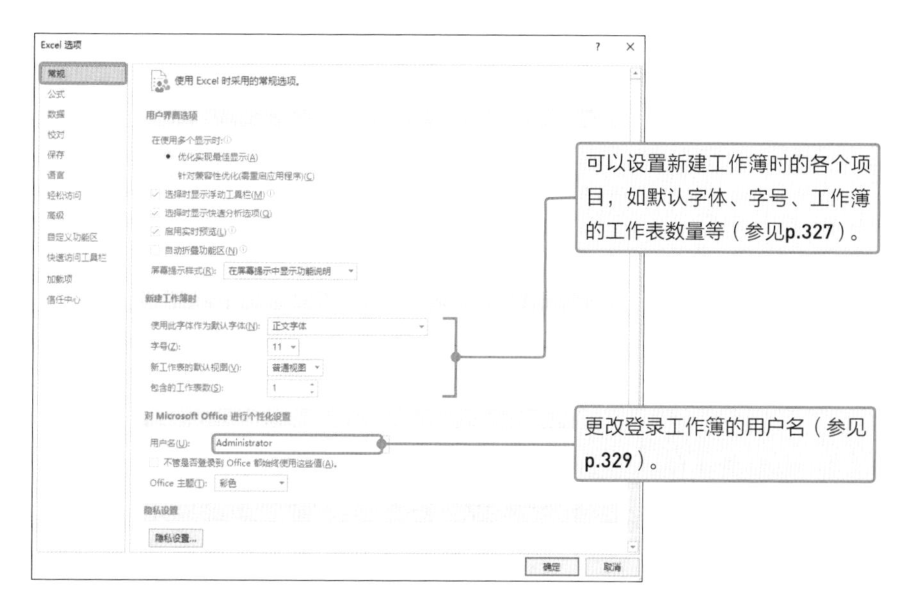

[公式]面板

在［公式］面板中可以设置公式的计算方法等相关选项。

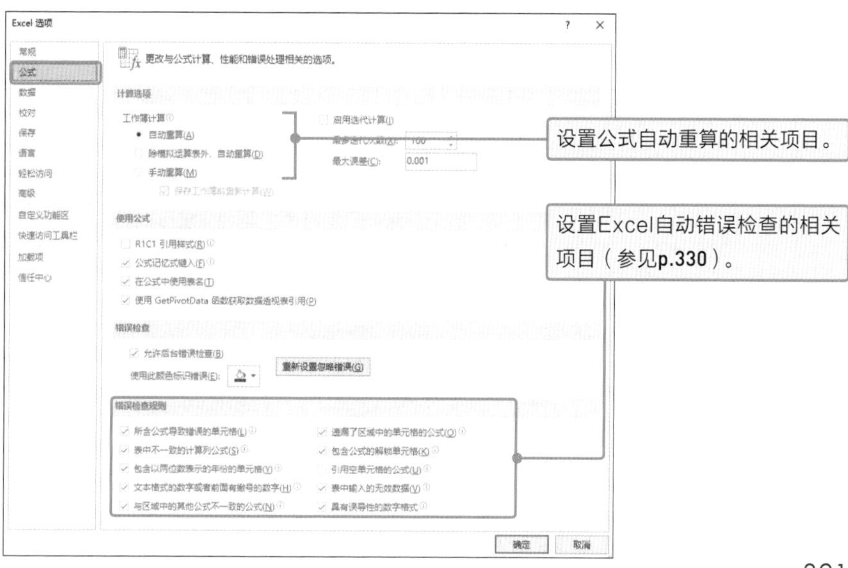

[数据]面板

在[数据]面板中可以设置获取外部数据和数据分析的相关选项。

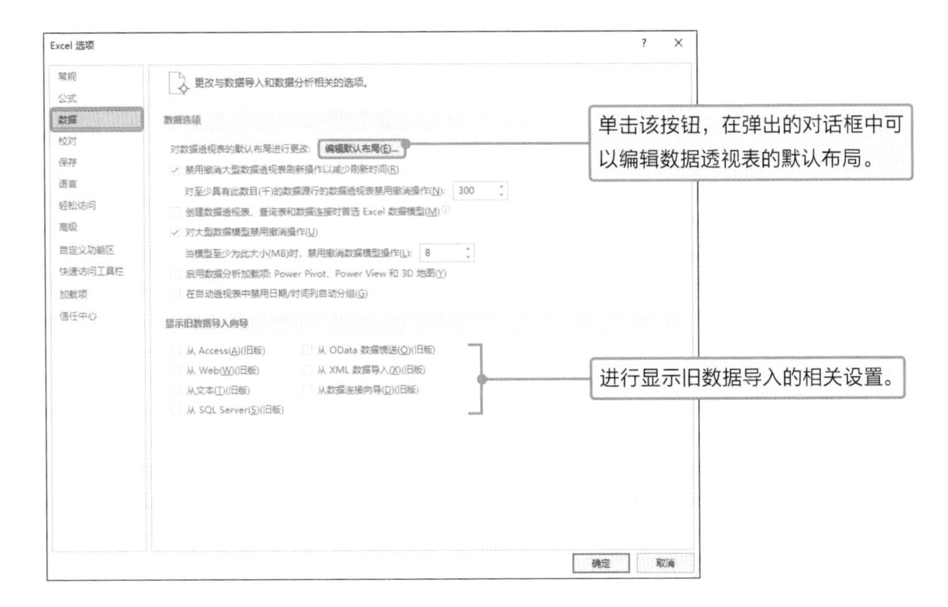

[校对]面板

在[校对]面板中可以设置文本自动更正功能和拼写检查。

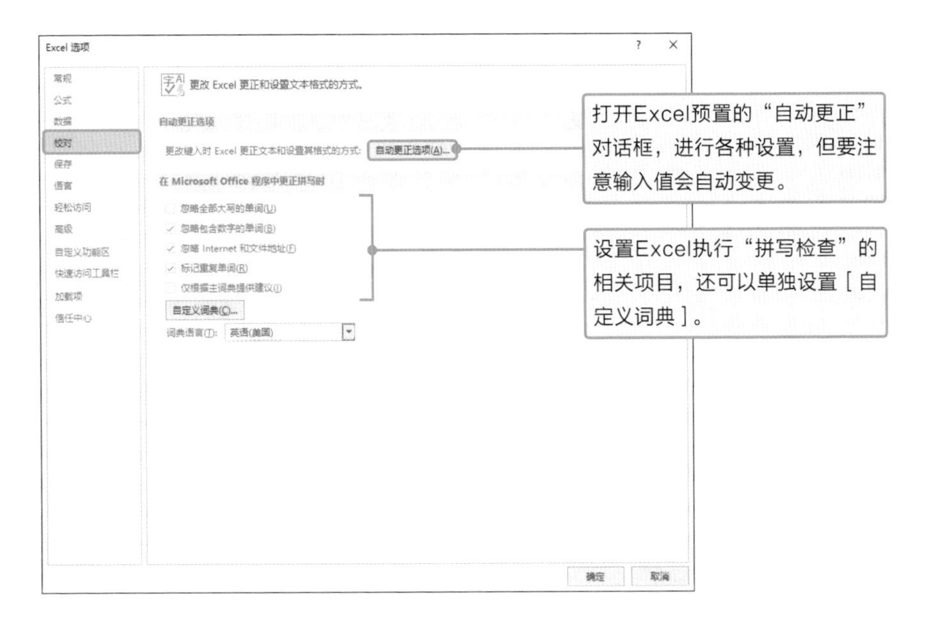

[保存]面板

在[保存]面板中可以设置有关工作簿自动保存和自动恢复功能的选项。

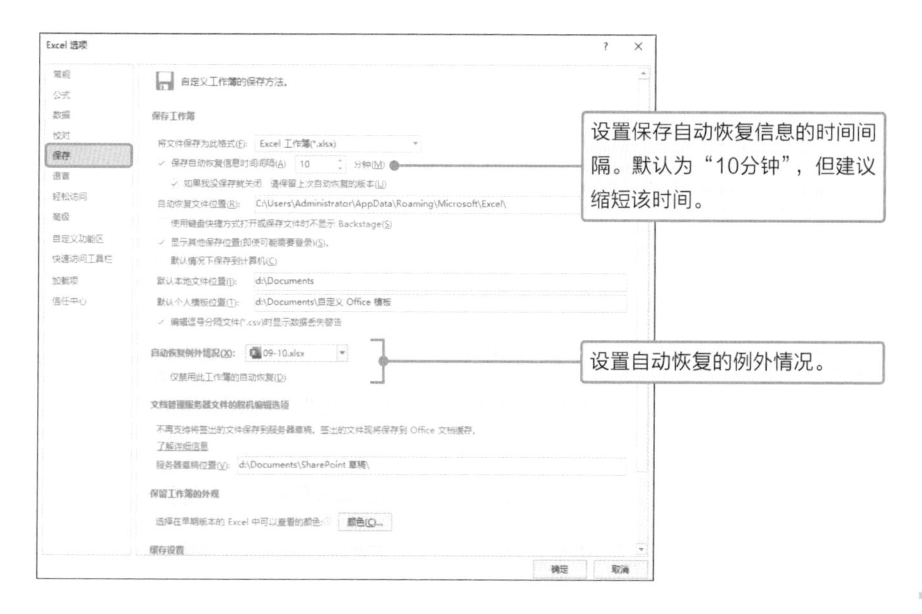

[语言]面板

在[语言]面板中可以设置Office的编辑和显示语言。

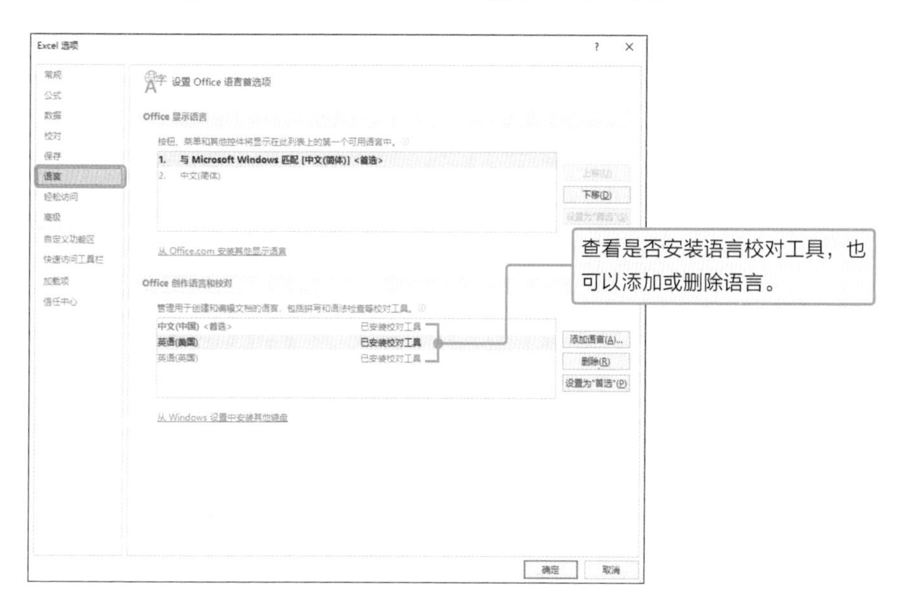

[轻松访问]面板

在[轻松访问]面板中的设置可以让Excel更易于访问。

[高级]面板

在[高级]面板中可以对Excel的各种操作进行详细设置。

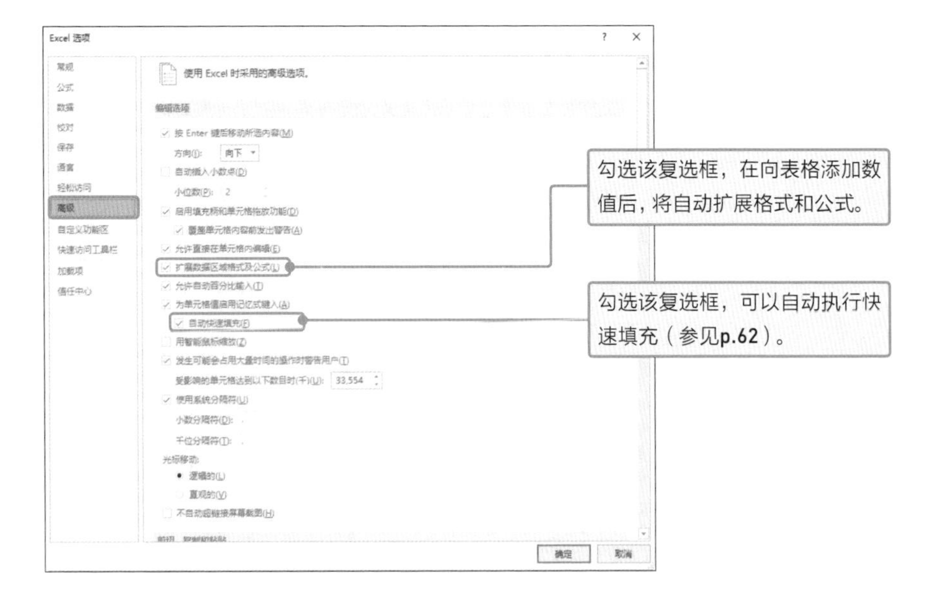

[自定义功能区] 面板

在 [自定义功能区] 面板中可以自定义功能区（参见p.336）。

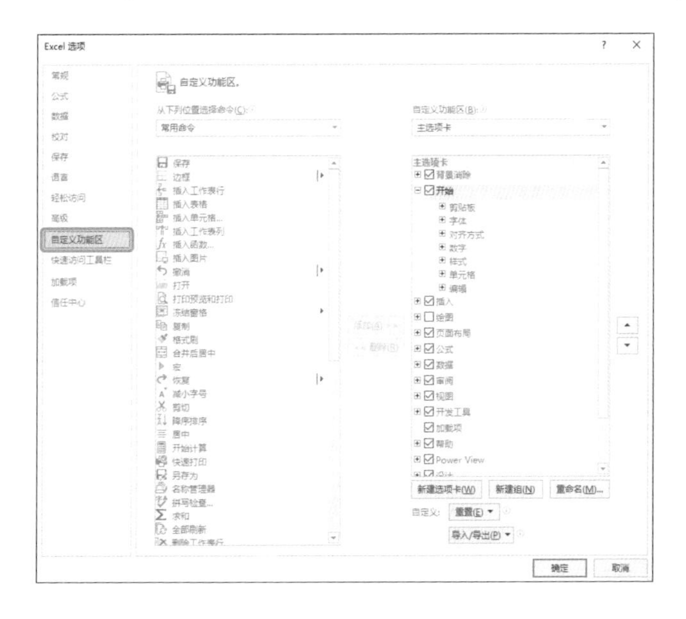

[快速访问工具栏] 面板

在 [快速访问工具栏] 面板中可以**自定义快速访问工具栏**能够执行的功能（参见p.333）。

[加载项]面板

在［加载项］面板中可以设置或管理为Excel添加功能的**“外部程序”**。

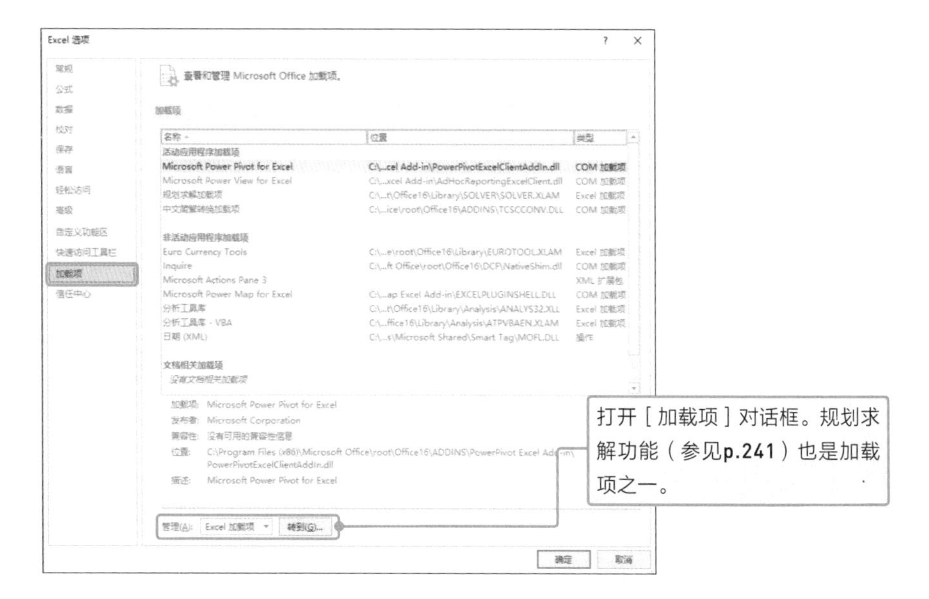

[信任中心]面板

在［信任中心］面板中可以进行有关**Excel使用安全的设置**。不过，该面板是具体设置界面**［信任中心设置］**的起始页。

02 修改默认字体

扫码看视频

使用易读易懂的字体

单元格和图形中可以使用各种字体，但是创建新工作簿时，所有单元格的默认字体都是**“等线”**（Excel 2013版本之前的默认字体为**“宋体”**）。

除去偏爱，从设计角度而言“等线”比“宋体”更加简洁，而且具有屏幕显示和打印效果相差无几的优点。

不过，“等线”虽然设计简洁，但是字体相对于“宋体”，**给人一种单薄无力的感觉**。而且很多人希望让现在使用的字体能够与以前文件中的字体保持一致，因而要把默认字体更改为“宋体”。默认字体的修改步骤如下。

❶ 选择［文件］选项卡→［选项］选项，随即打开［Excel选项］对话框。

提示

按Alt键之后按F键、T键，即可用键盘操作打开［Excel选项］对话框。

笔记

修改Excel字体的方法非常简单，因此在修改之后，可以在实际操作过程中（打印使用等）确认哪一种字体是最优选择。

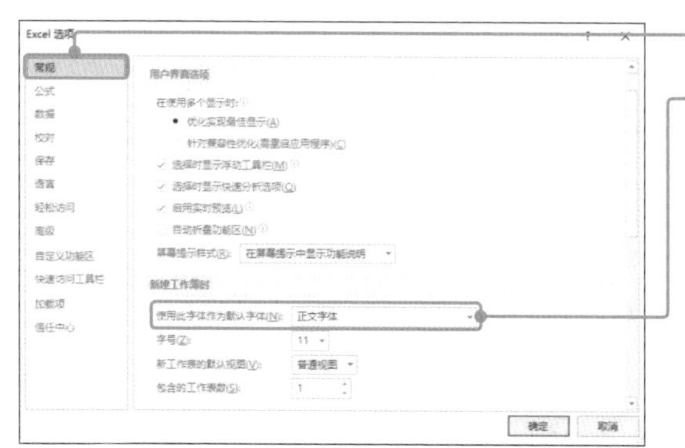

❷ 选择［常规］选项。

❸［使用此字体作为默认字体］默认设置为［正文字体］。

提示

［正文字体］取决于工作表的主题（参见**p.173**）。默认主题Office所设置的本文档字体为“等线”（Excel 2016以后）。

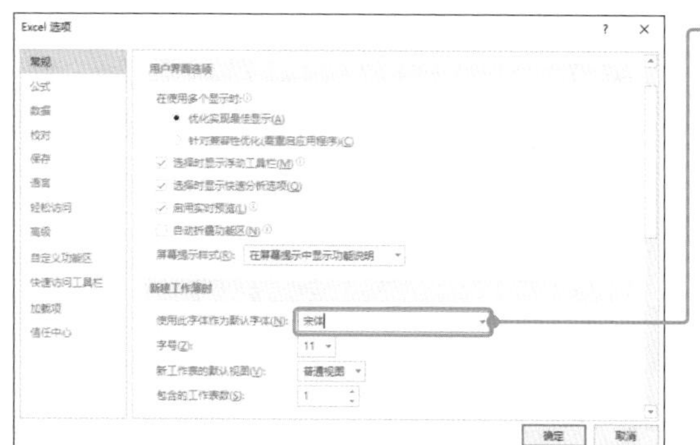

❹ 选择任意字体（本例中选择的是宋体），单击［确定］按钮。

❺ Excel提示重启之后生效，暂时关闭Excel重启提示对话框。

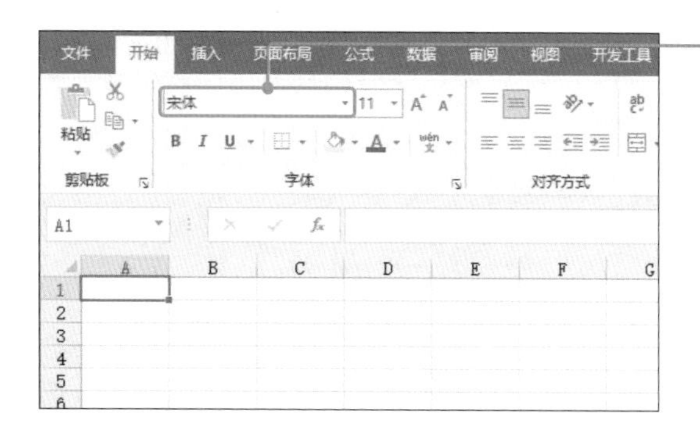

❻ 重启Excel之后创建新工作簿时的默认字体就变成了“宋体”。

实用的专业技巧！ 如何修改已编辑完毕的工作簿的默认字体

如果要修改已经编辑完毕的工作簿的默认字体，无须全选所有单元格，在［单元格样式］（参见**p.158**）的［常规］样式里修改字体即可。修改默认字体后，工作表的行列号也显示为新的字体。如果只是修改了所有单元格的字体，那么使用［全部清除］清除了单元格的格式之后，此前修改的字体将恢复为“等线”。

扫码看视频

03 修改用户名

谨慎处理个人信息

新建工作簿或者是对此前编辑过的工作簿进行修改保存时，登录Excel的**“用户名”**会被记录为**“作者”**或**“上次修改者”**。工作簿提交给客户，或者是在网上发布时，务必仔细确认这些登录在Excel上面的用户信息是否可以被公之于众，或者在必要时修改用户名。

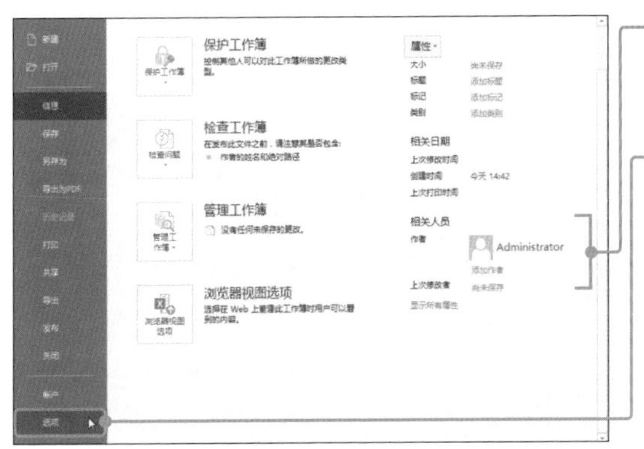

❶ 单击［文件］选项卡打开后台视图，查看登录当前工作簿的用户名。

❷ 如果需要修改之后创建、编辑工作簿的用户名，则选择［文件］选项卡→［选项］选项。

❸ 选择［常规］选项。

❹ 在［对Microsoft Office进行个性化设置］的［用户名］里输入任意姓名，单击［确定］按钮。

提示

可以选择［文件］选项卡→［信息］选项，选择［属性］→［高级属性］选项，在打开的对话框中修改已完成的工作簿的“作者”。如果要修改“上次修改者”，则利用本节讲解的方法修改用户名，之后保存工作簿即可。

04 设置自动错误显示

扫码看视频

查看和修改错误检查规则

在Excel中，除了所谓的**“错误值”**（参见p.28）以外，还会在单元格左上角显示**“绿色错误标识”**。显示这个错误的设置叫作**“错误检查规则”**。

这个绿色错误标识表示的是一种警告，说明错误虽然不像错误值那样明显，但所输入的公式等内容有可能包含了某些差错。

执行下列步骤，可以查看当前Excel所设置的错误检查规则。

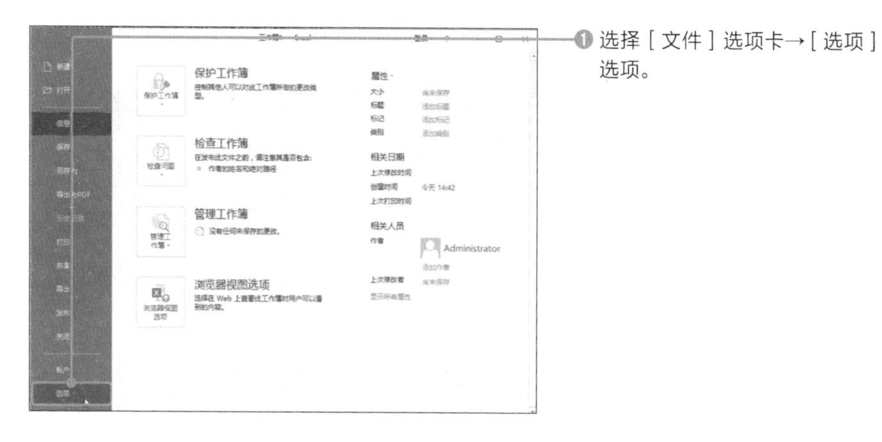

❶ 选择［文件］选项卡→［选项］选项。

❷ 选择［公式］选项。

❸ 在下方的［错误检查规则］区域查看当前Excel设置的错误检查规则。取消勾选对应规则复选框，该规则将失效。

05 启动/停用自动更正功能

扫码看视频

时而方便时而烦琐的“自动更正”功能

Excel预置了可以自动更正当前错误的功能，这个功能叫作**“自动更正”**。自动更正是一个非常方便的功能，它可以自动识别错误的输入内容并予以更正，但是**有些时候也会把正确的数据改错**，因此要谨慎使用。

按照下述步骤，可以修改自动更正功能的设置。添加更正对象，也可以撤销自动更正。

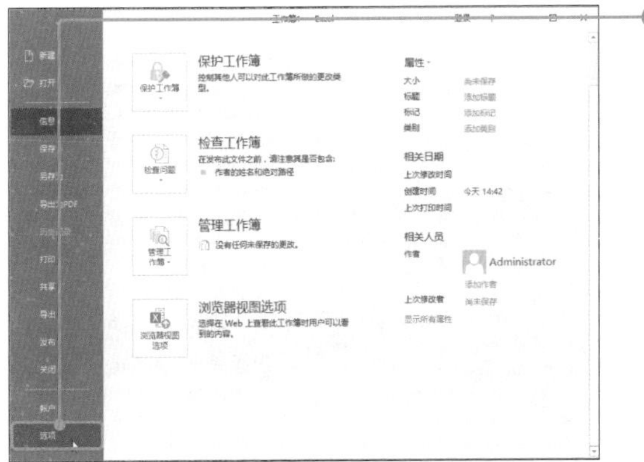

❶ 选择［文件］选项卡→［选项］选项。

❷ 选择［校对］选项。

❸ 单击［自动更正选项］按钮。

❹ 打开［自动更正］对话框。

如何设置自动更正

可以在［**自动更正**］**对话框**对自动更正功能的处理对象和内容进行详细设置。例如**"更正前两个字母连续大写""句首字母大写"**等，取消勾选对应的复选框❶，即可撤销这些自动更正。

［**键入时自动替换**］复选框下方的项目都是预置的自动更正项目。如果不想让其中的一些单词自动更正，可以选中该单词所在行❷，单击［**删除**］**按钮**❸。

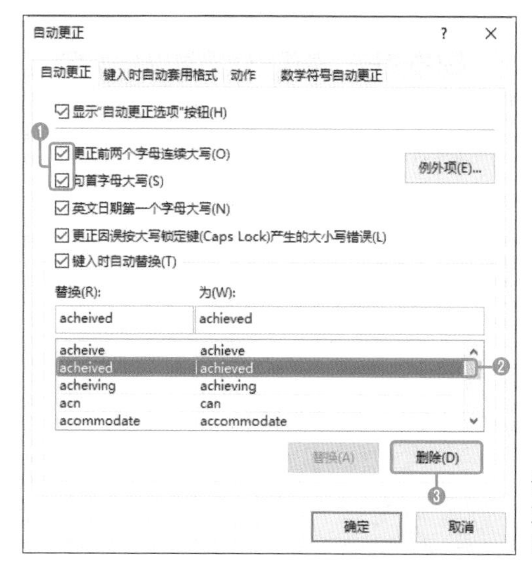

设置完毕，单击［确定］按钮关闭当前对话框，然后继续单击［确定］按钮关闭［Excel选项］对话框。

反之，如果想添加自动更正的词汇，可以在［**替换**］和［**为**］文本框中输入文本❹，单击［替换］按钮❺。利用该功能，还可以用简单的数字替换那些不便于输入的复杂单词。

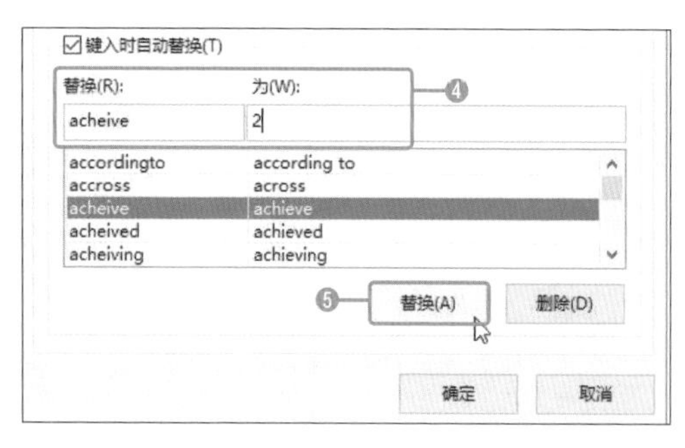

全部设置完毕之后，返回Excel界面，在单元格内实际输入一下，查看自动更正功能是否生效。

06 修改快速访问工具栏

在快速访问工具栏中添加常用功能

快速访问工具栏始终显示在操作界面顶部，而且添加至快速访问工具栏的功能都可以**一键启动**。因此，将使用频率高的功能（命令）添加到这里，可以让操作事半功倍。

❶ 单击快速访问工具栏右侧的［自定义快速访问工具栏］下三角按钮。

❷ 选择要添加的命令。

提示

命令左侧的√表示该命令已添加。再次选中即可取消添加该命令。

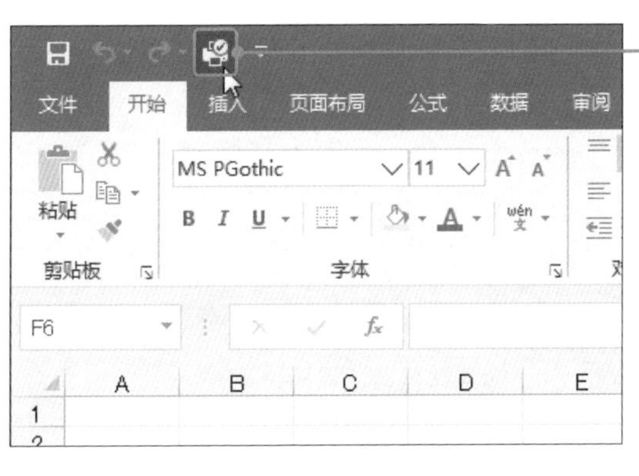

❸ 所选命令的选项添加至快速访问工具栏。

提示

单击［快速打印］按钮，不显示［打印］界面，而是直接执行打印。

从全部命令中选择添加

如果要添加上文中［自定义快速访问工具栏］菜单里没有的项目，可以在［**Excel选项**］**对话框**中进行设置。

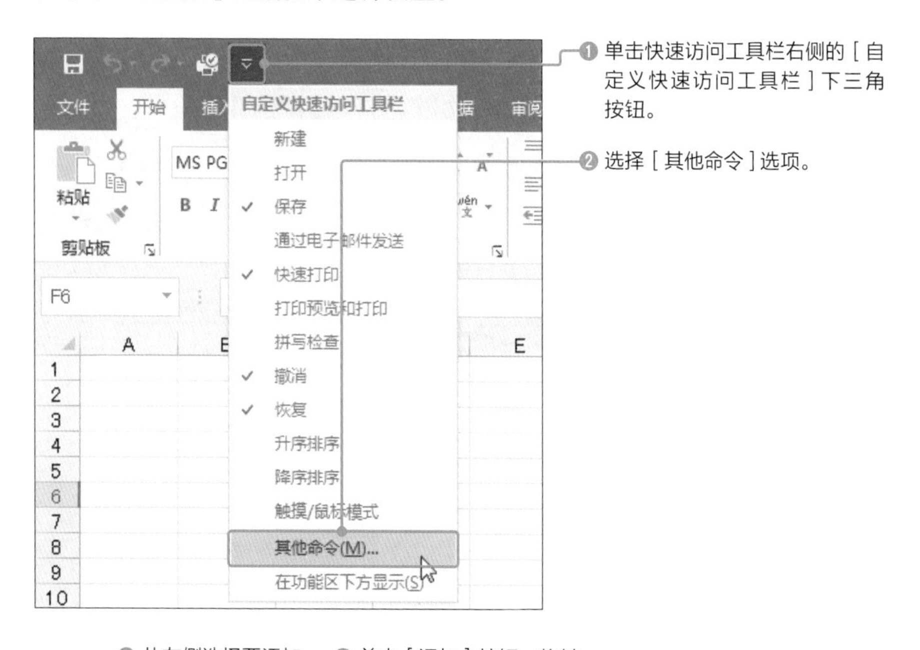

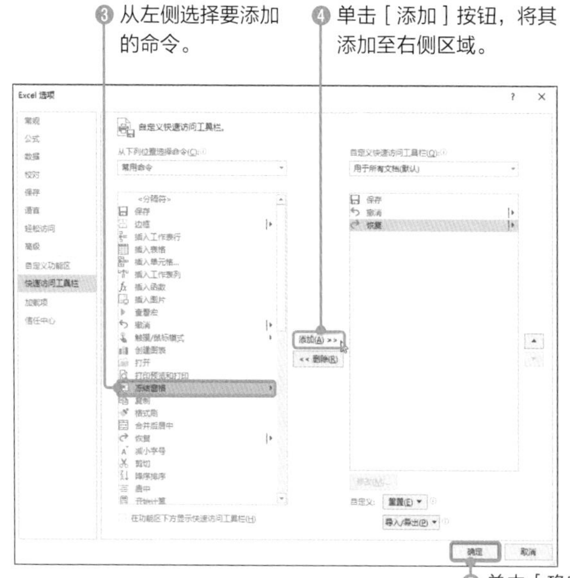

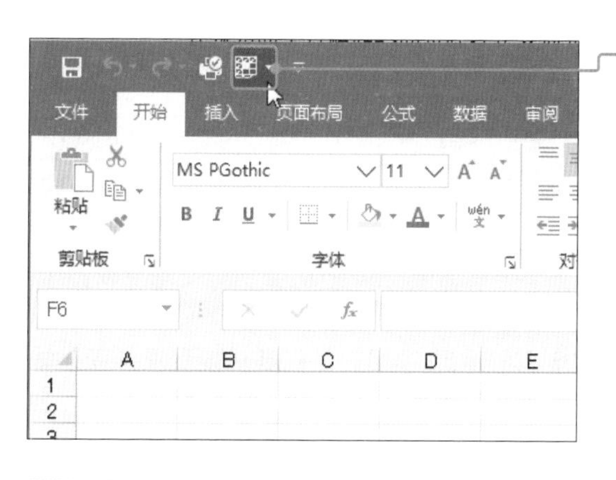

❻ 快速访问工具栏显示已添加的命令按钮。

专栏 探究快速访问工具栏

如果在［Excel选项］对话框的［快速访问工具栏］左侧列表里找不到目标命令，可以在［从下列位置选择命令］列表中选择［不在功能区中的命令］或［所有命令］选项❶，即可从所有能够添加的命令中指定目标命令。

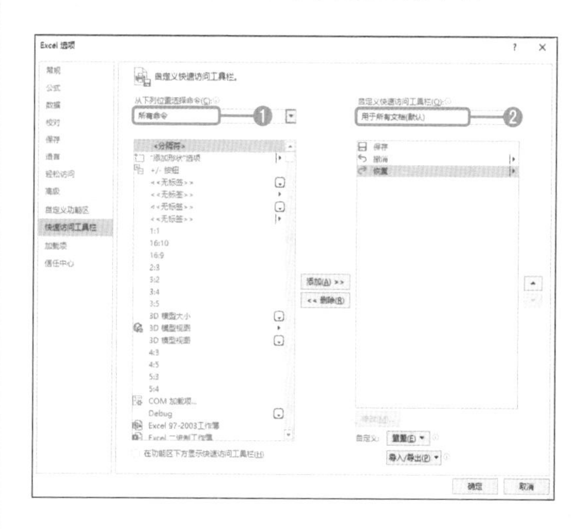

此外，如果想让当前修改内容仅用于特定的工作簿，将右上方的［自定义快速访问工具栏］修改为［用于“当前工作簿的名称”］❷。对快速访问工具栏进行自定义设置，就只在该工作簿内生效。如果使用默认选择的［用于所有文档（默认）］，那么修改后的快速访问工具栏将应用于所有工作簿。

07 修改功能区布局

扫码看视频

修改功能区显示的功能

在Excel中，**可以创建新的选项卡和选项组，从而在功能区添加新的功能**。想必很多人使用的都是默认设置，不过，如果某些功能使用率较高，调整功能区的布局不仅易于使用，也有利于提高操作效率。

默认选项卡无法添加新的命令，因此首先要新建选项卡或新建组。

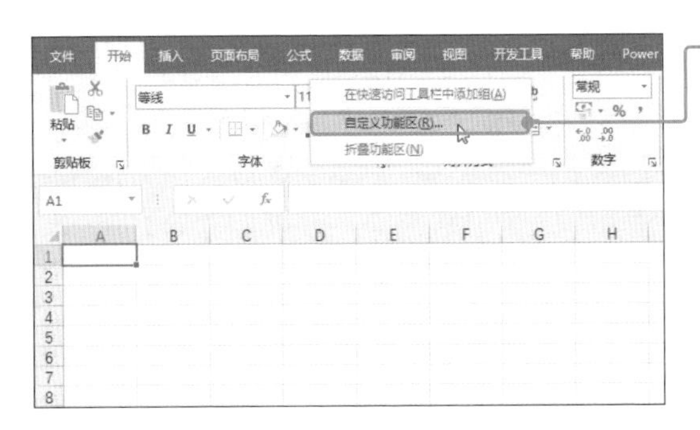

❶ 右击功能区，选择［自定义功能区］命令。

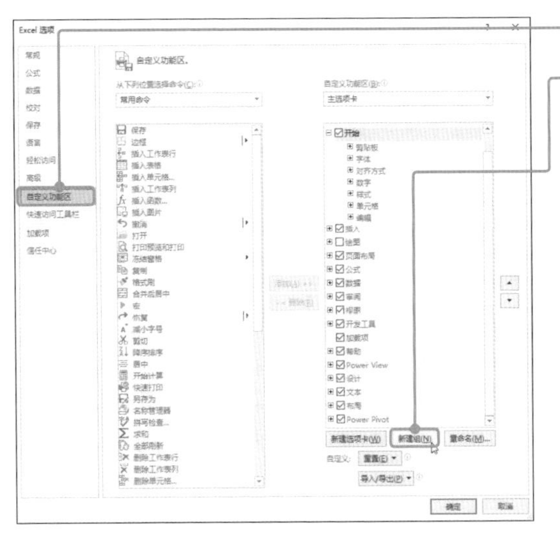

❷ 选择［自定义功能区］选项。

❸ 在界面右侧选择要添加分组的选项卡，单击［新建组］按钮。

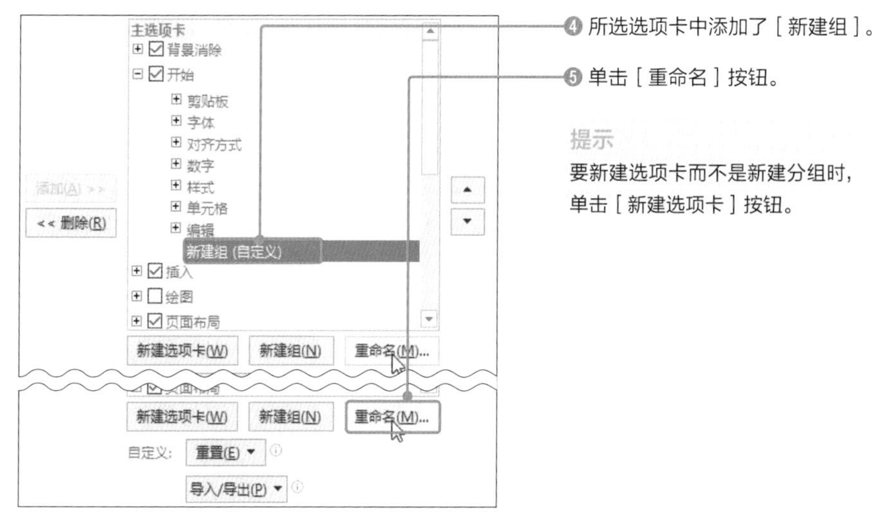

❹ 所选选项卡中添加了［新建组］。

❺ 单击［重命名］按钮。

提示

要新建选项卡而不是新建分组时，单击［新建选项卡］按钮。

❻ 在［显示名称］文本框中输入要给分组设置的名称，然后单击［确定］按钮。

提示

“符号”只能显示添加的命令选项，对分组无效。

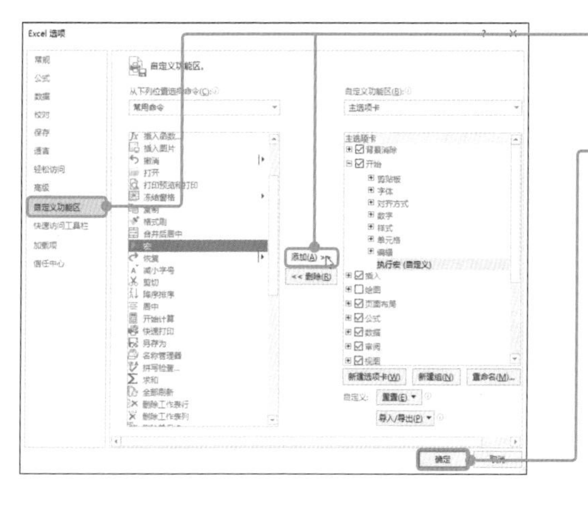

❼ 在界面左侧选择命令，单击［添加］按钮，将其添加至右侧区域。

❽ 执行完全部操作，单击［确定］按钮。

提示

在右侧选择命令并单击［删除］按钮，即可删除命令。

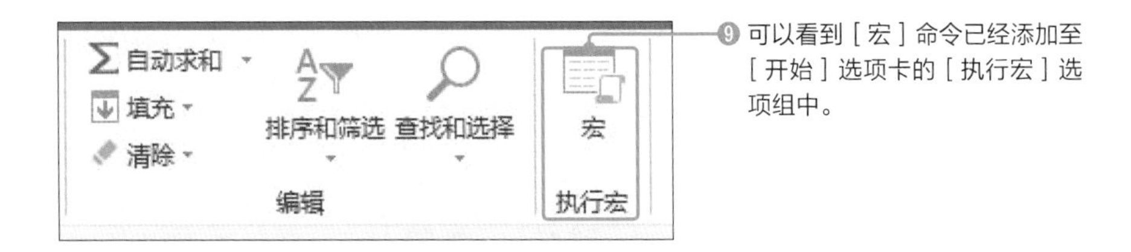

⑨ 可以看到［宏］命令已经添加至［开始］选项卡的［执行宏］选项组中。

此外，虽然用户可以随时删除自定义添加至功能区的命令（参见p.337），却不能删除预置的默认选项，但是**可以删除组**。Excel默认的选项卡虽然无法删除，但可以**取消勾选，将其隐藏起来**。

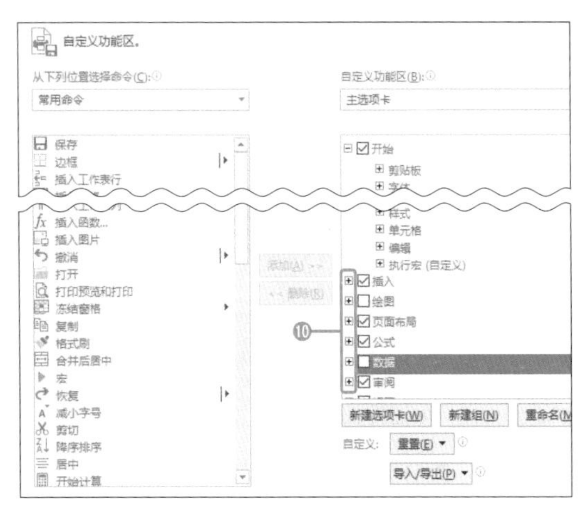

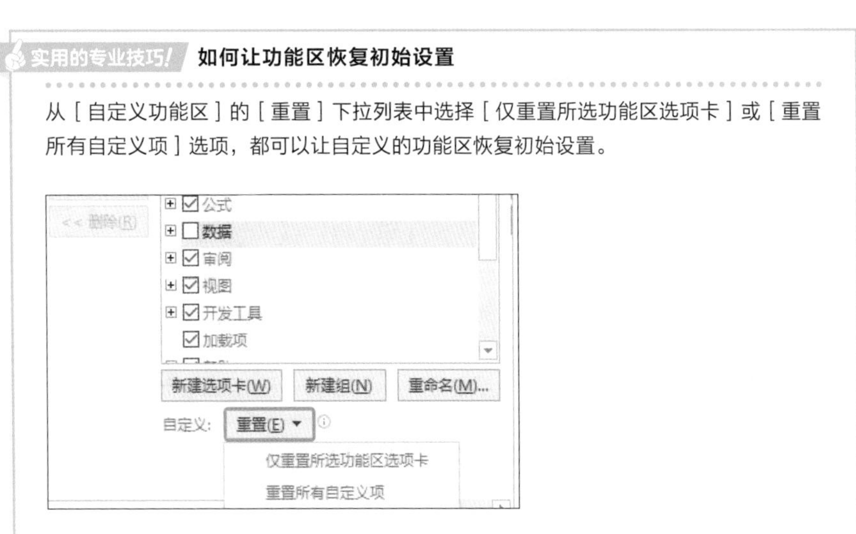

实用的专业技巧! **如何让功能区恢复初始设置**

从［自定义功能区］的［重置］下拉列表中选择［仅重置所选功能区选项卡］或［重置所有自定义项］选项，都可以让自定义的功能区恢复初始设置。

08 检查文档

扫码看视频

将工作簿提交给他人之前的必要工序

有时可能作者本人都意识不到，已编辑完成的工作簿中包含了**用户名称、公司名称等各种私人信息**。而且如果该工作簿使用了复杂的功能，在其他运行环境下，还有可能出现无法正确打开的问题。

因此，在将已完成的工作簿递交客户，或向未知群体发布之前，应当事先检查文档当前状态是否适合发布，Excel预置了**［文档检查］功能**。

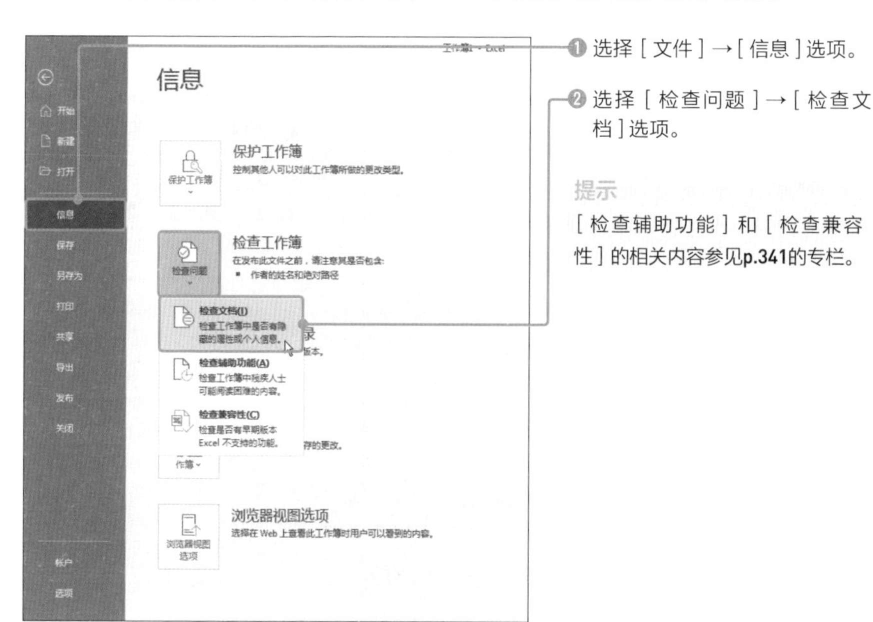

❶ 选择［文件］→［信息］选项。

❷ 选择［检查问题］→［检查文档］选项。

提示

［检查辅助功能］和［检查兼容性］的相关内容参见p.341的专栏。

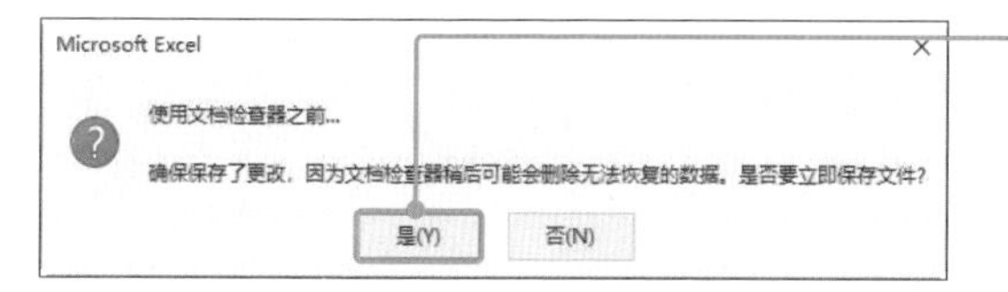

❸ 询问工作簿是否保存，如工作簿没有问题，则单击［是］按钮进行保存。

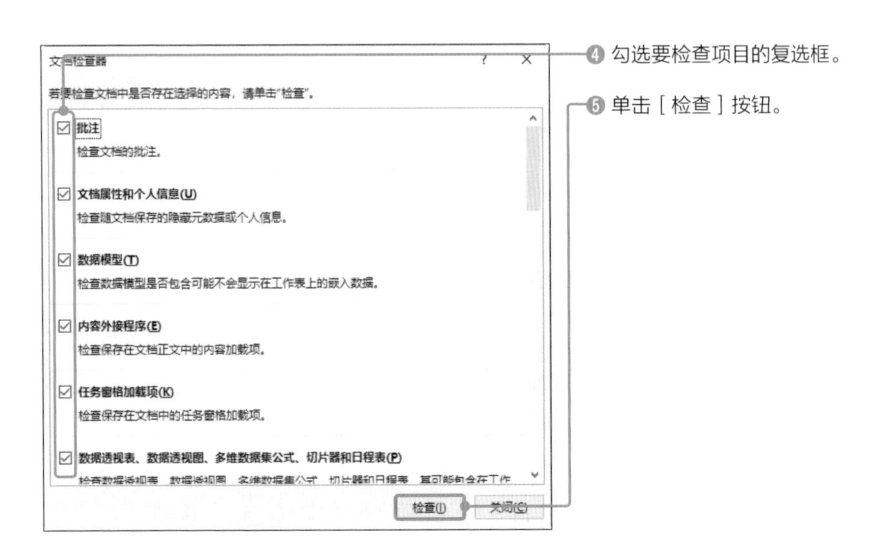

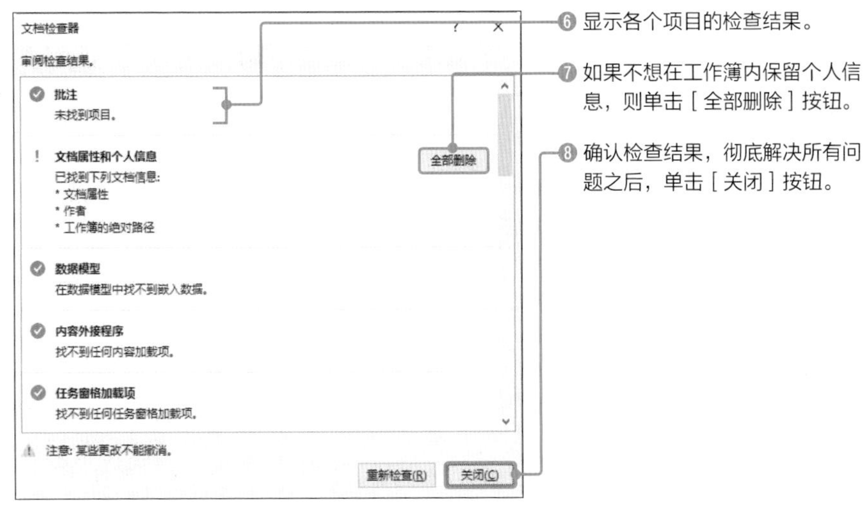

笔记

没必要修正所有问题。首先确认问题内容是否为确实有必要处理的问题，尤其是一些一经修改将无法恢复的项目，建议在操作的时候要格外小心。

专栏 [检查辅助功能] 和 [检查兼容性]

[检查辅助功能]，**检查的是已完成的工作簿中的各个工作表是否便于所有人使用**。打开对象工作簿，选择 [文件] → [信息] 选项，然后选择 [检查问题] → [检查辅助功能] 选项，即可执行该检查。随后工作表界面右侧显示 [辅助功能] 导航窗格，其中显示该工作簿难于阅读的问题❶。单击项目，进一步显示该问题的详细信息❷。

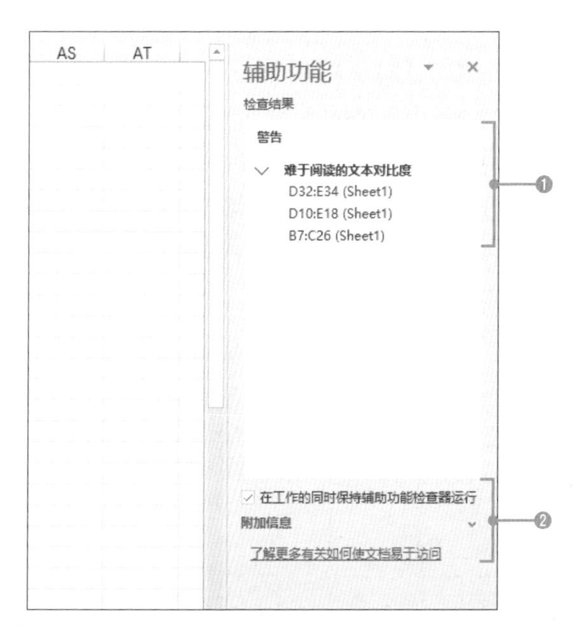

[检查兼容性]，**检查是否有早期Excel版本不兼容的问题**。选择 [文件] → [信息] 选项，然后选择 [检查问题] → [检查兼容性] 选项，即可执行该检查。

随后显示 [兼容性检查器] 对话框，显示工作簿内存在兼容性问题的功能和问题对应的版本。

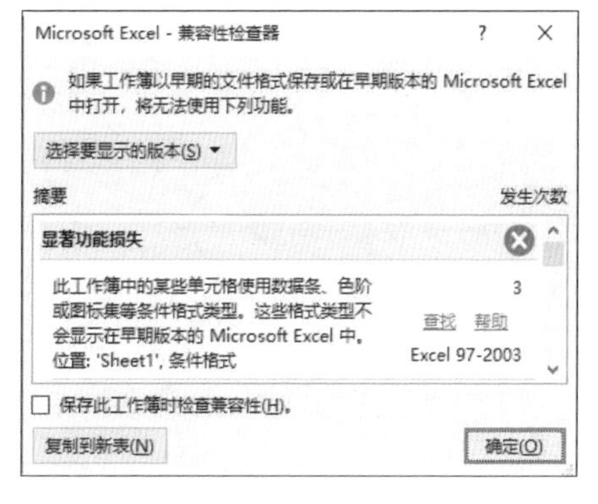

09 锁定特定单元格

扫码看视频

只允许编辑一部分单元格

当工作簿的作者和实际操作者不是同一人时，有可能会执行不符合作者本意的操作，还有可能因为错误操作导致工作簿功能受损。

为了避免在这种情况下，因失误遗失录入单元格内的公式和重要数据，最安全的办法就是只允许对一部分单元格进行编辑。这种处理叫作**“工作表保护”**。但是，如果单纯执行保护功能，那么所有的单元格都将无法编辑，因此，首先要对允许编辑的单元格解除锁定。

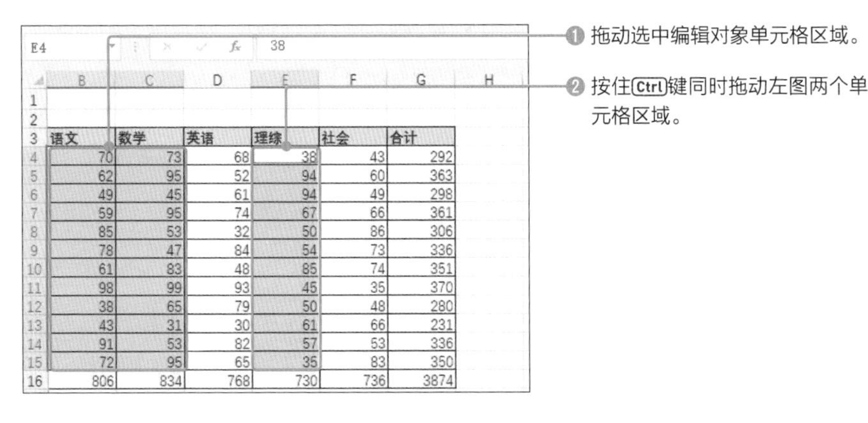

语文	数学	英语	理综	社会	合计
70	73	68	38	43	292
62	95	52	94	60	363
49	45	61	94	49	298
59	95	74	67	66	361
85	53	32	50	86	306
78	47	84	54	73	336
61	83	48	85	74	351
98	99	93	45	35	370
38	65	79	50	48	280
43	31	30	61	66	231
91	53	82	57	53	336
72	95	65	35	83	350
806	834	768	730	736	3874

❶ 拖动选中编辑对象单元格区域。

❷ 按住Ctrl键同时拖动左图两个单元格区域。

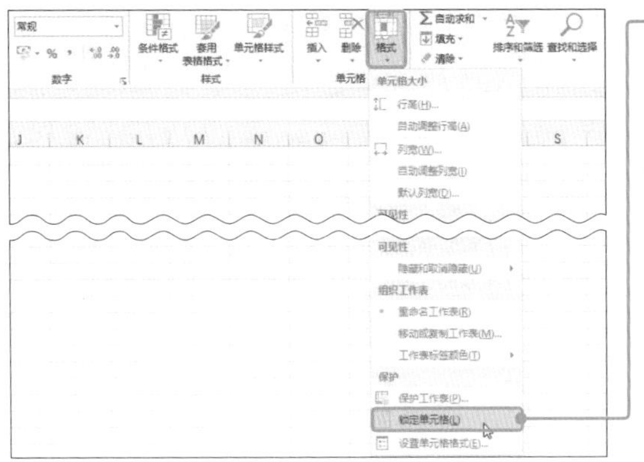

❸ 选择［开始］→［格式］→［锁定单元格］选项。

提示

所有单元格默认为锁定状态，执行该操作后，对象单元格解锁。如果想重新锁定，则再执行一遍相同的操作。

执行工作表保护

单元格解锁后，执行工作表保护。

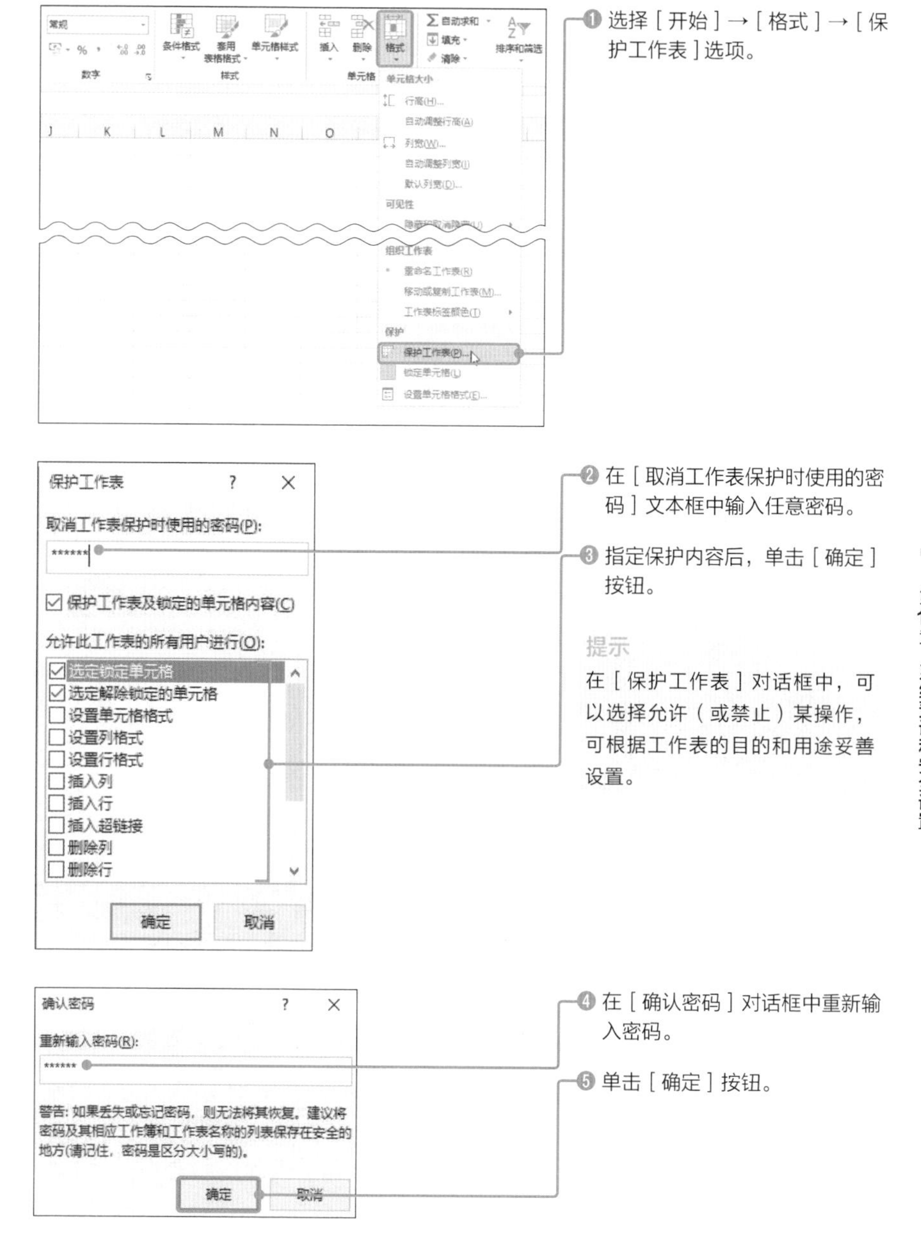

提示

在［保护工作表］对话框中，可以选择允许（或禁止）某操作，可根据工作表的目的和用途妥善设置。

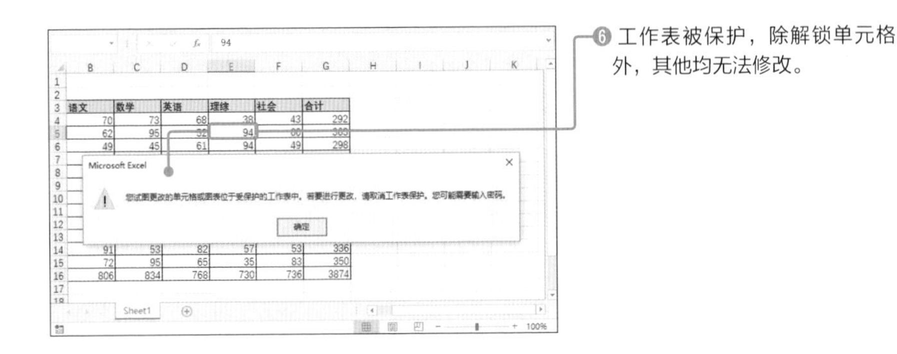

❻ 工作表被保护，除解锁单元格外，其他均无法修改。

撤销工作表保护

工作表在被保护状态下只允许编辑特定单元格。必须执行其他编辑时，执行下列步骤，可以撤销工作表保护。

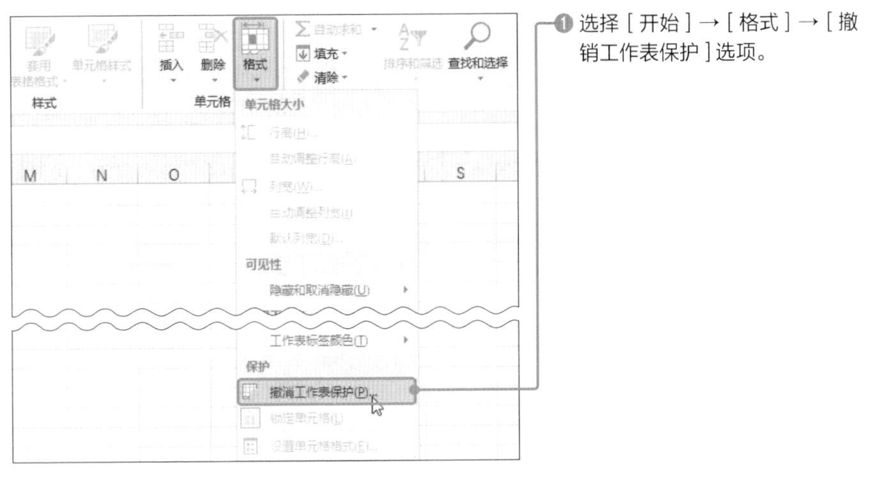

❶ 选择［开始］→［格式］→［撤销工作表保护］选项。

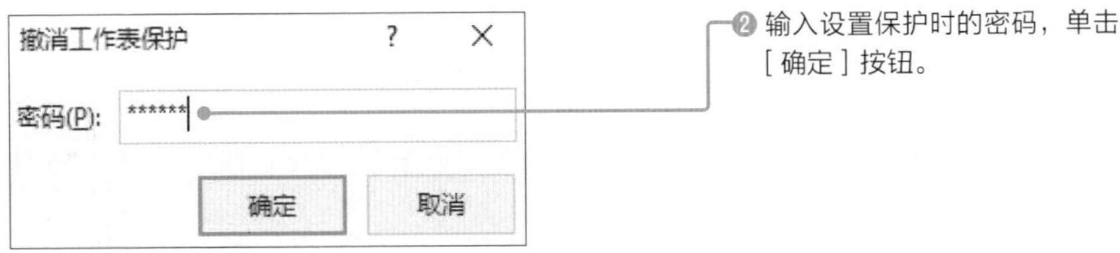

❷ 输入设置保护时的密码，单击［确定］按钮。

笔记

一旦忘记密码，将无法解除工作表保护。不过，虽然禁止选中被锁定的单元格，但是可以选择单元格区域，执行复制/粘贴操作，将录入的数据导入其他工作表。

10 用密码进行加密

扫码看视频

为重要的工作簿设置密码

处理包含商业机密、员工个人信息、内部经营信息等**重要信息的工作簿时，强烈建议对工作簿设置密码保护，以防被第三方窥探到这些内容**。不过注意不要忘记密码，否则将无法打开工作簿。

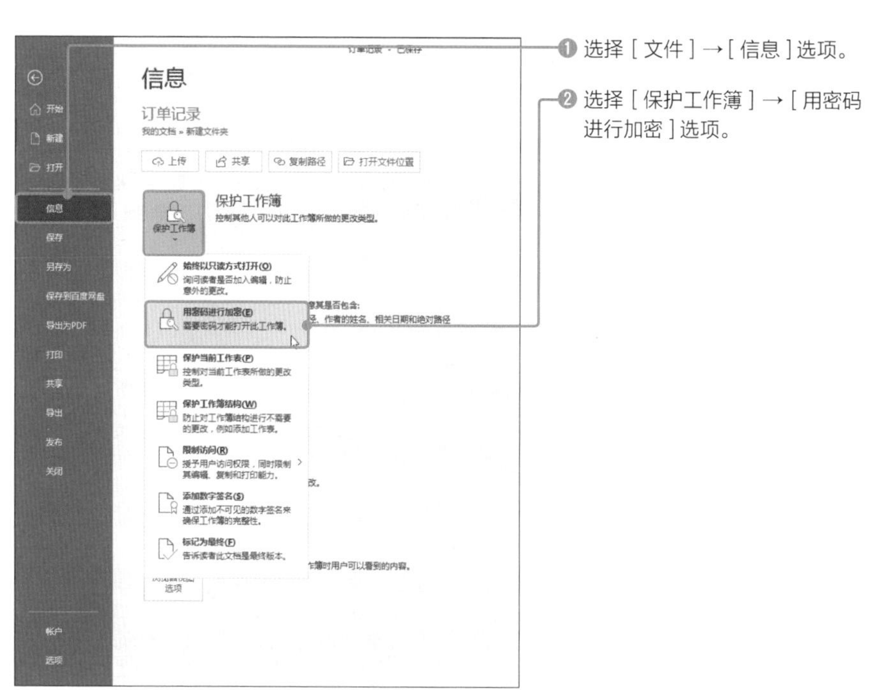

❶ 选择［文件］→［信息］选项。

❷ 选择［保护工作簿］→［用密码进行加密］选项。

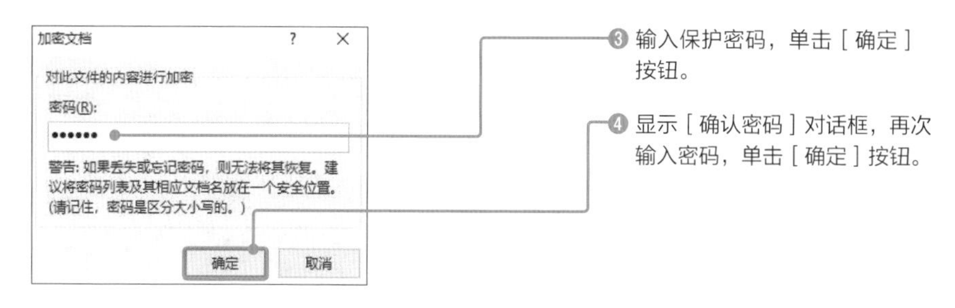

❸ 输入保护密码，单击［确定］按钮。

❹ 显示［确认密码］对话框，再次输入密码，单击［确定］按钮。

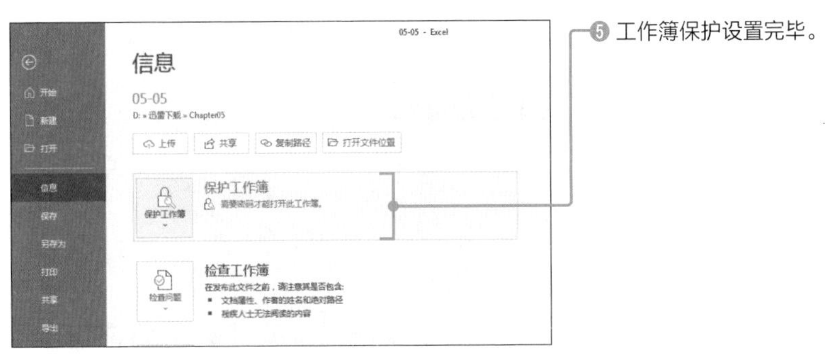

⑤ 工作簿保护设置完毕。

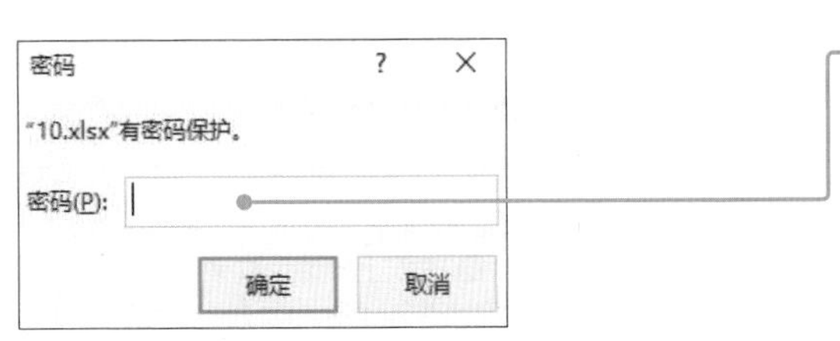

⑥ 保存并关闭该工作簿，重新打开后，显示 [密码] 对话框。

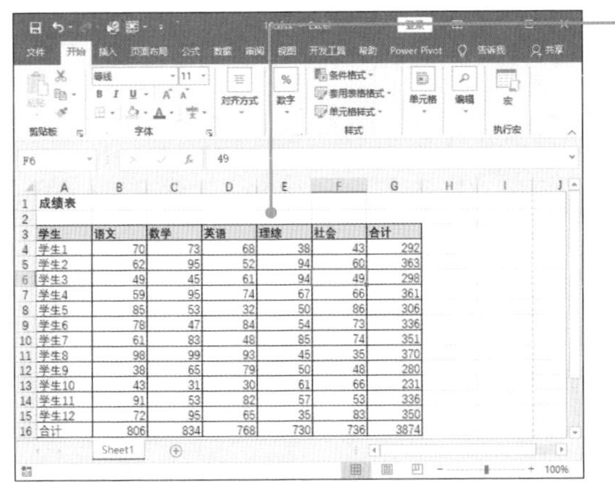

成绩表

学生	语文	数学	英语	理综	社会	合计
学生1	70	73	68	38	43	292
学生2	62	95	52	94	60	363
学生3	49	45	61	94	49	298
学生4	59	95	74	67	66	361
学生5	85	53	32	50	86	306
学生6	78	47	84	54	73	336
学生7	61	83	48	85	74	351
学生8	98	99	93	45	35	370
学生9	38	65	79	50	48	280
学生10	43	31	30	61	66	231
学生11	91	53	82	57	53	336
学生12	72	95	65	35	83	350
合计	806	834	768	730	736	3874

⑦ 输入正确的密码，单击 [确定] 按钮，打开工作簿。

此外，如果要解除该工作簿设置的密码，直接打开工作簿，需要重新执行一次 **[文件] → [信息] → [保护工作簿] → [用密码进行加密] 操作**，在 [加密文档] 对话框撤销已设置的密码。